国家科学技术学术著作出版基金资助出版

水泥基材料3D打印关键技术

3D Printing Key Technologies for Cementitious Materials

马国伟　王里　著

中国建材工业出版社

图书在版编目（CIP）数据

水泥基材料3D打印关键技术/马国伟，王里著. --北京：中国建材工业出版社，2020.5
ISBN 978-7-5160-2624-3

Ⅰ.①水… Ⅱ.①马… ②王… Ⅲ.①水泥基复合材料—立体印刷—印刷术 Ⅳ.①TB333.2 ②TS853

中国版本图书馆CIP数据核字（2019）第156655号

内 容 简 介

本书共分为10章，总结归纳了3D打印的基本概念、优势特点、发展历程、应用领域及发展趋势；介绍了典型工业级3D打印技术的基本原理、打印机类别、材料特性及发展应用等；综述了3D打印技术在建筑领域的发展应用，同时分析了水泥基材料3D打印技术面临的机遇与挑战；系统探讨了水泥基材料3D可打印性的量化指标和测试方法，明确了材料配制的思路；借助超声等无损检测方法，建立了基于水泥基材料流变特性的参数化调控方法；同时，总结了三维模型的创建方法、模型设计与分层切片算法等，以及3D打印软件系统的设计与控制，如路径规划设计、精度控制等；以尾矿砂纤维混凝土的制备为例，详细探讨了水泥基材料3D打印的制备与测量，并建立了基于挤出性和建造性的设计方法；实验测试了3D打印水泥基材料的力学各向异性及路径规划对宏观力学行为的影响机制；为改善3D打印结构的整体性能和层间弱面、提高承载能力，提出了多种增强方法和措施；最后，对水泥基材料3D打印在装配式建筑结构、建筑信息化和工业化及联合应用人工智能等方面的发展前景进行了思考和展望。

本书内容翔实、可读性强，可作为普通高等院校土木工程相关专业学生选修课的教材，也可作为工程技术人员参考用书。

水泥基材料3D打印关键技术

Shuiniji Cailiao 3D Dayin Guanjian Jishu

马国伟　王　里　著

出版发行：中国建材工业出版社
地　　址：北京市海淀区三里河路1号
邮　　编：100044
经　　销：全国各地新华书店
印　　刷：北京天恒嘉业印刷有限公司
开　　本：787mm×1092mm　1/16
印　　张：20.25
字　　数：340千字
版　　次：2020年5月第1版
印　　次：2020年5月第1次
定　　价：198.00元

本社网址：www.jccbs.com，微信公众号：zgjcgycbs

本书如有印装质量问题，由我社市场营销部负责调换，联系电话：（010）88386906

序一

混凝土技术，不仅关乎生活起居，亦关乎国之重器，更关乎民族复兴与百年梦想。如古城民居，亦如万里长城。

无论入云广厦，还是栉比民房；无论喧嚣都市，还是静谧村庄；无论核电水电，还是隧道桥梁；无论港口码头，还是高铁机场；无论岛礁建设，还是智慧基础设施，混凝土皆为重要物质基础。基础坚实牢固，方有高楼万丈。混凝土技术研究，至关重要。

最早的混凝土，可以追溯到公元前三世纪，古罗马以火山灰固定砂石，已具混凝土雏形。长城、古罗马万神庙等历史遗迹，不仅留下混凝土的原始印记，更见证和记录了人类历史文明。十一世纪发明的活字印刷术，对人类文明发展贡献巨大。混凝土和印刷术，这两项本不相干的古老技术，在历史长河中，各自历经飞跃发展，千年之后的今天，竟神奇融合，结出奇果：3D 打印混凝土。

现代混凝土技术历经 160 多年，由素混凝土、钢筋混凝土、预应力钢筋混凝土、高强混凝土、高性能混凝土、超高性能混凝土，发展到 3D 打印混凝土；由手工建造、自动化建造，向智能化建造迈进。

近年来，水泥基材料 3D 打印技术得到显著发展，逐步应用于房屋建筑、道路桥梁、地下工程等建造领域。马国伟教授和王里博士结合建筑业低碳化智能化的发展需要，在水泥基材料 3D 打印方面潜心研究积累的基础上编著了这本著作。本书在 3D 打印水泥基材料的制备，基于流变学的可打印性量化评估，3D 打印材料力学各向异性的细观机制，打印结构层间弱面的增强增韧方法等方面，全面详细地解析水泥基材料 3D 打印的基本原理和技术细节，为建筑及相关行业的设计和建造人员介绍了最新最全面的 3D 打印技术资料和信息。相信本书对土木、结构、建筑等设计人员具有重要的指导价值和参考意义，其中所阐述的诸多关键技术对于促进 3D 打印混凝土技术发展和应用将产生积极推动作用，并对实现绿色化、工业化、智能化的建筑建造做出重要贡献。

缪昌文

中国工程院　院士

东南大学　教授、博导

序二

全球每年与建筑相关的支出约为8万亿美元，相当于GDP的13%，这使得建筑业成为世界经济中最大的行业之一。然而，几十年来，建筑业的生产率却一直非常低。在过去的20年里，全球建筑业的劳动生产率平均每年仅增长1%（在大多数发达经济体甚至是持平的）。与世界经济增长率（2.8%）、制造业经济增长率（3.6%）相比，建筑业的表现欠佳。自20世纪50年代以来，包括农业和制造业在内的许多行业的生产率提高了10至15倍，但建筑业的生产率仍停留在80年前的水平。麦肯锡全球研究所在2017年的测量结果发现，自20世纪60年代末以来，该行业的生产率一直在下降。制造业和其他行业在使用数字、传感和自动化技术方面取得了重大进展，而建筑业仍然主要依靠人工。

在过去的几年里，我们很多人都见证了塑料3D打印机在市场上的广泛应用，它基于熔融沉积建造技术打印各种塑料细丝。金属3D打印机在先进工业中使用得也越来越普遍。2013年美国前总统奥巴马在国情咨文演讲中表示，“3D打印技术有可能彻底改变我们制造几乎所有东西的方式”，这使得3D打印技术再度火热。这些事件引起了建筑研究者和建筑行业创新者对尝试用混凝土进行3D打印的兴趣。他们将3D打印技术设想为在建筑施工中引入自动化的一种方式。与传统的将混凝土浇注到模板的方法不同，3D打印将结合数字技术和材料技术的新思路，可以在不使用模板的情况下进行自由建造。近年来，数控技术、传感技术以及功能和精度都有所提高的自动驱动系统的发展推动了3D混凝土打印技术的发展。尽管3D打印技术爱好者们对此持乐观态度，但这项技术仍处于起步阶段。早期的研究人员已经发现了使这项技术得以商业化所面临的关键挑战，并试图通过创新技术来解决。本书一共包括10章，详细介绍了过去几年在这一领域取得的进展。我相信这本书对那些想要快速掌握这项技术的可行性、面临的挑战、未来的研究和发展需求的人是有价值的。此外，本书指明了这项技术可以实现商业化应用需要努力的方向。

本书作者在 3D 混凝土打印这一新兴领域中享有很高的知名度，他们在国际杂志上和许多国际论坛上发表了他们的科研成果。这项技术发展得如此之快，许多新的创新经常被揭示出来。这本书的作者正致力于这项技术的前沿，因此他们可以在书中给读者带来最新的信息。他们的工作是在河北工业大学开展的，该校有最先进的 3D 混凝土打印设备。

作者为那些想轻松学习 3D 混凝土打印技术的人提供了一本很好的参考书。书中涵盖了基础知识、迄今已完成的工作、这一领域的新发展以及今后的挑战。本书提出的见解对商业投资者和希望进入这一激动人心的领域的研究人员都是有价值的，这一领域很可能从根本上改变我们未来的建设方式。

Jay Sanjayan，教授，博导

可持续基础设施发展中心主任

斯威本科技大学，墨尔本，澳大利亚

Preface

Construction-related spending is US$ 8 trillion globally, equivalent to 13% of GDP. This makes construction one of the largest sectors of the world economy. However, construction has suffered for decades from remarkably poor productivity relative to other sectors. Global labour-productivity growth in construction has averaged only 1 percent a year over the past two decades (and was flat in most advanced economies). Contrasted with growth of 2.8 percent in the world economy and 3.6 percent in manufacturing, this clearly indicates that the construction sector is underperforming. While many sectors including agriculture and manufacturing have increased productivity 10 to 15 times since the 1950s, the productivity of construction remains stuck at the same level as 80 years ago. Current measurements find that there has been a consistent decline in the industry's productivity since the late 1960s (McKinsey Global Institute, 2017). Construction remains largely manual, while manufacturing and other industries have made significant progress in the use of digital, sensing and automation technologies.

In the last few years, many of us have witnessed the wide availability of 3D printers in consumer market using various types of plastics filaments based on fused deposition modelling technology. 3D printers using metals are becoming commonplace in advanced industries. 3D printing was made famous by the former US President Barak Obama during his 2013 State of the Union Address as a technology that has "the potential to revolutionize the way we make almost everything". These events have generated significant interest among construction researchers and construction industry innovators in attempting 3D printing using concrete. They envision the 3D printing technology as a way of introducing the much-needed automation in construction.

Unlike the conventional approach of casting concrete into a mould (formwork), 3D printing will combine digital technology and new insights from materials technology to allow free-form construction without the use of formwork. Recent advances in numerical control technology, sensing technology, and automatic driving systems with improved function and accuracy are new enablers for 3D concrete printing. While the technology enthusiasts interested in 3D printing are optimistic, the technology is still in its infancy. The early researchers have identified the key challenges faced in making this technology commercially viable and attempted to solve by innovative techniques.

This book presents these key techniques in its 10 Chapters detailing the advances made in this field during the last few years. I believe this book will be valuable to those who want to quickly grasp the viability of this technology, the challenges faced and the future research and development needs and the future directions where this technology can be commercially deployed for maximum benefits.

The authors of this book are well known in the emerging field of 3D Concrete Printing having published their works in international journals and having presented their works in many international forums. This technology is moving so fast and many new innovations are revealed on a regular basis. The authors of this book are working on the cutting edge of the technology, so they can bring the readers the latest information in the right context. Their work is backed up by the state-of-the-art facilities in 3D Concrete Printing at Hebei University of Technology.

The authors have provided a book for those who want to learn everything about 3D Concrete Printing in one place. They have covered the basics, the works that have been accomplished so far, the new developments in this field and the challenges ahead. The insight presented in this book would be valuable to commercial investors as well as researchers who wish to enter this exciting field which is likely to radically transform the way we build in the future.

Jay Sanjayan Professor, Director,
Centre for Sustainable Infrastructure
Swinburne University of Technology
Melbourne, Australia

前　言

3D 打印技术在土木建筑领域的探索始于 20 世纪 90 年代，初步尝试是基于层叠法利用粘结剂将水泥基材料粘接成型。水泥基材料 3D 打印技术是一种应用机电一体化技术自动建造设计结构模型的新型增材制造技术。近几年，水泥基材料 3D 打印得到了显著的发展和推广，已成功应用于房屋建筑、道路桥梁、地下工程等建造领域，并表现出巨大的发展潜力。

2013 年 4 月，3D 打印技术入选国家高技术研究发展计划（863 计划）。2017 年 3 月，中国工程院开展了咨询研究项目“建筑 3D 打印研发现状与发展战略研究”。2015 年 5 月，国务院正式印发《中国制造 2025》，3D 打印（增材制造）作为代表性的新兴技术占有重要地位，在文中共出现 6 次之多，体现出我国对增材制造的重视程度，也彰显了我国在战略层面对制造业发展面临的形势和环境的深刻理解。同年 8 月，国务院总理李克强主持国务院专题讲座，讨论加快发展先进制造与 3D 打印等问题。2016 年 8 月，住房城乡建设部印发的《2016—2020 年建筑业信息化发展纲要》中提出“积极开展建筑业 3D 打印设备及材料的研究，探索 3D 打印技术运用于建筑部品、构件生产，开展示范应用”。同年 12 月，3D 打印技术被列入国务院发布的《“十三五”国家战略性新兴产业发展规划》。

目前，国内约有四五十所高校、科研院所和企业单位进行建筑领域 3D 打印的研究探索和应用开发，如河北工业大学、清华大学、同济大学、东南大学、北京工业大学、浙江大学、中建科技集团有限公司、中国建筑材料科学研究总院、北京航空航天大学、中南大学、建研华测（杭州）科技有限公司、赢创建筑科技（上海）有限公司、华创智造（天津）科技有限公司、河南太空灰三维建筑打印科技有限公司等。

然而，目前水泥基材料 3D 打印技术尚处于起步阶段，缺乏对材料、设备及工艺系统进行全面的研究，缺乏结构设计相应的材料参数和标准，这些因素对该新技术的发展有着非常重要的影响。

本书系统归纳了近年来水泥基材料 3D 打印工艺、3D 打印机械系统、数字化建模及软件控制的最新进展；提出了水泥基材料 3D 可打印性的量化指标，实现了打印路径优化设计与控制，通过 CT 扫描手段研究了打印微观结构对力学各向异性的影响；为了改善 3D 打印混凝土的强度和韧性，提出了纤维微筋同步布筋方法等。本书旨在为建筑及相关行业的设计和建造人员介绍最新、最全面的 3D 打印技术资料和信息。

本书的编写得到了东南大学缪昌文院士、中国混凝土与水泥制品协会执行会长徐永模、湖南大学史才军教授、澳大利亚斯威本科技大学 Jay Sanjayan 教授、中建科技集团有限公司张涛博士、北京城建集团蔡亚宁教授级高工及尧柏特种水泥集团有限公司总工程师白明科的帮助和指导，在此表示衷心的感谢。另外，感谢北京工业大学李之建博士在试验研究中提供的协助，感谢课题组杨文伟博士、张端硕士、黄蓉硕士在文献收集、整理及书稿写作中的辛勤工作和付出，感谢白刚博士、关景元博士、周鑫华博士和万谦博士对本书成稿过程中提供的帮助，感谢建筑与艺术学院张慧副教授团队提供 3D 模型设计图。感谢中国建材工业出版社杨娜女士在本书出版过程中给予的帮助和指导。最后，特别感谢缪昌文院士和 Jay Sanjayan 教授欣然为本书作序。

水泥基材料 3D 打印关键技术涉及建筑、机械、电气、材料、力学等多学科的理论与方法，许多有关硬件、软件、材料等问题仍有待于进一步的发展和改善，因此书中难免有不妥之处，敬请广大读者批评指正。

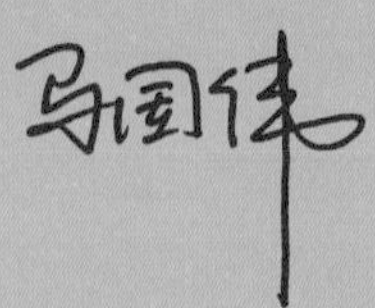

2018 年 10 月于河北工业大学

目 录

第1章
绪　论

1.1 3D 打印技术简介

1.1.1 3D 打印的概念

3D 打印是一种通过 3D 打印设备逐层增加材料来制造所设计三维产品的技术。3D 打印是快速成型技术的一种，它综合了数字建模技术、机电控制技术、信息技术、材料科学与化学等诸多领域的前沿技术。3D 打印无须机械加工或者模具，甚至无须在工厂进行操作。英国《经济学人》杂志认为它将与其他数字化生产模式一起推动实现第三次工业革命，该技术将改变未来生产与生活模式，实现社会化制造，被誉为“第三次工业革命”的核心技术。3D 打印被美国材料与试验协会（American Society for Testing and Materials，ASTM）定义为通过打印头、喷嘴或其他打印机技术来制造物品的方法。3D 打印整个制造过程一般分为三个阶段：首先，由专业软件构建一个数字化的三维模型，或者通过三维扫描对现有对象进行建模；其次，利用分层切片算法将数字模型分成一系列二维的横断面；最后，3D 打印机根据模型切片逐层来构建数字原型。3D 打印流程图如图 1.1 所示。

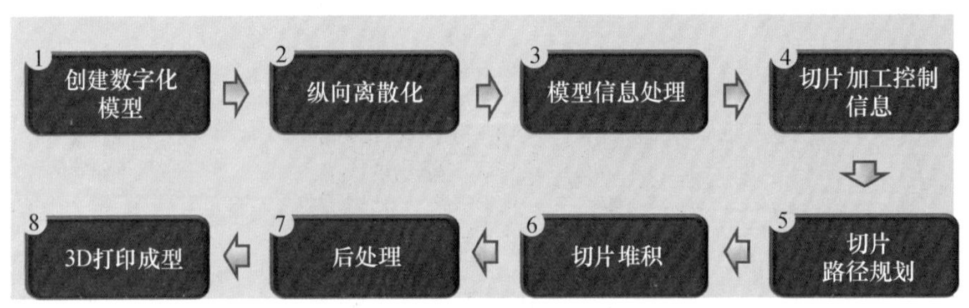

图 1.1 3D 打印流程图

与以往不同，第三次工业革命将对制造业的发展产生巨大影响，其中一项具有代表性的技术就是增材制造技术。3D 打印技术与传统的去除材料加工技术（减材制造）不同，这种逐层堆积成型技术又被称作“增材制造”（Additive Manufacturing，AM）。美国材料与试验协会国际委员会对增材制造和 3D 打印有明确的概念定义。增材制造是依据三维 CAD 数据将材料逐层累积的过程，区别于传统的减材制造工艺。3D 打印是指采用打印头、喷嘴或其他打印技术沉积材料来制造物体的技术，也常用来表示“增材制造”技术。在特指设备时，3D 打印是指相对价格或总体功能低端的增材制造设备。从广义的角度来看，凡是以设计数据为基础，将材料（包括液体、粉材、线材或块材等）自动化地累加起来成为实体结构的制造方法，均可视为增材制造技术。2012 年，增材制造技术通过主要出版物、电视节目甚至电影的方式涌入公众的视野，美国《时代》周刊将其列为“美国十大增长最快的工业”。自 2013 年以来，国内媒体界、学术界、金融界也掀起了关注 3D 打印技术的热潮，各级政府部门开始关注并制订 3D 打印技术的发展规划。增材制造技术和 3D 打印产业越来越受到国内外的广泛关注，必将成为下一个具有广阔发展前景的朝阳产业。

1.1.2 3D 打印的特点及优势

3D 打印技术的应用和发展依赖于材料建模、设计工具、计算控制和过程设计等，如图 1.2 所示，是一项综合性技术。3D 打印技术内容涵盖了产品生命周期前端的“快速原型”（Rapid Prototyping）和全生产周期的“快速制造”（Rapid Manufacturing）相关的所有打印工艺、技术、设备类别和应用。3D 打印技术是多学科技术的集成，涉及的技术包括 CAD 建模、测量、接口软件、数控、精密机械、激光、材料等。

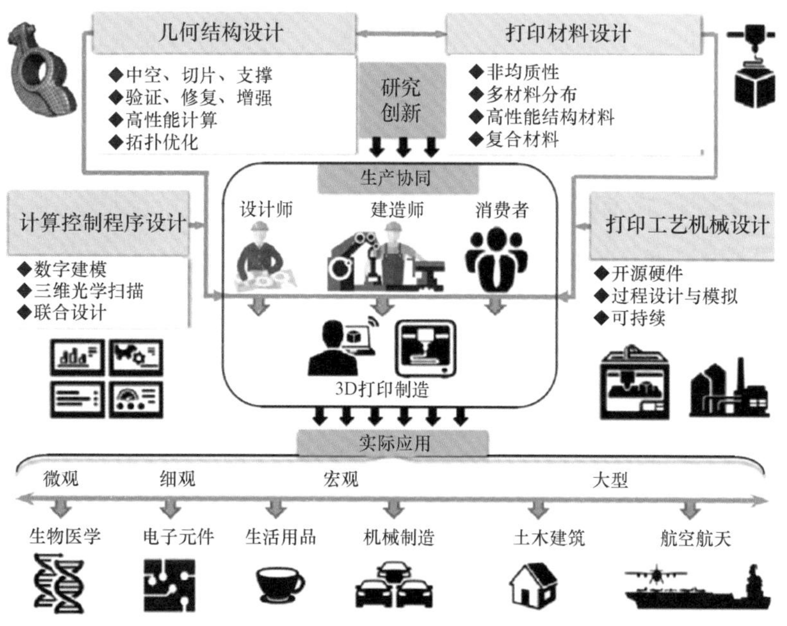

图 1.2　3D 打印材料、结构设计、制造及应用的路线图

传统机械生产过程一般同时用到多种金属加工方法，如铸造、锻造、车、铣、刨、磨等。铸造方法不同，所用的铸造模具就有所不同，要想开发新产品，首先就需要开发新模具，这些都属于减材制造方式，既浪费原材料又浪费时间。3D 打印技术省去了这些烦琐的工序，计算机相关软件可以直接生成设计模型，任何形状复杂的零件都可以很快打印完成。

与传统的制造技术相比，3D 打印具有如下特点：

1）数字制造：借助 CAD 等软件将产品结构数字化，驱动机器设备加工制造成器件；数字化文件还可借助网络进行传递，实现异地分散化制造的生产。

2）降维制造：把三维结构的物体先分解成二维层状结构，逐层累加形成三维物品。因此，原理上 3D 打印技术可以制造出任何复杂结构，而且制造过程更柔性化。

3）堆积制造："从下而上"的堆积方式对于实现非匀质材料、功能梯度的器件更有优势。

4）直接制造：任何高性能难成型的部件均可通过打印的方式一次性直接制造出来，不需要通过组装拼接等复杂过程来实现。

5）快速制造：3D 打印制造工艺流程短、全自动、可实现现场制造，因此，制造更快速、更高效。

依据目前 3D 打印发展状况来看，3D 打印的优势不在于降低建造成本、提高建造效率，而在于提升设计和建造的灵活性。相对于传统的建造方法主要有以下优势：

1）定制个性化：未来客户可以在极大程度上根据自己的想法参与建筑设计。在 3D 打印过程中，通过添加功能性材料可以实现功能化构件的打印和制造。因此，3D 打印技术有利于改善设计师的工作方式和方法。

2）造型灵活化：在不增加施工作业难度的基础上实现灵活化造型设计的建造。3D 打印可以实现对任何结构复杂构件的生产制造，可促进设计思路的自由化。3D 打印技术还适合于新产品开发、快速单件及小批量零件的制造、复杂形状零件的制造、模具的设计与制造等。

3）模型直观化：3D 实时打印的建筑模型，其结构信息更加直观化、透明化。

4）建造绿色化：打印用的水泥基材料可利用建筑垃圾、矿业固废等制备，建造过程也将大大减少噪声与环境污染，践行了建造绿色化、环保化的理念。3D 打印技术建造过程不必去除大量材料，也不必通过复杂锻造工艺就可以得到最终产品，利于结构优化、材料节约和能源节省。

1.1.3 3D 打印的发展历程

3D 打印思想最早出现于 19 世纪末，这是该技术发展的重要思想来源和不断探索的精神推动力。3D 打印技术的发展历程如图 1.3 所示。3D 打印技术作为“19 世纪的思想、20 世纪的技术、21 世纪的市场”，经历了以下发展过程：

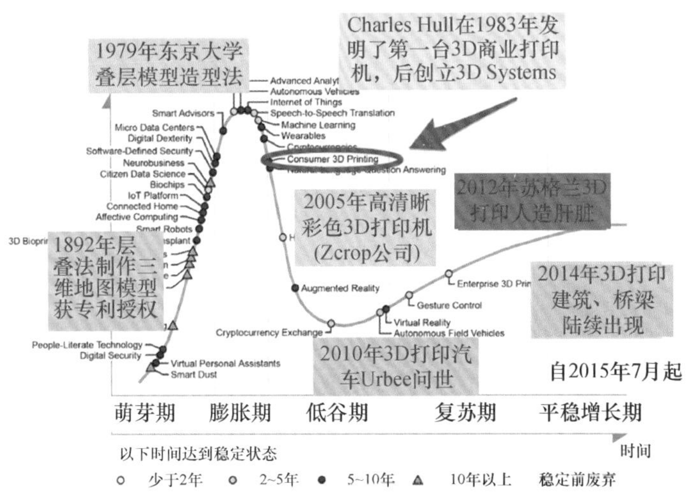

图 1.3 3D 打印技术的发展历程

1）3D 打印技术的早期发展

19 世纪末，美国人 Blanther 首次公布使用层叠成型方法制作地形图的构思。1940 年，Perer 提出与 Blanther 相同的技术构想，提出沿等高线轮廓切割硬纸板，然后叠成模型制作三维地形图的方法。1972 年，Matsubara 基于纸板层叠技术将光敏聚合树脂涂覆到耐火颗粒上，然后将这些颗粒填充到叠层，加热后生成与叠层对应的板层，光线有选择地投射到这个板层，将指定的部分硬化，没有投射到的部分使用化学溶剂溶解掉，这样板层将不断堆积直至形成一个立体模型。这一技术设想和装置已经初步具备了当代 3D 打印机的雏形，有逐层、增材、成型的技术加工过程。1977 年，Swainson 提出通过激光选择性照射光敏聚合物的方法直接制造立体模型。同时期，Schwerzel 在 Battlle 实验室开展了类似的技术研发工作。1979 年，日本东京大学的 Nakagaw 教授开始使用薄膜技术制作实用的工具；同年，美国科学家 Housholder 获得类似“快速成型”技术的专利，但没有被商业化。1981 年，Hideo Kodama 首次提出一套功能感光聚合物快速成型系统设计方案。1982 年，Charles W. Hull 试图将光学技术应用于快速成型领域。1986 年，Charles W. Hull 成立 3D Systems

公司，研发了著名的STL（Stereolithography）文件格式。STL文件格式简单，只能描述二维物体的几何信息，不支持颜色材质等信息，是计算机图形学处理［如CG（Computer Graphics）］、数字几何处理（如CAD）、数字几何工业应用（如三维打印机支持）的最常见文件格式。STL格式逐渐成为CAD、CAM系统接口文件格式的工业标准。

2）3D打印技术的中期发展

1988年，3D Systems公司成功研制了世界首台基于光固化SLA技术平台的商用3D打印机SLA-250。同年，Scott Crump发明了另一种3D打印技术——熔融沉积成型（Fused Deposition Modeling，FDM），其基本原理为控制软件自动将3D数模分层，自动生成每层模型的成型路径和必要的支撑路径。材料的供给分为模型材料卷和支撑材料卷，相应的热熔头也分为模型材料喷头和支撑材料喷头。热熔头将ABS材料加热至220℃成熔融状态喷出，由于成型室温度始终保持在70℃，该温度下熔融的ABS材料既有一定的流动性又能保证很好的精度。一层成型完成后，机器工作台下降一个高度（即分层厚度）再成型下一层，如此循环，直至工件完成。Scott Crump将此项技术申请了美国专利并成立了Stratasys公司。1992年，Stratasys公司推出了第一台基于FDM技术的3D打印机——3D造型者，标志着FDM技术正式进入商业化时代。

1989年，美国得克萨斯大学奥斯汀分校的Dechard发明了选择性激光烧结技术（Selective Laser Sintering，SLS），其加工过程为采用铺粉辊将一层粉末材料平铺在已成型零件的上表面，并加热至恰好低于该粉末烧结点的某一温度，控制系统控制激光束，按照该层的截面轮廓在粉末上进行扫描，使粉末温度升至熔化点，进行烧结，并与下面已成型的部分实现粘结。当一层截面烧结完成后，工作台下降一个层的厚度，铺粉辊在上面铺上一层均匀密实的粉末，进行新一层截面的烧结，直至完成整个模型。基于SLS成型技术的特点，其用途极广并且可以使用多种材料，使得3D打印从此走向多元化。

1993年，美国麻省理工学院（Massachusetts Institute of Technology，MIT）的Emanual Sachs教授发明了三维印刷工艺（Three-Dimension Printing，3DP）。经过多年的快速发展，3D打印技术日趋成熟，在商业化应用中崭露头角。世界各国政府和企业意识到其存在无限的科学、工程及商业潜能，纷纷投入大量的人、财、物等资源进行3D打印机的研制工作。1995年，快速成型技术被列为我国未来十年十大模具工业发展方向之一，国内的自然科学学科发展战略调研报告也将快速成型与制造技术、自由造型系统及计算机集成系统研究列为重点研究领域之一。

1996年，3D Systems、Stratasys和Z Corporation各自推出了新一代快速成型设备Actua 2100、Genisys和Z402，此后快速成型技术便有了更加通俗的称谓——3D打印。1999年，

3D Systems 公司推出了 SLA 7000，价格为 80 万美元。2002 年，Stratasys 公司推出 Dimension 系列桌面级 3D 打印机，该系列价格相对低廉，主要基于 FDM 技术以 ABS 塑料作为成型材料。2005 年，Z Corporation 推出世界上第一台高精度彩色 3D 打印机 Spectrum Z510，标志着 3D 打印走进彩色时代。2007 年，3D 打印服务创业公司 Shapeways 正式成立，该公司建立了一个规模庞大的 3D 打印设计在线交易平台，为用户提供个性化 3D 打印服务，深化社会化制造模式。2008 年，第一款开源的桌面级 3D 打印机 RepRap 发布，RepRap 是英国巴斯大学 Adrian Bowyer 团队于 2005 年立项的开源 3D 打印机研究项目，得益于开源硬件的进步与欧美实验室团队的无私贡献，桌面级开源 3D 打印机为新一轮的 3D 打印发展再添动力。2009 年，Bre Pettis 带领团队创立了著名的桌面级 3D 打印机公司——Makerbot。该公司的设备主要基于早期 RepRap 开源项目，但对 RepRap 的机械结构重新进行了设计，发展至今已经历几代的升级，在成型精度、打印尺寸等指标上都有长足的进步。Makerbot 公司承接了 RepRap 项目的开源精神，其早期产品同样以开源方式发布，在互联网上能方便快捷地找到该公司早期项目所有的工程材料。与此同时，Makerbot 公司出售设备组装套件，我国厂商以这些材料为基础开始仿造工作，国内的桌面级 3D 打印机市场也由此打开。同年，美国 Organovo 公司首次使用添加制造技术制造了人造血管。2011 年英国南安普敦大学的工程师利用 3D 打印技术打印出世界首架无人驾驶飞机，造价 5000 英镑。2011 年 Kor Ecologic 公司推出世界第一辆从表面到零部件均由 3D 打印制造的车——Urbee，其在城市时速可达 100 英里，而在高速公路上可飙升至 200 英里，汽油和甲醇均可作为燃料。2011 年 Materialise 公司提供以 14K 金和纯银为原材料的 3D 打印服务，可能改变整个珠宝制造业。

3）3D 打印技术的近期发展

2012 年 9 月，3D 打印的两个领先企业——Stratasys 和以色列的 Objet 宣布合并，交易额为 14 亿美元，合并后公司名仍为 Stratasys，此举进一步确立了 Stratasys 公司在高速发展的 3D 打印及数字制造业中的领先地位。同年 10 月，来自 MIT Media Lab 的团队成立 Formlabs 公司，并发布了世界上第一台廉价的高精度 SLA 消费级桌面 3D 打印机 Form 1，引起了业界的重视。此后在著名众筹网站 Kickstarter 上发布的 3D 打印项目呈现百花齐放的盛况，我国生产商也开始了基于 SLA 技术的桌面级 3D 打印机的研发。2013 年 6 月，日本政府出台的经济发展战略宣布将 3D 打印机的研发列为发展重点，并成立 3D 打印研究会。

近 30 年来，3D 打印技术取得了长足发展，并且在工业生产、房屋建造、航天科技、医疗卫生、制药工程、汽车行业、电子工业等领域具有非常广阔的发展前景。3D 打印机从一种用于工业生产的制造机器，走进了家庭、企业、学校、医院，甚至时尚舞台。3D 打印机与互联网、微电路、材料及生物技术相结合，将引发技术和社会的革新，呈现科学与创新技术爆发式的变革。不久的将来，3D 打印技术也会像计算机、打印机和互联网一样进入我们的家庭。

1.1.4 3D 打印的应用领域

几年前，仅有少数设计师和工程师使用 3D 打印，并且仅限于制作一些概念性模型，应用较为局限。但是随着科技的进步，3D 打印技术已经取得了长足发展。目前 3D 打印从原型的概念设计到终端的产品实现均已取得了革命性的创新。

1）生物医药领域

2013 年 4 月，英国研究人员首次使用 3D 打印机打印胚胎干细胞，所打印的干细胞鲜活并且具有发展为其他类型细胞的能力。2014 年 8 月，北京大学研究团队成功地为一名 12 岁男孩植入了 3D 打印脊椎，属全球首例。研究人员表示，这种植入物可以与现有骨骼实现非常好的结合，不需要太多“锚定”，并且缩短了病人康复的时间。此外，研究人员还在上面设立了微孔洞，有助于骨骼在合金之间生长。2015 年 7 月，日本筑波大学和大日本印刷公司组成的科研团队宣布已研发出使用 3D 打印机低价制作可看清血管等内部结构的肝脏立体模型的方法。这种模型是根据 CT 等医疗检查设备获取患者肝脏模型数据并通过 3D 打印制作而成，其表面外侧线条呈现肝脏整体形状，详细再现其内部的血管和肿瘤。据称，制作模型只需要少量价格不菲的树脂材料，将原本 30 万 ~40 万日元的制作费降至三分之一以下。由于利用 3D 打印技术制作的内脏器官模型价格高昂，在临床上尚未得到普及，目前主要用于科研。2015 年 8 月，首款由 Aprecia 制药公司采用 3D 打印技术制备的 SPRITAM（左乙拉西坦，levetiracetam）速溶片得到美国食品药品监督管理局（Food and Drug Administration，FDA）的上市批准，并于 2016 年正式售卖，这意味着 3D 打印技术对未来实现精准性和针对性的制药意义重大。通过 3D 打印生产出来的药片内部具有丰富的孔洞和极大的内表面积，可在短时间内迅速融化，该特性为具有吞咽性障碍的患者带来了福音。2015 年 10 月，我国国家高技术研究发展计划（863 计划）3D 打印血管项目取得重大突破，世界首创的 3D 生物血管打印机由四川蓝光英诺生物科技股份有限公司成功研制问世，仅用 2 分钟便可打印出 10cm 长的血管。不同于市面上现有的 3D 生物打印机，3D 生物血管打印机可以打印出血管独有的中空结构及多层不同种类的细胞，实属世界首创。如图 1.4 所示为 3D 打印在生物医药相关领域的应用。

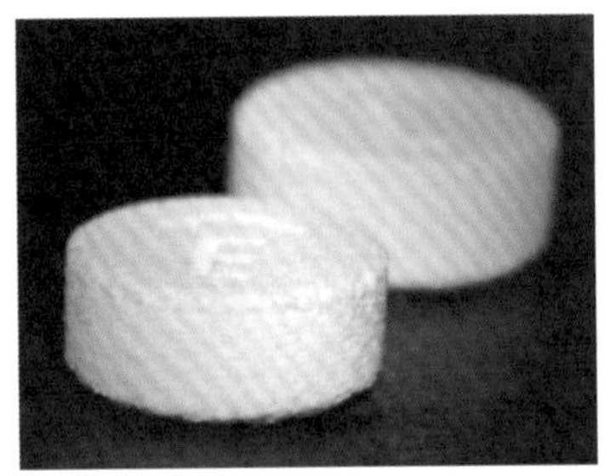
(a) 3D打印药片

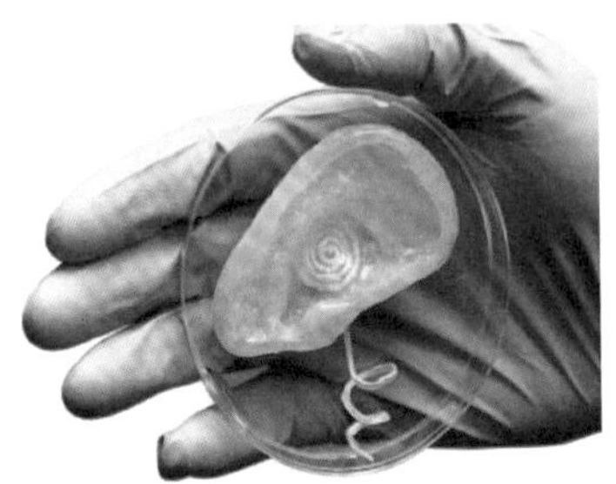
(b) 3D打印仿生人耳

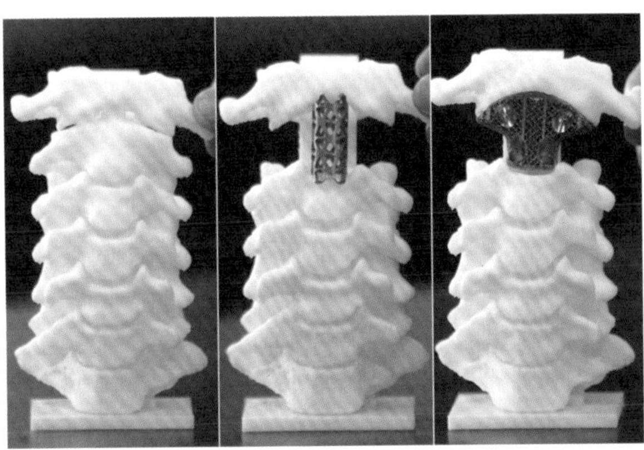
(c) 3D打印脊柱关节

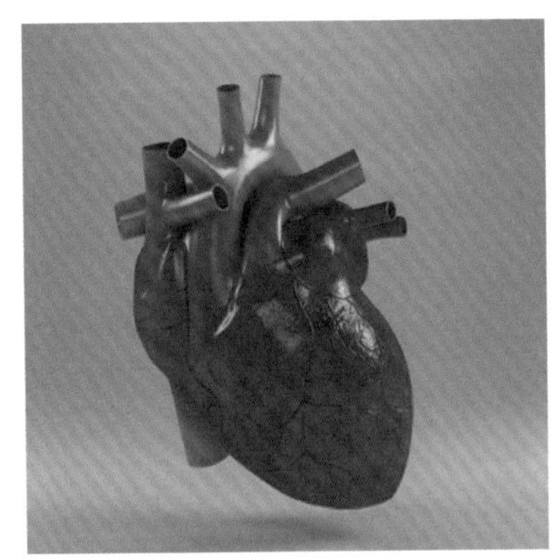
(d) 3D打印心脏组织

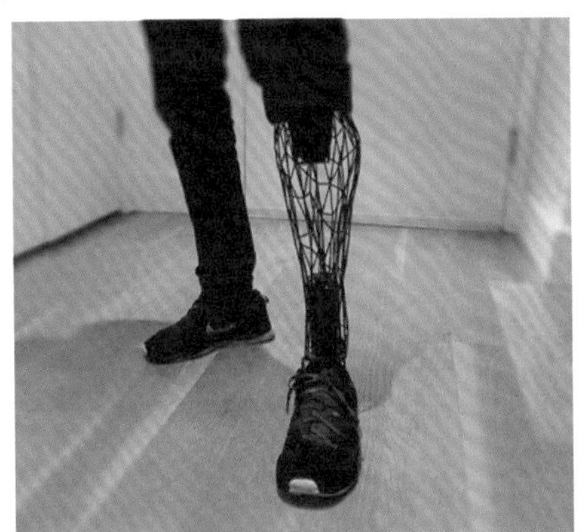
(e) 3D打印腿部假肢

图 1.4 3D 打印在生物医药相关领域的应用

2）工业制造领域

2014 年 3 月，德国独立汽车设计公司 EDAG 使用 FDM 技术制造了一体化车身框架 Genesis。2014 年 1 月，BAE 系统公司宣布安装了 3D 打印金属组件的“狂风”战斗机并成功进行了飞行测试，此战斗机装备了 3D 打印的驾驶舱电台防护罩、起落架防护罩和进气口支撑柱。2014 年 9 月，由美国洛克汽车公司（Local Motors）设计制造的第一辆 3D 打印汽车面世。其动力传动系统、悬架、电池、轮胎、车轮、线路、电动马达和挡风玻璃采用传统技术制造，包括底盘、仪表板、座椅和车身在内的其余部件均由 3D 打印机打印，所用材料为碳纤维增强热塑性塑料。利用 3D 打印技术打印一辆斯特拉提轿车并完成组装需耗时 44h，整个车身 3D 打印的部件总数为 40 个，与传统汽车 2 万多个零件相比可谓十分简洁，富有曲线的车身先由黑色塑料制造，再层层包裹碳纤维以提高强度，这一制造设计尚属首创。制造该轿车的车间里有一架超大的 3D 打印机，能打印长 3m、宽 1.5m、高 1m 的大型零件，而普通的 3D 打印机只能打印体积为 $25cm^3$ 的物体。2015 年 7 月，来自美国旧金山的 Divergent Microfactories（DM）公司推出世界首款 3D 打印超级跑车“刀锋（Blade）”。该公司表示，此款车由一系列铝制“节点”和碳纤维管材拼插相连，轻松组装成汽车底盘，因此更加环保。2014 年 10 月 3 日，英国科学家为苏格兰一名 5 岁的残疾女孩安装了由 3D 打印技术制作的手掌。这名女童左臂天生残疾，没有手掌，只有手腕，医生和科学家合作为她设计了专用假肢并成功安装。新加坡政府表示，将在未来制造方面计划投资 5 亿美元，建立新的 3D 打印行业生态系统。据新加坡媒体报道，新加坡邮政位于新达城的分局开张后向公众推出 3D 打印服务，公众可以在分局利用扫描仪制作 3D 个人肖像玩偶，也可以购买 3D 打印的项坠、手镯等纪念品。2014 年 11 月 10 日，全世界首款 3D 打印的笔记本电脑 Pi-Top 开始预售，购买者可以通过购买 3D 打印机及笔记本电脑相关配件打印属于自己的笔记本电脑设备，价格仅为传统产品的一半，一经推出即在两周内累计获得 7.6 万英镑的预订单。如图 1.5 所示为 3D 打印在工业制造领域的应用。

(a) 3D打印汽车

(b) 3D打印喷气式发动机

(c) 3D打印金属钢架桥

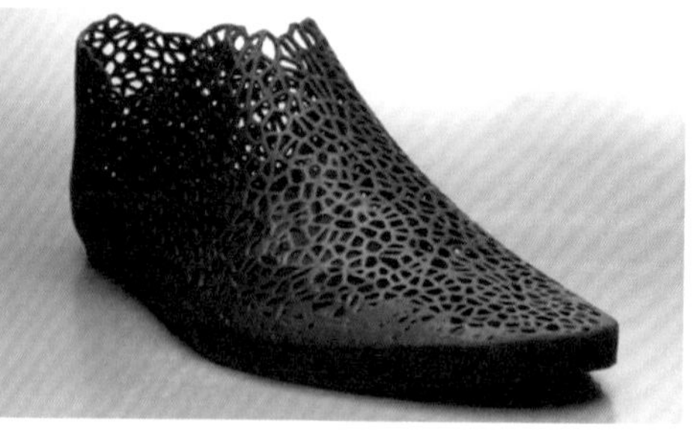
(d) 3D打印时装鞋

图 1.5　3D 打印在工业制造领域的应用

3）军事航空领域

2014 年 6 月，美国海军在作战指挥系统活动中开展了一系列“打印舰艇”研讨会，并在此期间向水手及其他相关人员介绍了 3D 打印技术。3D 打印及其先进制造方法能够显著提升执行任务的速度及预备状态，降低成本，避免从世界各地采购舰船配件。2014 年 8 月，美国国家航空航天局（National Aeronautics and Space Administration，NASA）的工程师们完成了 3D 打印火箭喷射器的测试，发现其可经受液态氧和气态氢混合反应时 6000°F（约为 3315 ℃）的高温，产生 2 万 LBS（约为 9t）的推力，该项研究验证了 3D 打印技术在火箭发动机制造方面的可行性。2014 年 10 月，英国一个发烧友团队利用 3D 打印技术制出了世界上第一枚打印出来的火箭，他们还计划将此火箭升空，并在伦敦办公室向媒体介绍了这枚火箭。2015 年 4 月，美国国家航空航天局官网报道，其工程人员正在利用增材制造技术制造首个全尺寸铜合金火箭发动机零件以节约成本。NASA 空间技术任务部负责人表示，这是航空航天领域 3D 打印技术应用的新里程碑。2015 年 6 月，俄罗斯技术集团公司采用 3D 打印技术，耗时仅 31h，制造出一架成本不到 3700 美元的无人机样机，质量 3.8kg，翼展 2.4m，飞行时速可达 90 ~ 100km，续航能力 1 ~ 1.5h。2016 年 4 月，中国科学院重庆绿色智能技术研究院 3D 打印技术研究中心对外宣布，经过与中国科学院空间应用中心两年多的共同努力，国内首台空间在轨 3D 打印机研制成功（图 1.6），并在法国波尔多完成抛物线失重飞行试验。这台 3D 打印机可打印最大尺寸为 200mm × 130mm 的零部件，可以帮助宇航员在失重环境下自制所需零件，大幅提高空间站试验的灵活性，降低空间站对地面补给的依赖。从 2016 年 8 月开始，美国海军与橡树岭国家实验室（Oak Ridge National Laboratory，ORNL）合作设计第一艘 3D 打印潜水艇体（图 1.7），将打印 6 个碳纤维零件组装成约 9m 长的潜水艇。它是目前海军最大的 3D 打印资产。据美国能源部提供的数据，传统船体造价为 60 万 ~ 80 万美元，通常完成制造耗费的时长为3 ~ 5个月，而应用 3D 打印建造的潜水艇体，几天即可完成且成本降低了约 90%。打印的核潜艇如图 1.7 所示。

4）工程地质领域

D. Voglera 等使用呋喃/酚醛树脂材料作为粘结剂，将粒径分别为 140μm 和 190μm 的两种细砂逐层粘结起来，以期得到一种类似砂岩的 3D 打印材料。试验测试结果表明，该打印材料的劈裂强度、断裂表面粗糙度及裂缝扩展行为等均与天然砂岩中的软岩相似，如图 1.8（a）所示。中国矿业大学（北京）的鞠杨教授等[1]运用 CT 成像、三维重构和 3D 打印技术制备了包含复杂裂隙的天然煤岩模型，如图 1.8（b）所示，该打印模型具有与天然煤岩一致的裂隙结构特征，并且单轴抗压强度、弹性模量和泊松比等力学性能指标接

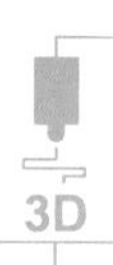

近于天然裂隙煤岩。王建秀等[2]建议应用 3D 扫描、3D 重建及 3D 打印技术，制造工程地质体的三维复杂结构展示模型，为工程地质科研教学提供新的手段。

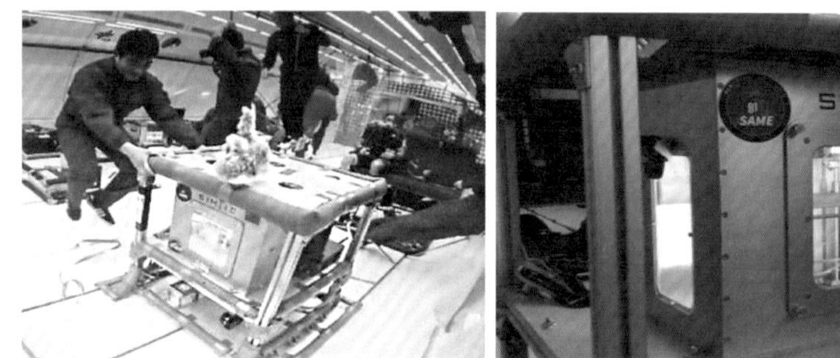

图 1.6　中国第一台空间在轨 3D 打印机

图 1.7　3D 打印核潜艇

(a) 3D打印类砂岩材料

(b) 3D打印裂隙煤岩模型

图 1.8　3D 打印在工程地质领域的应用[3]

5）土木建筑领域

英国伦敦的 Softkill Design 建筑设计工作室首次建立了 3D 打印房屋的概念。2014 年 8

月，10 栋 3D 打印建筑作为当地动迁工程的办公用房在上海张江高新青浦园区内交付使用。这些“打印”的建筑墙体是由建筑垃圾制成的特殊“油墨”，按照计算机设计图纸和方案，经一台大型 3D 打印机层层叠加喷制而成，整个建筑过程仅花费 24h。2014 年 9 月 5 日，世界各地的建筑师们为打造全球首款 3D 打印房屋而竞赛，在住房容纳能力和房屋定制方面取得了具有重大意义的突破。在荷兰首都阿姆斯特丹，一个建筑师团队已经开始制造全球首栋 3D 打印房屋——“运河住宅（Canal House）”，此建筑由 13 间房屋组成，采用的建筑材料为可再生生物基材料。在建中的“运河住宅”已成为公共博物馆，美国前总统奥巴马曾到此处参观。荷兰一家建筑工作室（DUS）的建筑师汉斯·韦尔默朗（Hans Vermeulen）在接受商业智能（Business Intelligence，BI）采访时表示，他们的主要目标是“能够提供定制的房屋”。2015 年 7 月，由 3D 打印的模块新材料别墅现身西安，建造方仅用三个小时便完成了别墅的搭建。据建造方介绍，这座三个小时建成的精装别墅，只要摆上家具就能拎包入住。

2015 年，世界上最大的 3D 打印机——“Big Delta”在意大利问世，高 12m、宽 6m，世界先进节能项目（WASP）将其命名为 Big Delta。它由一个直径 6m 的坚固金属架支撑，旋转的喷嘴具有搅拌器的功能，可以均匀打印材料，如图 1.9 所示。此外，该“巨无霸”造房十分迅速，能够提供造型奇特的建筑，这些建筑均独一无二，呈鸟巢状，还可进行组装。该大型 3D 打印机的特点是节能，使用功率低于 100W。Big Delta 使用的是就地取得的环保型材料，如利用黏土、稻草、水等，再用少量化学添加剂进行结构加固来制作砖坯结构[4]。

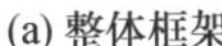

(a) 整体框架

(b) 打印喷头

图 1.9　“Big Delta”3D 打印机

2017 年，同济大学建筑与城市规划学院用 3D 打印完成两座跨度分别为 4m 和 11m 的步行桥，作为第七届“上海数字未来”系列活动中的展览品。桥梁用机器人三维打印实现定制单元的批量化生产，通过定制三维打印模块砌筑方式完成两件三维打印桥梁，来验证三维打印建筑产品的结构稳定性与可靠性。3D 打印桥梁的实现意味着大尺度 3D 打印技术不仅可以用于造型，还可以用于结构构件的实施，尤其是与结构优化设计相结合时，可以高效地完成结构构件打印，这标志着 3D 打印在建筑 3D 打印领域向前迈进了重要的一步。打印这组步行桥耗时 360h，然后运到室外，在一天之内完成了吊装拼接，桥的细节如图 1.10 所示。待该技术成熟之后，一天之内架桥将不再是梦。

(a) 3D打印步行桥台阶的细节

(b) 3D打印步行桥桥身的细节

图 1.10　同济大学的两座 3D 打印步行桥

2017 年，麻省理工学院介导物质实验室（Mediated Matter Lab）发明了一种机械臂式可移动的大型 3D 打印系统，该系统由履带车和长机械臂组成，喷嘴部分可以挤出各种建筑材料，所使用的材料为一种绝缘泡沫，如图 1.11 所示。该打印系统的特点在于可以多个方向自由打印，而不局限于挤出式打印机单一向下的打印方式。使用该打印系统打印一座直径 15m、高度 3.65m 的穹顶建筑，总共耗时 14h。

图 1.11　MIT 开发的 3D 打印建筑物的机器人

1.1.5 3D 打印的发展趋势

美国专门从事增材制造技术咨询服务的 Wohlers 协会在 2013 年度报告中对行业发展情况进行了分析。2012 年增材制造设备与服务全球直接产值 22.04 亿美元，增长率为 28.6%。其中，设备材料产值为 10.03 亿美元，增长 20.3%；服务产值为 12 亿美元，增长 36.6%，服务产值相对于设备材料增长更快。在增材制造应用方面，消费商品和电子领域仍占主导地位，但比率从 23.7% 下降至 21.8%；机动车领域从 19.1% 下降至 18.6%；研究机构为 6.8%；医学和牙科领域从 13.6% 增加到 16.4%；工业设备领域为 13.4 %；航空航天领域从 9.9% 增加到 10.2%。在过去的几年中，航空器制造和医学应用是增长最快的应用领域。目前美国设备拥有量占全球的 38%，中国继日本和德国之后，以约 9% 的拥有量占据第四位。在设备产量方面，美国 3D 打印设备产量最高，占世界的 71%；欧洲和以色列分别以 12%、10% 位居第二和第三；而中国设备产量占 4%[5]。根据 Wohlers 在 2014 年公布的数据，3D 打印在全球范围内的产业规模预计将从 2013 年的 30.7 亿美元增长至 2018 年的 128 亿美元，到 2020 年，全球规模将超过 210 亿美元。如图 1.12 所示为 3D 打印市场分析。

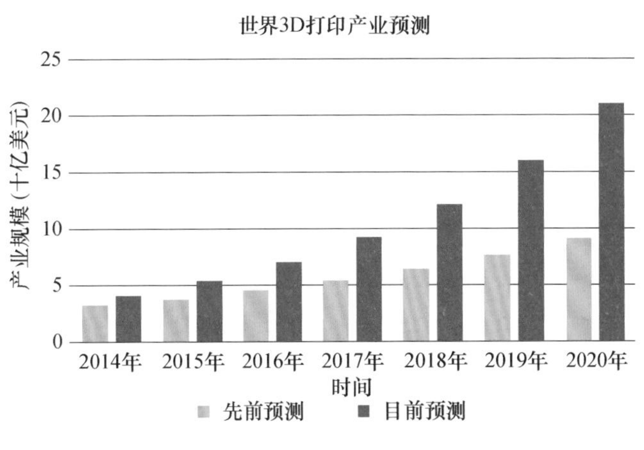

图 1.12 3D 打印市场分析

2012 年 3 月 9 日，美国前任总统奥巴马提出发展美国振兴制造业计划，向美国国会提出“制造创新国家网络（National Network of Manufacturing Innovation，NNMI)”，其目的在于夺回制造业霸主地位，以一半的时间和费用完成产品开发，实现在美国设计和制造，使更多美国人返回工作岗位，构建持续发展的美国经济。为此，奥巴马政府启动首个项目“增材制造”，初期政府投资 3000 万美元，企业配套 4000 万美元，由国防部牵头，制造企业、大学院校及非营利组织参与研发新的增材制造技术与产品，将美国打造成全球优秀的增材制造中心，架起“基础研究与产品研发”之间的纽带。美国政府已将增材制造技术作为国家制造业发展的首要战略任务并给予支持。

3D 打印在各行各业均已取得广泛应用，其中机械制造领域的应用占比较大，约为 31.7%；其次是消费品行业，占 18.4% 左右。如图 1.13 所示。

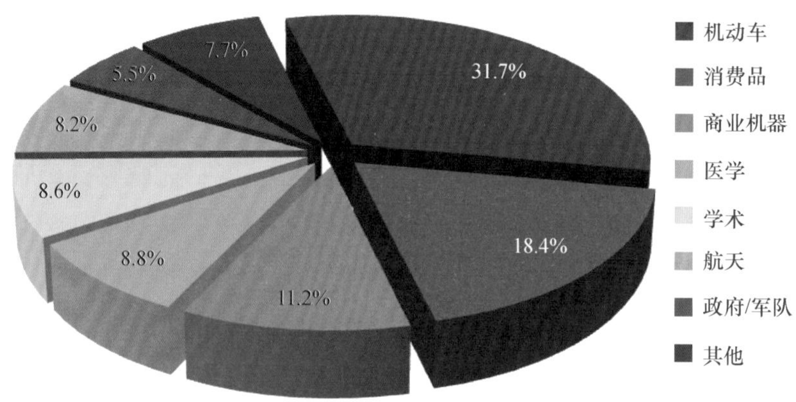

图 1. 13　3D 打印行业发展应用统计分析

3D 打印产业的发展呈现以下特点：

1）增材制造产业不断壮大

在快速成型企业中正在进行公司间的合并，兼并对象主要是设备供应商、服务供应商及其他相关公司。其中最引人注目的是 Z Corporation 公司被 3D Systems 公司收购，以及 Stratasys 公司与 Objet 公司合并。英国达尔康公司（Delcam）收购了快速成型软件公司 Fabbify Software 公司（德国）的一部分。据预计，Fabbify Software 会在 Delcam 的设计及制造软件里增添快速成型应用项。3D Systems 公司购买了参数化计算机辅助设计（Computer Aided Design，CAD）软件公司 Alibre 公司，以实现 CAD 和 3D 打印的捆绑。2011 年 11 月，EOS 公司（德国）宣布公司已经安装超过 1000 台激光烧结成型机。11 月初，3D Systems 公司宣布收购亨茨曼公司（Huntsman）与光敏聚合物及数字快速成型机相关的资产；随后又宣布兼并 3D 打印机制造商 Z Corporation 公司，此次兼并共花费 1. 52 亿美元。

2）新材料新器件不断出现

Objet 公司研制了一种类 ABS 的可打印塑料材料及一种名为 VeroClear 的清晰透明材料。3D Systems 公司也发布了一种名为 Accura CastPro 的新材料，该材料可用于制作熔模铸造模型。同期，Solidscape 公司也发布了一种可使蜡模铸造铸模更耐用的新型材料——plusCAST。2011 年 8 月，Kelyniam Global 宣布他们正在制作聚醚醚酮（Poly-Ether-Ether-

Ketone，PEEK）颅骨植入物，利用 CT 或 MRI 数据制作的光固化头骨模型可以协助医生进行术前规划，并在制作规划的同时加工 PEEK 材料植入物。据估计，这种方法可将手术时间减少 85%。2011 年 6 月，Optomec 公司发布了一种可用于 3D 打印及保形电子的新型大面积气溶胶喷射打印头，此公司虽以生产透镜设备为快速成型行业所熟知，但它的气溶胶喷射打印却隶属于美国国防部高级研究计划局的介观综合保形电子（Mesoscopic Integrated Conformal Electronics，MICE）计划，该计划的研究成果主要应用于 3D 打印、太阳能电池及显示设备领域。

3）新标准不断更新

2011 年 7 月，ASTM 的快速成型制造技术国际委员会 F42 发布了一种专门的快速成型制造文件 AMF 格式。新格式包含了材质、功能梯度、材料、颜色、曲边三角形及其他 STL 文件格式不支持的信息。同年 10 月，ASTM 与国际标准化组织（International Organization for Standardization，ISO）宣布，ASTM 国际委员会 F42 与 ISO 技术委员会 261 将在快速成型制造领域进行合作，旨在降低重复劳动量。此外，ASTM F42 还发布了关于坐标系统与测试方法的标准术语。

20 世纪 90 年代初以来，在国家科学技术部等多个部门的持续支持下，西安交通大学、华中科技大学、清华大学、北京隆源自动成型系统有限公司等单位在研究典型的成型设备、软件、材料等方面及产业化方面取得了重大进展。随后国内许多高校和研究机构也开展了相关研究，如西北工业大学、北京航空航天大学、华南理工大学、南京航空航天大学、上海交通大学、大连理工大学、中北大学、中国工程物理研究院等单位都做了探索性的研究和应用工作。在此基础之上，我国研发出了一批增材制造装备，在 2000 年初步实现了设备产业化，接近国外产品水平，改变了该类设备依赖进口的局面。在国家和地方的支持下，全国范围内建立了 20 多个服务中心，设备用户遍布医疗、航空航天、汽车、军工、模具、电子电器、造船等行业，推动了我国制造技术的发展。但是由于研发方面的投入不足，产业化技术发展和应用方面仍落后于美国和欧洲国家，因此国内近年增材制造市场的发展不大，主要应用于工业领域，没有在消费品领域形成快速发展的市场。近年来，增材制造技术在美国取得了快速发展，主要引领要素是低成本 3D 打印设备社会化应用和金属零件直接制造技术在工业界的应用。我国某些金属零件直接制造技术研究与应用也达到了国际领先水平，例如北京航空航天大学、西北工业大学和中航工业北京航空制造工程研究所将制造的大尺寸金属零件应用于新型飞机的研制过程，显著提高了飞机研制速度。

在技术研发方面，我国增材制造装备的部分技术水平与国外先进水平相当，但在关键器件、成型材料、智能化控制和应用范围等方面较国外先进水平落后。我国增材制造技术主要应用于模型制作，在高性能终端零部件直接制造方面还存在很大提升空间。例如，在增材的基础理论与成型微观机理研究方面，我国仅在一些局部点开展相关研究，而国外研究得更基础、更系统、更深入；在工艺技术研究方面，国外是基于理论基础的工艺控制，而我国则更多依赖于经验和反复的试验验证，导致我国增材制造工艺关键技术整体上落后于国外先进水平；在材料的基础研究、材料的制备工艺及产业化方面，与国外相比存在相当大的差距；部分增材制造工艺装备国内均有研制，但在智能化程度方面与国外先进水平相比还有差距；我国大部分增材制造装备的核心元器件获取途径还主要依靠进口。

1.2 3D 打印技术的分类

3D 打印在原型与模型的开发制作方面具有易于产品生产、制作效率高和个性化定制等优势[6,7]。自 1986 年 Charles Hull 发明第一台 3D 打印机以来，3D 打印技术被广泛应用于工业设计、制造、生物工程、汽车工程、航空航天工程、食品加工、建筑和建造等领域[8-11]，如放电加工电极、电子开关、建筑模型、骨组织结构支架等均可通过 3D 打印机制造[12,13]。近 30 年来，随着国内众多科研单位的不断创新和探索，中国已逐步成为最具潜力的 3D 打印市场之一，易观智库借助大数据对中国 3D 打印市场进行了分析并建立了 AMC 应用成熟度曲线模型，如图 1.14 所示。

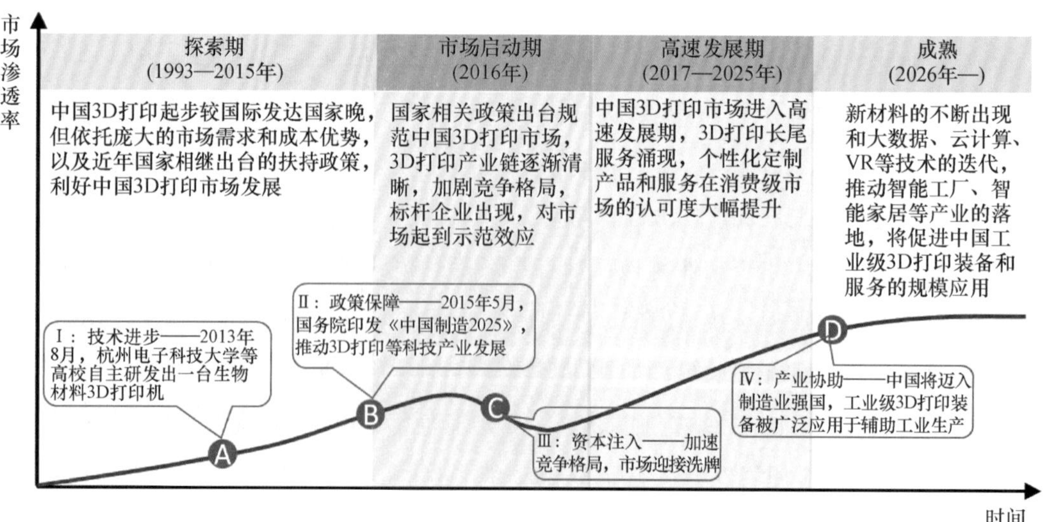

图 1.14　中国 3D 打印市场 AMC 模型（易观智库）

3D 打印技术为生产各种复杂、高度精细化结构提供了一种创新高效的方法。Goyanes 等[14]通过应用 FDM 技术打印出了含一定剂量药物、可供患者食用的药片，最小打印结构为 0.1mm。中国矿业大学（北京）的鞠杨教授等[15]通过应用多喷射打印技术（Polyjet Printing）制作了透明的非均质工程地质模型，该打印技术可实现 10 ~ 50 μm 高分辨率。Hsu 等[16]通过喷墨打印技术（Inkjet Printing）成功制造出了放电加工电极（Electrical Discharge Machining，EDM），其使用的打印材料为石膏粉，打印精度达 0.1 mm。北京化工大学的张迪等[18]利用 FDM 技术研制出石墨烯基柔性电路，可以实现直径为 1.75 mm 的石墨烯-聚乳酸复合物原丝的制备。

按照建造方式分类，3D 打印技术大体上可以分为光聚合成型、熔融沉积型和颗粒物成型三类，打印材料可以为液体材料（光敏聚合物、丙烯酸树脂、环氧树脂等）、固体材料（热塑性塑料、金属合金、橡胶等）和粉末材料（石膏粉、金属粉末、陶瓷粉末等）[17,18]。多种多样的工业级 3D 打印机已经实现商业化，应用 3D 打印技术几乎可以建造任何复杂、高度精细化的三维模型[19,20]。历经 30 多年的发展，3D 打印的工艺方法逐渐被发掘，从最早的光固化成型技术到后来的熔融沉积制造、选择性激光烧结等，新工艺和新材料不断呈现。主流的 3D 打印技术有以下 5 种：选择性激光烧结（Selected Laser Sintering，SLS）、光固化成型（Stereo Lithography Apparatus，SLA）、熔融沉积制造（Fused Deposition Modeling，FDM）、分层实体制造（Laminated Object Manufacturing，LOM）、三维印刷（Three-Dimensional Printing，3DP）等。具体分类如图 1.15 所示。

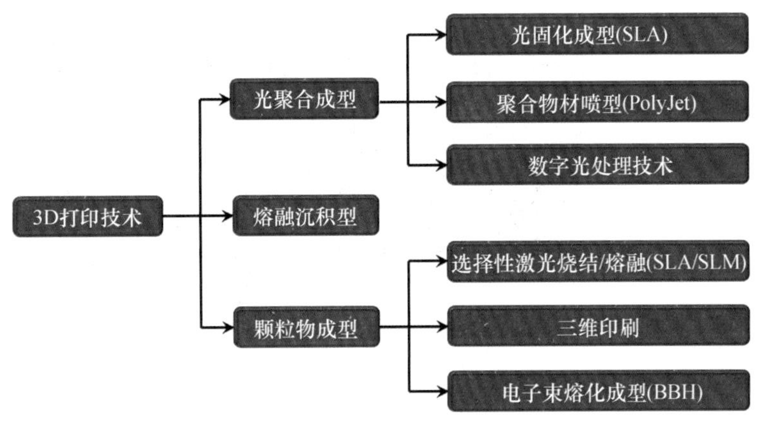

图 1.15　3D 打印分类

1.2.1 选择性激光烧结技术

1）选择性激光烧结的工艺原理

SLS 由美国德克萨斯大学奥斯汀分校的 Dechard 于 1989 年研制成功，其采用红外激光器作能源，使用的造型材料多为粉末材料，如尼龙、蜡、ABS、树脂裹覆砂（覆膜砂）、聚碳酸酯、金属和陶瓷粉末等。SLS 工艺的工作原理如图 1.16 所示，其属于一种由离散点逐层堆积成三维实体的工艺方法，成型过程可分为在计算机上的离散过程和在成型机上的堆积过程。打印过程中，首先铺设一层粉末材料（塑料粉、陶瓷与粘结剂的混合粉、金属与粘结剂的混合粉等），然后用高强度 CO_2 激光器在刚铺的新层上扫描出模型截面；材料粉末在高强度激光照射下被烧结在一起，得到模型截面，并与下面已成型部分粘结；当一层截面烧结完成后，送料筒上升，铺粉滚筒移动，在工作平台铺一层粉末材料，再次选择性地烧结下层截面，一层完成后再进行下一层烧结，如此循环，最终形成三维模型。全部烧结之后去掉多余粉末，即可得到烧结好的零件。而粉床上未被烧结部分可作为烧结部分的支撑结构，因此无须考虑支撑系统。

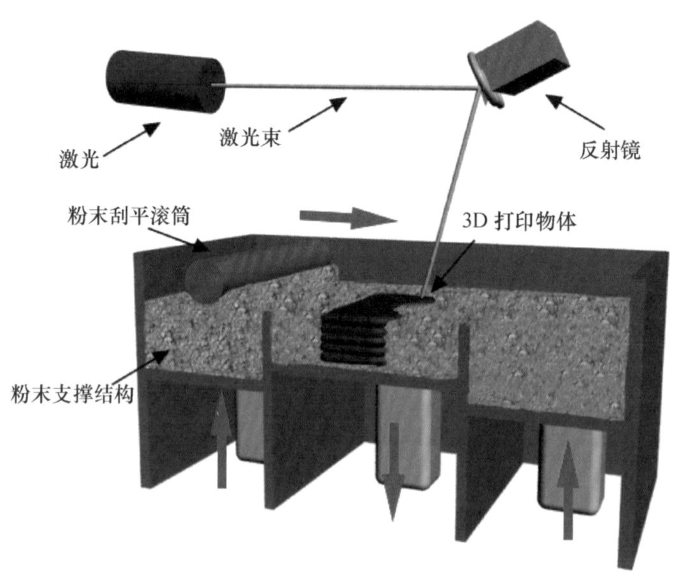

图 1.16 SLS 工艺工作原理

SLS 加工过程十分复杂，影响成型工艺的因素很多，主要包括 3D 打印机设备参数、打印材料性能参数、前期处理参数和加工工艺参数，这些因素都将对成型过程产生影响。SLS 工艺主要应用于铸造业，并且可以用来直接制作快速模具，应用实例如图 1.17 所示。

(a) 汽车离合器壳铸件

(b) 发动机缸体铸件

图 1.17 SLS 工艺应用实例

2）选择性激光烧结使用的材料

SLS 以粉末作为烧结材料，来源较为广泛。目前，研究比较多的烧结材料有尼龙、金属粉末、陶瓷粉末、纳米复合材料等。其中，若尼龙作为烧结材料，一般直接进行激光烧结，烧结后的制品无须做后续处理，但是尼龙在烧结时收缩率大，会导致成型尺寸精度差，为了改善尼龙粉末的成型性能，国内外学者也进行了尼龙基的聚合物复合材料的研发；金属粉末材料可以是单一成分、多组元或者按一定比例与有机粘结剂混合均匀，烧结后的原型件均需进行后处理来提高其综合性能。

3）选择性激光烧结的优缺点

SLS 工艺的优点：无需模具，可直接制造结构零件，制作周期缩短；烧结材料来源广泛，从理论上来讲，任何加热时能够粘结在一起的粉末材料都可以用于该技术；SLS 工艺复杂、材料利用率高，未烧结的粉末可重复使用，从而降低了成本；加工过程中未扫描的粉末材料填充在零件空腔，可自动作为支撑系统。

SLS 工艺的缺点：粉末材料选择性烧结工艺适合成型中小构件，零件的翘曲变形比液态光敏树脂选择性固化工艺要小，但这种工艺仍需对整个截面进行扫描和烧结，加上工作室需要升温和冷却，成型时间较长；在烧结陶瓷、金属与粘结剂的混合粉并且得到原型零件后，须将它置于加热炉中，烧掉其中的粘结剂，并在孔隙中渗入填充物，后处理复杂；由于可采用各种不同成分的金属粉末进行烧结、渗铜等后处理，因此产品的机械性能与金属零件相近，但成型表面较粗糙，并且渗铜等工艺复杂，所以有待进一步提高。

1.2.2 光固化成型技术

1）光固化成型的工艺原理

光固化成型工艺也称为立体光刻成型工艺，是最早发展起来的快速成型技术。其工作原理是用特定波长与强度的激光聚焦到光固化材料表面，使光固化材料发生聚合反应并且完成固化，使之按由点到线、由线到面的顺序凝固，从而完成一个层面的绘制工作，然后升降台在垂直方向移动一个层片的高度，进行另一个层面的固化，这样层层叠加便完成了一个三维实体的打印工作，如图1.18所示。具体打印流程为：首先将树脂槽内盛满液态光敏材料，在计算机控制下激光束沿既定零件截面的相关区域液面进行扫描，被扫描区域的光敏材料发生固化，从而得到该截面的一层薄片；然后树脂槽内部升降台沿 Z 轴下降一定高度，再次进行扫描固化，如此反复，直到整个产品成型；最后升降台升出液态光敏材料表面，取出工件，进行相关后处理，得到最终产品。SLA 工艺在航空航天领域、汽车领域、模具制造、电器和铸造领域均有较为重要的应用，应用实例如图1.19所示。

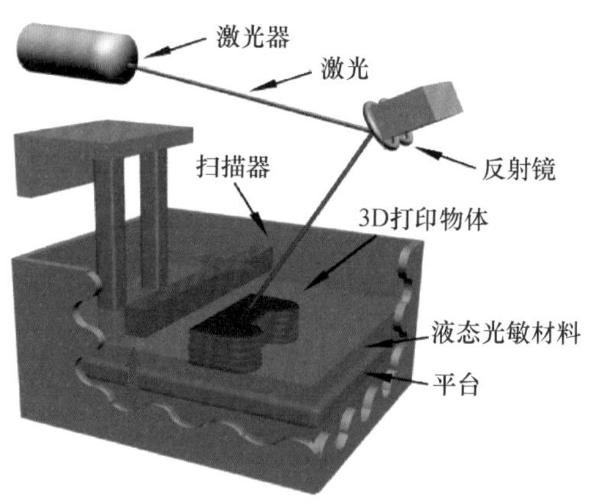

图1.18 SLA 工艺的工作原理

(a) 熔模模型

(b) 发动机关键零件

图1.19 SLA 工艺应用实例

2）光固化成型使用的材料

用于光固化成型的材料为液态光敏树脂，主要由齐聚物、光引发剂、活性稀释剂及各种各样的添加剂组成。其中，齐聚物分子末端具有进行光固化反应的活性基团，一经引发聚合即可实现迅速固化；光引发剂是外界能量与光敏树脂反应的转化载体；活性稀释剂可以调整整个体系的黏度，决定了光敏树脂的加工性能；添加剂对提高产品质量也有一定作用，如颜料、填料、消泡剂等。

3）光固化成型的优缺点

SLA 工艺的优点：光固化成型法是最早发展起来的快速成型技术，经过时间的检验与多年的发展，成型精度更高；加工速度快，产品生产周期短，无需切削工具与模具，材料利用率高；可以制作任意复杂结构的零件；为试验提供试样，可对计算机仿真计算的结果进行验证与校核。

SLA 工艺的缺点：造价高昂，使用和维护成本较高；液态树脂需要避光保护，对工作环境要求苛刻；成型件多为树脂类；强度、刚度、耐热性有限，不利于长时间保存。

1.2.3 熔融沉积成型技术

1）熔融沉积成型的工艺原理

FDM 由美国学者 Scott Crump 于 1988 年研制成功，其工作原理是采用低熔点丝状材料，通过加热腔加热至熔融态，并由带有一个微细喷嘴的喷头挤出，经过挤压，将材料按照一定运动规律均匀地填充模型切片截面，覆盖于制作面板或者已建造零件之上，并在短时间内迅速凝固，每完成一层成型，工作台便下降一层高度，如此反复逐层沉积，建造出最终三维模型，如图 1.20 所示。FDM 成型中，每一个层片都是在上一层的基础上进行堆积，上一层对当前层起到定位和支撑的作用。随着高度的增加，层片轮廓的面积和形状都会发生变化，当形状发生较大的变化时，上层轮廓就不能给当前层提供充分的定位和支撑作用，这时就需要设计一些辅助结构以保证成型过程的顺利实现。因此，FDM 工艺使用的材料分为两部分：一类是用于建造实体模型的成型材料；另一类是用于支撑制件的支撑材料。FDM 技术在汽车工业、航空航天、工业设计、医疗卫生、教育教学等领域均得到了广泛应用，应用实例如图 1.21 所示。

2）熔融沉积成型使用的材料

FDM 工艺的成型材料主要为热塑性材料，目前市场上主要包括 ABS（具有强度高、韧性好、稳定性高的特点，是一种用途极广的工程塑料）、PLA（聚乳酸，一种新型的生

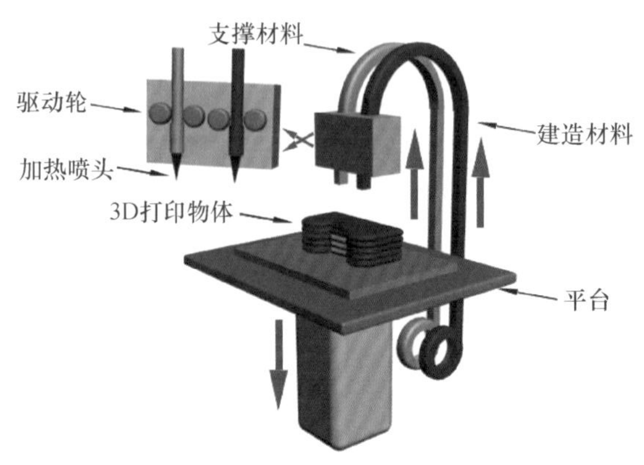

图 1.20　FDM 工艺工作原理

(a) 建筑模型

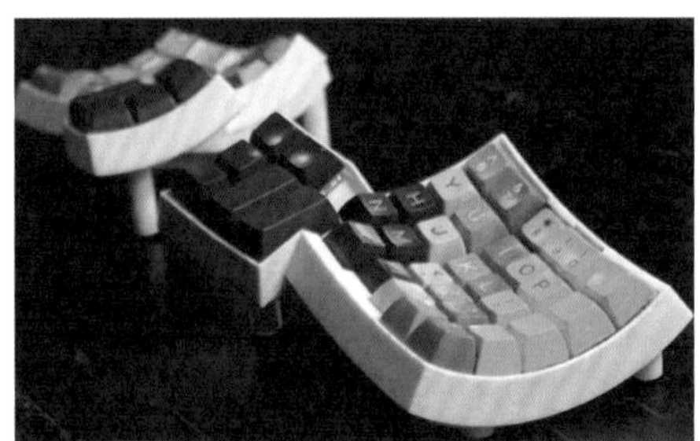

(b) 键盘

图 1.21　FDM 工艺应用实例

物基及可再生生物降解材料，热稳定性好，有良好的抗溶剂性）、PC（聚碳酸酯，具有耐冲击、韧性高、耐热性好且透光性好的特点）、合成橡胶等。FDM 工艺对成型材料的要求是熔融温度低、黏度低、粘结性好、收缩率小。

FDM 工艺的支撑材料有两种类型：一种是剥离性支撑，需要手动剥离零件表面的支撑，应与成型材料之间形成较弱的粘结力；另一种是水溶性支撑，要保证良好的水溶性，应能在一定时间内溶于碱性水溶液。

3）熔融沉积成型的优缺点

FDM 工艺的优点：维护成本低，系统运行安全；成型材料广泛，原材料的利用率高且寿命长；在整个打印过程中不涉及高温、高压，无有毒物质排放，对环境污染小；可以成型任意复杂程度的零件，常用于复杂的内腔、孔等零件的建造；设备、材料体积较小，便于搬运；支撑去除简单，无须化学清洗，分离容易。

FDM 工艺的缺点：打印时间长，需按横截面形状逐步打印，成型过程中受到一定的限制，制作时间长，不适于制造大型物件；由于分层沉积，层的边缘容易出现“台阶效应”，成型件的表面有较明显的条纹；需设计、制作并且拆除支撑结构；受工艺和材料限制，打印物品的性能强度低，尤其是沿 Z 轴方向的材料强度比较弱。

1.2.4 分层实体制造技术

1）分层实体制造的工艺原理

LOM 工艺由美国 Helisys 公司的 Michael Feygin 于 1986 年研制成功，以片材作为原材料，如纸、塑料薄膜等。其工作原理是由模型横截面数据生成切割截面轮廓的轨迹，并生成激光束扫描切割控制指令；加工时，材料送进机构，将底面涂有热熔胶的片材送至工作区域上方，热压辊热压片材，使材料上下粘接；激光器对刚粘接的新层进行轮廓切割，同时将非模型实体区域切割成网格；然后工作台带动已成型的工件下降，材料传送机构继续送入一层纸，用热压辊滚压使其与底层粘牢，再在新层上切割截面轮廓，不断重复此过程，直至得到分层制造的实体零件，如图 1.22 所示。LOM 技术作为一种快速、高效及低成本的 RP 系统，在汽车、航空航天、通信电子领域及日用消费品、制鞋、运动器械等行业得到广泛的应用，应用实例如图 1.23 所示。

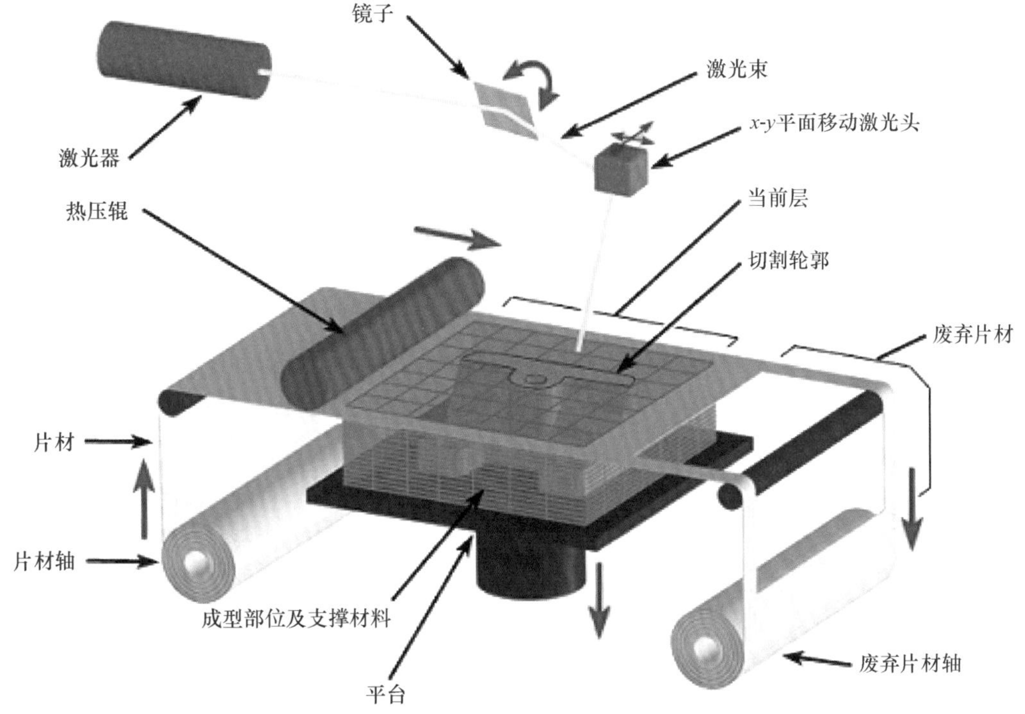

图 1.22 LOM 工艺的应用实例

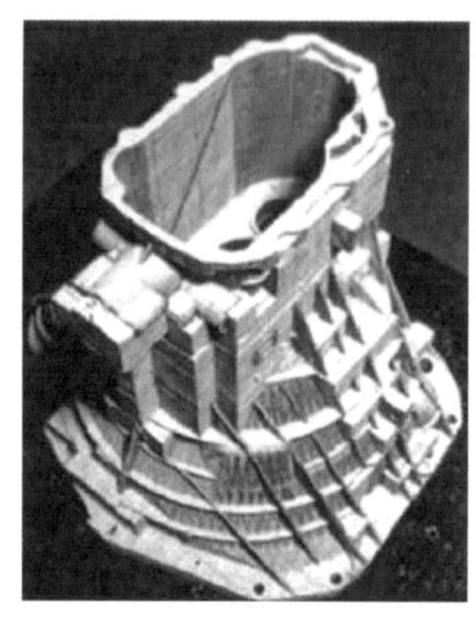

图 1. 23　LOM 工艺的应用实例

2）分层实体制造的优缺点

LOM 工艺的优点：LOM 技术具有精度高、成本低的特点，特别适合于中、大型制件的快速成型；无须后固化处理过程；无须设计和制作支撑结构；由于只需要使用激光束沿物体的轮廓进行切割，无须扫描整个断面，所以成型速度很快。

LOM 工艺的缺点：原型表面有台阶纹理，难以构建形状精细、多曲面的零件；不能直接制作塑料原型；原型的抗拉强度和弹性不够好；易吸湿膨胀，需做表面防潮处理。

1. 2. 5　三维印刷技术

1）三维印刷工艺的工作原理

3DP 工艺是美国麻省理工学院 Emanual Sachs 等人研制的。与 SLS 工艺类似，3DP 也是通过将粉末粘结成整体来制作零部件，所不同的是，材料粉末不是通过激光烧结连接起来的，而是通过喷头喷出的粘结剂。其供料方式与 SLS 一样，通过水平压辊将粉末平铺于打印平台之上；然后将带有颜色的胶水通过加压的方式输送到打印头存储，系统会根据三维模型的颜色将彩色胶水进行混合，并按照建造截面的成型数据有选择地喷射在粉末平面上，粉末遇胶水后会粘结为实体。一层粘结完成后，打印平台下降，水平压辊再次将粉末铺平，开始新一层的粘结，如此反复层层打印，直至整个模型粘结完毕。未被喷射粘结剂的地方为干粉，在成型过程中起支撑作用，打印完成后，回收未粘结的粉末，吹净模型表面的粉末，如图 1. 24 所示。3DP 工艺适合成型小件，可用于打印概念模型、彩色模型、教学模型和铸造用的石膏原型，还可用于加工颅骨模型，方便医生进行病情分析和手术预演，应用实例如图 1. 25 所示。

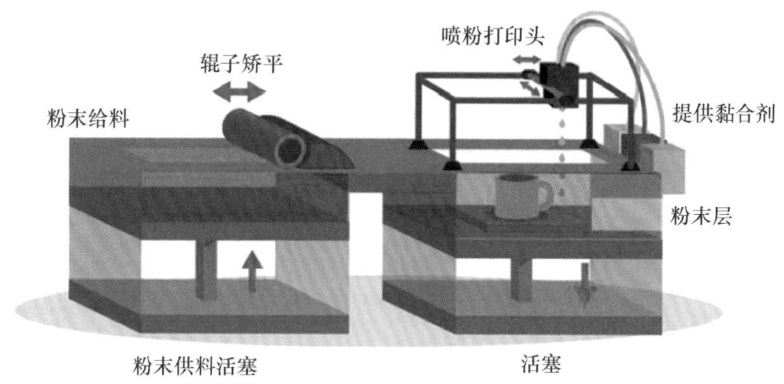

图 1.24 3DP 工艺的工作原理

(a) 金属零部件

(b) 全彩建筑模型

图 1.25 3DP 工艺的应用实例

2）三维印刷的优缺点

3DP 工艺的优点：成型速度快，成型材料价格低；可以制作彩色原型；粉末在成型过程中起支撑作用，且成型结束后，比较容易去除。

3DP 工艺的缺点：强度较低，只能做概念型模型，而不能做功能性试验；模型精度较低，表面相对粗糙。

1.2.6 其他工业级 3D 打印技术

除了上述几种比较成熟的技术外，许多其他技术也已经开始实用化，如连续液体界面制造、激光近净成型、电子束熔丝沉积成型等技术。

1）连续液体界面制造技术

美国北卡罗来纳大学的 DeSimone 教授带领的团队开发出了一种改进的 3D 打印技术，

称为“连续液体界面制造”（Continuous Liquid Interface Production，CLIP）技术，CLIP 技术基于主流的 SLA 技术，采用紫外线照射光敏树脂，使液体树脂聚合为固体，从而打印成型，如图 1.26 所示。但传统的 SLA 技术的打印速度受固化树脂的粘连效应限制，而改进的 CLIP 技术采用聚四氟乙烯作为透光底板，这种材料不仅可以透光还可以透过氧气，氧气是光敏树脂的阻聚物，可以在底板和固化树脂底部之间形成一层很薄的不能被固化的区域，通过特殊的精确控制技术，让需要固化的部分固化，不需要固化的部分通过氧气阻止，从而加快了打印进程。这种技术可将传统的 3D 打印速度提高数十倍甚至 100 倍，将为 3D 打印的应用带来巨大进展。目前该技术已经使用多种树脂材料制作出适用于不同场合的耐用品，如使用阻热硬树脂来打印汽车外部零件，使用柔软且弹性强的生物可降解树脂来制造心脏支架等医疗器械等。

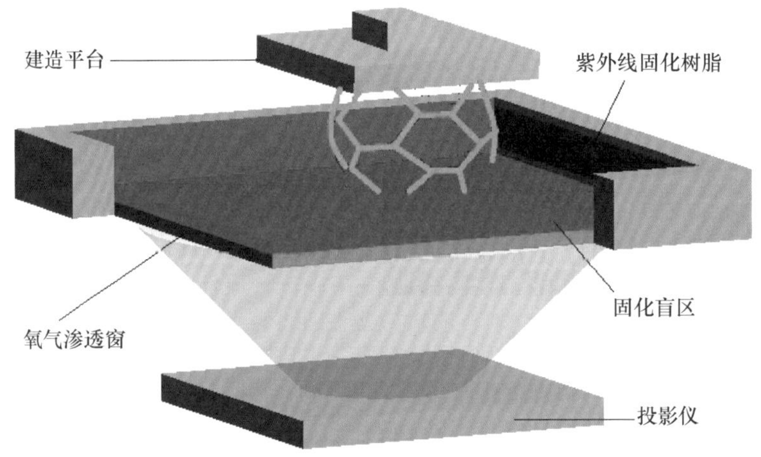

图 1.26　连续液体界面制造技术的工作原理

2）激光近净成型技术

激光近净成型技术（Laser Engineered Net Shaping ，LENS）由美国桑迪亚国家实验室（Sandia National Laboratory）于 20 世纪 90 年代研制，随后美国 Optomec 公司对其进行商业开发和推广。

LENS 技术综合了激光熔覆与快速成型两项技术的优点，属于一种全新的生产技术。由激光在沉积区域产生熔池并高速移动，材料以粉末或丝状直接送入高温熔区，熔化后根据扫描路线进行熔覆，得到熔覆层，然后激光束沿着垂直方向抬升一定的高度，在前一层的基础上叠加形成后续熔覆层，如此循环直至最终模型的制造完成。LENS 技术可以实现金属零件的无模制造，节约成本，缩短生产周期；同时解决了复杂曲面零部件在传统制造工艺中存在的切削加工困难、材料去除量大、刀具磨损严重等一系列问题。但是粉末材料的利用率较低，成型过程中热应力大，成型件容易开裂，影响零件的质量和力学性能；直接制造的功能件的尺寸精度较差、表面较粗糙，往往需要后续加工才能满足使用要求。LENS 技术主要应用于航空航天、汽车、船舶等领域，用于制造或修复航空发动机、重型燃气轮机的叶轮叶片及轻量化的汽车零部件等，技术原理及应用实例如图 1. 27 和图 1. 28 所示。

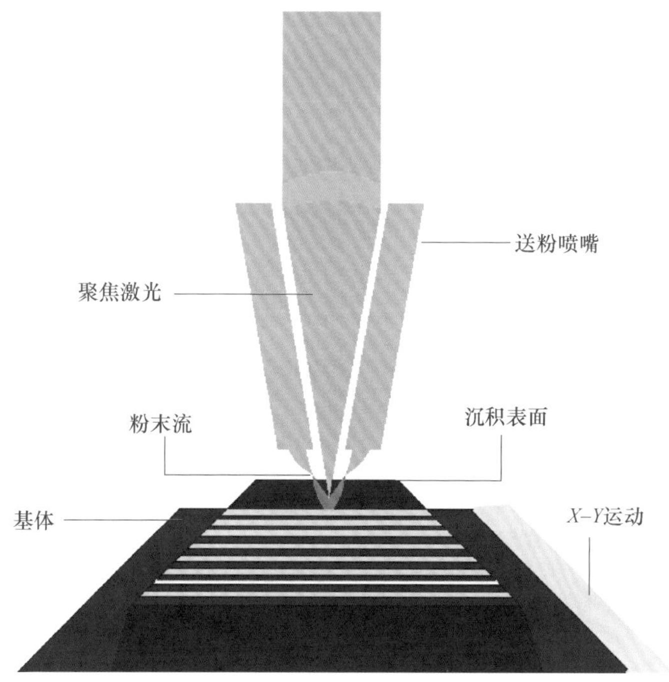

图 1. 27　LENS 技术的工作原理图

图 1. 28　LENS 工艺的应用实例[40]

1.3 本章小结

本章总结归纳了3D打印的基本概念、优势特点、发展历程、应用领域及发展趋势等。这种先进的制造技术可以单过程、快速地制造任意复杂形状的三维物体结构。3D打印技术以跨尺度、多材料、效率高、精度高等优势在多种行业和领域已取得显著的发展及应用。本章着重介绍了选择性激光烧结、光固化成型、熔融沉积成型、分层实体制造及三维印刷5种常用3D打印工艺的基本工作原理、成型工艺、材料特性等内容，也对其他工业级3D打印技术进行了简单介绍，同时也指出了各自存在的不足及待改进之处。工业级3D打印技术的基本原理和工艺的解析，在一定程度上为建筑级3D打印技术提供了指引和实践借鉴方向。

3D

第2章

水泥基材料3D打印硬件系统介绍

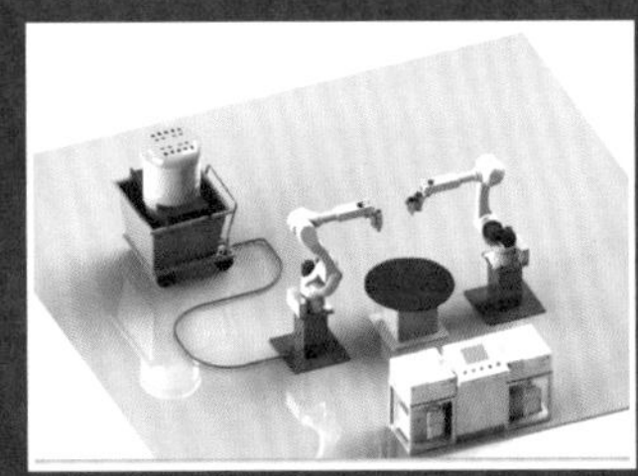

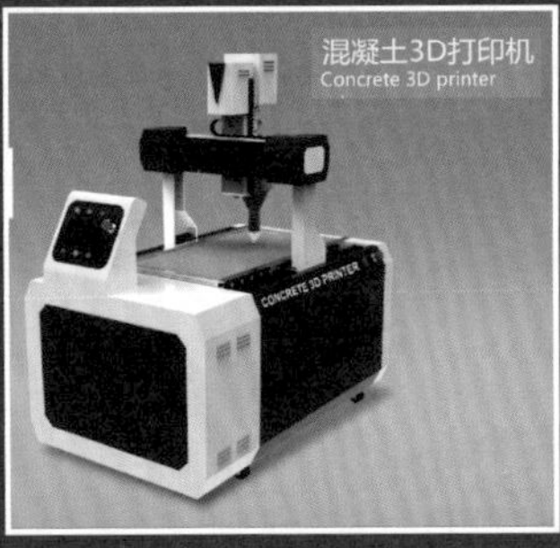

1997 年，Pegna 第一次使用水泥基材料进行增材制造的尝试。首先均匀铺设一层薄细砂，然后使用水泥砂浆选择性粘结某些区域的细砂，然后对该层进行机械按压以提高密实度，逐层重复，直至完成整个混凝土结构构件的制作，最后对制作模型进行蒸汽养护[21]。然而由于某种原因，该项研究未能继续深入开展。众多工程实际案例已经证明了 3D 打印技术在土木建筑领域的可行性及巨大的发展潜力。2012 年，西班牙 Catalonia 高级建筑研究所的 Novikov 等人[22]开发了一种喷射式打印系统，并将其命名为 Stone Spray，该打印系统使用的材料是砂、土及环保粘结剂混合成的胶结材料，然后通过类似于喷射混凝土的方式将所设计的结构建造成型。2013 年，Platt Boyd 等人[23]发明了一种被称作基于细胞建造技术的打印机，相对于其他打印系统，该打印机可以更加快捷有效地进行结构建造。首先在支撑结构上喷射一层绝缘泡沫，然后在外侧喷射一定厚度的混凝土材料，最后混凝土表面可以附着瓷砖等装饰防护结构。建造了一个尺寸为 12m × 12m × 12m 的打印机，该打印机应用一种类似于熔融沉积成型的技术，将半融化的玻璃增强塑料材料逐层挤出累积，直至最终成型[24]。众多专家学者均在尝试着不同类型、不同工艺、不同材料的增材制造方式。到目前为止，技术相对成熟，报道比较广泛的主要是如下 3 种大型的 3D 打印系统。

2.1 D-Shape 3D 打印

2.1.1 D-Shape 打印工艺

2007 年，意大利工程师 Enrico Dini 发明了一种基于粉末材料的大型 3D 打印系统，并将其命名为 D-Shape[25]，该打印系统的建造成型方式是使用无机粘结剂将细砂以 5 ~ 10mm 的厚度粘结成型，并且使用该方式制造出的材料与大理石的物理力学性质相同。该打印机利用含有镁元素的黏合剂将分散的砂土颗粒粘结起来，形成具有类岩石物理力学性质的材料。在 D-Shape 从底部到顶部逐层打印的过程中，每固化一层，后续打印所需要的粉末材料便毫无延时地添加上来，每层的厚度大概为 5 ~ 10mm。据报道，在打印相同大小和形状的结构物时，D-Shape 工艺所耗费的时间仅为传统方法的 1/4。若打印物体结构比较复杂，D-Shape 工艺能体现出比传统工艺更为明显的省时特性。如果采用波特兰水泥建造上凸或下凹结构，传统工艺就比较费时，并且还需人工浇筑及复杂的脚手架等。相比之下，D-Shape 工艺能够轻而易举地完成复杂结构物体的建造，不受几何结构的约束。

与工业级 3D 打印技术中的选择性激光烧结工艺类似，D-Shape 打印过程可概括为粉细砂基层的沉积、基层的分散和抹平、添加黏合剂、形成 5mm 厚的打印层、逐层重复至最终成型，如图 2.1 所示。首先将砂土材料平铺形成合理厚度，然后装有一系列喷头的打印头在数字原型的控制程序驱动下，将液体黏合剂沉积到砂土表面，以达到选择性黏合砂土的目的。与此同时，剩余未被黏合的砂土用于支撑已经黏合完成的结构，这种选择性粘结是逐层进行的。最终打印完成后的固化成型阶段包括移除支撑材料、粘结剂的渗透及抛光三个阶段。将已经打印完成的部分从没有黏合的砂土中取出，而没有黏合的砂土可用于装配制造其他结构物体[26]。

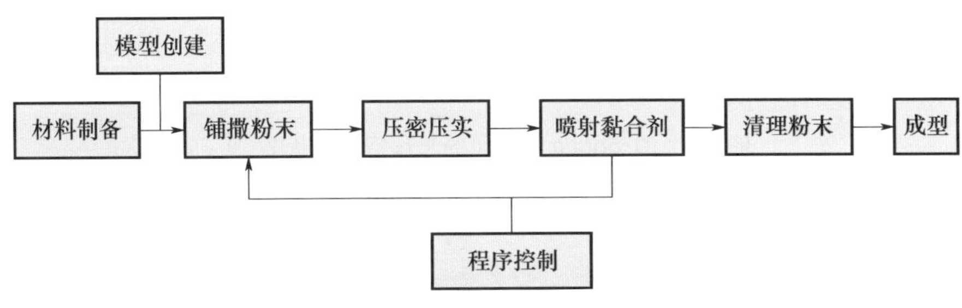

图 2.1　D-Shape 成型建造工艺

2.1.2　D-Shape 打印机

Enrico Dini 设计的 D-Shape 打印机的工作原理和打印设备如图 2.2 和图 2.3 所示。D-Shape 打印机整体框架由 4 根竖直纵梁和 1 个矩形基座组成，基底可以在 4 个步进电机驱动下顺着竖直纵梁沿 Z 轴方向上下移动。D-Shape 的核心是一根并排装配有 300 个微型喷头的水平铝制横梁，水平横梁及微型喷头组成整个打印机的打印头。其中，水平横梁长度为 6m，微型喷头间距为 20mm，打印头以矩形支座为支撑，并可在步进电机控制下沿 X 轴方向自由移动。然而每个微型打印喷头之间存在一定间隔，导致拟打印区域不能连续粘结成型。因此，在打印过程中，水平横梁通过一个增量编码器驱动的交流电活塞实现沿 Y 辅助轴方向的移动。在打印过程中，微型喷头选择性地在预先设定的平面区域内喷射粘结液体，未喷有粘结液体的部分则仍为散砂，如图 2.3（b）所示。粘结液的使用温度为 -10 ~ 60℃。水平横梁具有两个功能，一是作为微型喷头的承载体；二是在每一层开始打印前铺设后续层打印所需的粉末材料。水平横梁底端装配有一个刮刀，可以保证铺设细砂材料的厚度。在下一层粘结液体喷射之前，需借助一组圆柱形滚筒对之前打印层进行压实，压力范围一般为 0.05 ~ 0.5kg/cm^2 （5 ~ 50kPa），然后再选择性地粘结后续一层的细砂，逐层反复至结构最终成型[27]。

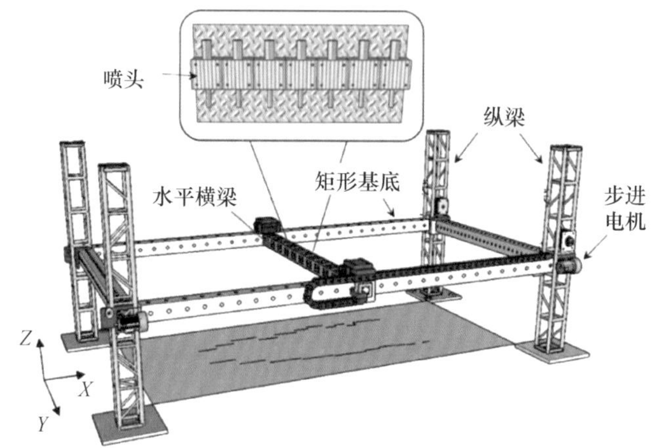

图 2.2　D-Shape 打印机的工作原理示意图[28]

(a) D-Shape打印机的整体视图

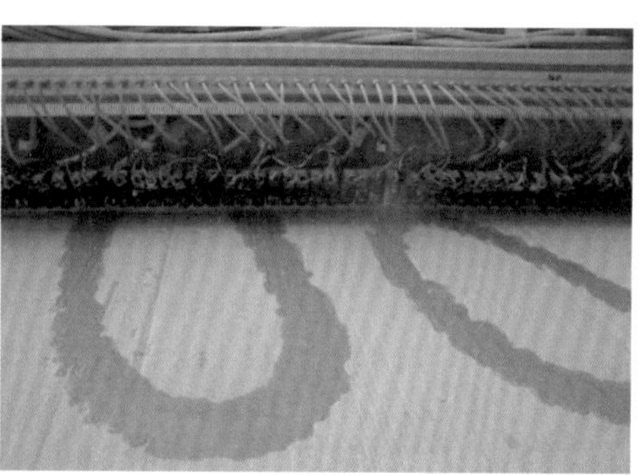

(b) 打印喷头及选择性黏结过程

(c) 微型喷头及黏结剂喷射过程

图 2.3　D-Shape 打印机的打印设备[27]

微型喷头处粘结液的流动速率与液体压力和喷头尺寸有关。公式 2.1 给出了粘结液流出速率 Q（m^3/h）、液体压力 Δp（Pa）及流动常数 k_v 的关系，液体流出速率的合理选定还需考虑液体黏度、细砂粒径和厚度等。

$$Q = k_v \sqrt{\frac{\Delta p}{10}} \tag{2.1}$$

2.1.3 D-Shape 打印实例

在大规模结构打印领域，D-Shape 工艺被证明是一种高效的生产建造工艺。欧洲航天局（European Space Agency，ESA）的一个研究项目通过 D-Shape 工艺将人造月球灰尘成功打印成全尺寸月球基地，但是 D-Shape 工艺打印机如何在月球环境下正常工作仍需试验[27]。研究表明，D-Shape 工艺可用于建造许多军事设施，比如燃料库、军事医院、军事基地等。值得一提的是，D-Shape 工艺建造军事设施的速度比传统方法快[29]。利用 D-Shape 工艺可以打印不同种类的结构物，然后通过机器将这些结构物组装成具有未来主义外观的结构[30]。此外，还有一个项目是尝试使用 D-Shape 工艺来打印一个全尺寸的房屋。采用上述 D-Shape 打印设备和打印流程建造出来的结构物如图 2.4 所示。

(a) 1.6m高的雕塑

(b) 一次建造成型的房屋

图 2.4 D-Shape 设备打印出来的结构物[28]

2017 年 8 月，澳大利亚斯威本科技大学可持续基础设施中心的 Jay Sanjayan 教授研制出了一种新型 3D 打印材料，该材料由硅酸盐水泥和地聚合物黏合材料组成，用于复杂结构的制造，该项技术已获得澳大利亚混凝土研究所（CIA）颁发的“技术与创新卓越奖”。

如图 2.5 所示为采用 3D 打印技术打印的悉尼歌剧院模型。

(a) 地聚合物材料

(b) 水泥基材料

图 2.5　粉末基 3D 打印技术打印的悉尼歌剧院模型

2.2 轮廓工艺3D打印

1998年，美国南加利福尼亚大学的Berokh Khoshnevis教授发明了一种名为“轮廓工艺”的打印方法，该方法后来被成功应用于实际工程建造[31]。轮廓打印由一个起重机驱动控制的喷头连续挤出混凝土材料，逐层堆积进而成型，不需要外部模板支撑。轮廓工艺是计算机控制的大规模自动化建造生产过程，通过其较为优异的表面抹灰功能，能生产精准程度高的光滑平面或任意形式的曲面。轮廓工艺能够提供较好的表面质量、较高的建筑速度，可供选择的建筑材料品种多。“轮廓工艺”3D打印技术，是美国国家航空航天局出资赞助，与美国南加利福尼亚大学合作，并由Berokh Khoshnevis教授担任该项目负责人[31-33]。轮廓工艺能够生产尺寸维度达几米的较大物体，这主要归功于其自由移动的多轴机械手臂。轮廓工艺的工作速度非常快，被证明是一种快速自动化的建造方式[34,35]。虽然轮廓工艺技术还存在一些不足，但它的诞生意味着在这个领域会出现很多新工种。目前，这项技术已获得众多建筑机构和公司的关注。Berokh Khoshnevis教授强调，这项新技术还可以将建筑构件根据需求制成任意形状，并非一定是传统直线形，比如可以让房屋墙面拥有弧形或波浪形的独特外观，既丰富了建筑美感，又能取得经济及环保效益。此外，它还可以在灾区重建、贫民区改造中大显身手。同时，Berokh Khoshnevis教授表示，到2050年，3D打印房屋将成为一种成熟技术，到那时房屋的坚固度将不是首要考虑的问题，现在生产的各种高强度塑料建材保证5～10年的使用寿命是没问题的，而且达到了住房人群的要求，况且由于成本低廉，过几年换一套也完全可行。

2.2.1 轮廓工艺3D打印

据Berokh Khoshnevis介绍，轮廓工艺其实就是一个超级机器人，其外形像一台悬停于建筑物之上的桥式起重机，两边是轨道，中间横梁上安装有打印头，横梁可以上下前后移动，进行X轴和Y轴的打印工作，将房屋一层层打印出来。目前，轮廓工艺3D打印技术已可以使用水泥混凝土作为材料，按照设计图的预先设计，用3D打印机喷嘴喷出高密度、高性能的混凝土，逐层打印出墙壁、隔间及装饰等，再用机械手臂完成整座房屋的基本架构，全程由计算机程序操控。

图 2.6 描述了轮廓工艺打印的基本工作原理，通过一个起重装置牵引打印喷头沿着 X 轴或 Z 轴方向移动，并且两个平行的滑移结构牵引喷头沿着 Y 轴方向移动。轮廓工艺包括挤出和填充过程，如图 2.6 中放大部分所示。在打印喷头上，安装两个泥刀来建造光滑准确的物体表面。根据预先的程序设定，打印喷头首先打印出外部轮廓，然后采用另一种类型的粘结材料来填充外部轮廓形成的内部空间[36]。通过采用具有快速固化特性和低收缩性的材料实现对结构物的快速建造。

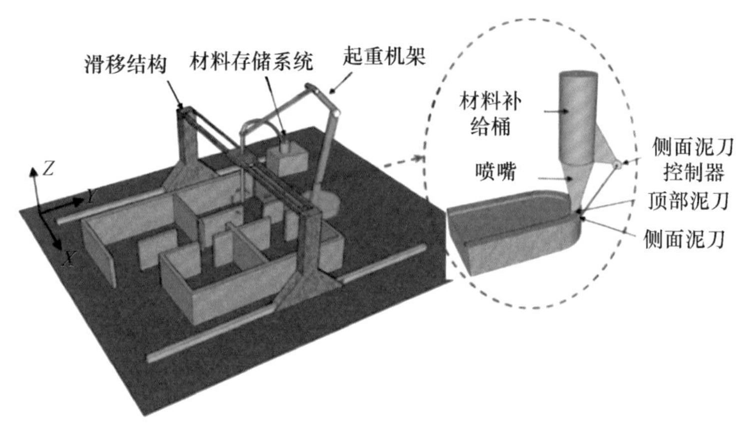

图 2.6　轮廓工艺打印的工作原理示意图

2.2.2　轮廓工艺 3D 打印机

1）机械手臂式轮廓打印

2015 年，美国田纳西州的 Branch 科技公司建造了当时世界上最大的自由式 3D 打印机，并采用载有打印喷头的机械手臂首次成功打造出 3D 打印墙壁。该打印机不同于传统框架式 3D 打印机，其具有更优异的打印速度，而且打印机底端铺设有相应导轨，可以极大提高打印的空间范围，如图 2.7 所示。Branch 科技公司将其发明的 3D 墙体建造技术命名为“蜂窝制造”（Cellular Fabrication，C-Fab），C-Fab 技术给设计者带来了几乎无限的自由度，其使用的打印材料为碳纤维增强塑料。由于该技术建造的并非为实体墙体结构，而是一种内部承重框架结构，因此在强度相同的情况下，3D 墙体的质量比传统混凝土墙要轻。例如，一个 0.68kg 的 3D 打印墙壁可以支撑高达 680kg 的荷载。

图2.7 C-Fab机械臂式3D打印机

6自由度机械臂式打印机装配使用的是一个型号为ABB 6620的工业级6轴机械臂，用以实现空间任意位置的移动和转动，其余硬件部件均是根据需求设计定制的。该打印机主要包括一个搅拌机、一个装配于机械臂上的打印头和两个压力泵，其中一个压力泵用于输送速凝剂，另一个用于输送新拌和的混凝土材料，这三个部件均属于机械臂的附属构件（图2.8）。其中打印喷头的出口直径为20mm，压力泵和打印头都是由一款型号为Arduino Mega 2560的微型控制器控制的。打印喷头可以按照预设打印路径运行，同时微型控制器也可以控制外添加剂用量及使打印机在紧急情况下急停。打印机软件控制使用的是Grasshopper for Rhino 5程序和硬件抽象层HAL的插件[37]。

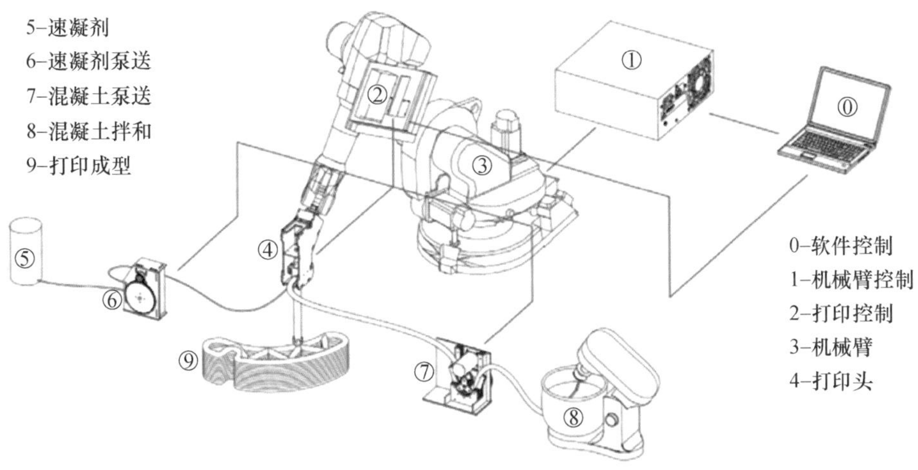

图2.8 6自由度机械臂打印机设计图[37]

3D 打印建造过程由两个步骤组成。首先，预拌混凝土具备泵送条件，即适合的流变学行为、细小颗粒的优化级配、低临界剪切压力和较低的硬化速率。水泥基材料需要保持在剪切搅拌机中，以避免由于触变行为导致凝结。然后利用压力泵将水泥基材料输送到打印头的腔体中，同时泵送进一定量的速凝剂以加速材料在挤出过程中的快速凝结。

轮廓工艺包括了打印材料通过挤出系统挤出喷头的过程。图 2.9（a）是打印喷头将打印材料挤出到设定区域的过程。在轮廓工艺打印系统的初始设定中，喷嘴的 *X-Y-Z* 位置通过龙门机械手控制。随喷嘴沿着结构物墙面移动，打印材料按顺序从喷嘴中挤出，并逐渐被计算机控制的泥刀抹平，保证结构物表面光滑、几何形态准确。图 2.9（b）是 Berokh Khoshnevis 提出的小尺寸轮廓工艺 3D 打印过程中混凝土材料挤出和泥刀抹平的特写镜头。由于轮廓工艺属于高度自动化建造工艺，它能够显著提升结构物建造速度，并减少混凝土材料的浪费。同时轮廓工艺能够增加设计的自由度，设计师们可以设计任何结构复杂的几何构筑物，采用传统建造技术很难制造这种复杂几何结构，但是采用轮廓工艺却可以轻而易举地完成。除了混凝土材料的自动化沉积，轮廓工艺还可以使用任何具有胶结性的增强材料来实现打印过程。

(a) 材料挤出喷头

(b) 材料泥刀抹平结构

图 2.9　轮廓工艺打印系统

轮廓打印依赖于在较大空间范围内操作打印喷嘴和抹平装置，对喷嘴的控制主要依赖于笛卡尔坐标系统。传统轮廓工艺主要采用龙门式起重机控制和操作打印喷嘴，然而当打印的结构物体积较大时，如果仍采用龙门式起重机，则需要一个体积非常庞大的自动起重机，这在实际建造过程中难以实现。并且这样一个操作系统需要非常多的执行器，将会非常庞大和笨重，不利于在施工现场对机械设备进行运输和装配。因此，下面介绍另一种打印喷头控制装置，借助这种装置能够实现较大尺寸构筑物的轮廓打印。

如今，预加工已经被广泛应用于建筑行业，从预制混凝土砌块到无线电塔桁架部分，但是预加工仍然受运输、装配及复杂结构成本的限制。全自动现场施工可以改善诸如以上的困难。MIT推出了一款数字化建造平台系统（Digital Construction Platform，DCP），使用实时环境数据定制建筑规模结构现场制造的自动化建设系统。经过大量论证，本系统可以在现场连续3D打印建筑规模结构，将会带来激动人心的变革。

DCP系统由一只四轴液压悬臂与其端点上一只稍小的六轴电动机械臂组成，与人类肩膀和手部的模型类似，该系统使用大臂进行粗定位，小臂进行精细定位和振动补偿，如图2.10所示。复合臂有两种总体控制模式，第一种是在给定的刀具轨迹段中，电动机械臂和液压悬臂只有一个移动；第二种是电动机械臂和液压悬臂配合同时移动，来满足诸如提升工具路径分辨率的要求。其中第一种已经在工程中大规模应用，第二种仍处于试验阶段。

在ISO 9283—1998《操作型工业机器人——性能标准和测试方法》规定的机器人位姿可重复性检验中，DCP系统用一个5点轨迹来测量1.5m×2m×1.5m的物体，按照标准规定的30次试验中，5点测量得到的平均误差和标准误差都在规定范围之内。在另一个可重复性检验中，DCP系统被用于两个随机选择的并且所有液压升降装置关节都能移动的点之间的运动测试，对每个点的往复运动进行35次测验，每次停止后延迟30s。在AT40GW传感器对的70个端点测量中，平均误差为9.03mm，而标准误差为4.20mm，都在规定的误差范围之中。

喷头系统：由三个子喷头组成，可以将混合后的两种成分喷射到目标表面，喷嘴可以更换为不同的几何形状和口径，使其可以以不同流量喷射出具有不同颜色、形状的结构。在伺服控制阀控制流量的同时，微控制器驱动可以对喷头系统进行手动或自动控制。

传感系统：由被安装在机械臂转轴上的实时激光传感器（Leica AT901）构成，地面高度等实时环境数据经过测量反馈到驱动机械臂上，实时调整机械臂，使打印喷头保持在设定的高度。该系统因其有较高的端点翻转速度而适用于各种极端地表条件。

行走系统：底盘由千斤顶和履带组成，千斤顶可以横向支撑增加系统的稳定性，也可以在狭窄路段收回；履带系统由液压马达和相应电磁阀控制，并且支持手持驱动控制器进行远程控制。同时远程控制系统也能实现现场进行的液压举升装置的独立控制、自动化的机器布置。平台有两种工作模式，一种是边作业边行进，这种模式可以完成更大的工作量，但需要针对全平台运动进行额外规划；另一种是在固定地点作业，当有需求时，平台

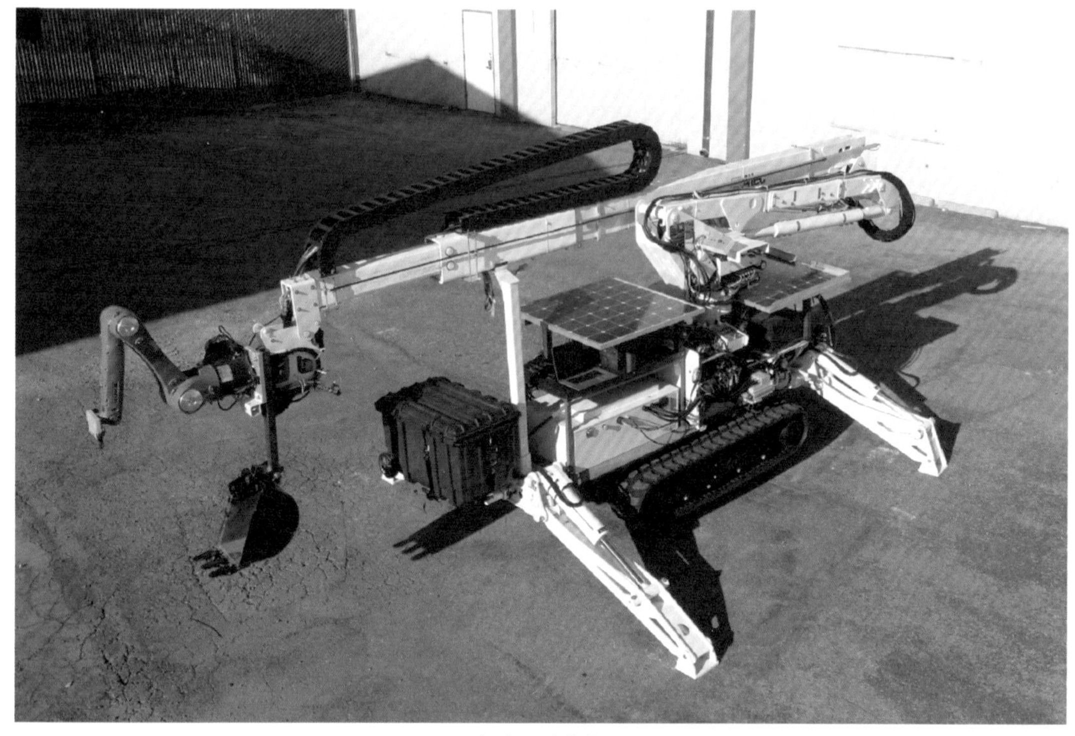

(a) 打印系统整体图

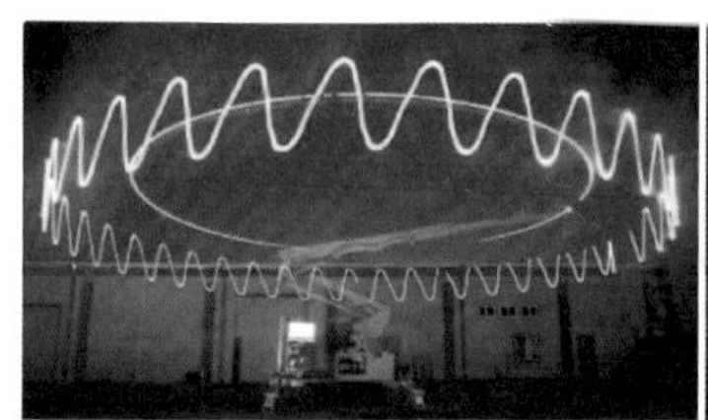

(b) 大臂和小臂配合画出正弦端点轨迹

(c) 小臂的运动范围

(d) 大臂的运动范围

图 2.10　数字化建造平台系统[38]

会移动至其他作业地点。可编程控制平台移动和悬臂梁结构，可以实现改变驱动速度和旋转打印的性能。

材料：与普通挤出式打印技术需要使用高性能混凝土来保证坍落度、流动性和凝固时间不同，DCP 系统采用 PIP 系统——用轮廓打印技术打印出双层轮廓，并在打印好的轮廓中回填任何可浇注的结构材料。此外，PIP 系统也可以直接将组件嵌入结构中，如电线、管道等可以插入中空结构中，然后再进行填充。

2）电缆式轮廓打印

电缆式自动控制系统是一种新型控制器，近年来在较大空间内控制打印喷头的表现和能力引起了各界的广泛关注。此系统形式非常简单，由一系列电缆连接移动平台或末端设备，如图2.11所示。驱动器通过伸长和缩短电缆长度来操作末端设备。除了能够在较大空间内控制打印喷头外，电缆式自动控制系统还具有价格低廉、易于运输、易拆卸和易重新组装等特点，并且应用广泛，包括材料控制、触觉设备等。

图2.11　电缆式自动控制系统

根据电缆控制操作器位置（地点和角度）的自由程度，将电缆式自动控制系统分为两类：第一类为完全控制型，即末端设备完全受给定长度的电缆线控制，适用于高精确度、高速率和高加速度的情况。图2.12是完全控制型电缆式自动控制系统Falcon-7，该系统由一个小型的七线条高速控制器操作，最大加速度可以达到43g；第二类为非完全控制型，有时也被应用于轮廓工艺。但是在较大尺寸结构物的轮廓工艺打印过程中，建议使用完全控制型电缆式自动控制系统。

其实还存在一些其他类型的完全控制型电缆式自动控制系统，但是由于这些控制器的电缆和末端设备仅适用于尺寸较小结构物的轮廓打印工作，因此这些控制系统仅适用于工作空间较小的情况。比如，将图2.12所示的Falcon-7应用于较大规模结构物打印，需要一个较大的末端设备控制条。此外，电缆式自动控制系统经常出现电缆线相互干扰的情况，尤其是电缆线易与附近物体碰撞。此处介绍的自动控制系统能够避免电缆线相互干扰和碰撞，并且适用于较大工作空间的情况。

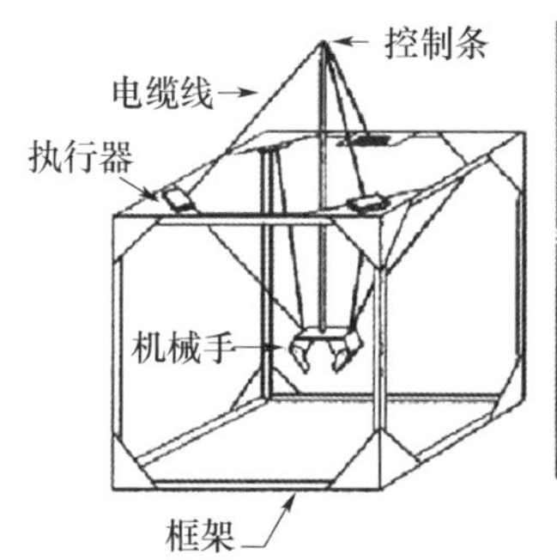

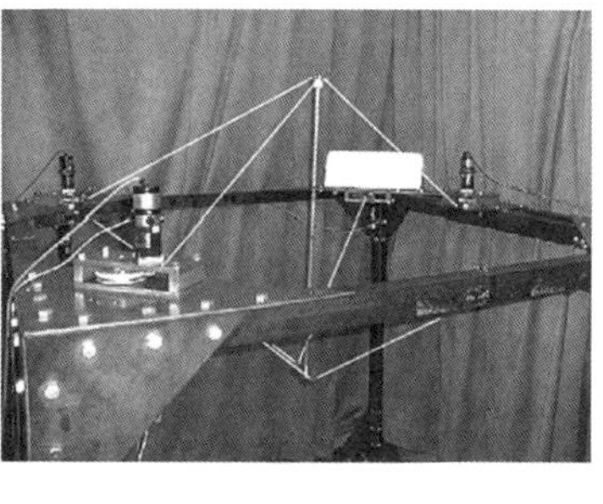

图2.12　完全控制型电缆式自动控制系统Falcon-7

为了完成轮廓打印工艺中对末端设备的控制，顺利进行混凝土砂浆材料的挤出和建造工作，可利用笛卡尔电缆式自动控制系统（Contouring Crafting Cartesian Cable Robot），简称C4自动控制系统，如图2.13（a）所示。C4自动控制系统由一个刚性框架和一个由12条电缆悬挂的末端设备构成，这12条电缆分为上部4条和底部8条。底部8条电缆根据平行原则又被进一步分为4组，两两一组。这样的电缆配置方式是为了更好地控制末端设备在较大工作空间内进行移动。底部电缆长度调节通过安装在框架上的滑轮实现，框架属于桁架结构，便于运输和在施工现场装配。打印设备的框架一定要足够大，能够将结构物围绕在框架内部。底部电缆以与水平框架梁呈45°角的方向安装在横木上，每一条横木的宽度与对应末端设备宽度相同。末端设备包括轮廓打印所需的所有挤出和抹平工具。框架外侧贮存系统内的混凝土砂浆由软管输送到末端设备的示意图如图2.13（b）所示。

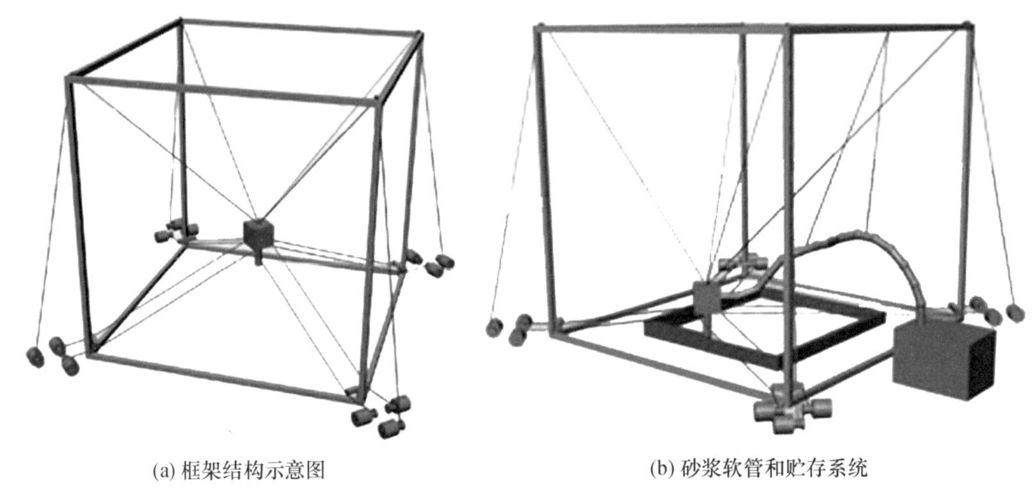

(a) 框架结构示意图　　(b) 砂浆软管和贮存系统

图2.13　笛卡尔电缆式自动控制轮廓工艺

上侧电缆系统的作用在于承载一部分末端设备质量，而底部电缆系统的作用在于按照计算机指令调整末端设备位置。每一组底部电缆具有相同长度，通过驱动器旋转来实现伸长和缩短。这样，每组底部电缆连同横木和末端设备的一个边，构成了一个平行四边形。通过平行四边形边长的伸长或者缩短，来实现对末端设备的位置控制。这不仅简化了控制器的操作方式，而且在很大程度上减小了末端设备移动方式的复杂性。其中，仅三组平行电缆就可以保证末端设备的移动，第四组电缆能够增加控制器的工作空间。

自动控制系统是完全控制型，因此能够按照设定运行并完成工作任务。大部分完全控制型电缆式自动控制系统都存在电缆之间相互干扰的问题。通过优化电缆运行方式，只能避免电缆之间的相互干扰问题，电缆与结构物的碰撞问题仍然难以避免。为解决电缆和结构物的碰撞冲突问题，可以随着打印过程的推进，将横木逐步向上移动。每一条横木都可以独立地沿着竖向框架向上移动，使得控制器能够持续重新配置，避免电缆线与结构物的碰撞冲突。横木的竖向移动可以通过多种方式实现，包括水力活塞、齿轮-链条结构或电缆驱动。通过这样的电缆运行方式，仅通过底部4组8条电缆的伸缩就能实现对末端设备的操作和控制。

2.2.3 轮廓工艺打印实例

Bosscher等[39]在2007年提出了一种依靠具有平移功能的电缆悬浮机器人驱动的可移动轮廓工艺制造平台，研发的轮廓工艺制造系统具有更好的可移植性，并且成本低廉。更为重要的是，这种可移动轮廓工艺制造平台可以建造比其他轮廓工艺尺寸更大的结构物。Zhang等[40]在2013年提出了一种提高轮廓工艺整体生产效率的解决办法，既包括了针对单一喷头轮廓工艺系统的最佳机器控制方案，又包括了针对多喷头轮廓工艺系统的免碰撞操作计划。轮廓工艺已经在原位建筑工程中顺利得到应用，其中较为显著的一个例子就是Andy Rudenko的花园[41]。在这个花园里面建造了一座城堡，所用材料是水泥和砂土的混合物，除了塔顶是单独打印完成后再装配到城堡上面以外，整个建筑的打印过程一气呵成。盈创建筑科技（上海）有限公司在2014年用一个超大3D打印机（150m × 10m × 6.6m）于24h内在上海打印了10栋房屋，每栋房屋（房屋面积200m^2）的建筑材料都是高规格混凝土和玻璃纤维。此后，又建造了最高的3D打印建筑——一栋5层公寓楼和世界上第一幢3D打印的别墅[42]。图2.14为轮廓工艺打印得到的全尺寸建筑物。

2017年8月，迅实科技有限公司在第四届上海国际科普产品博览会展出一座3D打印城堡模型，如图2.15所示。该模型可在无人工参与的情况下完成，使用的是美国南加利福尼亚大学Behrokh Khoshnevis教授发明的轮廓工艺打印技术，仅需一台3D打印机、城堡的设计图和2～3t水泥，用时15h即可完成。

值得一提的是，轮廓工艺不仅可以在地球上使用，还可以应用于外太空。荷兰非营利组织“火星一号”从20万报名者中挑选出1058人参加移民火星训练，预计将挑选出24位移民者，到2024年分成6个梯次依序升空到火星居住。而未来人类若要移居其他星球，解决住宅问题可谓首要任务。Berokh Khoshnevis教授称，如果未来人类要在月球上建造栖息地，九成建材有望取自月球土壤，而其余材料则需由宇宙飞船从地球运往月球。由于轮廓工艺可以更快速、更环保地批量建造适合人类居住的建筑，因此，随着这项前沿技术趋于纯熟，太空移民有望过上更舒适的生活。

(a) 60cm高的轮廓打印混凝土墙

(b) 内部中空结构构件

(c) 原位打印的城堡

(d) 盈创科技打印的5层楼房

图 2. 14　轮廓工艺打印的全尺寸建筑案例[28]

(a) 3D打印城堡过程

(b) 最终打印模型

图 2. 15　3D 打印城堡模型[43]

2.3 混凝土3D打印

2.3.1 混凝土3D打印工艺

混凝土3D打印工艺与轮廓工艺相似，因为挤出混凝土砂浆的打印喷头也安装在一个小型起重机架上，打印喷头沿着预先设定的路线移动并持续挤出混凝土材料。与轮廓工艺相比，混凝土3D打印工艺是基于挤出混凝土砂浆来实现的，并且这种方法有更小的沉积分辨率，因此对复杂几何形体的表面质量有较好的控制，具有生产高度个性化建筑构件的潜力。

图2.16解释了混凝土3D打印工艺的基本操作原理。安装在管状钢筋梁上的打印喷头可以沿 *X*、*Y*、*Z* 轴方向自由移动，呈流动状态的混凝土首先通过泵体输送到传输管，然后混凝土材料在泵体的帮助下被运送到打印喷头，最终混凝土浆体从喷头喷出，形成结构物组件的某一横截面。

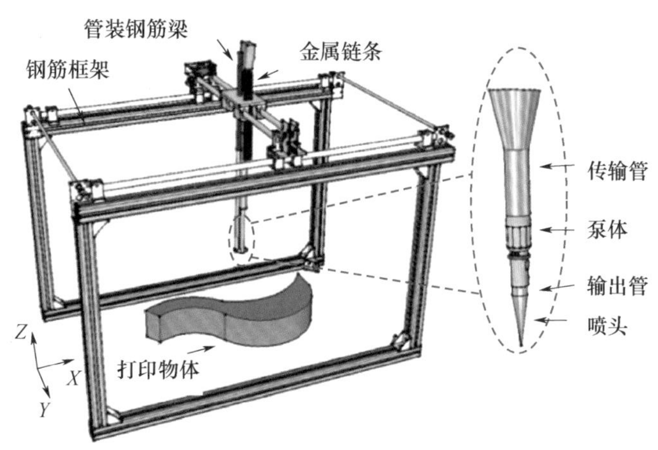

图2.16 混凝土3D打印工艺原理图

2.3.2 混凝土3D打印机

与FDM相同，混凝土砂浆通过喷头喷出形成结构物组件的过程无需借助模板，也不需要对混凝土砂浆进行持续振捣。贝勒大学（Baylor University）的 Alex Le Roux[15] 在 2015 年设计并建造了一种 3D 打印机，可以在 24h 内将混凝土材料打印成 243cm×152cm×213cm 的结构，打印速率是 10cm/s。荷兰埃因霍温理工大学研究小组公开了一台超大混凝土 3D 打印机，该打印机由 4 个起重机架机器人组成，显著特征是打印机床的尺寸为 9m × 4.5m × 3m，并且有一个自带的混合泵，整个打印机都是被数字控制器驱动的[44]。拉夫堡大学的 Buswell[45] 开发了一种新奇的混凝土 3D 打印系统，该系统有 5.4m × 4.4m × 5.4m 的钢架。Gosselin 等[37] 在 2016 年开发了一种新型的混凝土 3D 打印装置，挤出打印头安装在一个六轴机械手臂上，通过打印头挤出高规格混凝土来打印结构物。

图 2.17 展示了拉夫堡大学的混凝土 3D 打印设备，其打印系统由一个长 5.4m、宽 4.4m、高 5.4m 的框架结构组成，打印喷头安装在一个可以沿 Y 轴和 Z 轴方向自由移动的横梁上，打印喷头只能沿着 X 轴方向移动。根据打印结构的曲率不同，打印喷头的移动速率也不尽相同，但是最大移动速率为 5m/min。在拟打印结构物的 G 代码数据准备完成后，还需三个打印步骤：材料准备、材料传递和材料打印。

(a) 全景图

(b) 侧面图

图 2.17　拉夫堡大学的混凝土 3D 打印设备[45]

1）材料准备

打印任意几何形状的混凝土构件时，需要两种材料：一种是水泥基材料，用于建造所需结构物；另一种是石膏材料，用于支撑打印出来的结构。起支撑作用的石膏材料具有低强度、易移开和 100% 可回收的特点。混凝土 3D 打印过程需要打印材料具有良好的工作性能，所以，此阶段需向新拌混凝土材料中添加缓凝剂，可使砂浆具有良好的流动性。在打印过程中，新拌砂浆从打印设备喷嘴挤出后，应该具有足够的承载能力来支撑后续打印材料的质量，同时还应具有合适的塑性，保证打印出的条带状水泥基材料和层间材料具有良好的粘结力。此外，硬化的水泥基材料还要有足够的抗压强度和抗弯强度。

2）材料传递

完成材料混合后，将其放置在打印设备外侧的输送泵中，输送泵和打印喷头通过软管连接。在打印喷头的上侧设置一个起缓冲作用的小型漏斗，辅助打印喷头一起将材料传递至需要打印的地方。打印初始阶段，打印喷头位于起始位置，将打印材料装入漏斗，然后将漏斗和打印喷头移动到设定位置处开始打印。当漏斗内混凝土砂浆含量减少至预定的较低水平后，再将打印喷头移动到起始位置，装填漏斗。

3）材料打印

从喷头中挤出新拌混凝土砂浆，来实现 3D 打印流程，沉积喷嘴直径为 9mm。石膏支撑材料的打印也采用相同的设备和流程。

2.3.3 混凝土 3D 打印实例

图 2.18 展示了一个由混凝土 3D 打印工艺制造的名为“奇妙长台”（Wonder Bench）的结构物，由 128 层构成，每层平均打印时间为 20min。

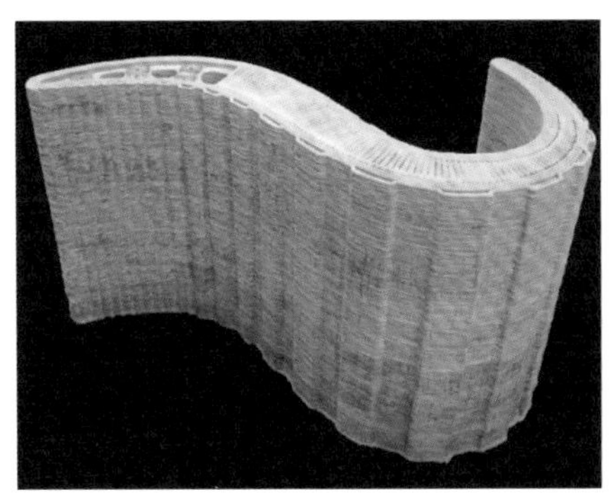

图 2.18 混凝土 3D 打印工艺制造的构件（Wonder Bench）[28]

减小打印的条带尺寸，不仅提高了打印精确程度，而且减小了打印过程中出错的概率。比如在喷嘴关闭后，降低了本不该发生的混凝土砂浆连续滴落的概率及竖向层间排列不整齐的概率等。采用上述混凝土 3D 打印设备及水泥基材料，可进一步建造更多外形不同的结构物。3D 打印建造技术追求的理想效果是：当混凝土砂浆从挤出系统中挤出来后，能形成较为光滑的结构表面，不需要再进行抛光处理。采用 AutoCAD 设计出来的结构模型和实际打印出来的结构物效果对比如图 2.19 和图 2.20 所示。

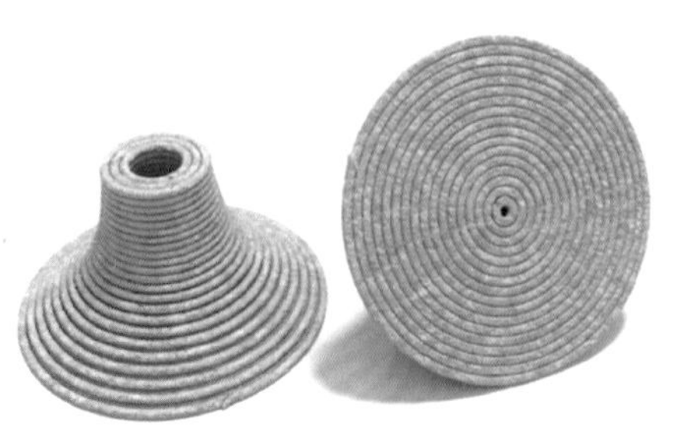

(a) AutoCAD模型

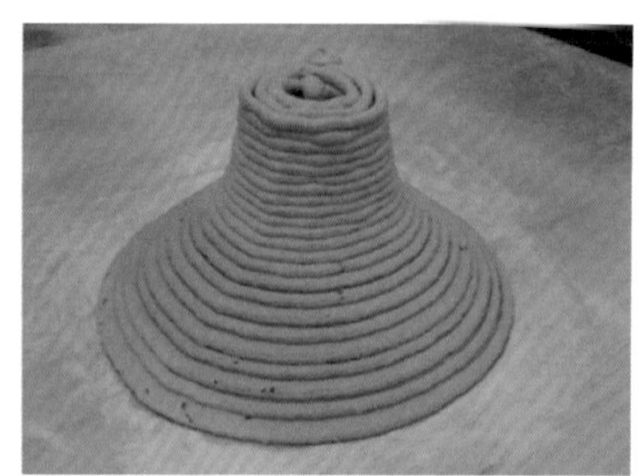

(b) 实际打印模型

图2.19　筒仓模型

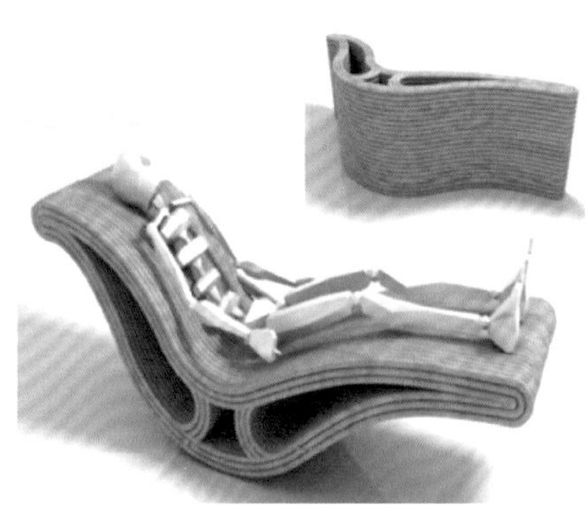

(a) AutoCAD模型

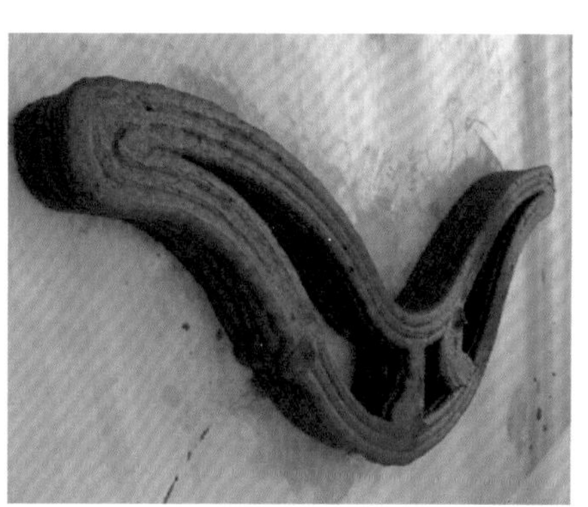

(b) 实际打印模型

图2.20　躺椅模型

混凝土3D打印工艺是具有广阔发展前景的建造工艺，为建筑物提供了一种新颖的建造模式。然而，这种新型工艺还存在一些问题。首先，打印物体的物理尺寸受打印设备尺寸的限制，一方面是因为考虑到打印结构物需移出打印设备，所以打印设备的上侧横梁限制了结构物的高度；另一方面可移动的水平横梁和打印喷头减少了实际的打印区域。同时，当打印结构物尺寸较大时，结构物的质量成为打印尺寸的限制因素。当然，可以采取其他方法改进打印装备，这其中包括借助机器人来实现打印过程。此外，通过3D打印技术逐层打印得到的结构物，其抗压、抗弯和抗拉强度比传统浇筑技术低。例如，采用ABS P400制造的FDM部分构件抗拉强度仅为传统支模浇筑技术的65%～72%[37]，这意味着3D打印应采用更高强度的水泥基材料。

2014年，美国加州建筑公司Emerging Objects使用3D打印技术开发了一种建筑构件，无需钢筋混凝土也能抵御地震，该构件以水泥作材料，3D打印砖块拼制而成，每块砖都巧妙地与周围的砖块咬合在一起，如图2.21所示。Emerging Objects公司3D打印的砖块是空心的，形成了很高的强度-质量比。据了解，他们对每个3D打印砖块都进行了编号，并指定其位置和施工顺序。此外，每个砖块内部均有把手，以便安装和运输。

(a) 空心砖块及编号

(b) 3D打印构件整体结构

图2.21 Emerging Objects公司3D打印的砖块及整体结构

现有打印设备的喷嘴直径是固定的，所以打印时间和表面光滑度的比例关系也是固定的。因此，想要获得打印较为精确的结构，就需要较小的打印层厚度和较长的打印时间。还有一个较为重要的问题是，如何控制 Z 轴方向上的打印层沉积质量，通过控制每个打印层的厚度，最后得到最大建筑高度。然而在这个过程中，层与层之间容易出现扭曲现象，打印层排列不整齐，最终影响结构物建造的质量。混凝土3D打印工艺仍然处于逐步发展完善的阶段，其建造构件的质量也在逐渐提高，将其应用于几何形状较为复杂的结构建造过程中，具有广阔的发展前景。通过将拟建造的构件几何形状转化成G代码数据，然后借助这种逐层打印的增材制造技术，逐步减小结构物的质量，优化其组织结构，并最终达到借助混凝土3D打印工艺建造任何形状复杂结构物的目的。

前面分别介绍了应用到实际生活中进行建筑生产的打印工艺，即D-Shape工艺、轮廓工艺和混凝土3D打印工艺。这三种大规模生产建造工艺的共同点在于，它们均是自动打印生产构件，并且以逐层打印的方式进行。然而，每一种生产工艺又有其独特之处，在生产建造过程中，分别体现出各自的优缺点。表2.1概括了每一种大尺寸增材制造工艺的性能特征。

表 2.1 建筑级 3D 打印技术对比分析

参数	轮廓工艺	D-Shape 工艺	混凝土 3D 打印工艺
打印过程	挤出型	选择性粘结	挤出型
支撑体系	竖向：无 横向：过梁	未粘结的粉末	石膏材料
打印材料	粘结材料	砂	高规格混凝土
打印分辨率	低（15mm）	高（0.15mm）	低（9～20mm）
打印层厚	13mm	4～6mm	5～25mm
打印喷头数量	1 个	数百个	1 个
喷头直径	15mm	0.15mm	9～20mm
打印速率	快	慢	快
打印尺寸	超大尺寸	受打印框架限制	受打印框架限制

在打印尺寸方面，轮廓工艺因其具有多轴向移动功能的机械手臂而可以打印建造现实建筑物，因而被认为是很有发展前景的 3D 打印技术。与轮廓工艺不同，其他两种工艺的打印生产尺寸受沉积方法和打印框架尺寸的限制，打印框架的尺寸直接决定了被打印物体的尺寸大小。在打印速度方面，由于轮廓工艺和混凝土 3D 打印工艺配备了一个单独的大尺寸喷头，所以具有较快的打印速度，同时也决定了其较低的分辨率和较大的单层厚度。D-Shape 工艺的打印喷头直径较小，因此具有较高的打印分辨率。所以，只能在较高的打印分辨率和较快的打印速度之间二选一。要想获得较为精确的打印构件，就必须延长打印时间，缩小单层打印厚度，增加构件打印层数。在沉积路线方面，轮廓工艺通过两条行为路径的打印喷头来描画整个打印层，缩短了层间操作所需时间，这样的打印过程使得打印诸如墙体一样的结构或者构件时更加专业化。D-Shape 工艺通过一次性横贯来打印整个横截面。混凝土 3D 打印工艺也采用一个单独的沉积喷嘴，但是与 D-Shape 工艺不同的是，混凝土 3D 打印工艺需要许多循环周期来完成整个横截面的打印。在生产过程中，悬空结构方面，轮廓工艺需要一个过梁来连接窗户之间的缝隙，或者采用自支持层来打印小曲率结构。因此，轮廓工艺不能一次性直接打印出包含窗户和屋顶的整栋建筑。基于粉末结构的 D-Shape 工艺则可以较好地解决这个问题，在整个建造过程中，围绕在未完工物体周围没有完全胶结的粉末可以用来支撑整个物体结构，只要打印机尺寸比所建房屋尺寸大，那么 D-Shape 工艺就可以将整栋房屋打印出来。

前述三种 3D 打印技术采用了不尽相同的建造方法、流程和材料。从技术应用角度看，三种技术手段都有其各自的优缺点。因此，在未来 3D 打印建造产业中，将两种或多种打印喷头与材料传输路径技术进行复合，生产出用于建筑行业的复合型 3D 打印机，是有待解决的科学问题。

2.4 本章小结

本章阐述了现有的水泥基材料3D打印技术，这些建造方式的出现改变了工程师对建筑结构的认知和思考。虽然水泥基材料3D打印技术仍处于概念验证和初步试验阶段，但通过不断克服机械建造和材料制备上的关键问题，3D打印技术必将在土木建筑领域发挥巨大的作用。无论是粉末粘结型的D-Shape还是挤出型的轮廓打印，建筑级3D打印技术的建造工艺总体上与工业级3D打印技术类似，均是基于材料的分层叠加成型。由于成本低、效率高、设计灵活、安全性高、准确度高等优势，建筑级3D打印技术的创新和发展对传统建筑和建造方法将产生一定的冲击。

本章还总结了现有的水泥基3D打印机设计，介绍了水泥基材料打印机的组成及3D打印的建造过程，其给建筑业带来的是无模建造的灵活化和个性化。3D打印混凝土结构除具有传统的力学性质外，还可以实现隔热、隔声等功能。

3

3D

第3章 数字化3D模型的创建

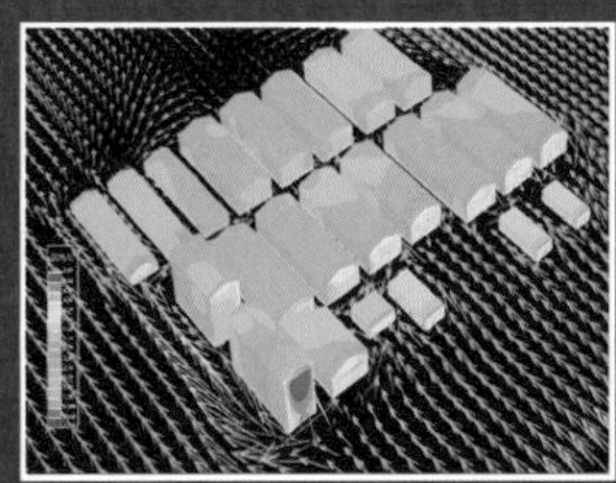

三维（3 Dimensions，3D）立体模型是物体的三维多边形表示。随着计算机科学的发展，越来越多的 3D 建模软件被开发并应用于各个行业，如 SolidWorks、SketchUp、Autodesk 123D 等建模软件。

3.1 常用建模软件

3.1.1 SolidWorks

SolidWorks 是达索系统公司（Dassault Systems S. A.）开发的三维机械 CAD 软件，是世界上第一个基于 Windows 开发的三维 CAD 系统，由于其功能强大、易学易用、技术创新，成为领先的、主流的三维 CAD 解决方案。SolidWorks 能够提供不同的设计方案，减少设计过程中的错误并提高产品质量；同时对每个工程师和设计者来说，操作简单方便、易学易用，并且包容性好，具有简单的渲染、仿真、模具设计等功能[46]。

SolidWorks 软件是基于 Windows 开发的，其软件操作界面包括很多熟悉的 Windows 功能，例如拖动窗口和调整窗口大小；也采用了很多与 Windows 界面相同的图标，例如打开、保存、打印和撤销等。SolidWorks 软件用户界面如图 3.1 所示，详细的操作过程请参阅 SolidWorks 在线帮助。

SolidWorks 文档窗口有两个窗格。左侧窗格为管理器窗格，包括 FeatureManager 设计树（SolidWorks 软件的一个独特部分，可视地显示出零件或装配体中的所有特征，用户可以通过 FeatureManager 设计树编辑模型）和 PropertyManager（许多 SolidWorks 命令是通过 PropertyManager设置的，例如草图、圆角特征、装配体配合等诸多功能。当 PropertyManager 运行时，它自动代替 FeatureManager 设计树的位置）。右侧窗格为图形区域，用于生成和处理零件、装配体或工程图。

下拉菜单：用户可以通过菜单访问所有的 SolidWorks 命令。SolidWorks 菜单使用 Windows惯例，包括子菜单、指示项目是否激活的复选标记等。

工具栏：用户可以通过工具栏快速使用 SolidWorks 最常用的命令。用户根据需要可以自定义、移动或重新排列工具栏。当退出 SolidWorks 时，用户设置工具栏的位置会被记忆，下次进入时工具栏将会处于上次摆放的位置上。

图 3.1　SolidWorks 软件用户界面

模型的建立不仅受草图尺寸的影响，还取决于设计者对特征的选择和设计思路。下面介绍三种 SolidWorks 的基本建模方法。

层叠法：用层叠法建立一个零件，如图 3.2（a）所示，一次建立一个圆柱体特征，然后逐层叠加圆柱体。如果改变其中某一个圆柱体的厚度，则所有在其后创建的块体位置也随之改变。

旋转法：旋转法以一个简单的旋转特征建立零件，如图 3.2（b）所示为旋转成型的一个切面，包括所有作为一个特征来完成零件模型所必需的信息和尺寸。虽然这个方法看起来比较便捷，但是大量的信息包含在一个单一特征中，修改模型尺寸十分麻烦。

加工制造法：该方法是模拟零件的数控加工过程来实现模型建立，正如在车床上加工零件一样，从一个棒料开始，通过一系列的切割去除不需要的材料，如图 3.2（c）所示。

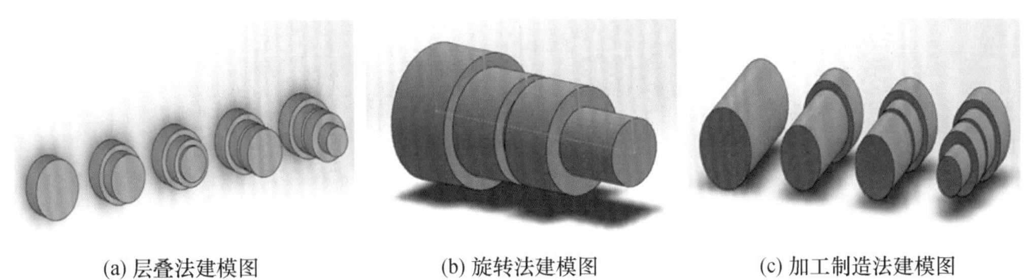

(a) 层叠法建模图　(b) 旋转法建模图　(c) 加工制造法建模图

图 3.2　SolidWorks 基本建模方法示意图

3.1.2 Blender

Blender 是一款开源的跨平台应用工具，可以创作多种 3D 视觉内容，比如图像、视频及实时交互的视频游戏等，可在 Linux、Mac OS 和 Microsoft Windows 系统下运行。与其他 3D 建模工具相比，Blender 的内存消耗与性能需求更低，使用了 OpenGL 技术的接口，即便跨越所有支持的硬件与平台都能提供相当稳定的用户体验。Blender 是用右键选择物体及点线面的，这与其他三维软件也是不同的。

Blender 软件有如下功能：是一套完整集成了 3D 内容创作的套件，全面提供了必要的创作工具，包括建模、渲染、动画、视频编辑、特效后期、合成、制作贴图、多种多样的物理模拟及游戏制作；跨平台，使用了 OpenGL 的 GUI，可以在所有主流平台上都表现出一致的显示效果（并且可通过 Python 脚本来自定义界面）；高质量的 3D 架构，带来了快速且高效的工作流；体积小巧，便于分发。

默认情况下启动 Blender 会出现默认界面，分为 5 个区域：信息编辑器、3D 视图视窗、时间轴编辑器、大纲视图及属性编辑器，也可按照需要随意改变各个区域的位置、大小及功能。Blender 的用户界面在所有平台上都是一致的，软件默认用户界面如图 3.3 所示，详细的操作过程请参阅 https：//docs. blender. org/manual/zh-hans/dev/。

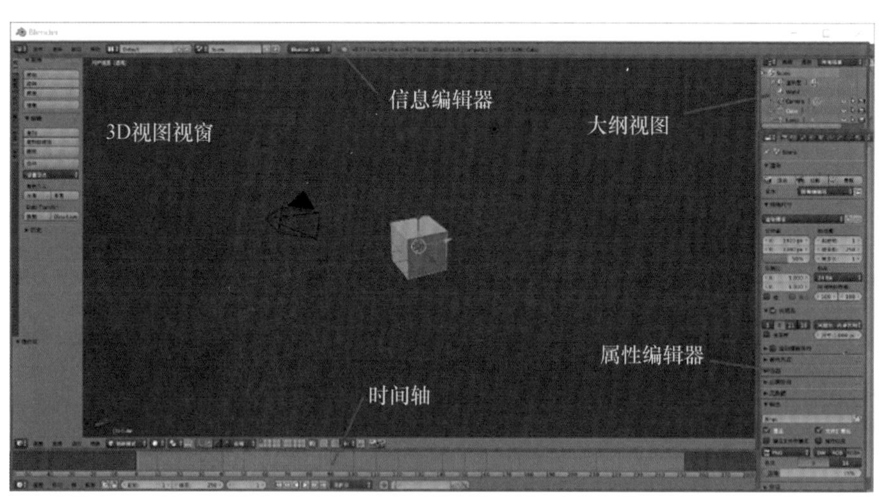

图 3.3　Blender 默认用户界面

信息编辑器：位于界面顶部，默认出现的菜单包括编辑器类型选择器（包括 3D 全屏视图、动画、合成、默认、运动追踪、脚本、UV 编辑、视频编辑等）、文件、渲染、窗口、帮助、屏幕布局、场景数据块、引擎选择器和资源信息（从左到右排列）。用户可以通过使用屏幕布局来定制界面，以适应特定的任务，然后将布局命名并保存以供将来使用。

3D 视图视窗：3D Project 进行操作的地方，在主要的操作流程中使用最多，由主 3D 视图区、底部的标题栏区、工具栏区组成，如图 3. 4 所示。Blender 中最重要的模式是物体模式和编辑模式，物体模式允许处理整个物体，编辑模式允许修改物体形状。

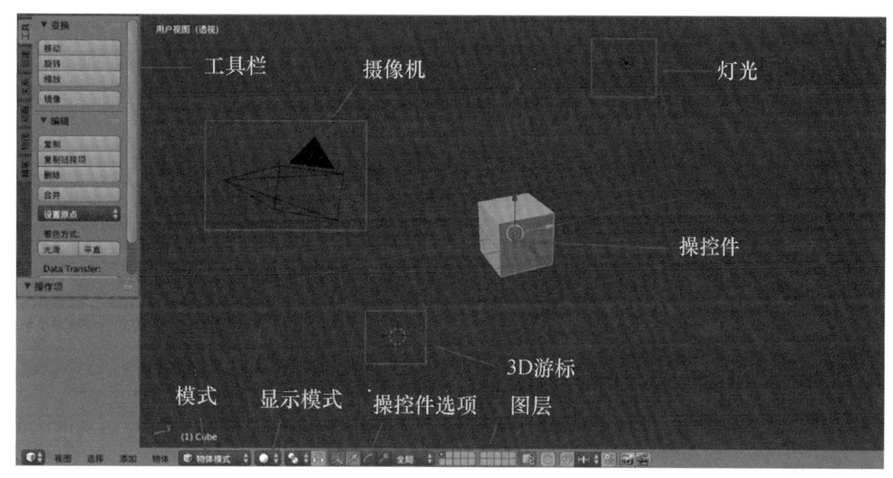

图 3. 4　3D 视图视窗界面

时间轴编辑器：位于界面底部，可以给出一个场景动画的大概情况，以帧或秒为单位播放当前时间帧、活动物体的关键帧、动画的起始帧和结束帧、标记等。

大纲视图：位于界面右上角，是一个组织 Blend 文件中数据（也就是场景数据，还有用户设置）的列表。

属性编辑器：位于界面右下角，用来对数据进行编辑和属性设置，如图 3. 5 所示。从左到右依次为渲染、渲染层、场景、世界环境、物体、约束、修改器、数据、材质、纹理、粒子系统、物理。

图 3. 5　属性编辑器

首先单击 3D 视图视窗工具栏中的“创建”按钮，按照需求选择相应基本体，工具栏下方会出现所添加基本体的几何信息，可在此处对其顶点个数、半径、高、位置（也可长按鼠标右键拖动至相应位置，再单击鼠标左键实现）、旋转角度进行编辑，按 Enter 键便可实现基本模型的创建（选择物体可通过右击物体实现，也可在大纲视图中单击相应物体的名称，删除物体可通过选择物体之后按 Delete 键，或者右击大纲视图中相应物体的名称并选择“删除”选项）；然后将模式切换至编辑模式，修改物体形状，单击 3D 视图视窗工具栏中的“工具”按钮，选择相应的操作，若要对模型整体进行操作，单击属性编辑器中的“修改器”按钮即可。以布尔运算为例，首先选择目标物体，单击按钮，选择“添加修改器”→“布尔”→“差值”命令，并且单击按钮，选择源物体，单击“应用”按钮，即可获得所需模型，具体过程如图 3.6 所示。

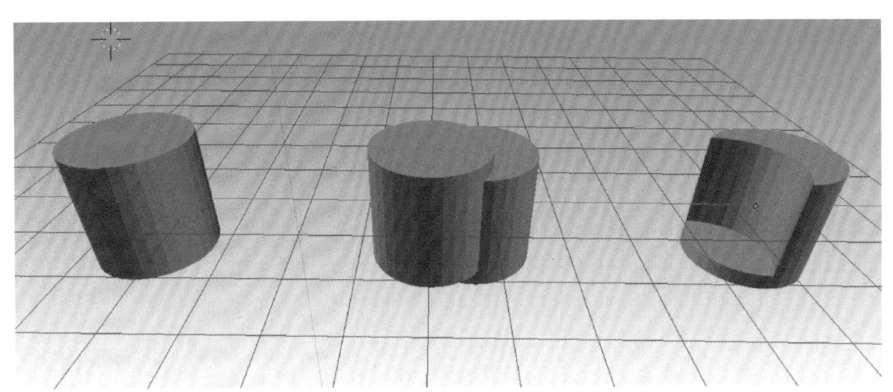

图 3.6　布尔差值指令示意图

3.1.3　SketchUp

SketchUp 由@ Last Software 公司开发设计，并于 2000 年 8 月发行，成为极受建筑设计师欢迎并且易于使用的 3D 设计辅助软件，同时也是众多三维建筑设计方案创作的优秀工具之一。软件的主要特点是使用简便、界面简洁、方便掌握和命令极少，一些不熟悉计算机的建筑师可以很快掌握设计和修改三维建筑模型的方法，同时可以导出透视图、DWG 或 DXF 格式的 2D 向量文件等尺寸正确的平面图形。SketchUp 使得设计师可以最大限度地减少机械重复劳动并快速形成建筑草图，创作建筑方案，提高控制设计成果的准确性。目前，世界上具规模的建筑工程企业或大学几乎都已采用 SketchUp，它被建筑师称为最优秀的建筑草图工具，是建筑创作上的一大革命。软件中一共有十种功能模块，分别是基本工具模块、绘制模块、修正模块、注释模块、照相机模块、漫游模块、沙盘模块、Google 模块、模型设置管理模块及导入/导出模块。

SketchUp 的操作界面非常简洁明快，如图 3.7 所示，详细的操作过程请参阅 https://www.sketchup.com/learn。绘图窗口主要由标题栏、菜单栏、工具栏、绘图区、状态栏和数值控制栏组成。

标题栏：位于绘图窗口的顶部，包括右侧的标准窗口控制（最小化、最大化、关闭）

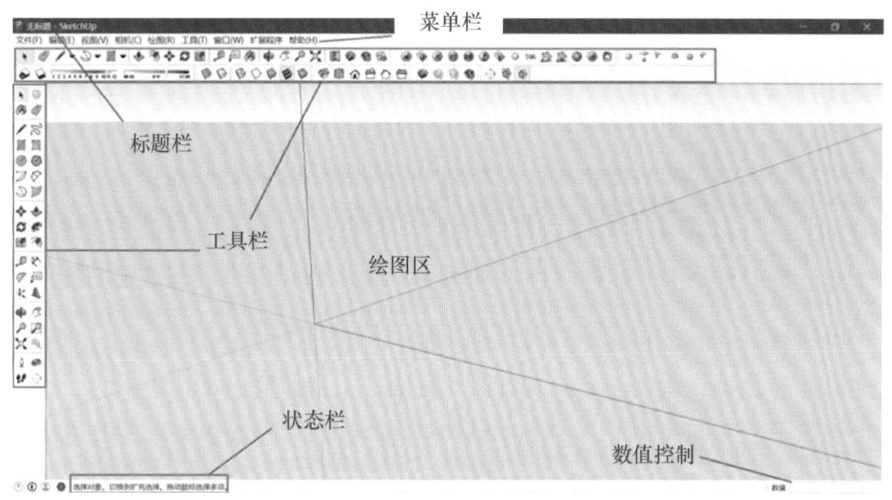

图 3.7　SketchUp 用户界面

和左侧窗口所打开的文件名。开始运行 SketchUp 时文件名是“无标题”，说明用户还没有保存此文件。

菜单栏：位于标题栏的下方，默认出现的菜单包括文件、编辑、视图、相机、绘图、工具、窗口、扩展程序和帮助。其中包括所有的 SketchUp 的工具、命令和菜单中的设置。

工具栏：用户能快速使用 SketchUp 的常用命令，包括菜单栏下方条状区域的工具栏集合（包括使用入门工具、V-Ray 主工具栏、V-Ray 光源工具栏、阴影工具栏、样式工具栏、视图工具栏、仓库及截面工具栏）和绘图区左侧的大工具集，包含一系列用户化的工具和控制。用户根据需要可以自定义、移动或重新排列工具栏，也可以显示/隐藏工具栏，或添加/删除工具以自定义工具栏。

绘图区：又称绘图窗口，占据了界面中的最大区域，在三维的绘图区中可以看到绘图坐标轴（分别用红、绿、蓝三色显示），模型的建立和修改及对视图方式的调整，均在这个区域显示。

状态栏：位于绘图窗口的下方，显示 SketchUp 的命令提示和状态信息。这些信息会随着绘制对象的不同而改变，但是总体来说是对绘制命令的描述，提供修改键和修改的操作提示。当光标在软件操作界面上移动时，状态栏中会有相应的文字提示，根据这些提示用户可以更容易地操作软件。

数值控制栏：位于状态栏的右侧，显示绘图中的尺寸信息，也可以接受输入的数值。在屏幕右下角的数值输入框中，可以根据当前的作图情况输入长度、距离、角度、个数等相关数值，以起到精确建模的作用。

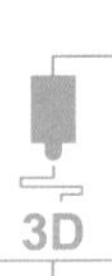

SketchUp 的建模方法与大多数 3D 建模软件相似，主要通过绘制 2D 草图构建命令生成模型，与前面介绍的 SolidWorks 建模方法类似。SketchUp 的建模方法分为两种：第一种是堆叠法，按由局部到整体的思路进行建模，类似于 SolidWorks 的层叠法；第二种是削减法，该方法与堆叠法的思路恰好相反，是按整体到局部的思路建立模型。

在 SketchUp 中，无论是堆叠法还是削减法，都离不开布尔运算指令。使用布尔运算可以很容易地创造出复杂的几何体。在此选项中，可以将两个几何体交错，然后自动在相交位置创建边线和新的面，这些面可以被推、拉、删除或者用以创造新的几何体。布尔运算命令包括交集、并集、差集、修剪和分割 5 种运算。在使用 SketchUp 建立较大模型的过程中，还经常使用“创建组群”与“创建组件”两个命令。两者有许多共同之处，很多情况下区别不大，都可以将模型中众多构件编辑成整体，保持各构件之间的相对位置不变，从而实现各构件的整体操作，如复制、移动、旋转等。

SketchUp 建模步骤如下：

（1）导入文件之前的准备工作：在 DWG 文件中，根据实际情况把不需要的线条、图层全部清除掉；在 SketchUp 打开的程序中，选择“查看”→“用户设置”命令，在弹出的对话框中，将“设置基本单位”选项中“单位形式”设置为“十进位”模式，并在“渲染”选项中取消选中“显示轮廓”。

（2）导入 CAD 文件。

（3）建立 SketchUp 模型：包括墙体制作、窗户制作、玻璃制作、阳台制作和台阶制作。

（4）贴制材质。

（5）添加页面，确定观测视角定位。

（6）设置阴影，调整明暗关系。

（7）导出成 JPG 图像文件，为后期处理阶段提供建筑图片。

如图 3.8 所示是利用以上步骤画出的建筑模型。

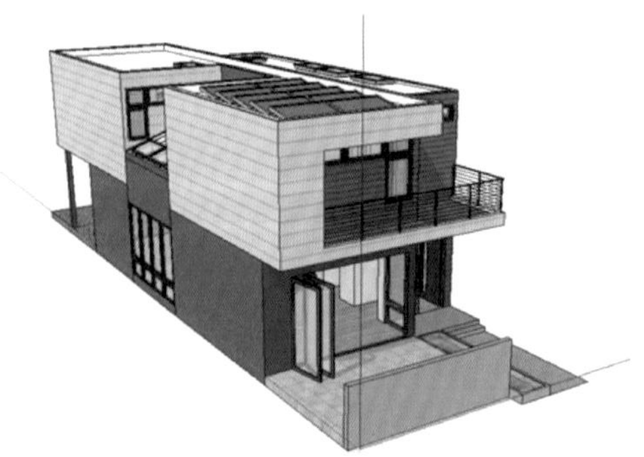

图 3.8　SketchUp 建筑模型图

3.1.4 FreeCAD

FreeCAD 是一个基于 OpenCASCADE 的开源 CAD/CAE 工具，其中 OpenCASCADE 来自法国 Matra Datavision 公司，是著名的 CAD 软件 EUCLID 的开发平台。FreeCAD 充分利用了科学计算领域中存在的所有优秀开源库，是一个基于参数化建模功能与模块化的软件架构，无须修改核心系统即可轻松提供附加功能。FreeCAD 的功能特征与 SolidWorks 类似，能建立 3D 零件，连接或组装这些零件来构成一个结构或装置；是完全多平台的，目前在 Windows、Linux、UNIX 和 Mac OS X 系统上运行良好，在所有平台上具有完全相同的外观和功能。

FreeCAD 用户界面可分为六个常用区域：3D 视图、树视图、属性编辑器、报表视图、Python 控制台、工作台选择器，也可按照需要增减区域或者改变各个区域的位置、大小等。

FreeCAD 用户界面如图 3.9 所示，详细的操作过程请参阅 https：//www. freecadweb. org/wiki/Main_ Page。

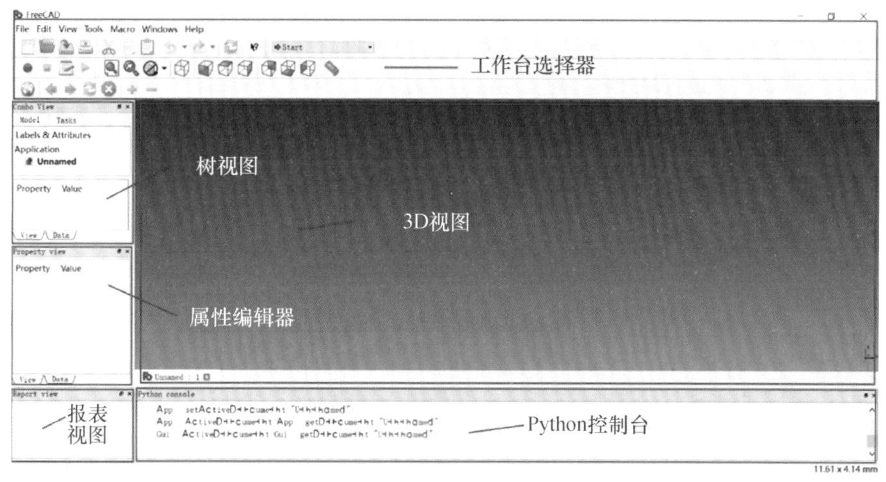

图 3.9　FreeCAD 用户界面

3D 视图：显示文档的内容。

树视图：显示文档中所有对象的层次结构和构造历史。

属性编辑器：允许查看和修改选定对象的属性。

报表视图（或输出窗口）：FreeCAD 显示消息、警告和错误的地方。

Python 控制台：所有由 FreeCAD 执行的命令均会被显示，并且可以在其中输入 Python 代码。

工作台选择器：选择活动工作台。工作台是适合于特定任务的工具集合，可以用 Workbench 选择器切换当前工作台，例如 Arch 模块为 FreeCAD 提供了现代 BIM 工作流，支持全参数化建筑实体（墙、结构元素或窗口）及 2D 文档制作等功能；Draft 模块包含 2D 工具及基本的 2D 和 3D CAD 操作；Part 模块与 CAD 零件一起工作，处理所有 CAD 建模和 CAD 数据结构；Part Design 模块用于从草图中建立零件形状等。同时，也可以自定义包含在每个工作台中的工具，添加来自其他工作台的工具，甚至是自创建工具。

通常 3D 模型的创建有两种方法，一种方法是直接创建三维模型；另一种是 2D 草绘图形生成三维模型。

1）直接创建三维模型

选择 Part 模块，单击相应图标创建原始对象，如图 3.10 所示，从左到右依次为正方体、圆柱体、球体、圆锥体、圆环体、参数化几何图元（创建的自定义几何图元既可以是二维图形也可以是三维图形）、形体高级工具（可通过顶点生成棱、棱生成面、面生成壳、壳生成体等进行模型创建）。

图 3.10　创建原始对象图示

以创建一个零件为例，操作步骤如下：

（1）单击图标，创建第一个圆柱体，单击圆柱体，其相关信息在界面左侧显示，可以进行查看和相应编辑。

（2）继续创建圆柱体，默认所创建物体的起点相同，因此需要对其位置信息进行相应设置，单击 Placement 栏最右侧的图标，进行相应设置。

（3）依此类推，重复以上步骤即可得到最终零件模型，操作过程如图 3.11 所示。

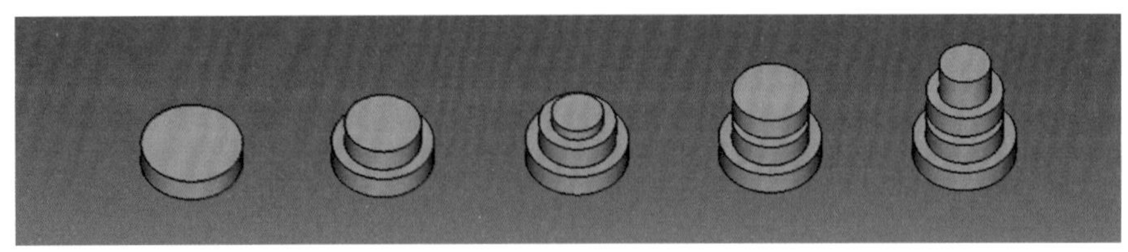

图 3.11　创建三维模型的过程

2）2D 草绘图形生成三维模型

与前面介绍的 SolidWorks 和 SketchUp 的建模方法类似，首先通过 Part 模块中的或 Part Design 模块进行2D 草图的绘制，然后通过 Part 模块中的拉伸、旋转等操作创建最终模型，如图 3.12 所示，从左到右依次为拉伸、旋转、镜像、给选定形体的边倒圆角、给选定形体的边倒角、两条边或者两条线框之间进行放样、点线面之间进行放样、按固定路径在点线面之间进行放样、偏移、制造中空结构。

图 3.12　2D 草绘图形生成三维模型图示

3）其他建模指令

若所建最终模型需由基本几何体通过不同组合方式生成时，可使用如图 3.13 所示的命令进行相应操作，从左到右依次为布尔运算、差集、并集、交集、用于壁对象（如管道）的布尔算法（包括连接、嵌入、剪切）、分析几何错误、创建两形体交线、横截面。因方法与前面介绍的软件相似，在此就不再赘述。

图 3.13　其他建模指令图示

3.1.5　BRL-CAD

BRL-CAD 是一款强大的跨平台开源构造实体几何模型的计算机辅助设计系统，以二进制和源代码的形式分布，可以进行几何编辑、几何分析、图像处理和信号处理，并且支持分布式网络。该软件有意设计为广泛跨平台，并积极开发和维护许多常见的操作系统环境，包括 BSD、Linux、Solaris、Mac OS X 和 Windows 等。BRL-CAD 是美国军方使用的三重实体建模 CAD 系统，用于对脆弱性和致命性分析进行武器系统建模。

默认 BRL-CAD 用户界面分为 6 个区域：菜单栏、工具栏、树工具栏、3D 视图窗口、对象属性信息、命令窗口，如图 3.14 所示，详细的操作过程请参阅 http：//www. brlcad. org/wiki/Main_ Page。

菜单栏：为软件的大多数功能提供功能入口，如文件、显示、模式、光线跟踪、帮助等。其中文件包括打开、新建、保存、输出、恢复、参数设置、停止；显示包括重置、自

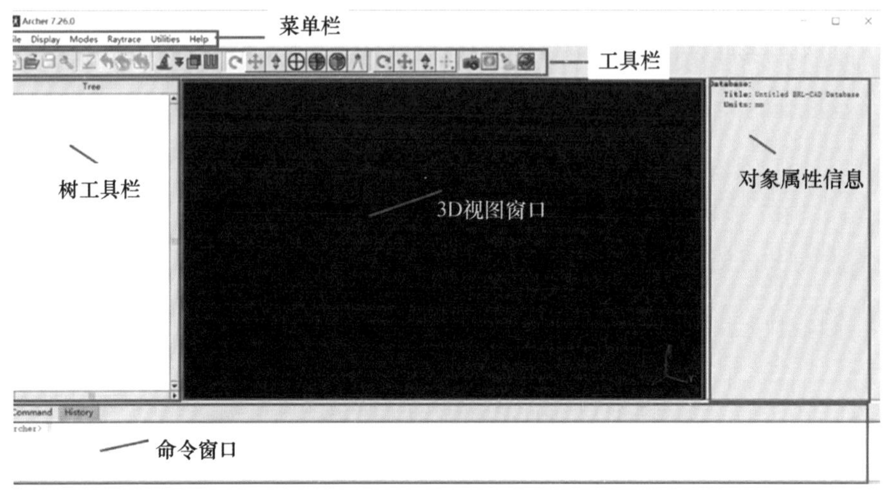

图 3.14　BRL-CAD 用户界面

动检视、视图中心、3D 视图窗口背景颜色、标准视图（主视图、俯视图等）、清除、刷新、保存为图片格式；模式包括活动面板、拾取模式、视图窗口设置等。

工具栏：常用功能的快速入口，达到让用户方便使用的目的。其中，单击按钮可选择创建相应基本图元，如多面体、锥体、柱体、椭圆体、平面图等；单击按钮可对视图内所有对象进行旋转、移动和缩放；单击按钮可对视图内所选择对象进行旋转、移动和缩放。

树工具栏：建立的对象及其子对象会显示在树工具栏中，可用于快速选中某一对象，右击该对象文件可对其视觉样式进行选择（显示线框、隐藏线等）。

3D 视图窗口：所创建模型在此窗口进行展示。

对象属性信息：所选择对象的编辑模式、文本模式、工具视图模式、RT 图像视图模式等信息均可在此进行显示和编辑。

命令窗口：输入相应命令以达到实现某种操作的目的。

BRL-CAD 软件建模方法也可分为两种，第一种是直接创建三维模型；第二种是通过创建二维草图，再经过拉伸等操作创建三维模型。两种方法的实现方式又可分为两大类，一类是命令行方式；另一类是使用用户界面的工具栏。

下面以应用第二种建模方法分别建立圆柱体和立方体为例，进行步骤操作的介绍：

1）使用用户界面的工具栏创建三维模型

首先单击按钮，选择 extrude，单击 skt_ 2 文件，并在右侧进行相应设置，绘制二维草图，绘制对象的代码信息可通过单击按钮查看；然后单击 extrude_ 1，设置拉伸高度

H 值，按 Enter 键，再单击按钮便可得到最终模型。也可通过选择 Set H、Move End HR、Move End H 进行相应编辑。

2）用命令行方式创建三维模型

首先建立二维草图，此处需注意，选择 Detail 才可看到所建图形。然后继续在命令窗口输入相应代码，即可获得最终模型。

3.1.6 Autodesk 123D

Autodesk 123D 是 Autodesk 公司针对 CAD 和 3D 建模爱好者创建的一系列工具。该系列软件为用户提供多种方式生成 3D 模型，如 123D Design、TinkerCAD、Meshmixer，下面分别对这三款软件进行介绍。

1）123D Design 软件

123D Design 打破了常规的专业 CAD 软件从草图生成三维模型的建模方法，提供了一些简单的三维图形，通过对这些简单图形进行操作生成复杂图形。这种“傻瓜式”搭积木的建模方式，使没有专业基础的人能随心所欲地在 123D Design 里建模。因此该软件是一个功能强大、易于使用且用户界面友好的 3D 应用软件，可以利用基本形体创建复杂对象，然后通过 3D 打印、CNC 加工、激光切割或水射流切割等制造这些对象。

123D Design 用户界面非常简洁，只有一些小按钮和少量属性面板、下拉菜单及选项卡，如图 3.15 所示。

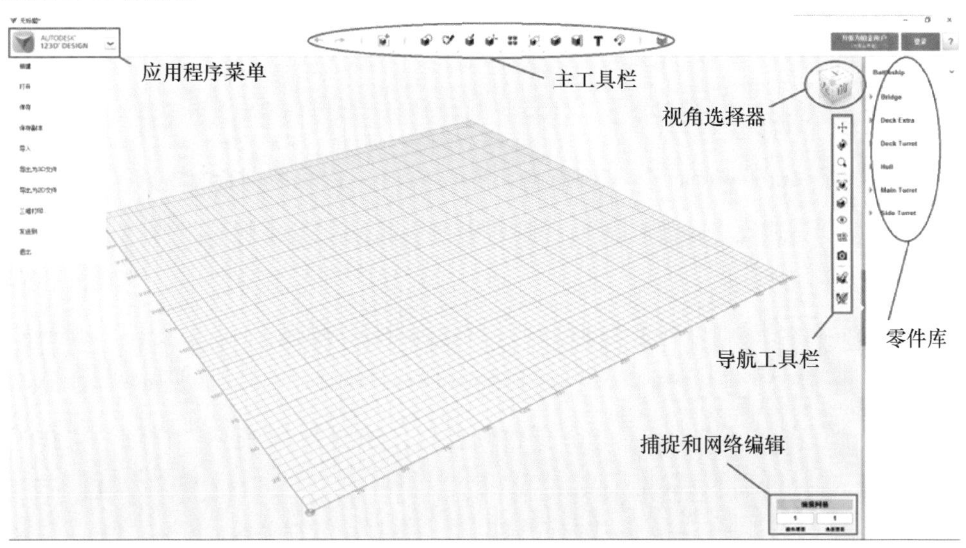

图 3.15 Autodesk 123D Design 用户界面

下面介绍用户界面中一些比较重要的功能：

应用程序菜单：用户可以在此新建、打开、保存、导入和导出文件，直接发送文件到不同的供应商或发送模型到桌面 3D 打印机或在线打印服务中心。

主工具栏：用户可以使用此工具栏中的命令创建 2D 或 3D 模型；通过软件提供基本体的转换和构造来搭建模型；设置模型材质。

导航工具栏：包含平移、旋转、缩放和全景视图等操作模型的命令。

视角选择器：是一个立方体，其 6 个面分别代表模型的上、下、前、后、左、右 6 个视角。通过选择立方体的不同面，即可从不同视角查看模型。

零件库：包含很多模型的工具包库，用户可以从中选择，然后在 123D Design 中直接使用或者修改。

捕捉和网格编辑：捕捉分为线性捕捉和角度捕捉，可以分别在 0.1 ~ 10 和 1 ~ 90 内选择设定值。网格编辑可以将界面中的网格大小更改为预设大小或指定用户自定义的网格大小，以方便作图。

123D Design 的草图绘制工具栏的左侧是基本图形绘制命令，包括矩形、圆形、椭圆形和正多边形；中间部分是绘制多段线、样条曲线和圆弧；右侧是对草图进行编辑的工具，包括倒角、剪裁、延伸、偏移曲线和投影。对于特征操作工具，123D Design 提供了拉伸、扫掠、旋转、放样四种命令，与 SolidWorks 的特征操作方法类似。

123D Design 有三种基本建模方法：由基本几何体通过不同组合方式生成模型、由绘制的 2D 草图通过构建命令生成模型和在已有模型的基础上编辑修改而生成新的模型，其中通过不同组合方式生成模型的方法应用非常广泛。建模方法与大多数建模软件相似，在此不再赘述。

2）TinkerCAD 软件

TinkerCAD 是 Autodesk 公司于 2013 年 5 月收购的一款发展成熟的网页 3D 建模工具，完全基于网上的 3D 建模平台和社区，直接利用在线互动工具创建或者修改 STL 文件，用户也可以在社区内进行学习交流。其使用方法简单，只需在浏览器中输入网址 https：//www. tinkercad. com/，注册账号并登录，即可马上制作 3D 模型。

TinkerCAD 的界面色彩鲜艳可爱、设计简洁大方，包括 7 部分：菜单栏、工具栏、三维视图、导航工具条、网格、工具包、栅格设置栏，如图 3.16 所示，详细的操作过程请参阅 https：//www. tinkercad. com/learn/。

菜单栏：用户可以通过菜单栏设置文件的基本信息并进行账户的管理。其中，单击▤按钮可新建设计或者打开最近的设计；单击▤按钮右侧的文字可更改文件名称；⊡为形状

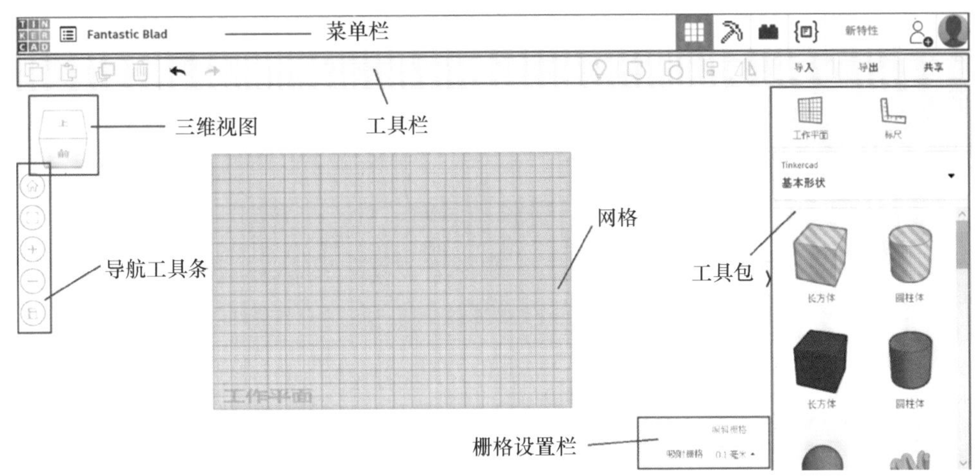

图 3.16 TinkerCAD 用户界面

生成器，用户可通过 Java 脚本建立自己想要的形状；单击 按钮可创建设计的共享链接；为登录工具，用户可登录到自己的账户，管理其云端的模型和项目。

工具栏：利用三维基本模型来设计、编辑等，创建复杂模型。工具栏由复制、粘贴、重复、删除、撤销、重做、全部显示（根据建模需要，有时需对某个对象进行隐藏，可通过此按钮再次显示隐藏部分）、分组（使不同的实体合并为一个组，便于管理复杂模型）、解组（将实体从组中解除出来）、对齐、翻转、导入（文件格式支持 . stl、. obj、. svg，可对文件进行编辑和进一步修改）、导出（用于 3D 打印或者切割的模型文件）、共享。

三维视图：可以很方便地将模型定位于各个方向和轴测图视点，也可长按鼠标左键拖动实现。

导航工具条：调整当前工作视图，如默认视角、调整视角、放大/缩小（也可通过滚动鼠标滑轮实现）、正视图和透视图的切换选择。

网格：用于创建模型的基本工作平面。

工具包：提供了一些基本几何模型、数字和字母模型，及工作平面和标尺的添加。其中，工具包 Basic Shapes 中的 Scribble 可自行绘制想要的形状。

栅格设置栏：可通过设置栅格的单位、宽度和高度等更新栅格样式，吸附栅格的功能是调整捕捉步长以更好地捕捉/移动模型，其步长有 0. 1 、0. 25 、0. 5 、1 、2 、5，当然也可以选择“关闭”来关闭吸附栅格功能，捕捉步长越大，操作一次模型位置移动得越远。

以往 3D 建模软件大多通过建立二维草图来生成三维模型，TinkerCAD 打破了这一常规，其提供了强大的基本原型库，通过简单的拖拽，直接将 3D 模型放置在工作平面合适

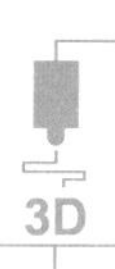

的位置，再对这些简单模型进行堆砌编辑等，生成复杂模型。TinkerCAD 的布尔运算不同于常规 3D 建模软件中的布尔运算，通过设定各个基本原型的实心或者空心状态和分组来构建模型，以此来实现布尔运算，该操作是可恢复的，选中解组即可。

3）Meshmixer 软件

Meshmixer 是 3D 打印领域常用的一款模型编辑软件，早在 2011 年 3 月就已经发布，之后被 Autodesk 公司收购，主要用于对导入模型进行进一步修改、拼接等操作，还可以对模型进行结构分析、添加支撑以备打印等，其修补、雕刻、支撑等功能十分出色，支持 Windows 和 Mac OS X 系统。对于制作一些类似“牛头马面”的疯狂混合 3D 模型，Meshmixer 无疑是最好的选择。

Meshmixer 用户界面十分简洁，由菜单栏、工具栏、快捷按钮、3D 视图区 4 部分组成，如图 3. 17 所示，详细的操作过程请参阅 http：//www. meshmixer. com/。

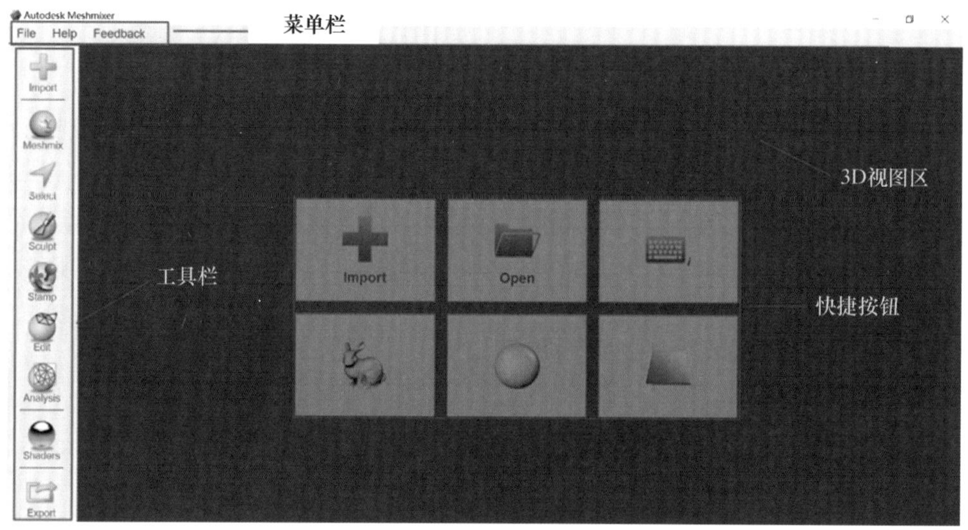

图 3. 17　Meshmixer 用户界面

菜单栏：由文件、操作、视图、帮助、反馈 4 部分组成。其中，文件菜单包括打开、保存、另存为、最近文件、导入、导入标准斯坦福兔子、导入球体、导入平面、导入零件文件夹、导出、参数设置等；操作菜单包括撤销、重做、清除撤销历史、复制、单元/维度编辑、设置为目标（作用是在设置某个模型为目标体后，被编辑模型将会被这个目标所吸引，可以用于拘束、衍伸造型）、取消目标设置等；可通过选择视图菜单中的命令来配置 3D 场景。此外，还可通过设置显示对象浏览器的相关信息，双击最左边的列显示对象名称来重命名对象；中间列中的图标表示目标状态；最右边列的图标显示可见性状态，可以通过单击这些图标来显示/隐藏一个对象。左下角的和图标是对象列表过滤器，分别单击相应按钮可对列表对象和轴心的可见性进行相应设置。右下角的和是两个快捷键，可复制或删除所选对象。

工具栏：是 Meshmixer 常用功能的合集，包括导入模型、混搭模型、选择、模型雕刻、标记（该工具将 2D 形状插入到网格表面，通过分割边缘和三角形来形成网格中的形状）、编辑、分析、着色器、导出模型、打印。

快捷按钮：包括导入（导入模型文件的格式可为 . obj、. ply、. stl、. amf、. 3mf、. dff、. mix，常用文件格式为 . obj 和 . stl）、打开（仅可打开 Meshmixer 自身格式文件，即 . mix 文件）、键盘快捷键（单击之后会出现 PDF 文档，详细介绍各快捷键用法）、导入标准斯坦福兔子、导入球体、导入平面。

3D 视图区：编辑模型的区域。

接下来讲解如何运用导入、编辑等功能创建 3D 打印模型：

（1）导入模型，共有三种方法：启动应用程序时，在启动屏幕上单击“导入”按钮；在工具栏顶部单击“导入”按钮；单击菜单栏→“文件菜单”→Import 命令。长按鼠标右键并拖动鼠标可以旋转视图，从不同角度动态观看模型；滚动鼠标滚轮可以动态放大、缩小视图，让模型更好地显示在视图中；按住鼠标滚轮并移动鼠标可以平移视图，将视图平移到相应位置。

（2）进行模型的混搭，单击工具栏中的按钮，可看到软件自带的各种模型，包括胳膊、耳朵、头、腿、字母、数字、问号、感叹号、圆环、球体、锥体等，通过调整参数列表设定混搭模型的大小和形状，也可通过按钮进行模型的旋转、移动和缩放。

（3）对模型进行编辑，打开工具栏，有 15 个模型编辑的选项，分别为镜像、复制、变换、对齐、创造中心点、平面切割、填补裂缝等。此处选择部分常用功能进行介绍。

① 可以对模型整体或者局部进行镜像操作。其中，单击视图中的箭头，可以沿与箭头平行的方向移动镜像面；单击三角面，可在三角面所在平面移动镜像面；单击圆弧，可以在圆弧所在平面旋转镜像面。

② 可以对模型进行复制操作，单击此按钮可自动显示对象浏览器，用户可通过该窗口进行相应操作，如选择、删除、隐藏显示等。

③ 可以对模型进行变换操作，包括平移、缩放和旋转。其中，单击白色小立方体并上下拖动可以整体缩放模型；单击小矩形可以分别沿各自箭头方向进行缩放；单击箭头可沿箭头方向移动模型；单击三角面可以在三角面所在平面移动模型；单击圆弧可以在圆弧所在平面旋转模型。L 表示当前使用的物体坐标系，W 表示当前使用的世界坐标系。

3.2 其他建模软件

3.2.1 Sculptris

Sculptris 是一款简洁、强大且易于使用的三维建模软件，允许用户专注于创作惊人的 3D 艺术品，支持 Windows 和 Mac OS X 系统。其运作方式有两种：雕刻和绘画。在雕刻模式中，用户可以编辑网格几何与简单的笔触；在绘制模式中，用户可以使用画笔在网格表面上进行相应绘制。Sculptris 的特点就在于用户完全可以不考虑拓扑结构，像捏橡皮泥一样随意改变目标物体的形状。Sculptris 使用自适应的三角形构成多边形网格，当笔刷刷出细节部分时，自动将刷出部分的三角面网格进行细分；拉长模型时，网格也会自动添加三角面以保证每个三角面都类似于等边三角形，保证了表面网格的均匀性，给予用户直观、好玩和友好的感受。

Sculptris 用户界面十分简洁，如图 3.18 所示，详细的操作过程请参阅 http：//pixologic.com/sculptris/#。

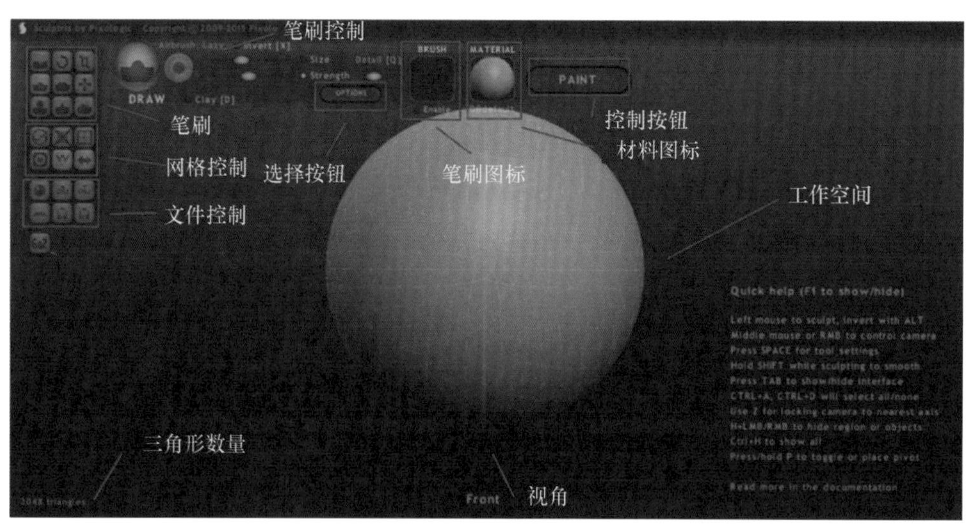

图 3.18 Sculptris 用户界面

笔刷：包括9个功能，分别为Crease（折痕，雕刻出刻印的痕迹，比如物体表面的缝隙、肌肉之间产生的缝隙等）、Rotate（旋转，默认旋转笔刷大小范围以内的点，勾选Global旋转整个物体）、Scale（缩放，默认缩放笔刷大小范围以内的点，勾选Global缩放整个物体，勾选XYZ可以等比例缩放）、Draw（绘制）、Flatten（抚平，将表面抹平整，默认自动决定参考平面的角度，勾选Lock Plane会以第一次单击的平面为参考平面）、Grabe（移动，默认移动笔刷大小范围以内的点，勾选Global移动整个物体）、Inflate（膨胀，让表面凸起更明显）、Pinch（捏紧，用于挤出硬边）、Smooth（光滑）。

网格控制：共6个，分别为Reduce Brush（笔刷刷出范围内的网格密度降低）、Reduce Selected（对整个物体进行降低网格密度操作，可有效减少模型多边形数）、Subdivide All（细分整个模型）、Mask（绘制遮罩）、Wireframe（显示网格线）、Symmetry（对称操作的开关，目前Sculptris仅支持左右对称）。

文件控制：包括创建球体、创建平面、导入/导出文件、保存Sculptris文件、打开Sculptris文件。

笔刷控制：用于设置笔刷属性，如笔刷的大小和力度。其中，Airbrush同一点累积笔刷效果，Invert可以起到反转笔刷的效果。

选择按钮：单击此按钮，打开并控制与Sculptris整体相关的各种设置和参数，如背景图像、笔刷间距等。

笔刷图标：单击缩略图，将纹理添加到选定笔刷。

材料图标：软件提供了多种材质，供用户对模型材料进行选择设置。

控制按钮：可以进入贴图绘制的功能界面，以便绘制模型纹理。一旦进入该模式，某些笔刷工具便不能使用，因此必须确定模型准确无误后再进行绘制。

视角：可通过单击并拖动鼠标来展示各个方向的视图。

工作区间：对模型进行编辑、修改等的位置。

GoZ：将当前场景发送到ZBrush。只有当计算机上安装ZBrush并按照GoZ文档的要求安装了适当的GoZ文件时，此功能才有效。

Sculptris的功能相对单一，操作相对简单，具体步骤为：首先创建基础模型，可以使用软件自带的球体或者平面，也可导入相应模型；然后按照需求选择相应笔刷实现模型的创建，建议使用移动笔刷刷出大致形状，最后使用其他笔刷进行细致刻画。

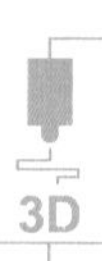

3.2.2 OpenSCAD

OpenSCAD 是一款基于命令行构建三维立体模型的软件，支持跨平台操作系统，包括 Linux、Mac OS 和 Windows。不同于其他多数用于构建三维立体模型的自由软件（如 Blender），OpenSCAD 的主要用途并不是外观艺术渲染，而是更多地致力于 CAD 方面的功能。OpenSCAD 并不是交互建模工具，这一点与多数 CAD 工具也不同。它更像是一个 2D/3D编译器，读取描述对象的程序文件，从中生成模型。这样使得设计者能够全面控制模型处理过程，能够容易地改变其中的步骤，或者通过定义配置参数来进行设计。其特长是可以制作实心 3D 模型。

OpenSCAD 用户界面相对简洁，分为 5 个区域：菜单栏、视图窗口、编辑器、控制台及视口。软件用户界面如图 3.19 所示，详细的操作过程请参阅 http：//www. openscad. org/documentation. html。

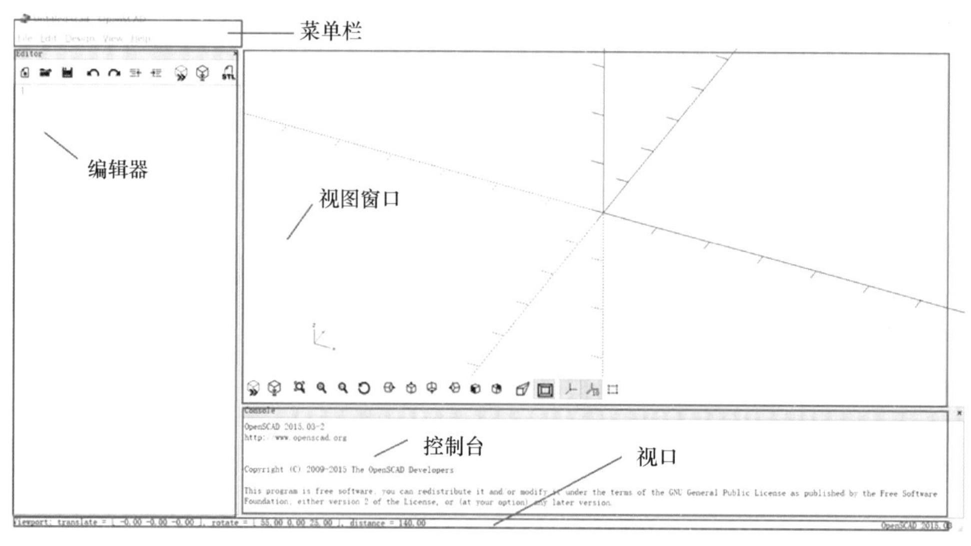

图 3.19 OpenSCAD 用户界面

菜单栏：位于界面顶部，包括文件、编辑、设计、视图、帮助（从左到右排列）。用户可以通过菜单访问所有 OpenSCAD 命令。

视图窗口：可预览所创建的模型，可以通过工具选择实现放大/缩小、各个方向预览及投影等功能。

编辑器：位于界面左侧，可以在建模区域空白处输入相应代码，创建模型，上方工具栏从左至右的功能依次为新建、打开、保存、撤销、恢复、取消缩进、缩进、预览、渲染、导出为STL文件。

控制台：位于界面右下角，可以查看模型的创建方式、字节的几何缓存大小等信息，还可通过控制台查看所写代码是否有误。

视口：位于界面底部，用来表示模型的旋转角度、距离等。

OpenSCAD提供两种类型的3D建模：构造立体几何和通过二维图元生成三维模型。

1）构造立体几何

可通过以下简单代码构建基本的立体几何模型，如图3.20所示，（a）~（c）的代码依次为sphere（$r=10$）、cube（size=［18，18，18］，center=false）、cylinder（$h=15$，$d_1=20$，$d_2=0$，center=false）。也可通过复杂代码实现复杂模型的创建。

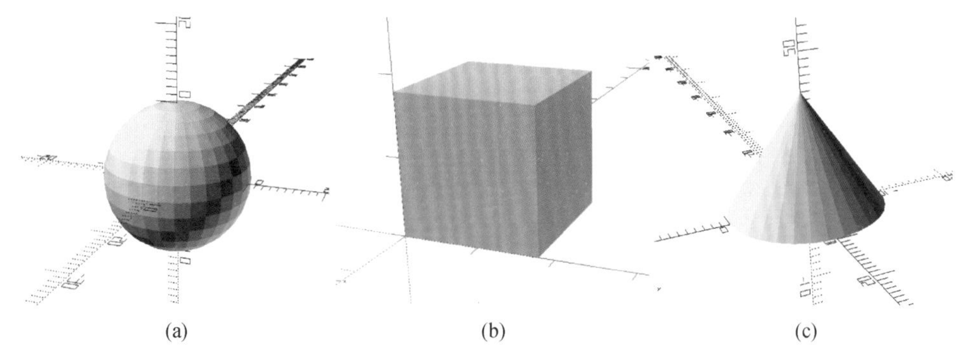

(a) (b) (c)

图3.20 简单代码构建基本的立体几何模型

2）通过二维图元生成三维模型

拉伸是创建具有固定横截面轮廓物体的过程，建议对保持在*XY*平面上的形状进行拉伸。OpenSCAD提供两个命令从2D创建3D实体：Linear Extrude和Rotate Extrude。其中，Linear Extrude是以2D多边形作为输入并将其扩展到三维的建模操作，从而创建一个3D形状。需注意的是，拉伸总是从*X-Y*平面到沿*Z*轴指示的高度，因此，如果在拉伸之前旋转或应用其他变换，则拉伸应用于2D多边形到*X-Y*平面的投影。Rotate Extrude在*Z*轴周围旋转2D形状，以形成具有旋转对称性的固体，不能用来生产螺旋或螺纹。

3.2.3 Wings 3D

Wings 3D是一款开源的3D建模软件，基于Erlang环境，注重建模，适合创建细分曲面的模型，具有可定制的快捷键及界面，支持矢量操作。其微调模式可对模型进行快速调整，支持多种操作系统，包括 Linux、Mac OS 和 Windows，对计算机配置要求低，并且界面易用，使得初级用户和高级用户都能得心应手。但是 Wings 3D 功能单一，设计为建模工具（modeler）。

打开 Wings 3D 软件，主窗口显示为建模区域。Wings 3D 的界面非常清爽，如图 3.21 所示，可分为 5 个重要部分：菜单栏、工具栏、信息线、网格、轴。详细的操作过程请参阅 http：//www.wings3d.com/？page_ id =252。

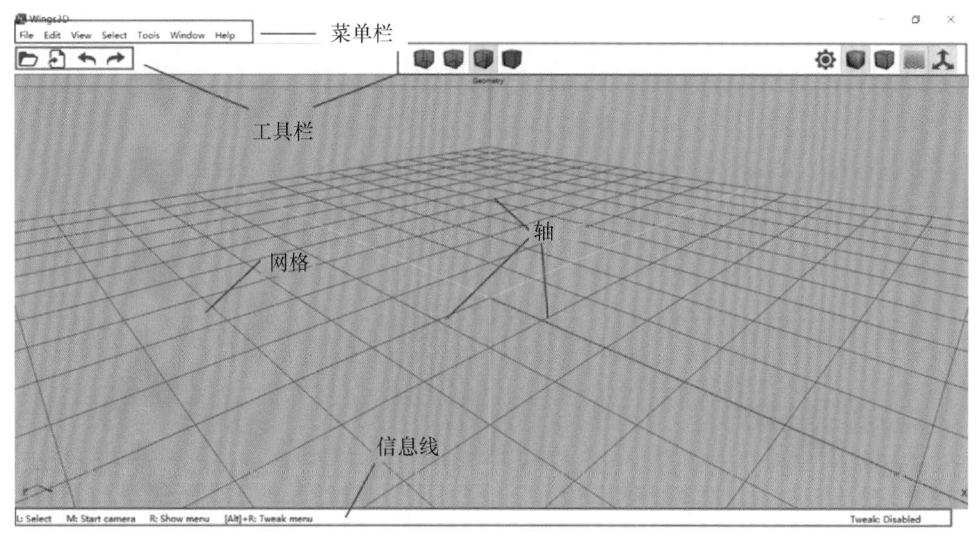

图 3.21　Wings 3D 用户界面

菜单栏：位于界面的顶部，包括文件、编辑、视图、选择、窗口、帮助（从左到右排列）。Wings 3D 命令具有全局性的功能，即适用于所有项目类型或一般环境设置，如用户偏好和相机操作。

工具栏：提供了单击/访问、保存/加载、撤销/重做、选择模式、轴和网格的隐藏设置等。选择模式从左开始分别对应点选择模式、边选择模式、面选择模式和体选择模式。

信息线：沿着主窗口底部运行，并提供如何使用 Wings 3D 的有关提示。悬停在菜单栏选项及工具栏图标上时，相关对应的信息会显示在信息线处。

网格：以原点为中心，对测量创建对象十分重要，每个方块代表一个单位，可以自定义其尺寸单位，如英寸、英尺、米等。

轴：有三个主要轴，被标记为 X、Y 和 Z。习惯上 X 是左右的，Y 是上下的，Z 是模型的正面和背面，默认设置 X 轴的显示颜色为红色，Y 轴为绿色，Z 轴为蓝色。

首先，介绍快捷键以便很好地进行建模。在建模区域空白处单击鼠标滚轮，进入任意旋转视角模式，在该模式下可以通过移动鼠标来旋转视角，方便对模型进行观察；4 个方向键可以用于移动视角镜头；Backspace 键用于取消当前所有选择；在编辑比较复杂的模型时，易遇到互相交叉遮挡的几何对象，编辑起来十分麻烦，可以选中某些对象进行隐藏、锁定等，可以通过菜单栏中 Select 下拉菜单中的 Unhide All Objects 和 Unlock All Objects 来重显和解锁。

Wings 3D 的建模方式：在建模区域空白处右击，在弹出的快捷菜单中选择要创建的基本几何体，再通过这些基本几何体的组合及编辑（选中几合体组合并右击，可通过合并、分开、焊接等进行编辑）来制作最终模型。此处创建基本几何体的方法有两种：第一种是直接创建 3D 模型，首先在建模区域空白处右击，出现基本的三维模型为立方体、圆柱体、球体、圆环体、锥体、四面体、八面体、十二面体、二十面体及螺旋形结构等，右击所选几何图元，进行模型的编辑创建，其中包括几何图元的基本信息、偏移位置、旋转角度等信息，后续也可通过选择模式选择相应位置并右击进行修改编辑；第二种是创建二维图元，在建模区域空白处右击，在 N-Gon 处右击创建多边形，选中该二维图形并右击，通过拉伸等操作建立三维模型。

3.2.4 Art of Illusion

Art of Illusion 是一个用 Java 语言写成的基于 GPL V2 的开源三维建模和渲染软件，可以创建高质量、具有真实感的三维模型，提供一个程序中的建模、纹理、动画和渲染。它最显著的特点是用户界面简单，提供了强大而复杂的特性；Java 给予其强大的跨平台支持，可在 Linux、Mac OS 及 Windows 系统下运行；其建立在强大的核心/插件架构上，使得初级用户和高级用户都可以快速学习使用。

Art of Illusion 用户界面如图 3.22 所示，该界面设计简洁、大方干净、易于学习、使用简单，分为 6 个区域：菜单栏、工具栏、对象列表、对象属性面板、4 个交互视图窗口、动画编辑栏。详细的操作过程请参阅 http：//www.artofillusion.org/documentation。

菜单栏：位于界面顶部，包括文件、编辑、场景、对象、动画、工具、视图、帮助（从左到右排列）。其中，文件允许执行各种文件操作，如打开、关闭、导入、导出等；编辑包含一些非常有用的选择和基本对象操作工具。

工具栏：用户可以通过工具栏快速选择 Art of Illusion 中常用的工具图标，创建新对象并移动、旋转和缩放现有对象。将光标放在工具图标上会出现功能描述，单击该图标，视图窗口底部将显示一行文本，简要描述其用法及用途。

对象列表：列表中有场景中的所有对象，包括相机和灯光的列表。要选择一个以上对

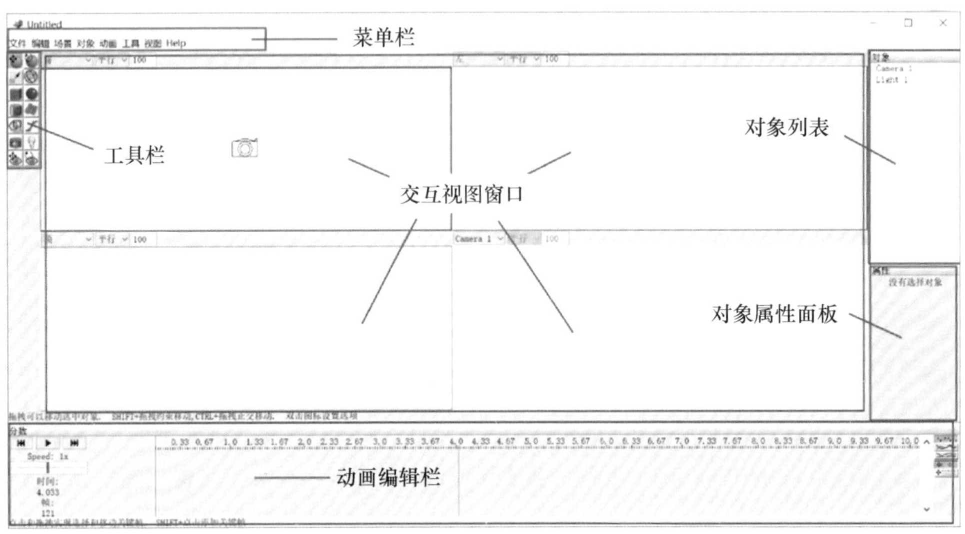

图 3.22 Art of Illusion 用户界面

象，按住 Ctrl 键，选择一个范围，单击一个对象，并按 Shift 键 + 单击另一个对象来选择中间所有对象。此列表还允许对象的层次排列，多个对象可以是某一对象的“子”部分。双击列表中的某一对象，可对其形状进行修改编辑。

对象属性面板：显示当前选定对象的各种可编辑属性，包括各种编辑工具、纹理和材料的应用及隐藏/显示对象的能力。可右击对象列表中的对象显示当前选定对象，也可直接在视图窗口中单击对象。

4 个交互视图窗口：4 个窗口位于界面主要区域，显示不同的场景视图。默认情况下，两个上窗口和左下窗口分别显示主、左、俯的平行或正交视图，右下窗口显示当前选择的摄像机的透视图。使用每个视图窗口顶部的下拉菜单可以很容易地更改视图。所有视图窗口可以通过摄像机控制独立地缩放和旋转。

动画编辑栏：与许多其他 3D 动画类似，Art of Illusion 通过一个分数或时间线来处理动画。每个对象可以有一系列不同的沿着时间线运行的轨迹，控制位置、方向、缩放等各种参数，以及更复杂的操作。

Art of Illusion 有两种创建 3D 模型的方法：第一种是直接构建三维基础模型，并通过菜单栏→“工具”→“布尔模式”等进行最终模型的建立，Art of Illusion 有立方体■、球体●和圆柱体■3 种基本几何图元，可以通过用户界面工具栏中的建模工具图标或菜单栏创建；第二种是通过◩和⌐创建 2D 图元，并利用菜单栏→“工具”→“拉伸”建立 3D 模型，从而进行下一步操作。需注意的是，2D 图元仍然存在于视图当中。

3.3 三维扫描仪

三维扫描（3D Scanning）是一种利用激光、可见光或X射线对三维物理模型进行非接触式、非破坏性的数字化建模方法。三维扫描仪创建了基于物体表面的点云数据，从而对三维物理模型的形状、尺寸等几何结构信息进行精确量化，并可将探测到的数据存储到计算机中。三维扫描仪（3D Scanner）是一种科学仪器，用来侦测并分析现实世界中物体或环境的形状（几何构造）与外观数据（如颜色、表面反射率等性质）。搜集到的数据常被用来进行三维重建计算，在虚拟世界中创建实际物体的数字模型。3D扫描技术已经取得了一系列的商业应用，比如MatterPort扫描仪可以将物体和房间数字化[47]，FARO大体积3D激光扫描技术可以用来测量建筑物和城市景观[48]。

3.3.1 三维扫描仪简介

三维扫描仪大体分为接触式三维扫描仪和非接触式三维扫描仪两种。接触式三维扫描仪通过真实触碰物体表面计算其深度，典型的接触式三维扫描仪如坐标测量机（Coordinate Measuring Machine，CMM），主要用于工程制造产业，测量仪器精确高效，不受物体表面颜色、光照等的影响，但是由于在扫描过程中必须与物体直接接触，可能造成被测物的破坏损毁，因此不适用于古文物、遗迹等的重建作业。此外，相较于其他扫描方法，坐标测量机需要较长的时间，如今最快的坐标测量机只能操作几百赫兹，而激光扫描仪运作频率则高达1万~500万赫兹。非接触式三维扫描仪是一种利用某种与物体表面仿生互相作用的物理现象，如光、声和电磁等，来获取物体表面三维坐标信息的工具，其无须进行扫描头半径补偿，扫描速度快，不必逐点扫描，扫描面积大，数据较为完整，可以直接扫描材质较软及不适合直接接触式扫描的物体，如橡胶、纸制品、工艺品、文物等。非接触式三维扫描仪又分为三维激光扫描仪和光栅三维扫描仪两种。

1）三维激光扫描仪

三维激光扫描技术源于20世纪90年代中期，又被称为“实景复制技术”，该技术能够完整且较高精度地重建扫描实物的空间三维信息，真正实现了无接触测量，是继GPS空间定位系统之后的又一项测绘技术新突破。按照扫描成像方式的不同，激光扫描仪又有点

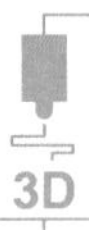

激光、线激光、面激光的区别。

三维激光扫描仪的工作原理：

（1）飞时测距法。根据光脉冲在被摄场景中的传播和反射时间，来获取场景中各点的距离信息。首先发射器周期地驱动激光二极管发射激光脉冲，接收透镜通过接收目标表面后向反射信号从而产生接收信号，利用石英时钟对发射与接收时间差作计数，经计算机处理原始数据，获得采样点空间距离，这样通过记录调制的激光信号在待测距离上往返传播所花费的时间，由飞行时间法直接求得待测距离（脉冲测距法）；或者通过测量调制的激光信号在待测距离上往返传播所形成的相移，间接测出激光传播时间，再根据激光传播速度，求出待测距离（相位差测距）。最后通过传动装置的扫描运动，完成物体的全方位扫描，获取目标表面完整的点云数据。

（2）三角测距法。三维激光扫描仪以某一角度发射一束激光至待测物体表面，并利用摄影机查找待测物表面激光光点位置。随着待测物体与三维激光扫描仪距离的不同，激光光点在摄影机画面中的位置亦有所不同。激光光点、摄影机与激光本身构成一个三角形，经过三角形几何关系推出扫描仪与待测物体之间的距离。

三维激光扫描仪的特点如下：

（1）快速、高密度扫描。常规测量方法每测量 1 个点耗时 2 ~5s，但是三维激光扫描仪每秒可测量数万到数百万个点，可快速获取复杂物体表面数据，从而达到具有高分辨率的目的。

（2）多学科融合。三维激光扫描技术涉及现代电子、光学、机械、控制工程、图像处理、计算机视觉、计算机图形学、软件工程等技术，是多种先进技术的集成。

（3）应用广泛、适应性强。三维激光扫描技术不断发展、日趋成熟，三维扫描设备也逐渐实现商业化，在测绘工程、结构测量、建筑古迹测量、紧急服务业、娱乐业、采矿业等领域有广泛应用，并且使用条件要求不高，适应性强。

图 3. 23 展示了几种常见的三维激光扫描仪。

(a) 奥地利RIEGL

(b) 美国Trimble

(c) 瑞士Leica

(d) 加拿大Optech

图 3. 23　常见的三维激光扫描仪仪器

2）光栅三维扫描仪

光栅三维扫描仪也称“照相式三维扫描仪”或者“拍照式三维扫描仪”，是为满足工业设计行业的应用需求而研发的产品。类似于照相机拍摄照片，有所不同的是，照相机摄取物体的二维图像，而光栅三维扫描仪可获得物体的三维信息。

光栅三维扫描仪的工作原理：采用一种结合结构光技术、相位测量技术、计算机视觉技术的复合三维非接触式测量技术。扫描技术人员可以在极短时间内获得物体表面高密度完整的点云数据，通过处理扫描所得到物体表面的点云数据，可迅速快捷地将点云数据转化成为 CAD 三维数据模型，大大节省了技术人员的设计时间，从而提高工作效率。

光栅三维扫描仪的特点如下：

（1）面扫描。有别于传统的扫描方式，光栅三维扫描仪采用先进的照相式原理，测量点分布十分规则，可瞬间对物体进行快速、全方位扫描，获得整个物体表面的三维数据。

（2）精度高。利用独特的测量技术，可获得比三维激光扫描仪更高的测量精度，可达 0.03mm。

（3）单次测量范围大（激光扫描仪一般只能扫描 50mm 宽的狭窄范围），并且扫描速度极快，数秒内可得到 100 多万点。

（4）对大型物件进行测量时可方便灵活地移动扫描仪，特别适合不易搬动的大型铸件模具或不便扫描的整车汽车内部件，目前已广泛应用于工业设计行业中，如产品研发设计（快速成型等）、逆向工程、三维检测。

图 3.24 展示了两种光栅三维扫描仪及其扫描案例。

(a) 3DSS幻影四目型

(b) 幻影四目型扫描案例

(c) 3DSS精密型

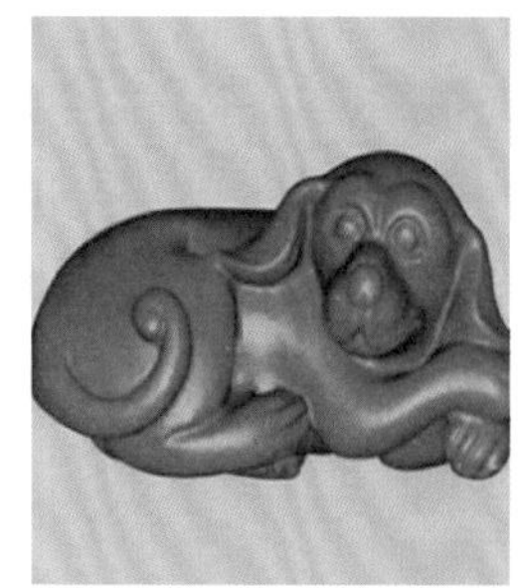

(d) 精密型扫描案例

图 3.24　光栅三维扫描仪及其扫描案例

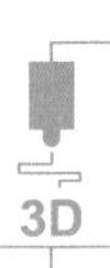

3.3.2 三维扫描仪建模方法

三维扫描技术的应用十分广泛，故以 RIEGL VZ-1000 型三维激光扫描仪为例，介绍其使用方法。

1）外业数据采集

步骤 1：找到合适的仪器架设位置后固定脚架，使其基本平整，将扫描仪固定到脚架上，拧紧连接螺旋。连接数据线，打开供电按钮，同时启动计算机。在距离扫描仪 15m 左右视野开阔的地方，固定简易脚架，设置反射贴片位置，并记录反射贴片高度，反射贴片正对扫描仪。

步骤 2：扫描仪开机后，仪器下方出现激光束投射到地面上，找准激光位置，做好标记，量取仪器高度并记录。

步骤 3：启动计算机后，单击桌面上的 RiSCAN PRO 图标，启动软件，进入软件操作界面，如图 3.25 所示 。

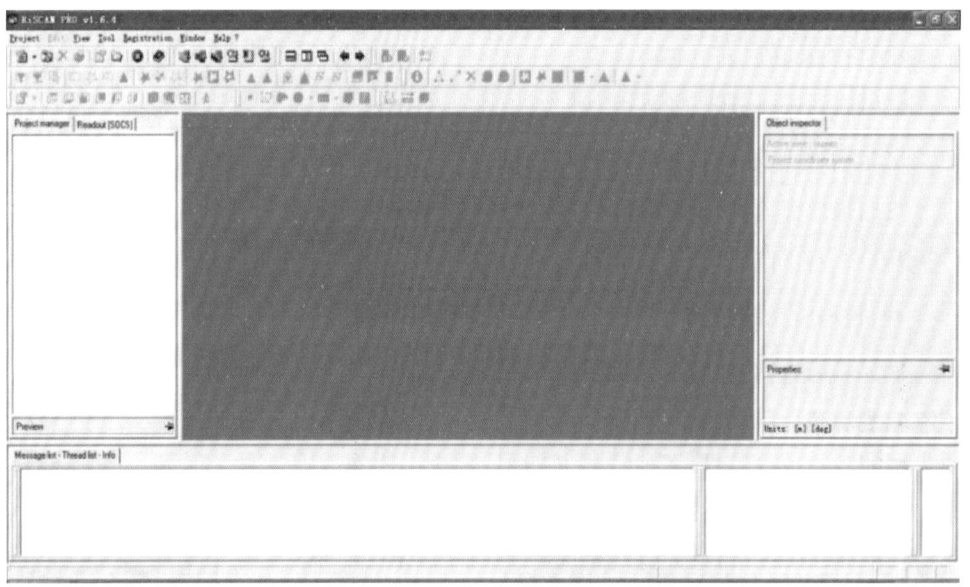

图 3.25　RiSCAN PRO 操作界面

2）数据采集

步骤 1：设置、连接仪器。

步骤 2：右击左侧列表框中的 CALIBRATIONS，在弹出的菜单中，选择 CAMERA，如图 3.26 所示。

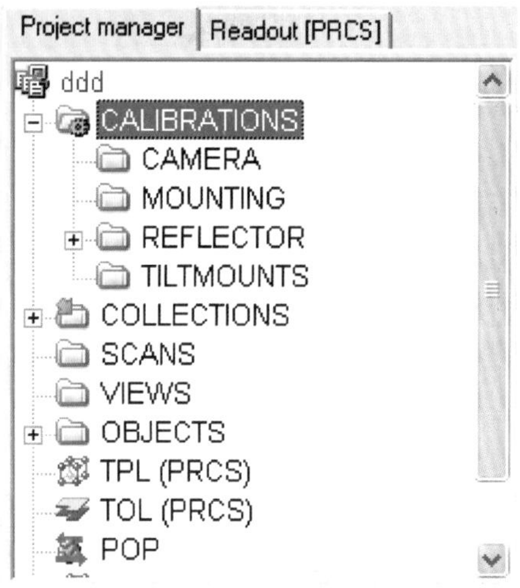

图 3.26　左侧列表框

步骤 3：在弹出的对话框中，可以选定客户仪器的配置相机型号和配置镜头型号，如图 3.27 所示。

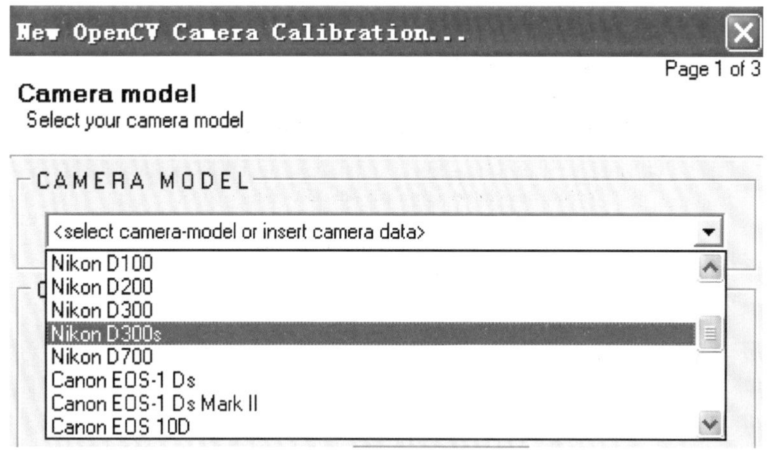

图 3.27　相机型号设置

单击 Next 按钮，设置相机镜头型号，如图 3.28 所示。

单击 Next 按钮，设置相机和镜头的序列号，可用 x 代替，如图 3.29 所示。

单击 OK 按钮，此时会在左侧列表框中的 CALIBRATIONS-CAMERA 二级菜单中出现新的相机参数菜单，如图 3.30 所示。

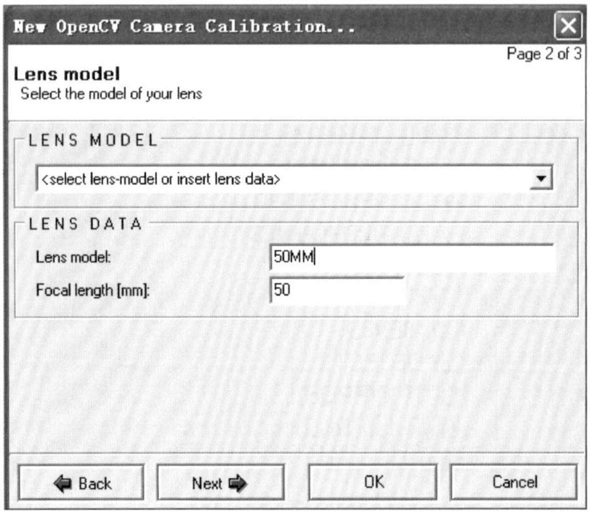

New OpenCV Camera Calibration...
Page 2 of 3
Lens model
Select the model of your lens
LENS MODEL
<select lens-model or insert lens data>
LENS DATA
Lens model:
50MM
Focal length [mm]:
50
Back
Next
OK
Cancel

图 3.28　镜头型号设置

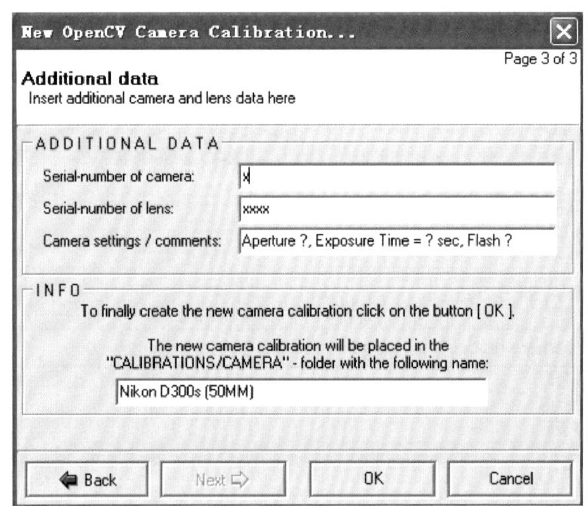

New OpenCV Camera Calibration...
Page 3 of 3
Additional data
Insert additional camera and lens data here
ADDITIONAL DATA
Serial-number of camera:
x
Serial-number of lens:
xxxx
Camera settings / comments:
Aperture ?, Exposure Time = ? sec, Flash ?
INFO
To finally create the new camera calibration click on the button [OK].
The new camera calibration will be placed in the
"CALIBRATIONS/CAMERA" - folder with the following name:
Nikon D300s (50MM)
Back
Next
OK
Cancel

图 3.29　相机和镜头的序列号设置

ddd
CALIBRATIONS
CAMERA
Nikon D300s (50MM)
MOUNTING

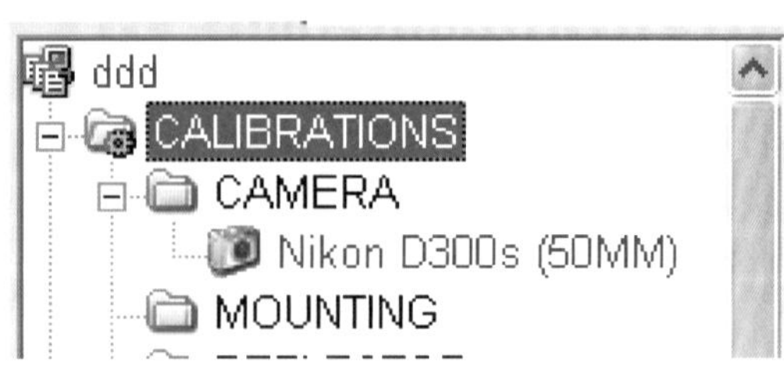

图 3.30　相机参数菜单

步骤 4：右击左侧列表框中的 MOUNTING 菜单，选择 MOUNTINC 选项，此时会出现新的安装图标，如图 3.31 所示。

图 3.31　新的安装图标

步骤 5：在左侧列表框中右击 SCANS，建立新的扫描站和扫描工程，如图 3.32 所示。

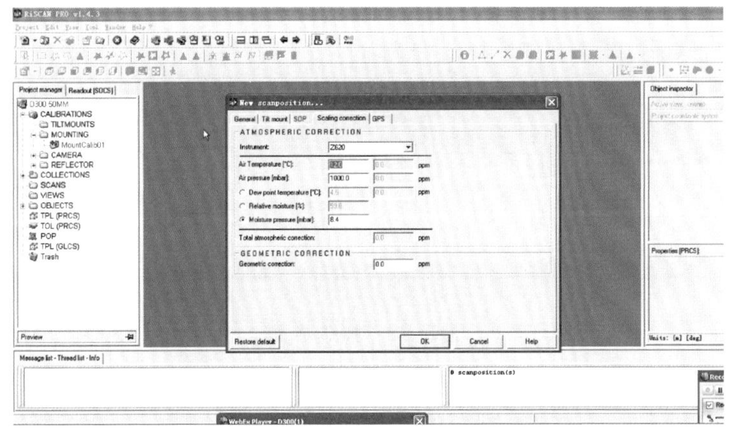

图 3.32　建立新的扫描站和扫描工程

步骤 6：在弹出的对话框中的 Instrument 下拉列表框中选择仪器型号；右击扫描站，在弹出的新对话框中，选中 Distance 复选框（表示在 10m 距离处的扫描点间隔），在 Start angle 和 Stop angle 编辑框中设定起始角，操作界面如图 3.33 所示。

步骤 7：在 Measurement program 下拉列表框中可根据需求选择不同的射程距离模式。默认模式有 4 种：1400m（70kHz）、1200m（100kHz）、950m（150kHz）、450m（300kHz）。

步骤 8：在 Online view 下拉列表框中选择 2D view 选项，以便扫描过程中真实查看扫描进度。

步骤 9：Resolution ［deg］编辑框，表示测绘点密度，即在特定距离模式下，点和点之间的夹角。若输入 1，则本次扫描范围内点和点之间与仪器的夹角为 1°，需根据情况自行确定。输入完成后，单击■，在窗口右侧区域内显示行点数（Meas count）、列点数（Line count）、总点数（Meas pts）、预计扫描需要花费的时间（Est time）、仪器编号（Serial #）及电压（Supply voltage），并且在范围框以黄色区域显示。单击 OK 按钮后，进入扫描阶段，如图 3.34 所示。

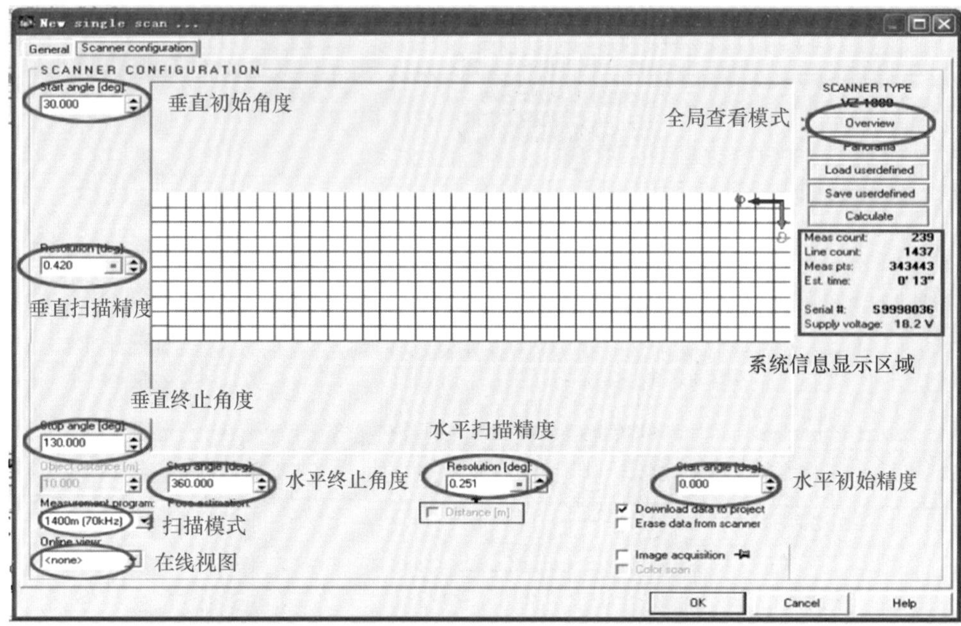

图 3.33　操作界面

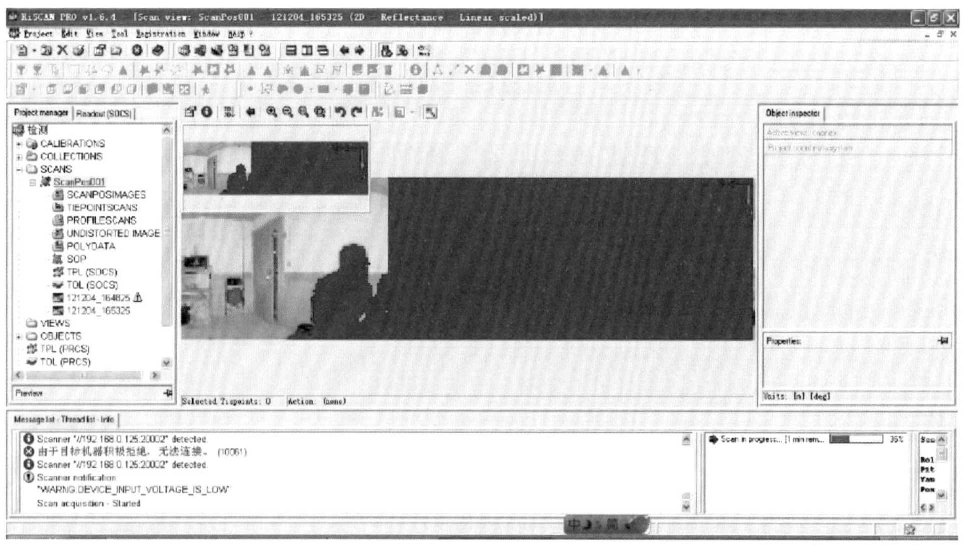

图 3.34　扫描操作界面

步骤 10：扫描完成后，查找后视贴片。扫描完成后，在系统左侧列表框中的 Scanpos001 文件夹下，会出现蓝色区域显示的文件，即扫描数据文件。右击该数据文件，选择 Find reflectors 延伸菜单，弹出对话框，全部选择默认，单击 OK 按钮，屏幕出现贴片信息，如图 3.35 所示。

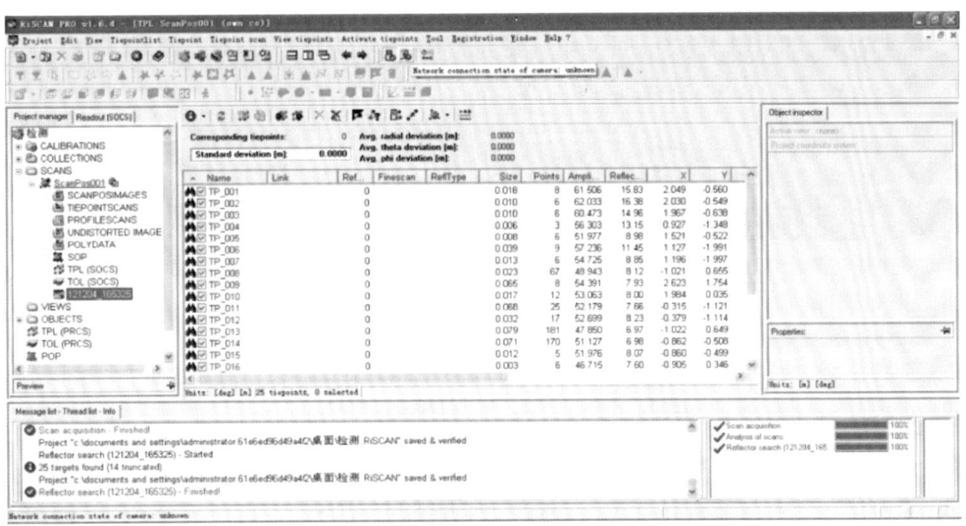

图 3.35 贴片信息操作界面

最小化该显示窗口，返回到此前的二维扫描窗口面板中，单击下图所示红色小圈内（Show/hide all tie points）图标，使图标彩色显示，视图内的所有贴片位置均出现小“+”字，并在旁边标注有贴片名称，名称默认，如图 3.36 所示。

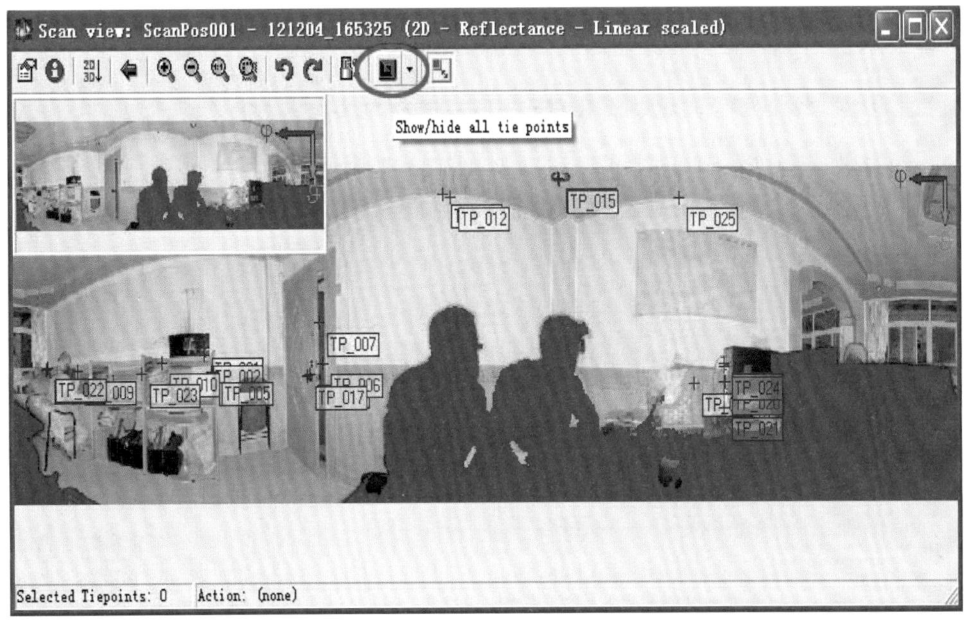

图 3.36 标注贴片

用鼠标滚轮在视图内找到准确的贴片位置，按住 Shift 键并单击相应贴片名称，使其变成红色后，单击红色小圈内 Finescan tiepoints 图标，精扫后视贴片，如图 3.37 所示。

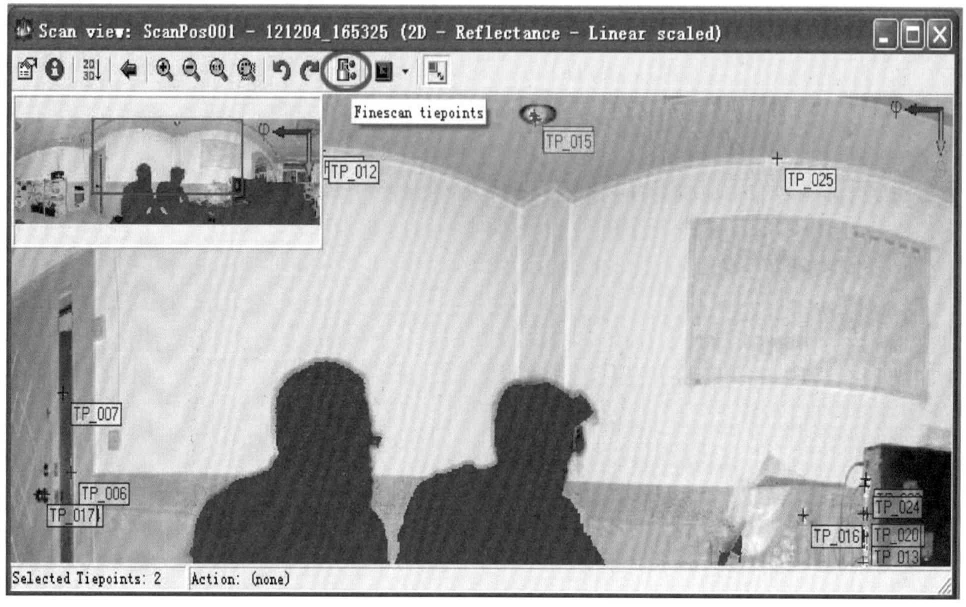

图 3. 37　精扫后视贴片

贴片扫描过程，贴片中心分析进度完成，当系统操作界面的左侧 Preview 视图框中出现完整的类似红太阳图像时，说明贴片扫描完成，并在左侧列表框中出现 tp 001 贴片扫描文件，此时本站扫描任务完成，如图 3. 38 所示。

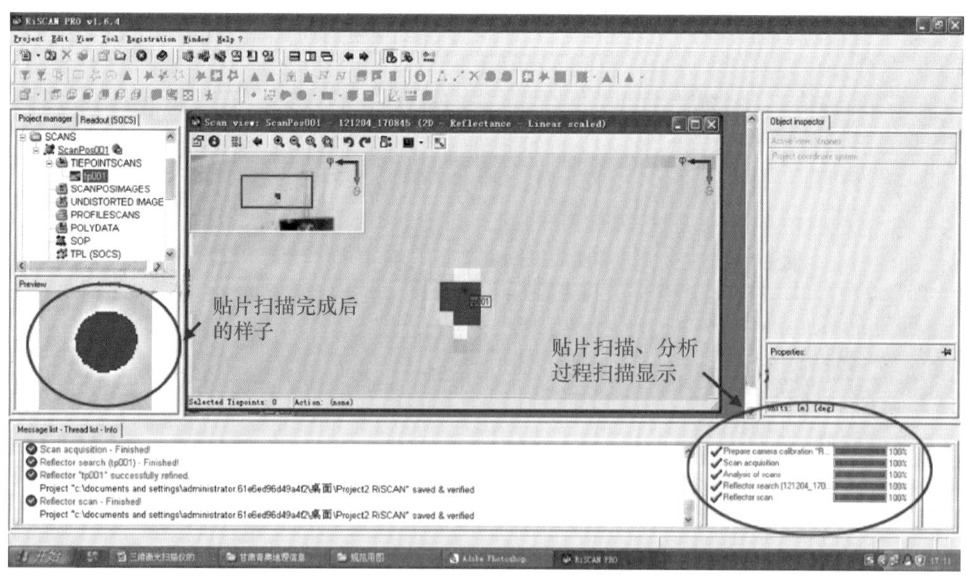

图 3. 38　任务完成

利用三维扫描仪扫描的建筑如图 3. 39 所示。

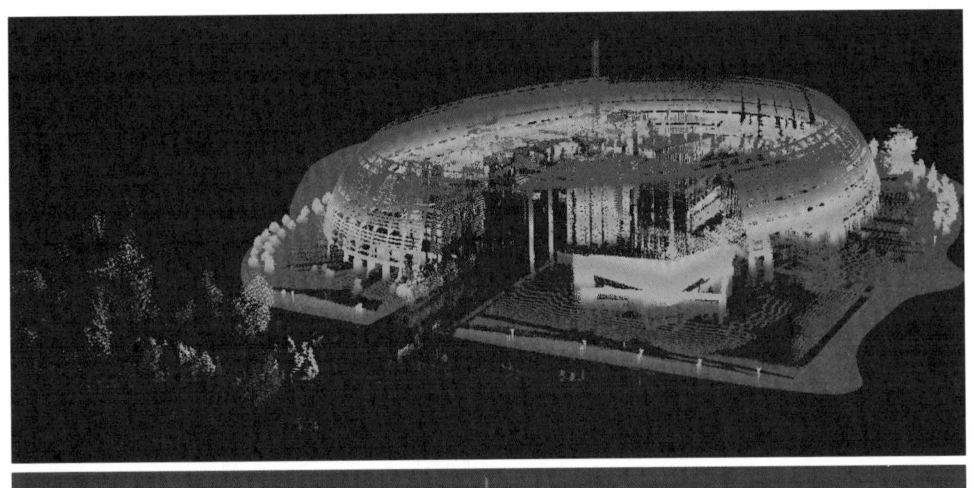

图3.39 绵阳市科创园孵化大楼的三维扫描图

3.3.3 三维扫描仪建模的发展趋势

逆向工程是一种产品设计技术再现过程，广泛应用于新产品开发和产品改型设计、产品仿制、质量分析检测等领域，其缩短了产品的设计、开发周期，加快了产品的更新换代速度及产品造型和系列化设计速度，降低了企业开发新产品的成本与风险，适合于单件、小批量的零件制造，特别是模具的制造。

模型重构技术是逆向工程的关键所在，传统的三维建模软件有时很难还原物体实际形状，以致于模具制造精度较差，导致最终模型的还原度低。通过运用三维扫描和3D打印技术进行逆向反求设计，扫描物体后得到模型的三维信息，依据3D打印无模建造的灵活性构建所需模型。此法不仅节约了大量制作时间，而且最大限度地保持了整体美观效果，保证了

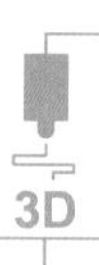

较高的模型还原度，如进行古建筑重建工作。也可通过两种技术的结合进行地质模型的打印，以解决一些实际问题等。三维扫描仪扫描结果的好坏直接影响后续模型的建立，如何提高三维扫描仪的适用性、自动化程度和扫描精度以推动 3D 打印技术的发展，有待进一步研究。

3.4 STL 模型简介

STL 文件格式是一种 3D 模型文件格式，是由美国 3D Systems 公司于 1988 年制定的一个接口协议，其文件格式非常简单，是一种为快速原型制造技术服务的标准三维图形文件格式，应用十分广泛，大部分 3D 建模软件都可以将模型存储为 STL 格式文件，这些文件通常由计算机辅助设计（CAD）程序生成。STL 文件最初应用于快速成型（Rapid Prototyping，RP）领域，并迅速成为 RP 领域的工业标准；同时，STL 文件也在快速成型之外的各种需要三维实体模型的领域（如 3D 打印和计算机辅助制造）中获得了广泛的应用。

STL 格式文件通过几何信息描述三维物体，其文件由若干个空间小三角形面片的集合组成，经过三维实体模型的三角网格化获得，如图 3.40 所示，即以小三角面片为基本单位，离散地近似描述三维实体模型的表面，不支持颜色材质等信息。对于基本的简单模型，其表面可以使用几个三角面片表示；对于复杂的、分辨率较高的模型，需要用较多的三角面片构成模型的表面。构成模型的三角面片个数越多，文件越大，对象越详细。

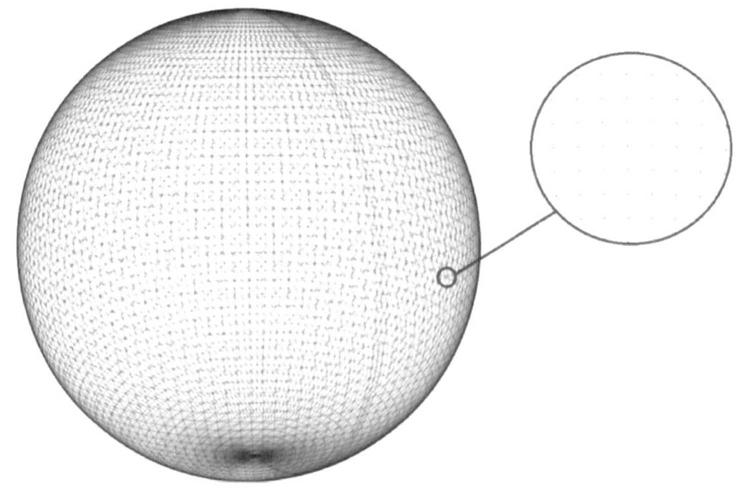

图 3.40　三维实体模型的三角网格化

3.4.1 STL 文件格式

STL 文件由多个三角面片的定义组成，每个三角面片的定义包括三角面片三个顶点的三维坐标（X_i，Y_i，Z_i）（其中 $i=1$，2，3）及三角面片的法向量（$\vec{n}_1$，$\vec{n}_2$，$\vec{n}_3$）。根据数据存储方式的不同，STL 文件分为两种类型：一种是 ASCII 码格式，另一种是二进制码格式。与 ASCII 码格式文件相比，二进制码文件要小得多，大约是 ASCII 码格式文件的 1/5。

1）ASCII 码格式

ASCII 码格式的 STL 文件逐行给出三角面片的几何信息，每一行以一个或两个关键字开头。在 STL 文件中三角面片的信息单元 facet 是一个带矢量方向的三角面片，STL 三维模型就是由一系列这样的三角面片构成的。

STL 文件的首行给出了文件路径及文件名。在一个 STL 文件中，每一个 facet 由 7 行数据组成。facet normal 是三角面片指向实体外部的法矢量坐标；outer loop 后的 3 行数据分别是三角面片的 3 个顶点坐标，3 个顶点坐标顺序按照指向实体外部的法矢量方向逆时针排列[49]。文件结构如下：

```
明码：//字符段意义
solid filename stl   //定义文件路径及文件名
facet normal x y z   //三角面片的 3 个法向量
outer loop
vertex x y z   //三角面片第一个顶点坐标
vertex x y z   //三角面片第二个顶点坐标
vertex x y z   //三角面片第三个顶点坐标
endloop
endfacet   //完成一个三角面片的定义
…
endsolid filename stl   //整个 STL 文件定义结束
```

2）Binary 格式

Binary STL 文件用固定的字节数来给出三角面片的几何信息。文件前 84 个字节描述 3D 模型文件信息：起始的 80 个字节是文件头，用于存储文件名，可以放入任何文字信息；紧接着用 4 个字节的整数来描述模型的三角面片个数，后面逐个给出每个三角面片的几何信息。每个三角面片占用固定的 50 个字节，依次是：3 个 4 字节浮点数（三角面片的法矢量）、3 个 4 字节浮点数（第一个顶点的坐标）、3 个 4 字节浮点数（第二个顶点的坐标）、3 个 4 字节浮点数（第三个顶点的坐标）。每个三角面片文件的最后 2 个字节用来描述三角面片的属性信息。一个完整的二进制 STL 文件大小为三角面片数乘以 50 再加上 84 个字节。文件结构如下：

```
UINT8      //文件头
UINT32      //三角面片数量
//每个三角面片中
REAL32 [3]      //法线矢量
REAL32 [3]      //顶点 1 坐标
REAL32 [3]      //顶点 2 坐标
REAL32 [3]      //顶点 3 坐标
UINT16 //文件属性统计
```

3.4.2　STL 文件规则

在生成 STL 文件时有以下规则：

1）共顶点规则。每个三角面片必须与其相邻的每个三角面片共两个顶点，即一个三角面片的顶点不能落在相邻的任何三角面片的边上。

2）取向规则。每个面片法向量与三角面片三个顶点符合右手法则，且其法向量必须指向实体外面。右手定则：右手环握三角面片，四指指向三角面片顶点的排序方向，则拇指所指方向即为该三角面片的法矢量方向。

3）充满规则。小三角面片必须布满三维模型的所有表面，不得有任何遗漏。

4）封闭性规则。要求所有 STL 三角面片围成一个内外封闭的几何体。

5）取值规则。每个顶点的坐标值必须为非负值，即 STL 文件的实体应该在坐标系的第一象限。

3.4.3　STL 格式转换

STL 是三维模型常用的文件格式，文件中顶点数 V、边数 E、面片数 F 之间必须符合欧拉公式。对 STL 文件进行读取和显示，是模型进行后续操作的前提。绝大部分三维建模软件支持直接导出 STL 文件，个别不支持直接导出的建模软件可以通过安装插件导出 STL 格式文件，或者使用第三方软件（如 MeshLab）进行格式转换。

在用 SolidWorks、Pro/Engineer 等软件转换 STL 格式的过程中可能出现以下缺陷：

1）存在缝隙，即三角面片丢失。对于大曲率的曲面相交部分，三角化时就会产生这种错误。在显示的 STL 格式模型上，会有错误的裂缝或孔洞（其中无三角面片），违反了充满规则。此时，应在这些裂缝或孔沿处增补若干小三角面片，从而消除这种错误。

2）畸变，即三角面片的所有边都共线。这种缺陷通常发生在从三维实体到 STL 文件的转换算法上。由于采用在其相交线处向不同实体产生三角面片，就会导致相交线处的三角面片畸变。

3）三角面片的重叠。主要是由三角化面片时数值的圆整误差产生的。由于三角面片顶点在 3D 空间中以浮点数表示，而不是整数，所以如果误差范围较大，就会导致面片的重叠。

4）歧义的拓扑关系。根据共顶点规则，在任一边上仅存在两个三角面片共边，若存在两个以上的三角面片共边，就产生了歧义的拓扑关系。这些问题可能发生在三角化具有尖角的平面、不同实体的相交部分或生成 STL 文件时控制参数出现误差的情况下。

由于 STL 文件转换过程中存在缺陷，必须事先对 STL 文件模型数据的有效性进行检查，以保证用于快速成型系统的 STL 文件的有效性；否则，即使设计的模型已经创建完成，很有可能在模型中仍存在缺陷，具有缺陷的 STL 文件就会导致快速成型系统加工时出现许多问题，如原型的几何失真，严重时会导致死机。

适用于 3D 打印的 3D 模型需要具有最小壁厚和水密性，以便 3D 打印。即使模型在计算机屏幕上可见，但打印机也不可能打印壁厚为零的东西，这就要求在模型设计时必须考虑最小壁厚的问题。要求 STL 文件必须是水密的，即模型是无漏洞的有体积固体。

3.4.4 STL 文件修复

由于 STL 文件存在一定的缺陷与不足，因此需要软件来修复 STL 文件，将 STL 文件中的错误排除，生成新的 STL 文件，再进行切片。比如 Avante Technology 公司开发的 Emendo、Autodesk 公司开发的修复软件 Meshmixer、比利时 Materialise 公司（玛瑞斯）开发的 Magics，均为修复 STL 文件的软件。

下面介绍如何使用 Autodesk Meshmixer，以及如何做好模型打印前的准备工作。首先，下载并安装 Autodesk Meshmixer，然后按照下述步骤操作：

步骤 1：导入需要优化的 3D 模型文件。如图 3.41 所示，启动 Meshmixer，在窗口中单击“导入”按钮，选择要编辑的文件。Autodesk Meshmixer 支持 4 种最常见的网格文件类型：. stl、. obj、. ply 和 . amf。

步骤 2：设置打印空间。使用 Meshmixer 时，可以从列表中选择打印机或者手动输入打印机属性，步骤如下：①单击左下角的“打印”按钮，弹出“打印机设置”菜单；②单击“打印机属性”按钮；③在“打印机属性”对话框中进行设置；④切换到“打印机”选项卡，然后单击“添加”按钮，添加新打印机，将返回到“打印机属性”对话框，如图 3.42 所示；⑤命名打印机，然后选择打印过程；⑥设置从构建板底部中心或底角测量的打印空间大小；⑦将厚度阈值设置为 10mm；⑧单击“添加”按钮以列出配置的 3D 打印机到打印机列表；⑨单击右上角的×，退出打印设置。

图 3.41　导入 3D 模型文件

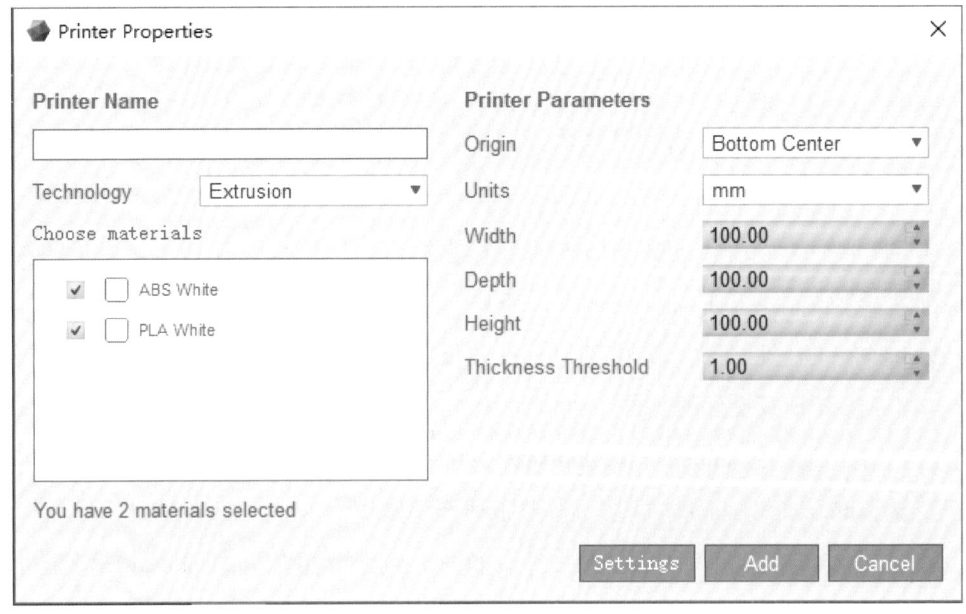

图 3.42　“打印机属性”对话框

步骤3：了解基本操作。按 Alt + 鼠标滚轮、Shift + 鼠标滚轮或者 Alt + Shift + 鼠标左键对模型进行平移；按鼠标滚轮或 Alt + 鼠标左键调整视角；按 Shift + 鼠标滚轮、Ctrl + 鼠标滚轮并拖动、Alt + Shift + 鼠标左键并拖动可以对模型进行缩放。

步骤4：移动模型。单击左边的“编辑”按钮，选择“变换”命令，可以更改对象的基本位置数据、移动或手动旋转，如图 3.43 所示。Autodesk Meshmixer 将在打印预览中自动放置，不必将其完美地放在虚拟水平工作台上。

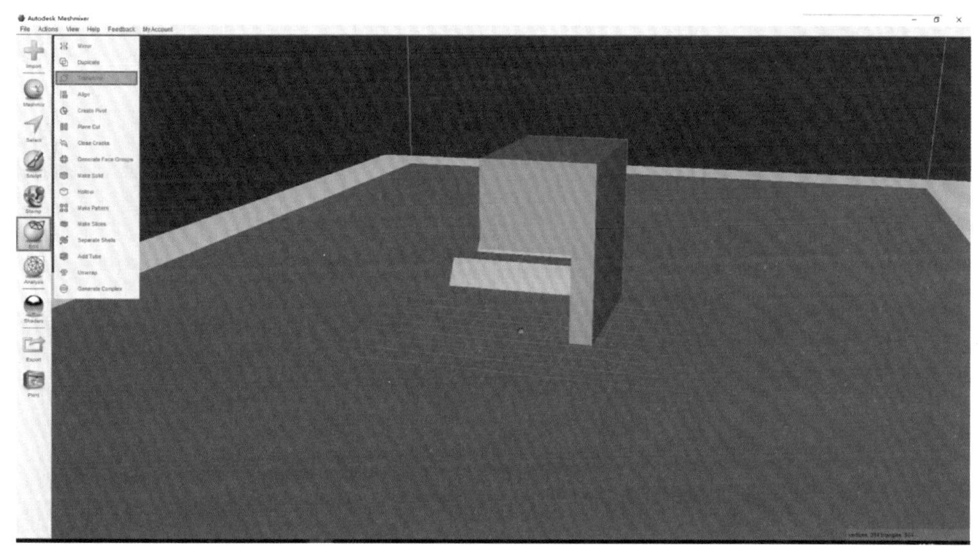

图 3.43　移动模型

当需要手动放置时，勾选“变换”窗口底部的“捕捉功能”。在手动移动模型时，屏幕上会显示标尺和移动的距离来控制放置对象的准确性。单击并拖动其中一个轴向箭头，对象将沿轴移动，单击四分之一圆圈，将对象旋转；单击并拖动模型中心的白色正方形以均匀缩放模型；单击并拖动箭头末尾的正方形以将模型沿轴向拉伸；单击并拖动坐标轴夹角位置的三角形可在该坐标平面内移动模型。

步骤5：检查 3D 模型是否防水。STL 模型中由于意外删除或保存/导入过程中出现错误产生的孔可能导致 3D 打印失败。Meshmixer 软件中有一个方便的工具，可以找到并修复这些孔。步骤如下：①单击 Analysis 按钮，然后单击 Inspector 按钮；②所有孔被标记为蓝色，如果有些区域被标记为红色，则意味着只能通过手动编辑对象来修复此孔；③单击需要修复的区域进行手动或自动修复。如果缺少的三角形太复杂而无法修复，孔将变灰。可尝试从建模软件中直接导出模型到 Meshmixer 软件，由 Meshmixer 软件修复后生成 STL 文件。

步骤6：创建一个实心或空心模型。创建实心模型的步骤如下：①单击“编辑”→“制作”命令；②选择实体类型，可以决定不同级别的精度来转换网格；③将颜色模式设置为自动；④调整固体精度，使用滑块或输入值进行更改，连接生成的单元格，更高的精确度意味着更好的检测间隙，但是也需要更长的处理时间；⑤将网格密度更改为100，可确定边缘，如果输入值较小，边缘将被预计为倒角；⑥偏移距离允许物体更厚或更薄，正在打印的材料在冷却时总是会收缩，PLA收缩高达1.5%，ABS在某些情况下收缩5%，因此若知道材料收缩的百分比，可以添加一些材料到对象中。如果准确性不是大问题，或是对象比较小，只需将精度保持为零，单击“接受”按钮即可。

打印体积较大的模型时，需要节省时间和材料，因此设置对象模型内部为空心。创建空心模型时，单击“编辑”→“空心”命令（在实体命令的正下方），处理完成后，将看到模型的透视打印效果图，此时可以更改偏移量（该值决定模型壁厚）。但需要注意：壁厚的值不要太小（至少为1mm），否则打印可能会崩溃。固体精度和网格密度将提高孔的平滑度和精度。为了获得快速、良好的效果，最好选择精度为250左右，网格密度为100~150，其他设置为默认值，然后单击“接受”按钮继续。

步骤7：添加支撑。添加支撑的步骤如下：①若模型调整结束，可以单击“添加支撑”按钮，让Meshmixer计算出对象的最佳支撑位置；②若要调整支撑设置，单击“添加支撑”旁边的小图标，可以自定义设置，也可以从支撑列表中选择，例如Makerbot或Ultimaker；③单击“转换为实体”按钮，添加支撑就完成了。

3.5 本章小结

本章首先介绍了几种常用建模软件，对其基本操作进行了相应阐述，各软件之间既有联系又有所不同，用户可以根据个人兴趣与需求自由选择建模软件进一步学习；然后介绍了三维扫描仪的种类和建模方法；最后介绍了STL模型的建立，其是从3D建模到3D打印成品过程中不可或缺的重要步骤。

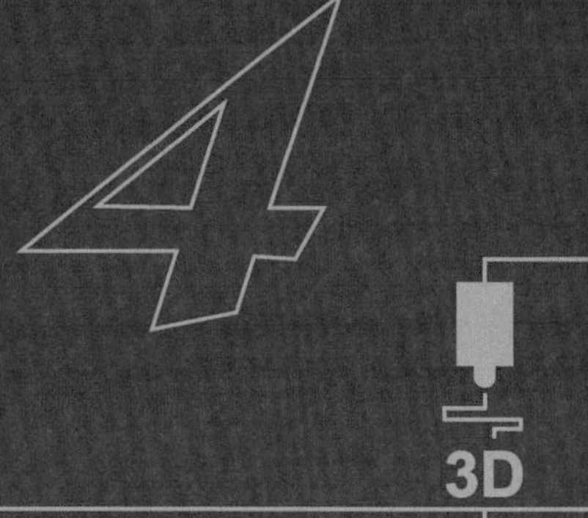

第4章

数字化3D模型的切片及打印路径规划

三维模型的设计和建模可通过数字化软件或者借助先进的三维扫描仪完成，模型创建完成之后输出 3D 打印机控制软件可读取识别的几何信息文件。在打印模型前，以 STL 文件表征的 3D 模型，首先需要使用分层切片程序将三维数字模型文件转化为层片格式，然后根据切片后得到的截面轮廓数据进行打印路径规划，生成 G 代码文件并将其输入到 3D 打印机控制程序中，由 3D 打印机逐层填充三维模型的切片轮廓，最终完成设计模型的三维打印过程。

4.1 切片分层

3D 打印加工之前需要对 STL 模型进行加工方向的离散化处理，即分层：用一系列平行于 XY 平面的平面沿着 Z 轴方向等间隔截取 STL 模型，以获取三维模型各个切面轮廓的几何信息。在整个过程中，切片软件的好坏对 3D 打印机打印三维模型所需的时间和打印模型的精度起到至关重要的影响，因此分层技术是 3D 打印技术领域的关键技术之一[50]。水泥基材料的 3D 打印是材料挤出型的层状堆积建造过程，这项技术对模型数据的处理具有较高依赖性，需要发展相对应的分层切片算法以便模型建造顺利进行。分层算法基于 STL 格式文件提供的三维模型中三角形的坐标信息，图 4.1 为分层算法流程图。

对模型进行切片的首要步骤是确定切片的位置，这其中涉及以下三个关键步骤：

1）确定切片位置

根据模型高度和切片厚度 ΔZ 来确定切片和模型交接面的垂直坐标 Z。STL 模型中 Z 的最小取值为 Z_0，一个三角形面中 Z 的最小取值为 $Z_{\min}$，最大取值为 $Z_{\max}$。根据三维模型高度和切片厚度将所有切片按顺序进行编号。因此，与 STL 模型中一个三角形面相切的切面编号可根据如下公式进行计算：

$$i = \frac{Z_{\min} - Z_0}{\Delta Z},\ j = \frac{Z_{\max} - Z_0}{\Delta Z} \tag{4.1}$$

式中：i 为大于（$Z_{\min} - Z_0$）/ΔZ 的最小整数值；j 为小于（$Z_{\max} - Z_0$）/ΔZ 的最大整数值；ΔZ 为切片厚度。由此，与三角形面相切的每一个切片的编号便可以根据上式计算出来，所有切片的编号可以组成一个数组。根据切面的编号 n 计算出该切片的垂直坐标 $Z = Z_0 + n \times \Delta Z$。

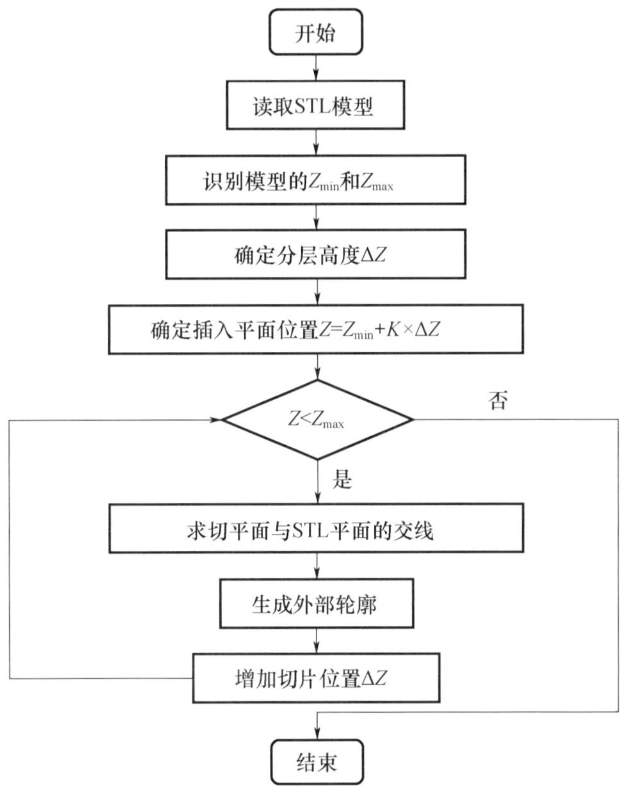

图 4. 1　STL 文件切片分层算法的基本流程图

2）切片与 STL 模型的交点计算

图 4. 2 显示了一个切片与 STL 文件中任一三角形面 *ABC* 相交位置示意图，记 A（x_1，y_1，z_1），B（x_2，y_2，z_2），C（x_3，y_3，z_3）。垂直坐标为 Z 的平面与 *ABC* 的交点 V_1的空间坐标可以根据下式计算得出，同理可求出交点 V_2的空间坐标：

$$\begin{cases} x = \dfrac{z - z_1}{z_2 - z_1}(x_2 - x_1) + x_1 \\ y = \dfrac{z - z_1}{z_2 - z_1}(y_2 - y_1) + y_1 \\ z = z \end{cases} \tag{4.2}$$

3）切片与 STL 模型的交线计算

通过计算得到分层切片与 STL 模型的所有交点之后，该层的外部轮廓即可根据所有交点勾勒出来。如图 4. 3 所示的切片与 STL 共有 5 个交点。切片与三角形面 Δ_1 的两个交点 a 和 b 为外部轮廓的两个顶点，与三角形面 Δ_2 的交点 c 为外部轮廓的第 3 个顶点，依此类推，其中顶点 f 与顶点 a 重合，从而形成一个封闭的截面。

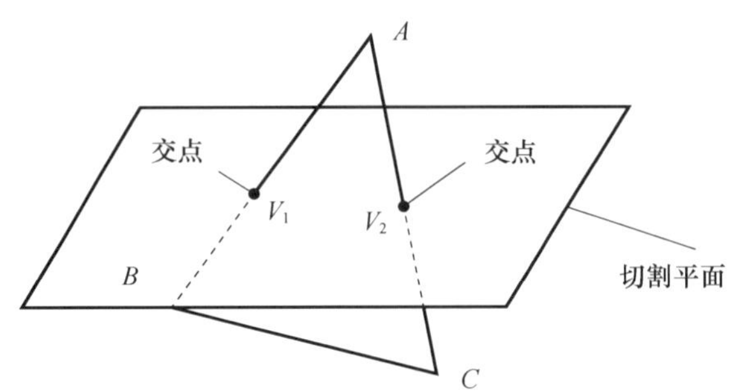

图 4.2　切割平面与 STL 模型三角形面相交示意图

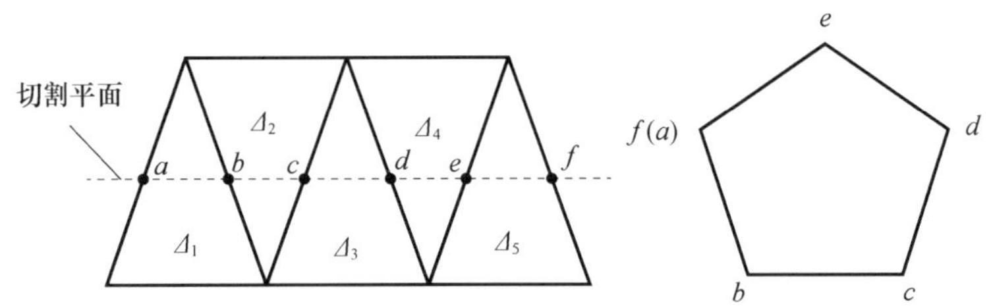

图 4.3　切割平面与 STL 的轮廓交线确定

分层切片算法按照切片厚度是否相同分类，可分为等层厚分层切片算法和自适应层厚分层切片算法。等层厚分层切片算法的分层高度 ΔZ 在整个切片过程中保持不变，该类算法的特点是切片速度快，但是在某些情况下，打印层与层之间的台阶效应明显，打印模型的精度受影响；自适应层厚分层切片算法需根据用户需求和模型特征，在模型不同 Z 向区间内分别计算分层厚度，此类算法的特点是切片速度较慢，但是打印模型的精度较高。

4.1.1　等层厚分层切片算法

基于 STL 文件的等层厚切片分层算法分为三类：基于几何拓扑信息提取的分层算法、基于三角面片位置信息的分层算法、基于三角面片几何连续性的分层算法[51]。

1）基于几何拓扑信息提取的分层算法

由于 STL 数据中只保存模型离散化后三角面片的几何信息，没有它们之间的几何拓扑信息，因此在算法中首先建立三角面片的几何拓扑信息（空间位置、空间关系等基本信息），在此基础上实现快速切片。在这种切片算法中，首先计算第一个与切片平面相交的三角面片 F 的交点坐标，然后根据建立的几何拓扑信息找到相邻的三角面片，并求出交点，依次求出下一个相邻面片的交点，直到回到三角面片 F，并得到一条有向封闭的轮廓环。重复上述过程，直到所有轮廓环计算完毕，并最终得到该层完整的截面轮廓。

2）基于三角面片位置信息的分层算法

这种分层算法中，考虑了 STL 模型的三角面片在切片过程中的两个特征：一个是三角面片在分层方向上的跨度越大，则与它相交的切片平面越多；另一个是三角面片的高度（重心在 Z 坐标）越高，则与它相交的切平面位置越高。

在分层切片过程中，充分利用这两个特征，减少三角面片与切片平面位置关系判断的次数，从而提高切片效率。设一个三角面片三个顶点 Z 坐标的最大值和最小值分别为 Z_{max} 和 Z_{min}，则称（$Z_{max}+Z_{min}$）/2 为该三角面片的平均高度，称（$Z_{max}-Z_{min}$）为该三角面片在 Z 轴投影的最大值。

该算法首先统计模型中面片的平均高度和 Z 轴投影的最大值，根据这两个值对各面片进行排序。算法的优势是减少了三角面片与切平面相交判断的次数，但耗时较长的排序也在一定程度上影响了分层的效率；另外交线段是无序的，还需要对其进行排序。

3）基于三角面片几何连续性的分层算法

该算法的基本思路是先对三角面片进行整体排序，再建立模型局部拓扑信息，即先按照模型中面片在分层方向上的最小值 Z_{min} 进行快速分组排序，然后再建立面片之间局部毗邻拓扑信息，在此基础上进行切片处理。

该算法的优势就是利用分组缩小了对三角面片的排序运算量，只建立局部三角面片之间的拓扑关系，缩减了分层截面与三角面片的位置关系判断次数，可以提高分层处理效率；可直接获得有向封闭轮廓环，无需进行后期轮廓环排序。

4.1.2 自适应层厚分层切片算法

当分层厚度较大时，打印时间相对较短，但阶梯现象明显，表面质量相对较差；相反，如果分层厚度较小，表面质量提高，但打印时间较长。而且，相同的切片厚度条件下，打印模型表面的质量和模型轮廓的变化有关，在轮廓截面变化大的地方，模型表面阶梯现象严重，误差大。针对这一问题，从分层厚度角度考虑，相关学者提出变层厚技术，即自适应层厚分层切片算法。该方法根据模型表面轮廓的不同变化来确定切片厚度，在轮廓截面变化不大的一段高度内采用较大层厚切片，在轮廓截面变化大的一段高度内采用较小层厚切片。如图 4.4 所示的半球形模型，模型底部圆形曲率较小，采用较大的层厚可以提高加工效率；越往上圆形曲率越大，模型的分层厚度越小，以提高工件的表面精度。自适应层厚切片算法包括曲面法线算法、邻接层样本点算法、最大曲率分析算法、局部自适应层高算法、邻接层斜率自适应算法、外部自适应层厚和内部固定层厚并用算法。从原理上讲，基本可归纳为以下两类[52]：

图 4.4　自适应层厚切片示意图

1）曲率计算法

根据模型表面轮廓上各点的曲率来决定当前层的分层厚度，以当前层的几何特征为基础，将模型的局部轮廓几何特征用半径等于该点曲率 ρ 的球面来代替，这样，根据某一局部特征点的曲率 ρ 和最大可允许的尖端误差 δ 之间的几何关系，如图 4.5 所示，可以求得该点的最大允许分层厚度 d。

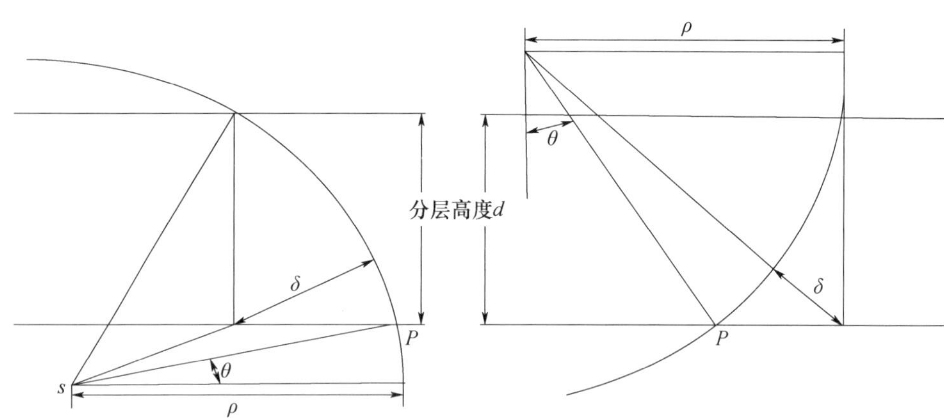

图 4.5　曲率计算法

球心 s 与点 P 的关系：

$$d = -\rho\sin\theta + \sqrt{\rho^2\cos^2\theta - 2\delta\rho - \rho^2} \tag{4.3}$$

通过计算当前层任意给定位置所允许的最大分层厚度，可得到该层最终的分层层厚，实现自适应分层。

2）面积计算法

通过比较相邻两层的面积差值来推测模型的表面几何特征，当相邻两层面积差值较大时，说明几何特征有较大变化；反之，则说明两层间具有相似的几何特征。当计算所得的实际面积差比率小于给定的面积差比率时，即可确定分层厚度；而当计算所得的实际面积差比率大于给定的面积差比率时，必须降低层片厚度后再分层，再次计算面积差比率，直到满足条件为止。这样即可找出合适层厚，实现自适应分层。

4.2 路径填充

对 STL 文件分层得到轮廓线后，还要对轮廓线及轮廓内实体部分进行打印填充。接下来对每一层的平面轮廓图形进行划分，判断轮廓的包含、相交、相离及填充部分等。轮廓线可以打印多层，最外层的边线称为外轮廓，其他的统称为内轮廓。之所以对内外轮廓进行区分，是为了给予其不同的打印速度，外轮廓采用低速以提高表面质量，内轮廓只起到增加强度的作用，可以稍微加快打印速度以节省时间。路径除轮廓之外还有填充。轮廓很简单，沿着所得二维轮廓图形的边线走一圈即可，前面所生成的外轮廓、内轮廓都属于轮廓。填充方式主要有往返直线填充法、轮廓偏置填充法和分区填充法三种[53]，示意图如图 4.6 所示。

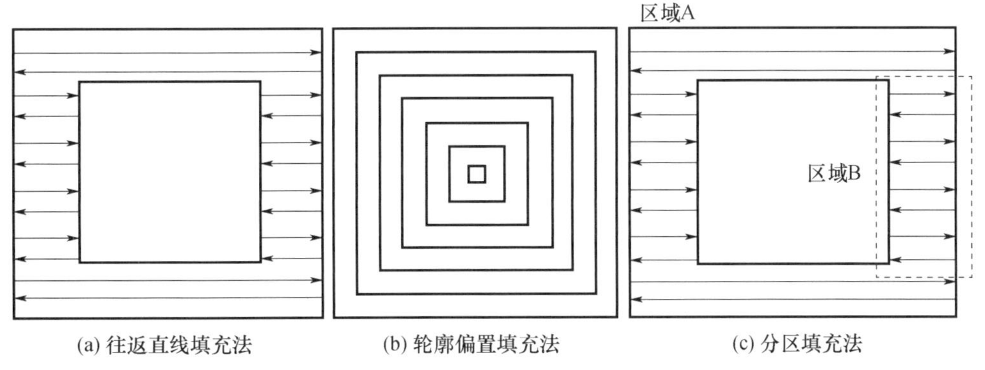

(a) 往返直线填充法　(b) 轮廓偏置填充法　(c) 分区填充法

图 4.6　填充方式示意图

4.2.1 往返直线填充法

往返直线填充法是最简单的填充方法，采用逐行打印的方式对截面轮廓内部进行填充。如图4.6（a）所示，对一个封闭轮廓进行扫描填充，所有的扫描线均为平行直线，自上而下逐行填充，算法简单且速度较快。

该方法的特点在于实现简单、运行速度快，能够满足快速成型制造中“快速”的要求，数据的处理比较可靠，但是其也存在以下缺点：

（1）对于存在空腔结构的模型文件，使用此方法打印模型的过程中，喷头要频繁跨越内轮廓，扫描系统频繁地在填充速度与快进速度之间进行切换，对丝杠和3D打印机控制系统要求很高，会加剧3D打印机硬件的磨损，如轴承、丝杠，产生的严重振动也会影响3D打印机的寿命。另外，打印喷头在打印时发生空跑的现象较多，也会增加打印模型所需的时间。

（2）由于在打印过程中要频繁地由一条扫描线向另外一条扫描线快速跳转，容易引入由机器造成的打印误差，使成型模型在边缘处存在许多毛刺，也就是材料“拉丝”现象。

（3）由于扫描方式是沿着单一方向一次将整个切片扫描完毕，每条扫描线的收缩应力方向一致，因此增大了整个打印表面翘起并且弯曲的可能性。

下面介绍使用往返直线填充法进行路径规划的计算原理。为了提高3D打印结构的整体性，三维模型切片的奇数层和偶数层分别用相互垂直的直线填充法进行路径规划。

1）轮廓识别

切片模型的外部和内部的剖面轮廓可以通过外接矩形来进行判断识别。如图4.7（a）所示，轮廓边界a和b的外接矩形的最小值坐标点分别是P'_1（x'_{min}，y'_{min}）和P_1（x_{min}，y_{min}），最大值坐标点分别为P'_2（x'_{max}，y'_{max}）和P_2（x_{max}，y_{max}）。其中：

$$\begin{cases} x_{max} < x'_{max} \\ y_{max} < y'_{max} \\ x_{min} > x'_{min} \\ y_{min} > y'_{min} \end{cases} \tag{4.4}$$

由于挤出的材料具有一定宽度，轮廓线需要被偏移，特别是原始轮廓边界线需要向图形实体内部偏移距离d（d是挤出材料宽度的一半）以保证打印模型与原型的相似性。如图4.7（b）所示，实线和虚线分别是原始剖面轮廓线和偏移后的轮廓线。坐标点P_1（x_1，

y_1)、P_0（x_0，y_0）、P_2（x_2，y_2）为设计原型边界线上的点，则顶点坐标 P_0（x_0，y_0）偏移后的坐标 Q_1 为：

$$\begin{cases} X = \dfrac{dx_1\ (Bx_2 + Ay_2)}{y_1x_2 - x_1y_2} + \dfrac{dy_1}{\sqrt{x_1^2 + y_1^2}} + x_0 \\ Y = \dfrac{dy_1\ (Bx_2 + Ay_2)}{y_1x_2 - x_1y_2} - \dfrac{dx_1}{\sqrt{x_1^2 + y_1^2}} + y_0 \end{cases} \quad \begin{cases} A = \dfrac{y_1}{\sqrt{x_1^2 + y_1^2}} + \dfrac{y_2}{\sqrt{x_2^2 + y_2^2}} \\ B = \dfrac{x_1}{\sqrt{x_1^2 + y_1^2}} + \dfrac{x_2}{\sqrt{x_2^2 + y_2^2}} \end{cases} \tag{4.5}$$

根据公式（4.5）可以计算出所有轮廓偏移线的顶点坐标，进而获得实际打印路径轮廓线的所有坐标点。在该方法中，以偏移轮廓上与设计模型边界点最近的顶点作为路径规划的起始点，顺时针方向与其相距 $2d$ 的顶点为终点；路径规划方向为逆时针方向。如图4.7（b）所示，Q_1（x_1，y_1）是起点，Q_2（x_2，y_2）是终点，Q_3（x_3，y_3）是一个与 Q_1 和 Q_2 相邻的顶点。根据公式（4.6）可计算得到终点 Q_2（x_2，y_2）的坐标值：

$$\begin{cases} \| \overrightarrow{Q_1Q_2} \| = 2d \\ \overrightarrow{Q_1Q_2} \times \overrightarrow{Q_1Q_3} = 0 \\ \| \overrightarrow{Q_1Q_3} \| - \| \overrightarrow{Q_2Q_3} \| = 2d \end{cases} \Rightarrow \begin{cases} (x_2 - x_1)^2 + (y_2 - y_1)^2 = (2d)^2 \\ (y_2 - y_1)(x_3 - x_1) - (y_3 - x_1)(x_2 - x_1) = 0 \\ \sqrt{(x_3 - x_1)^2 + (y_3 - y_1)^2} - \sqrt{(x_3 - x_2)^2 + (y_3 - y_2)^2} = 2d \end{cases} \tag{4.6}$$

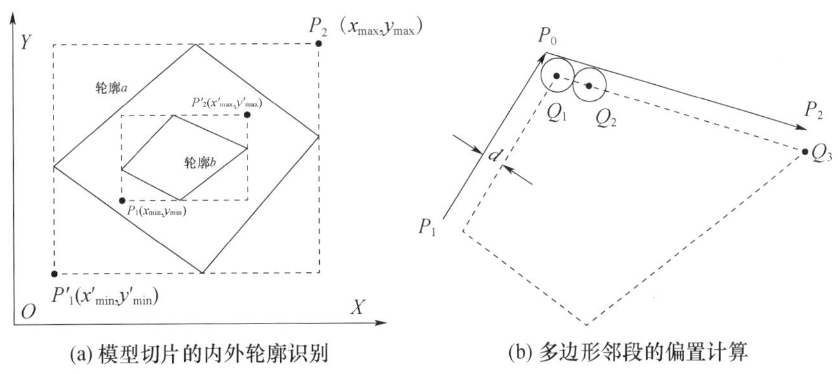

(a) 模型切片的内外轮廓识别　　(b) 多边形邻段的偏置计算

图4.7　模型切片的内外轮廓识别和多边形邻段的偏置计算示意图

2）轮廓直线填充

本例所述的三维模型填充应用的是分层直线往返填充切片的轮廓区域，分别沿 X 轴和 Y 轴方向扫描模型的奇数层和偶数层。以奇数层的轮廓直线填充为例，假设曲线路径最大坐标值在 Y 轴方向的偏移量是 y_{max}，最小坐标值的坐标点偏移量为 y_{min}。同时在该奇数层平面内，奇数打印路线沿 X 轴正向，偶数打印路线沿 X 轴负方向。因此，根据该截面 Y 坐标的数据范围，当材料挤出宽度或者相邻打印路线间隔为 D 时，所需打印路线的条数为

$$n = (y_{max} - y_{min}) / D - 1 \tag{4.7}$$

因此，第 i 条填充路线的控制方程为：

$$Y = y_{min} + iD,\ i = 1,\ 2,\ 3,\ \cdots,\ n \tag{4.8}$$

当填充线的 Y 坐标值满足 $Y > y_{max} - D$ 时，路径规划计算终止。当纵坐标值为 h 的填充路线与偏移轮廓线相交时，该规划打印路线的节点即可计算得出，假设为：

$$\begin{cases} Ax + By + C = 0 \\ y = h \end{cases} \tag{4.9}$$

因此，规划打印路径与偏移轮廓的交点亦可算出。假设交点的横坐标值为 x_0，则与该点相邻左右两侧的填充路线终点坐标的横坐标值分别为 $x_0 + D$ 和 $x_0 - D$。通过间隔地将规划打印路径的端点用直线连接起来，即可得到最终打印路径。

4.2.2 轮廓偏置填充法

填充路径与边界轮廓线平行，按照切片生成的二维轮廓逐渐向内偏置或由内向外偏置。相对往返直线填充法而言，采用轮廓偏置填充法打印时，填充方向不断变化，收缩应力方向不一致，减小了翘曲变形的发生概率。如果二维轮廓复杂，则偏置轮廓易发生干涉现象，并且在实际加工时填充路径不易生成。

4.2.3 分区填充法

分区填充法是根据设定的分割方式把二维轮廓分成若干连通区域，化整为零，分别对每个区域进行填充。在填充过程中，完成一个区域后再进行另一个区域的填充，打印喷头只在区域间快速跨越，以减少“拉丝”现象。分区填充的区域分割方式有很多种，其与填充方向和填充方式有关。

3D 打印在每一层是以封闭轮廓为单位，即二维平面图形里可以连通的区域。而打印顺序就是每打印完一个轮廓，会挑选一个离上一轮廓最近的作为下一个轮廓进行打印，如此循环，直至一层的轮廓全部打印完成，接着 Z 轴上升，重复上述步骤，打印下一层的所有轮廓。

4.3 G代码生成

生成了每层的填充路径之后，还需要根据每层轨迹生成打印机能执行的数控代码，将3D打印机可以识别的数控代码传输给打印机，即可进行打印。3D打印的数控代码与数控机床加工程序代码类似。打印机先做一些准备工作：启动、打印喷头归零等。按照路径，每个点生成一条G code。其中空走用G00，边挤边走用G01，从下到上一层一层打印，每层打印之前先用G00抬高Z坐标到相应位置。所有层都打完后让打印机做一些收尾工作：关闭打印头、XY方向归零、电机释放。部分常用代码见表4.1。

表4.1　部分常用代码

代码	定义	代码	定义
G00	快速定位	G92	设定位置
G01	直线插补	M00	停止
G04	动作延迟	M01	暂停
G90	绝对坐标	M82	挤出机使用绝对坐标模式
G91	相对坐标	M83	挤出机使用相对坐标模式

4.4 行程路径优化

3D打印虽然具有较高的机械化和自动化程度，但打印效率、打印精度和打印质量等与行程路径优化相关，即对打印喷头填充路径进行合理规划，可使打印件具有更高的表面质量和更短的成型时间。合理的打印路径规划可以在保证打印质量的前提下提升填充效率。

4.4.1 针对尺寸精度的路径规划

3D 打印的原理是逐层堆积成型，最终成型件的误差由每个打印层上的误差累积而成，因此如何尽量减小每层截面上的误差，得到具有较高精度的成型件显得十分重要。在 4.1 节中介绍了打印过程中在竖直方向产生的阶梯现象，同样在二维轮廓的填充过程中（采用往返直线填充法），往往会出现如图 4.8 所示的误差[54]。

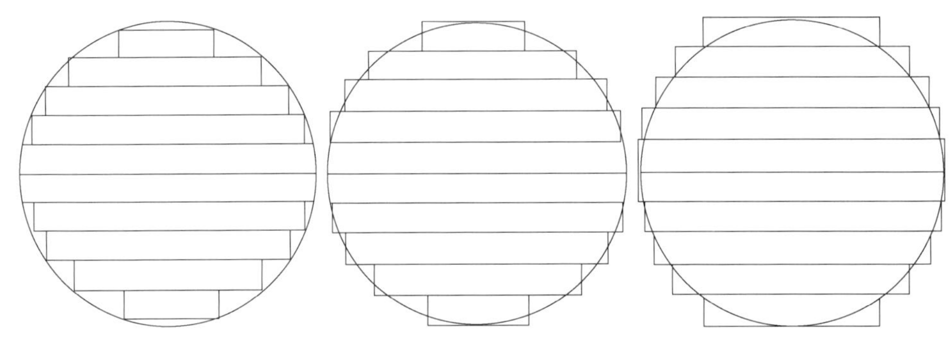

图 4.8 二维轮廓填充误差示意图

这种误差与阶梯现象类似，影响成型件的表面质量及精度。研究学者提出了轮廓偏置算法[55,56]和复合填充算法[57]等方法，提高了打印精度。其填充路径如图 4.9 所示。

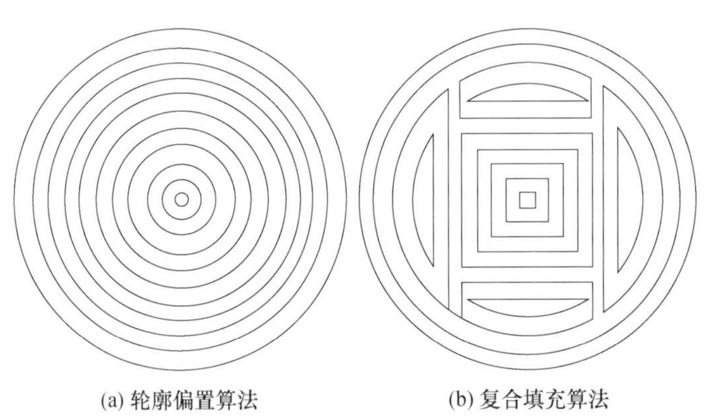

(a) 轮廓偏置算法　　(b) 复合填充算法

图 4.9 两种路径规划方式示意图

4.4.2 针对力学性能的路径规划

在 3D 打印过程中，由于逐层打印且每层材料的填充具有方向性，所以打印材料在固化过程中的收缩方向一致，影响了打印件的力学性能。大量研究表明，选取较短的扫描填充路径能够有效减小收缩，进而减小翘曲变形。黄小毛等[58]在2008年提出了一种新的扫描填充方式——并行栅格扫描，并通过FDM打印机进行了试验分析，结果表明该扫描方式大大减小了翘曲变形。王天明等[59]在2006年采用FDM打印机对分层变向扫描进行了试验分析，结果表明分层变向扫描提高了制件在宏观上力学性能的各向同性，提高了打印件的力学性能。

4.4.3 针对成型效率的路径规划

在3D打印过程中，每层的填充方式决定了该层的成型时间，每层的打印时间决定了整个打印件的成型效率，成型效率影响着生产效率和生产成本，因此优化填充方式来提高成型效率显得十分重要。

相对其他填充方式，分区填充能够提高成型效率。对于任意截面，赵毅等[60]在1998年对SLS成型进行了研究，提出了一种基于极值点数目判断的分区算法。程艳阶[61]在2004年提出了改进的分区算法，减少了分区数量。赵吉宾等[62]在2007年对分区算法和子区域的填充顺序进行了研究，提出了优化算法，不仅减少了分区数量，而且减小了子区域间的跳转距离，提高了成型效率。

4.5 支撑设计与打印

由于部分3D打印工艺的特殊性，打印过程中需对三维数据模型作支撑处理，例如FDM和SLA等类似的快速成型技术，必须为模型表面存在的悬空部分设计支撑结构来保证打印的顺利完成。

4.5.1 支撑的类型

按需要加支撑的零件特征，可以将支撑分为以下三种类型[63]：

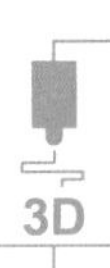

1）基础支撑

基础支撑的主要作用是为打印件整体提供基础底部支撑，且便于成型后从打印平台上取下，提高打印件底部的表面光洁度。基础支撑的形状及大小使打印件在 *XY* 平面的投影作适当扩大，如图 4.10 所示。

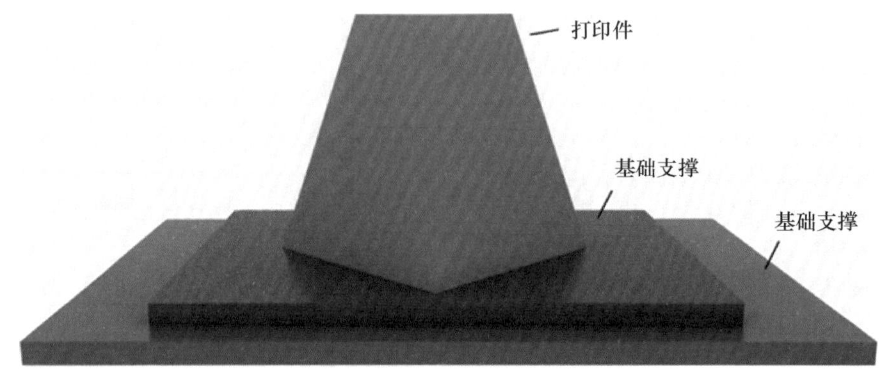

图 4.10　基础支撑示意图

2）整体支撑

整体支撑，就是利用比打印件最大三维尺寸还大的一个箱体完全将其包围起来，这种支撑类似于 3DP 和 SLS 打印技术中粉末材料的支撑，如图 4.11 所示。其优点是支撑方法非常简单，且可以获得最好的制件表面质量；缺点是浪费太多的支撑材料和成型时间。该支撑方式在快速成型技术发展早期使用较多。

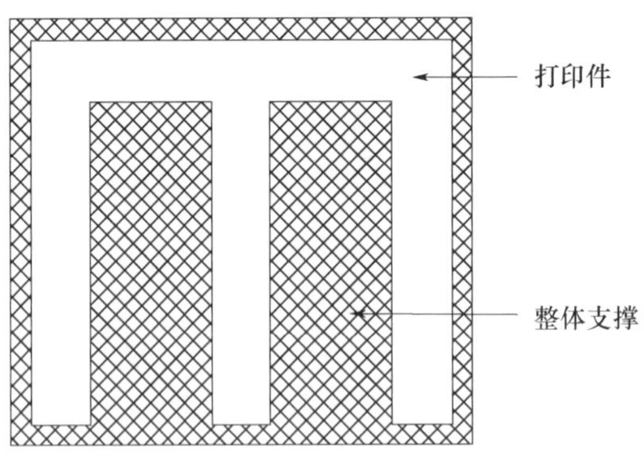

图 4.11　整体支撑示意图

3）局部支撑

整体支撑中大部分是不必要的，后来有学者提出了局部支撑。局部支撑是根据模型的结构进行添加的，当出现如图 4.12 所示的悬臂面、倾斜面、悬吊面（边或点）时，需要添加局部支撑。

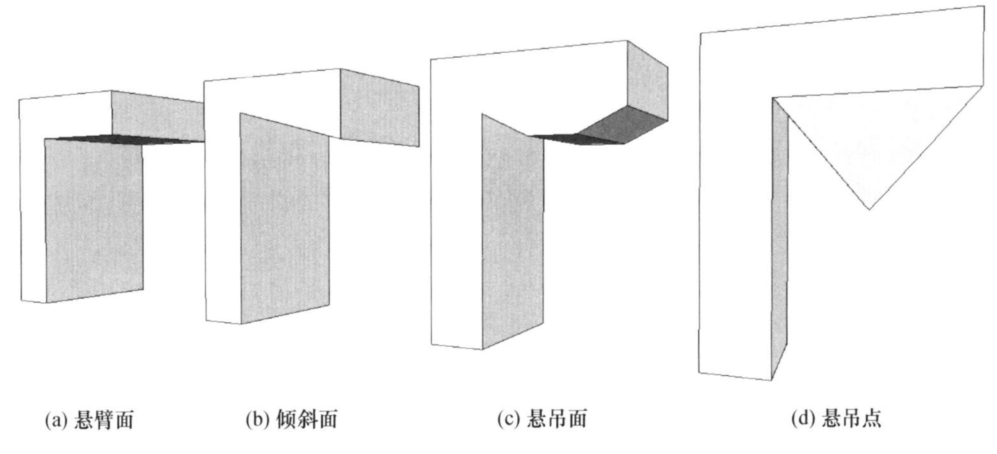

图 4. 12　局部支撑示意图

4. 5. 2　支撑的基本结构

支撑的基本结构有下述 5 种[64-66]：

（1）斜支撑。如图 4. 13（a）所示，主要用来支撑悬臂结构，同时阻止悬臂部分向上发生翅曲变形。

（2）直支撑。如图 4. 13（b）所示，主要针对悬空的平面部分或倾斜面等无法用斜支撑结构支撑的情况，这种支撑结构是最为牢固、稳定的支撑方式。

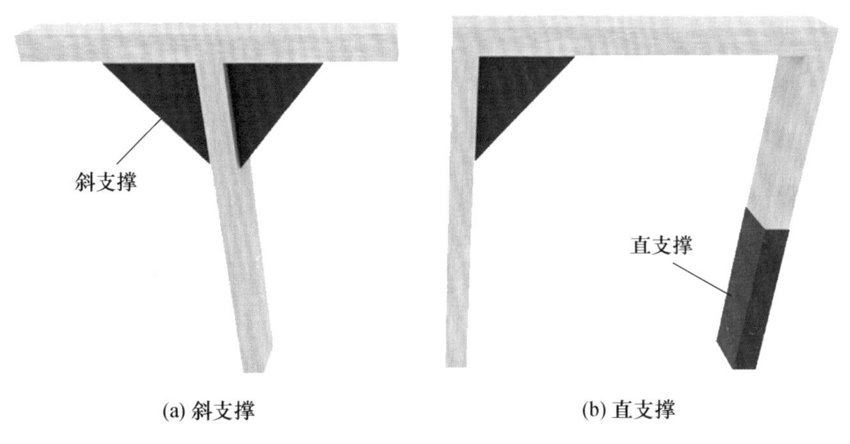

图 4. 13　斜支撑和直支撑示意图

（3）十字壁板。如图 4. 14（a）所示，主要为悬吊点提供支撑，在使用这种结构支撑时，壁板要足够厚以保证具有足够的稳定性。

（4）单壁板。如图4.14（b）所示，主要为悬吊边提供支撑，其中心支撑板沿着悬吊边线生成，交叉板的作用是增加其支撑强度与稳定性。

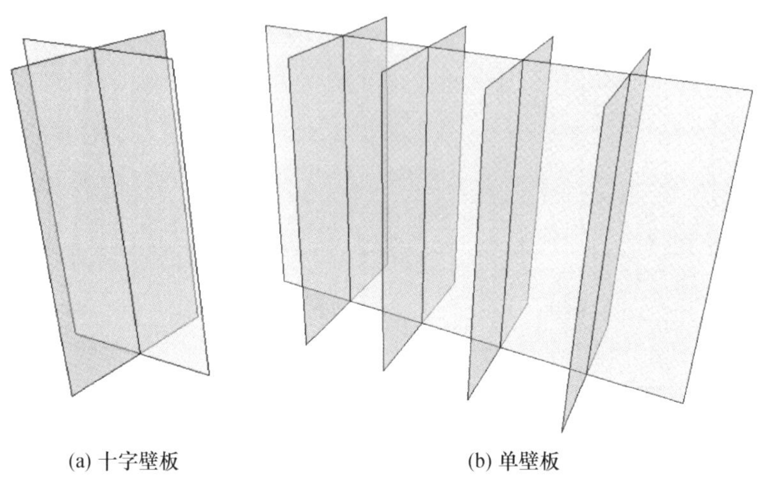
(a) 十字壁板　　(b) 单壁板

图4.14　十字壁板和单壁板支撑示意图

（5）树状支撑。选择支撑面下方的稀疏点生成树状支撑结构。此类方法耗材小，但稳定性较差，可能需要手动修改。

4.5.3　支撑的生成方法

支撑的生成方法有自动生成法和手动生成法两大类。

1）自动生成法

（1）BOX型自动支撑。

（2）基于投影区域的自动支撑。

（3）基于层片布尔运算的自动支撑。该方法是基于STL文件提出的，首先对模型的STL文件进行切片，根据上下两个切片层截面轮廓的布尔运算求差，来求取支撑区域，然后对支撑区域进行扫描线填充。其基本思想是上下两层相邻截面轮廓相叠加时，上层截面轮廓相对于下层截面轮廓的悬空部分即为应添加的支撑区域。基于层片布尔运算的自动支撑方法的出现，解决了基于BOX型自动支撑方法的缺点和不足，减小了不合理的支撑区域，同时节省了支撑材料和加工时间。但对于一些结构比较复杂的零件，生成支撑结构需要花费较多时间。

（4）基于STL文件格式的自动支撑。基于层片布尔运算的自动支撑方法可自动生成支撑结构，但是忽略了模型层与层之间的连续性。因此很多公司开发了基于STL文件格式的自动支撑法。其具体步骤如下：首先根据三角面片之间的约束关系来识别需要添加支撑的区域；将需要添加支撑的区域划分出来后，判别这些区域属于哪类支撑类型，从而对应不同支撑结构；针对不同支撑目标可以生成相应支撑结构，然后和模型一起进行切片。

（5）基于网格的自动支撑。此支撑方法的思路为：在 *XY* 平面上划分一系列网格，以所有网格交点为起点，沿 *Z* 轴生成一系列射线与STL模型相交，然后判断交点所在三角面片的矢量是否满足支撑要求，将需要支撑的交点记录下来，即为需要生成支撑的部位。

2）手动生成法

手动生成方法是在绘制三维图形时手动添加拟打印结构的支撑。该方法需明确打印结构的成型方向，根据结构几何人工判断，需要添加支撑的部位。并确定支撑的类型，最后将3D模型与支撑一起导出，生成STL格式文件。该方法需要建模人员对结构和打印工艺比较熟悉，而且支撑添加的质量难以保证，灵活性较差，并不推荐使用。

3D打印对支撑生成的要求具体有以下3个方面：

（1）较高的稳定性。支撑必须保证具有足够的强度和稳定性，能稳定支撑需要支撑的部位，保证待支撑区域不会发生变形。

（2）尽可能减少不必要的支撑。支撑在满足成型要求的基础上，应尽可能少，以节省材料、便于去除，同时节省加工时间。

（3）可去除性。支撑结构与零件的粘结不能过牢，应有利于剥离，否则会增加后处理工作的难度，降低零件表面质量。

4.6 3D打印精度控制

如何提高成型精度是3D打印技术在各应用领域中的关键问题之一，也是研究的重点。3D打印从模型建立到打印完成是一个环环相扣的过程，每一环节都可能引起不同的误差，分析影响成型精度的因素，要从整个基本过程入手。只有完全理解3D打印整个基本流程，才能有针对性地对产生误差的环节进行研究，并采取有效措施。3D打印的误差可以分为数据处理过程中产生的误差、打印过程中产生的误差和后处理产生的误差，分别称为前处理误差、打印成型误差和后处理误差，如图4.15所示。

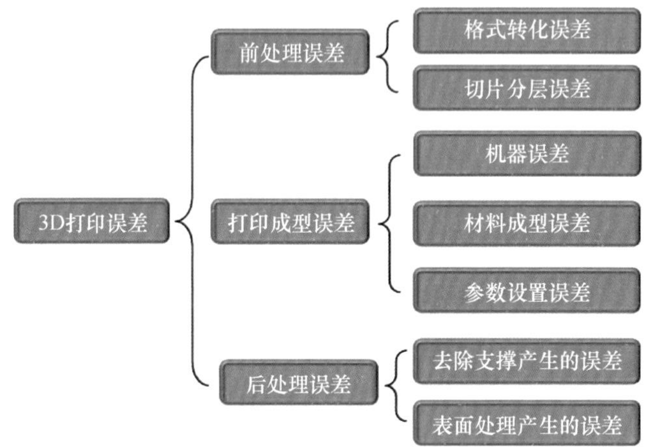

图 4.15　3D 打印误差分类

4.6.1　前处理误差

数据处理是 3D 打印前处理的第一步，是指把三维模型离散化处理，得到模型的 STL 格式文件，在此基础上分层切片。

1）格式转化误差

前面章节已经详细介绍了 STL 格式文件，在此就不再赘述。STL 格式文件利用大量三角面片来近似逼近模型表面，难免存在误差。多数建模软件在对模型进行 STL 格式转换时，通过选择合适的弦高值减小这一误差。方芳[67]在 2008 年的研究中表明，同一个模型设置的弦高值不同时，产生的误差也不同，弦高值越小，三角面片越多，STL 格式模型与原三维模型的误差越小。但是在实际生产中可能因为打印机打印精度的限制，不需要 STL 格式模型有太高精度。设置的弦高值过小，会增大文件的存储空间，并且格式转换过程中产生的错误也越多，造成后续过程中 STL 格式模型检查及修复问题。同时，小三角面片数目太多也会造成切片处理时间增加，并且模型的某层截面轮廓上还会出现较多小线段，不利于打印喷头的填充。

2）切片分层误差

在分层处理后，产生的误差主要有阶梯误差、分层方向尺寸误差和选择不同填充路径造成的误差[67]。其中最有代表性的是阶梯误差（由于分层厚度破坏了模型表面的连续性而产生形状和尺寸误差），分为正偏差和负偏差两种，如图 4.16 所示。阶梯误差的产生与分层厚度和模型表面曲率密切相关，减小这种误差，要在选取适当生产效率的基础上，尽可能在减小分层厚度、优化成型方向等方面来改善表面精度。

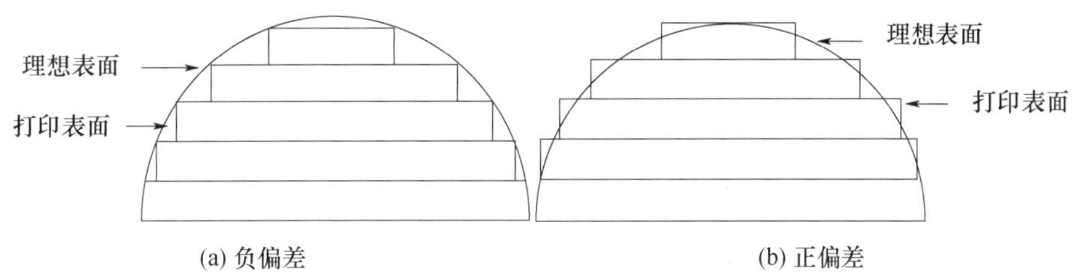

图4.16 模型切片引起的误差

当选择一定的分层厚度时，模型在分层方向上的尺寸不能被完整地合理分层，即出现剩余现象，使得分层方向产生尺寸误差。当模型能够正好被分割完成时，可避免产生这种误差。由此可以得出，分层厚度对分层方向误差大小起着关键作用，同时选择适当的分层方向可以避免产生该误差，关键是保证模型的分层方向最大尺寸是分层厚度的整数倍。此外，选择不同填充路径也会对成型表面的精度造成不同影响。

4.6.2 打印成型误差

1）机器误差

机器误差是成型设备本身的误差，是影响打印精度的原始误差，应在成型系统的设计及制造过程中提高设计质量和制造精度以减少此误差。该误差主要有以下几种：打印喷头在 Z 向的运动误差和在 XY 平面的定位误差，XY 方向同步带变形误差及 Z 轴与 XY 平面的垂直度误差等。除了提高设备的设计和制造精度外，还应定期对设备进行维护来减小机器误差。

2）材料成型误差

不同成型工艺，材料成型误差也有所不同。在熔融沉积制造和光固化成型过程中，成型材料会发生收缩，使得成型件实际尺寸和设计尺寸不同，这就需要在建模阶段对尺寸进行补偿，否则会影响成型件的成型精度。对于选择性激光烧结工艺，由于激光加热时温度瞬时升高，激光照射区域与周围粉末之间产生一个较大的温度梯度，导致变形。因此对粉末进行预热，从而改善制件的变形。图4.17展示了采用两种不同的材料挤出精度建造而成的三维结构模型。由最终的建造结果可知，材料挤出精度越低，如图4.17（a）所示，结构的外表面越粗糙，打印模型与设计模型的尺寸误差越大；相反地，材料的挤出精度越高，如图4.17（b）所示，结构的外表面越平滑，打印模型与设计模型的尺寸误差也相对越小。

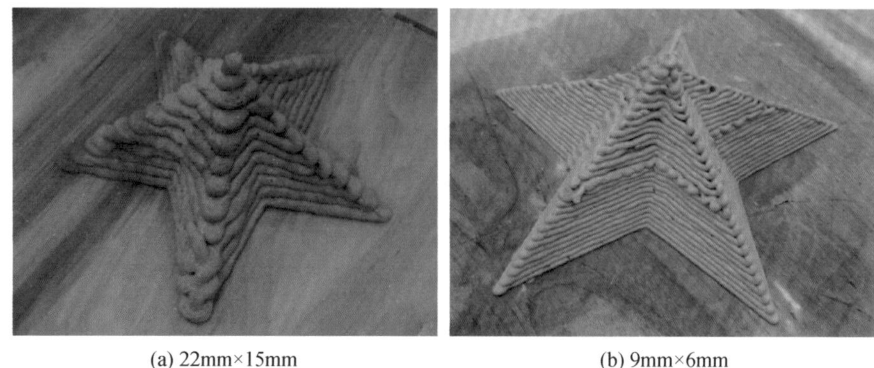

(a) 22mm×15mm　　(b) 9mm×6mm

图 4. 17　两种不同分辨率下的打印结构示意图

3）参数设置误差

（1）打印材料宽度产生的误差。在熔融沉积制造的过程中，利用 3D 打印机喷头将熔融材料沿着二维外轮廓线进行扫描填充，层层堆积，由于材料从喷头中挤出会有一定宽度，导致实际加工的轮廓线与理想轮廓线有误差，如图 4. 18 所示。

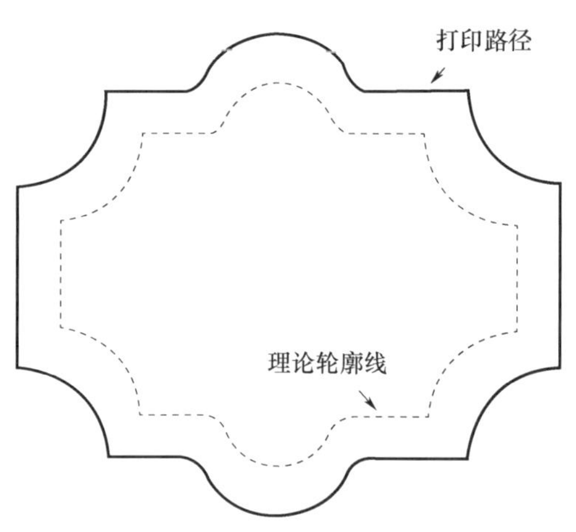

图 4. 18　打印材料宽度产生的误差示意图

在数据处理的过程中，对模型的 STL 文件进行数值补偿，补偿值为喷头直径的一半，保证打印件有良好的成型质量。同样，光固化成型过程中也有类似的光斑补偿。

（2）挤出速度和填充速度的影响。挤出速度和填充速度分别指的是材料挤出喷嘴和随喷嘴运动的速度，填充速度比挤出速度快，则材料填充不足，出现“拉丝”“断丝”，甚至无填充现象；相反，填充速度比挤出速度慢，多余的材料堆积在喷头上，引起“黏附现象”，使成型面材料分布不均匀，影响造型质量。两者在成型过程中相互影响，存在一个合理的匹配范围，确保挤出的材料均匀一致、不间断、不堆积，保证打印质量。

（3）填充路径的影响。前面章节介绍了路径填充的不同方法，采用不同路径填充方法时，填充材料凝固时产生的应力会对每层的成型质量产生不同的影响，影响打印件整体的成型质量和精度。类似地，在光固化成型和选择性激光烧结过程中的扫描方式同样会影响成型精度。

4.6.3 后处理误差

打印机完成模型的打印工作后，需要剥离支撑结构，有的还需要进行修补、打磨和表面处理等，这些工序统称为后处理。

1）去除支撑产生的误差

成型完成后，在去除支撑的过程中，打印件表面质量会受到一定程度的影响，如工件可能被工具划坏，也有可能支撑材料和打印件紧密结合而难以去除。常用方法是在支撑设计时尽量选择合理的支撑结构，支撑较少且便于去除。

2）表面处理产生的误差

成型后的零件在表面粗糙度方面可能还不能完全满足用户需求，例如表面上存在因分层制造引起的阶梯纹或尺寸不够精确，所以要进一步修补、打磨来提高表面质量，但若在此过程中处理不当就会影响原型的尺寸及粗糙度，产生后处理误差。

4.7 本章小结

本章介绍了3D打印由模型到生成G code的原理过程，使读者对于3D打印的过程有了一定了解。本章主要对打印过程中影响打印件的粗糙度、力学性能、打印时间及成型效率等的原因进行了分析与讨论。

第5章 水泥基材料3D可打印性

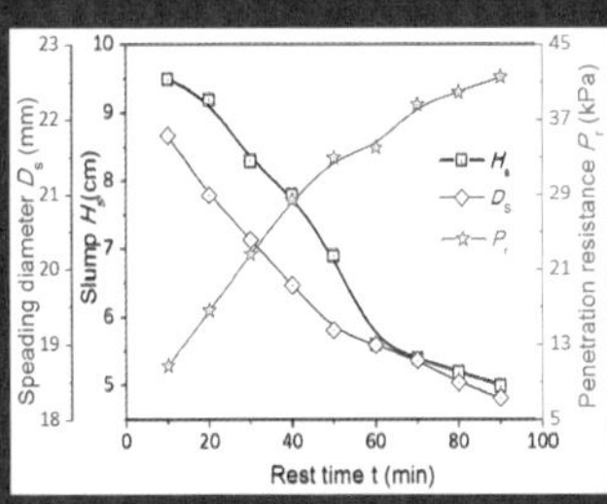

近年来，应用到工程建设领域中的 3D 打印技术打印的结构物尺寸越来越大。伴随着 3D 打印技术的飞速发展，配制能够与 3D 打印机具有良好适应性和兼容性的水泥基材料日益成为人们关注的焦点。

5.1 打印材料配合比设计

前面章节提及的大型 3D 打印系统均装配于龙门框架系统，其特点是可移动性强、可现场装配。高质量建筑级 3D 打印系统依赖于大型 3D 打印技术和高强度、高性能的水泥基打印材料。为保证应用于大尺寸 3D 打印机的水泥基材料具有良好的工作性能和打印性能，水泥基材料成分和配合比的设计一定要与 3D 打印系统协调兼容，包括材料贮存系统、传输系统、挤出系统、打印系统和控制系统等[68]，如图 5.1 所示。在实际建造活动中，打印材料配合比的优化设计需要与 3D 打印系统的改进相协调。原则上，打印材料应具有易挤出、易流动、易建造的特性，同时还必须具有良好的力学强度和合理的凝结特性，保证材料在打印喷头挤出过程中的连续性及在建造过程中快速成型。

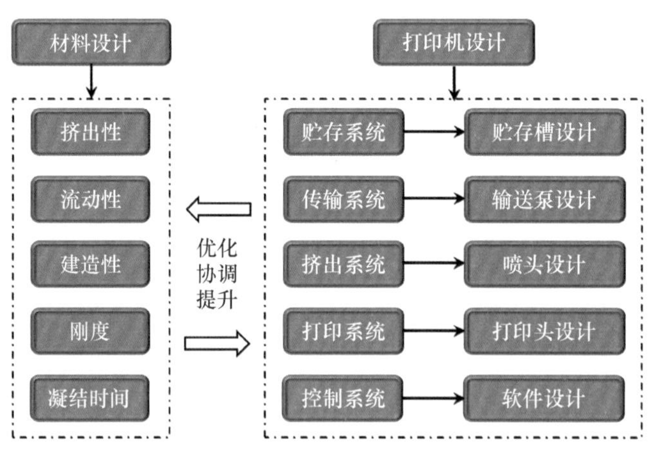

图 5.1 用于建造大规模 3D 打印的水泥基材料配合比设计一般要求

将 3D 打印工艺应用于现实生活中的建筑物打印，最主要的挑战源于混凝土材料的准备和设计应与 3D 打印机兼容。通过设计专门应用于 3D 打印机的胶结材料，实现 3D 打印机在建筑领域的应用。Gibbons 等[69]在 2010 年研究了一种快速凝结的混凝土材料，并将这种材料应用在基于粉末粘结原理的3D打印机，用以生产各种结构构件，并且通过研究发现，构件分层结构在水处理后明显减弱。Maier等[70]在2011年提出了一种高性能氯酸钙混凝土作为3D打印材料，采用这种材料打印出来的结构构件具有较好的力学性能和耐久性能。Xia和Sanjayan[36]发明了一种基于矿渣的聚合物材料，该材料由矿渣、硅基催化剂和细砂组成，已被证明可取代商业化3D打印机中的粉末基打印材料，并在打印结构时表现出良好的建造精度，此研究中开发的方法可以很容易地扩展到大型结构部件的生产。Behrokh Khoshnevis等[71]配置出了一种由石膏和黏土状物质组成的胶结型复合材料，并且可以从轮廓工艺打印机中顺利挤出，形成的结构表面质量好、成型精度高。但是这种材料在成型初期刚度较低，在挤压成型后产生了3%的收缩。

3D打印混凝土材料的物理性能和打印特性，比如流动性、可建造性和挤出性等，取决于材料的组成成分及各成分的新拌性能和硬化特性[72]。Nerella等[73]研发了一种可替换的混凝土3D打印材料，由31.1%的黏土砖、22.3%的石灰石、18.2%的充气混凝土和3.7%的轻质混凝土组成。通过这种材料打印成型的结构物，21d硬化后的压缩强度为80.6MPa，比传统浇筑混凝土的压缩强度高出9.85%。Lim等[74]针对混凝土3D打印技术，研制了一种混合胶结料，由质量分数为54%的砂土、36%的胶结料和10%的水构成，其水胶比大约为0.28。打印结构的压缩强度比传统浇筑成型结构低20%，但抗弯强度非常接近标准浇筑结构。Feng[75]等通过胶结粉末研究了3D打印结构的力学性能，打印的立方体试样平均抗压强度在7.23～16.8MPa之间变化，并不适用于生产结构构件。Gosselin等[37]制备了一种新型的预混合高规格打印混凝土砂浆，这种砂浆由质量分数为30%～40%的硅酸盐水泥、40%～50%的石英砂、10%的石灰石粉和10%的硅粉组成。然而，试验结果尚不能为3D打印混凝土材料的配合比设计提供参考。在材料选择、配合比设计、矿物成分交互性以及对混凝土性能综合影响的评估方面，至今为止尚未形成统一结论。

一般而言，3D打印混凝土设计和准备工作的核心在于优化混凝土与打印设备的兼容性和协调性。用于打印混凝土材料应具有良好的流动性、挤出性、可建造性、足够的强度及低收缩率等特征。为了满足打印需求，通常需要增加水泥用量。但是水泥用量的增加会增大材料的收缩率，引起材料水化放热的升高。因此，在配制混凝土时，通常采用一些矿物粉末来替代部分水泥材料。这些矿物粉末具有较好的胶结性能、低水化热、低石灰消耗、可形成水化物、可填充孔隙等优点，因此能够提高材料的物理性能和力学特性[76,77]。通过添加诸如粉煤灰、硅粉、高炉矿渣、石灰石粉和纳米硅粉等矿物成分，提高混凝土的新拌性能和硬化特性[78,79]。混凝土材料的物理力学行为依赖于外加矿物成分和化学添加剂的类型及用量，同时又取决于在搅拌和硬化过程中矿物成分和化学添加剂的兼容性[80]。

除了添加矿物成分来提高混凝土砂浆的可打印特性外，还可以加入化学添加剂来优化混凝土的特性，如增塑剂、速凝剂和缓凝剂等。在混凝土砂浆中添加增塑剂可以提高其流动性，并且不影响砂浆硬化后的力学强度[81]。黏度改性剂在稳定混凝土流变性和协调性上十分有效，还可以提高打印物体尺寸上的稳定性[82]。然而，矿物成分和化学添加剂对混凝土砂浆性能的影响仍然是需要继续研究的课题。

5.1.1 胶凝材料

3D 打印技术建造构筑物、结构构件等具有很广阔的应用前景，打印所需混凝土材料必须与相应的打印设备匹配。原材料对混凝土材料的新拌性能和硬化特性均具有显著影响，考虑到混凝土砂浆必须具有易流动性和易挤出性，在制备砂浆的过程中应该避免混入粗骨料。3D 打印混凝土材料主要由粉末材料构成，以满足可打印需求。与此同时，外加剂的掺入对混凝土砂浆与打印设备的协调性起到了积极的作用和影响。

1）胶凝材料类别

将矿物成分掺入混凝土砂浆以改善混凝土打印性能，在 3D 打印混凝土的制备中十分必要。通常采用的矿物成分是硅粉、粉煤灰、高炉矿渣、石灰石粉和纳米硅粉等，将这些矿物成分加入硅酸盐水泥中，可以改善混合砂浆的流动性、强度、耐久性和体积稳定性，并显著降低水泥水化热。表 5.1 列出了以上几种胶结材料的主要化学成分和物理特性指标，除纳米硅粉外，其他粉末直径均为微米级别。图 5.2 表明了混凝土组成材料的颗粒直径及比表面积。矿物掺合料中的细微颗粒可以发挥良好的润滑作用和空隙填充作用，合理添加细颗粒物质可提高混凝土砂浆的流动性、稳定性和早期强度[83,84]。与此同时，外加矿物成分可以降低水泥颗粒水化反应所释放的水化热，从而降低混凝土材料的收缩率。通过采用不同微米粒径、颗粒级配、堆积密度、比表面积和电势变化的矿物粉末材料替代水泥材料，可以使混凝土砂浆获得不同的工作特性[85]。

表 5.1 胶结材料的主要化学成分和物理特性

化学成分分析	水泥	粉煤灰	硅粉	高炉矿渣	石灰石粉	纳米硅粉
CaO（%）	62.3 ~ 62.58	2.86 ~ 4.24	0.45	34.12 ~ 40.38	52.9 ~ 55.6	—
SiO_2（%）	20.25 ~ 21.96	53.33 ~ 56.2	90.36 ~ 92.3	34.35 ~ 36.41	0.13 ~ 1.84	99.9
Al_2O_3（%）	4.73 ~ 5.31	20.17 ~ 27.65	0.71	10.39 ~ 11.36	0.09 ~ 1.37	—
Fe_2O_3（%）	3.68 ~ 4.04	6.04 ~ 6.69	1.31	0.48 ~ 0.69	0.24 ~ 0.47	—

续表

化学成分分析	水泥	粉煤灰	硅粉	高炉矿渣	石灰石粉	纳米硅粉
比表面积（m^2/g）	0.33 ~ 0.38	0.29 ~ 0.38	13 ~ 30	0.35 ~ 0.45	0.44 ~ 0.53	60 ~ 160
密度（g/cm^3）	3.15	2.08 ~ 2.25	2.22 ~ 2.33	2.79	2.58 ~ 2.65	—
烧失量（%）	1.90 ~ 3.02	1.78 ~ 3.46	1.80 ~ 2.5	1.64	40.8 ~ 42.3	≤1.00

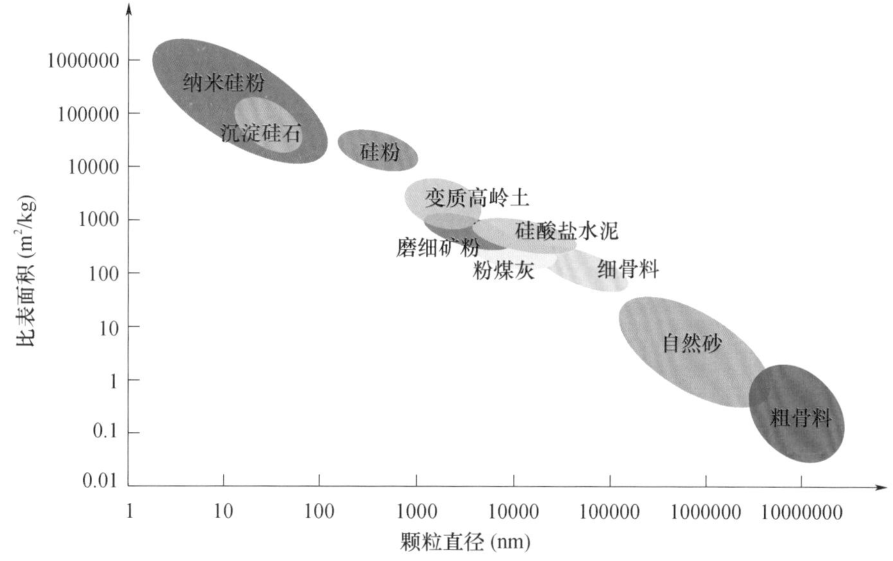

图 5.2　混凝土组成材料的颗粒直径及比表面积[86]

（1）硅粉（Silica Fume）。硅粉又称微硅粉或者硅灰，是胶凝材料体系中最为普遍的矿物掺合料之一，是熔炼工业产生的一种粉末状副产品。硅粉的两个重要特征是高含量无定形 SiO_2 和极小的颗粒细度。根据熔炼合金的种类不同，硅粉中 SiO_2 的含量集中在 61% ~ 98% 范围内[87]。硅粉主要由颗粒直径在 0.1 ~ 0.5μm 范围内的球形颗粒构成，其比表面积为 13000 ~ 30000m^2/kg。在混凝土砂浆制备中掺适量硅粉来填充混凝土颗粒之间形成的孔隙及与游离的 CaO 发生化学反应，可有效改善混凝土工作性能，并提高混凝土各项力学指标[88,89]。

（2）粉煤灰（Fly Ash）。粉煤灰是燃煤电厂燃烧氧化形成的一种副产品，主要可以分为两类：F 级和 C 级。F 级粉煤灰主要通过燃烧无烟煤和含沥青煤产生，其 CaO 含量很低，不到 15%，但 SiO_2 含量很高，一般高于 70%。C 级粉煤灰主要通过燃烧亚烟煤和褐煤产生，它的 CaO 含量较高，在 15% ~ 30% 之间，CaO 含量的提升能够显著改善 C 级粉煤灰的自硬化性能。此外，添加的粉煤灰可以填充水泥颗粒形成的孔隙，提高混凝土砂浆的堆积密度，进而提高其力学强度指标[90,91]。

(3) 高炉矿渣 (Blast Furnace Slag)。高炉矿渣是钢铁加工产业的一种副产品，可以用作生产水泥，也可以用作制备高性能混凝土的一种矿物掺合料。与大部分胶凝材料相似，高炉矿渣因其较高比表面积而具有很强的反应活性。其活性依赖于炉渣本身的特性，而炉渣特性又与炉渣来源、原材料类型、冷却方法和速率等因素密切相关[92]。

(4) 石灰石粉 (Limestone Filler)。石灰石粉是石灰石磨碎后形成的粉末，可以用来替代水泥颗粒。石灰石粉中 $CaCO_3$ 含量很高，由于其造价低廉，并且与水泥砂浆兼容性好，因而被广泛采用。石灰石粉的直径在 7 ~ 120μm 之间变化。掺入石灰石粉后，水泥砂浆的堆积密度得以提高，各种性能也得到明显改观[93]。

(5) 纳米硅粉。纳米硅粉又称纳米 SiO_2，由于其在改善混凝土工作特性、强度和持久性方面的突出表现，在近年来的科学研究中越来越受重视[94]。纳米硅粉由纳米级别的颗粒组成，比表面积很大，如图 5.2 所示。通过扫描电镜研究表明，纳米颗粒同样可以填充水泥颗粒之间的孔隙，提高其堆积密度。并且由于其具有很强的火山灰活性，因此能够在很大程度上促进水泥的水化反应，最终提升水泥材料的力学强度[95,96]。但是，纳米颗粒和较高比表面积的纳米硅粉的掺入提高了水泥制备过程中对水的需求，水泥砂浆黏性增强，流动性降低。硅粉的平均粒径比粉煤灰还要小，且最小粒径已经达到纳米级。试验表明，即便在添加高效减水剂的情况下，过量的硅粉仍然不利于流动性的提高，所以试验过程中应控制硅粉的用量。

2) 胶凝材料堆积密度

混凝土砂浆的堆积密度对其流动性有直接影响，那么如何定量评估混凝土砂浆的堆积密度，对评价其流动性起到至关重要的作用，混凝土堆积密度的合理确定方法简述如下。

已有的测量固体颗粒堆积密度的方法可以划分为两大类：一类是干堆积法，将固体颗粒放置于一个容器中，然后测量计算这些固体颗粒在干燥状态下的体积密度，常用于确定骨料的堆积密度；另一类是湿堆积法，将固体颗粒与适量水分混合，搅拌均匀形成膏状体，然后测量该膏状体的体积密度。在干堆积法中，堆积密度可以通过体积密度和固体颗粒密度直接计算得出，但是由于体积密度对压实程度高度敏感，用这种方法计算得到的粉末状细颗粒物质的堆积密度缺乏可靠性。此外，由于粒径小于 100μm 时容易产生粒子间的相互作用，颗粒易发生凝聚现象，导致松散的堆积状态和低堆积密度。尽管规定所需的水量应为填充固体颗粒孔隙的最小水分需求量，进而计算孔隙含量和堆积密度，但是第二种方法中的掺水量具有一定随意性。如何确保水分充分填充孔隙而不多余、所添加水分使膏状体充分混合均匀，是一个棘手的问题。此外，上述问题都忽略了在测量计算堆积密度时空气渗入对计算结果的影响。

由于在使用已有方法计算混凝土砂浆堆积密度时存在缺陷，Kwan 和 Wong[97] 在 2001 年提出一种合理量化混凝土砂浆堆积密度的新方法，基本思路是配制不同水灰比的水泥砂浆，测量这些砂浆的湿体积密度来反映胶结材料的固体颗粒浓度，然后建立固体颗粒浓度与水灰比的对应关系，最大固体颗粒浓度对应混凝土砂浆的堆积密度。其中，存在最大固体颗粒浓度的原因是：在水灰比较高的情况下，胶结固体材料在悬浮液中呈发散状，此时固体颗粒浓度较低；在水灰比较低的情况下，由于添加的水分不足以填充固体颗粒所形成的孔隙，渗入了大量空气，导致胶结材料呈现松散的堆积状态，此时固体颗粒浓度也处于一个较低水平。所以在这两种极限情况之间，一定存在一个最优水灰比值，使得固体颗粒浓度达到最大，这个最大值对应着粘结固体材料能够达到的最密实堆积状态，也可以被认为是固体材料的堆积密度。通过测量砂浆的体积密度，任何渗入其中的空气也都被考虑在内。采用此方式测量堆积密度方法的优点在于，在潮湿条件下测量的胶结材料堆积密度包含了水分和增塑剂等添加剂的影响。此外，这种方法直接将胶结材料的堆积密度作为可达到的固体浓度最大值，比通过添加适量水分使胶结材料达到均匀更加客观、准确。

为计算堆积密度（固体颗粒最大浓度），需配制一系列水灰比不同的混凝土砂浆。配制这些砂浆时，从较高水灰比开始配制，逐渐减小水灰比，直至固体颗粒浓度达到最大值，然后再逐渐降低。为了保证胶结材料与水分充分混合，要将胶结材料逐步加入水中（注意不是将水逐步加入胶结材料中），详细的试验步骤如下：

（1）选择一个试验所需的合适水灰比值。称量所需水、胶结材料和增塑剂（如果需要）的质量，并将它们分别放在单独的容器内。

（2）若胶结材料由几种不同的材料混合组成，预先在干燥状态下将它们混合在一起。

（3）将所有水和一半的胶结材料及增塑剂放入混合搅拌器中，搅拌 3min。

（4）将剩余的胶结材料和增塑剂平均分成四等份，把每一等份分别放入搅拌器中搅拌 3min 后，再放入另一等份，直至把四等份胶结材料和增塑剂全部放入搅拌器。

（5）将搅拌器中的砂浆放入一个圆柱形容器中，将其填满至溢出状态，清除溢出部分的砂浆，称量砂浆在潮湿状态下的质量，并计算其体积密度。

（6）在持续减小水灰比的条件下，重复步骤（1）到（5），直至获得固体颗粒密度最大值。

通过试验结果可知，胶结材料的固体密度可以按照下述方式计算获得。令圆柱形容器中砂浆的质量和体积分别为 M 和 V，那么潮湿状态下砂浆的体积密度为 M/V。如果胶结材料由几种不同材料组成，这几种材料分别由 α、β、γ 等字母表示，那么固体颗粒浓度可以通过式（5.1）计算：

$$\phi = \frac{M/V}{\rho_w u_w + \rho_\alpha u_\alpha + \rho_\beta u_\beta + \rho_\gamma u_\gamma} \tag{5.1}$$

式中：ρ_w是水的密度；ρ_α，ρ_β，ρ_γ分别是α，β，γ固体颗粒的密度；u_w是水和胶结材料体积比；u_α，u_β，u_γ分别是α，β，γ固体颗粒的体积与所有胶结材料的总固体体积比值；由此得到的ϕ值就是胶结材料的堆积密度。

5.1.2 化学添加剂

1）减水剂（Water Reducing Agent）

减水剂在保证混凝土工作性能和力学强度提升的同时，还减少了拌合物对水的需求量，是较为常用的混凝土砂浆化学添加剂。图5.3表明了减水剂的工作原理。

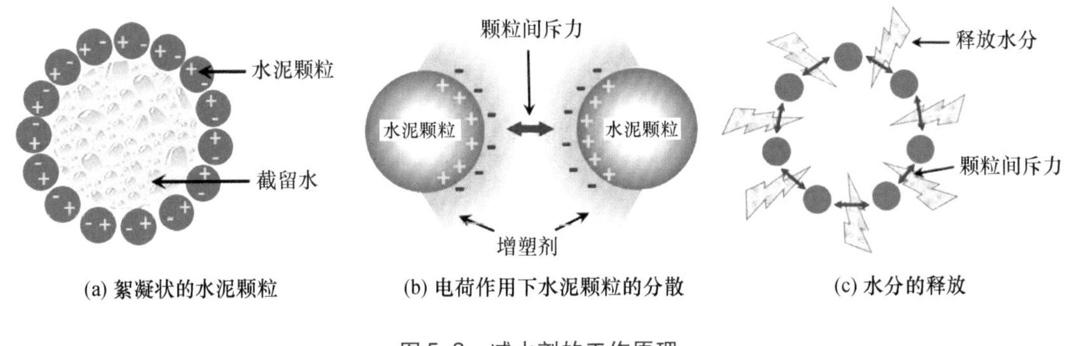

图5.3　减水剂的工作原理

减水剂颗粒表面带有负电荷，水泥颗粒在负电荷斥力作用下逐渐散开，包裹在水泥颗粒内部的水分被释放出来，进而促进了混凝土的流动性[98,99]。X射线衍射分析和扫描电镜分析表明，添加减水剂不会改变水化产物的类型，但是会提高水化产物的结晶度，生成高程度无定形水化物[100]。现在市场上有很多种减水剂，大体上可以将它们分为四大类：木质磺酸盐系（Lignosulfonic acid，LS）、三聚氰胺甲醛磺酸盐系（Melamine Formaldehyde Sulfonic acid，SMF）、萘甲醛磺酸盐系（Naphthalene Formaldehyde Sulfonic acid，SNF）和聚羧酸系（Polycarboxylic acid，CE）[101]。表5.2给出了几种常用减水剂的物理特性。由于不同的分子结构和化学构架，即便是同一类别的减水剂，对水泥砂浆流动性、凝结时间和强度发展的影响也存在差异[102-104]。Chandra等[105]研究了在不同水灰比的情况下，减水剂类型和用量对混凝土砂浆流动性的影响，结果表明，聚羧酸系减水剂在提升流动性方面是最有效的，其次分别是木质磺酸盐系和萘甲醛磺酸盐系，三聚氰胺甲醛磺酸盐系减水剂对水泥砂浆流动性的改善效果最差。

表5.2 常用减水剂物理特性

名称	固体成分（%）	密度（g/cm^3）	浓度（%）	减水率（%）	建议用量（%）
三聚氰胺甲醛磺酸盐系	33	1.13～1.18	20～35	15～30	0.5～1.5
萘甲醛硫酸盐系	>95	1.09～1.20	>40	12～20	1.5
木质磺酸盐系	>95	0.98～1.02	15～25	9～11	0.25
聚羧酸系	30～40	1.05～1.09	36～40	25	0.4～1.2

2）速凝剂（Accelerator）

速凝剂是促进水泥砂浆迅速凝结的化学添加剂。在3D打印混凝土技术中，需要保证水泥砂浆从喷嘴中喷出后在短时间内迅速凝结，以期达到较好的早期强度。速凝剂中含有的化学物质能够极大地促进水泥砂浆水化作用的速度，缩短终凝时间，使水泥砂浆尽快获得满足工程要求的早期强度。速凝剂的主要类型包括碱性速凝剂和无碱性速凝剂[106]。

3）缓凝剂（Retarder）

缓凝剂能够被吸附在水泥颗粒的表面，形成一层难溶解的保护层，进而延迟水泥砂浆的水化作用。葡萄糖酸钠（Sodium Gluconate，SG）、酒石酸（Tartaric Acid，TA）和柠檬酸（Citric Acid，CA）均具有良好的缓凝效果，是实际工程实践中经常使用的缓凝剂[107]。

4）黏度改性剂（Viscosity Modifying Agents，VMA）

黏度改性剂是一种能溶于水的聚合物，它直接影响混凝土砂浆的流动性和流变性能。在水泥砂浆中添加少量的黏度改性剂，能够显著改善混凝土的抗离析性，同时有效提高其体积稳定性。黏度改性剂在保持混凝土砂浆稳定性的基础上，减少了细骨料的用量。黏度改性剂聚合物链通过范德瓦尔斯效应相互连接，阻止自由水的移动，这种机制提高了混凝土砂浆的塑性黏度。但是，若混凝土砂浆在3D打印系统中是泵送的，那么较高的黏度则需要更大的泵送压力。

水泥基材料3D打印是一种有广阔发展前景的方法，其可以在低成本、高效率条件下实现施工过程自动化、建筑设计自由化，同时还可以降低在施工期间的劳动力需求，降低施工风险。通过研究混凝土建造过程中通常采用的原材料特性，如粉煤灰、硅粉、高炉矿渣、石灰石粉和纳米硅粉等，理清这些粉末状矿物添加剂的性能，指出其在改善混凝土流动性、挤出性、可建造性和降低收缩率方面所起的作用。此外，还可以在混凝土中添加尾矿料、地质聚合物、橡胶粉末或粒状橡胶，循环利用骨料和泡沫渣等，来改善混凝土砂浆的工作性能。通过添加这些固体原料，可以达到降低材料成本、废弃资源的再利用和提高材料耐久性的目的。

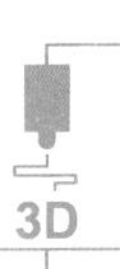

5.2 流动性优化与评价

5.2.1 流动性调控措施

流动性是评估混凝土砂浆可打印性能的一项主要参数，良好的流动性可以确保砂浆在传输系统中具有可泵送性、在打印系统中具有良好的挤出性。一般情况下，浆体含水量越高，其流动性越好，但是过高的含水量会降低水泥浆体强度，所以混凝土砂浆流动性试验的目的是在最优含水率的条件下，研究提高水泥浆体流动性的方法。在最优含水率条件下，浆体的堆积密度指数达到最大，此时孔隙度最低，用来填充孔隙的水分最少，多余水分含量最高。正是这部分多余水分，增加了固体颗粒间的润滑作用，对提高水泥浆体的流动性起到至关重要的作用。因此，可以添加粒径较小的颗粒，来填补较大水泥颗粒所形成的孔隙，从而达到减小孔隙度、增加多余水分含量及提高浆体流动性的目的。值得注意的是，由于粉煤灰和硅粉的颗粒粒径较小，虽然增加了多余水分含量，但是较细颗粒的掺入会增加颗粒的比表面积，从而增加浆体的黏稠度，降低其流动性。在制备过程中，还需加入一定量的高效减水剂，用于分散固体颗粒的絮状结构，进一步减小孔隙度，并降低浆体的黏稠程度。

水泥基材料的流动性控制与改善可以从以下三个方面着手：

1）从原材料方面

混凝土砂浆流动性的改善依赖于材料级配的优化和堆积密度的提高。在工程实践中，一般通过向混凝土中添加粒径较细的矿物成分来优化和提高砂浆流动性能。混凝土砂浆的颗粒级配是控制其流动性能的主要因素，一般情况下，良好的颗粒级配有利于提高砂浆的堆积密度，并使其产生较好的流动性能[108,109]。在各种成分达到合理配合比的情况下，较细的粉末掺合料通过填充孔隙使砂浆的微观结构更加紧密，同时还具有润滑作用，避免水泥颗粒胶结在一起，增强了混凝土砂浆的流动性[110,111]。Grzeszczyk 和 Lipowski[112]的试验测试结果表明，在混凝土砂浆中，磨碎粉煤灰替代一定质量分数的水泥材料，能够显著提高混凝土砂浆的流动性，并且磨碎粉煤灰对流动性的提升效果比粗粉煤灰更加明显。但是，掺入过量的细颗粒粉末会增加颗粒之间的摩阻力和咬合力，增加了砂浆的黏度，不利于砂浆流动性的改善[97]。Mastali 等[113]指出，采用质量分数为 14% 的硅粉替代水泥材料，能够使坍落度流动时间 T_{50}增加 40%。Güneyisi 等[114]通过采用质量分数为 50% 的粉煤灰替代硅酸盐水泥材料来制备自密实混凝土，试验测得其 T_{50}流动时间和 V 形漏斗流动时间分别减少了 43.2% 和 15.6%。

2）从化学添加剂方面

大多数情况下，可以采用减水剂来提高水泥砂浆的流动性，同时还能保证其力学强度不受影响甚至有所提升。添加减水剂会打破水泥砂浆基体中原有的絮状结构，将用来填补混凝土体颗粒孔隙的水分释放出来，提高了水泥砂浆的流动性[115,116]。虽然采用较高的水胶比（Water to Binder ratio，W/B）可提高混凝土砂浆的流动性，但是也会导致孔隙率升高，混凝土材料硬化后的力学强度大幅度降低[117]。Leemann 和 Winnefeld[118]提出，在水泥砂浆中添加黏度改性剂会降低其流动性，但会增加其相应的屈服压力和塑性黏度。Zhang 等[107]通过研究 CA 和 SG 这两种缓凝剂对混凝土砂浆流动性和抗压强度的影响，指出砂浆的凝结时间随着 CA 用量的增长而持续增加。当加入质量分数不超过 0.03% 的 CA 时，砂浆的初始流动性持续增强；当加入质量分数为 0.06% ~0.15% 的 CA 时，砂浆的流动性有所降低。SG 缓凝剂的效果与 CA 类似，SG 缓凝剂的最优掺入量是 0.12%。Li[119]等测试了 CA 和 SG 两种缓凝剂对水泥砂浆流动性的影响，指出掺入适量的 SG 可使水泥砂浆具有良好的工作性能，而 CA 不能改善砂浆的工作性能。CA 与减水剂之间有非常明显的竞争吸附作用，这对于改善混凝土砂浆的工作性能十分不利，而 SG 缓凝剂几乎不会造成这种负面影响。建议 SG 的最优用量是 0.03% ~0.09%，保证砂浆具有较好的流动性能。

3）从配合比方面

从配合比方面进行水泥混凝土流动性优化控制的思路主要是，调整水泥等粉末状胶凝材料之间及减水剂等外添加剂的掺加比率，以获取良好的流动性能。Kwan 和 Wong[97]系统测试了主要材料为波特兰水泥、粉煤灰和硅粉三者不同的掺量比率在不同水胶比下的流动性。按表 5.3 所示比例配制成混凝土砂浆，按照最大堆积密度配制砂浆所需水量，由 5.1 节所述方法进行确定，同理计算得出对应的堆积密度和孔隙比。

Kwan 和 Wong 指出，随着水胶比的提高，所有砂浆的流动半径和流动速率均有所提高。由于固体粉末颗粒在最紧密的堆积状态下，仍然存在一定孔隙，而填补这种孔隙的水分对提高砂浆流动性的作用不大，只有当水分在固体颗粒最紧密堆积的状态下完成颗粒间的孔隙填充时，多余水分才会对混凝土砂浆的流动性起重要作用，这部分水分被称为过量孔隙水。过量孔隙水与水泥、粉煤灰和硅粉等胶结材料的比值称为过量水胶比，各个混凝土砂浆试样流动半径和流动速率随过量水胶比的变化如图 5.4 和图 5.5 所示。

表 5.3　混凝土砂浆配比方案

系列编号	砂浆编号	混合比率（体积分数）（%）			堆积密度	孔隙比
		水泥	粉煤灰	硅粉		
A	A1	100	0	0	0.631	0.585
	A2	85	15	0	0.644	0.553
	A3	70	30	0	0.669	0.495
	A4	55	45	0	0.679	0.473
B	B1	85	0	15	0.709	0.410
	B2	70	15	15	0.730	0.370
	B3	55	30	15	0.749	0.335
	B4	40	45	15	0.750	0.333
C	C1	100	0	0	0.631	0.585
	C2	85	0	15	0.709	0.410
	C3	70	0	30	0.689	0.451
	C4	55	0	45	0.652	0.534
D	D1	85	15	0	0.644	0.553
	D2	70	15	15	0.730	0.370
	D3	55	15	30	0.704	0.420
	D4	40	15	45	0.665	0.504

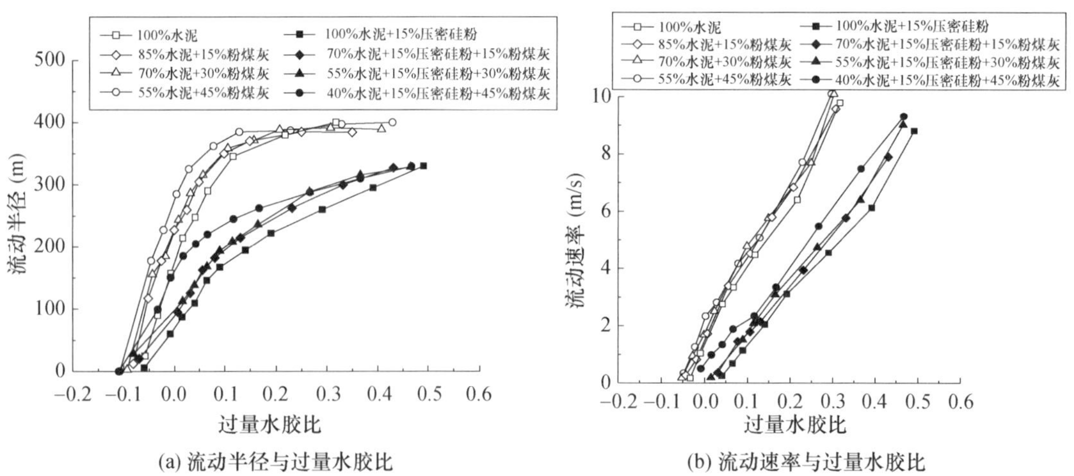

(a) 流动半径与过量水胶比　　(b) 流动速率与过量水胶比

图 5.4　A、B 两组砂浆流动性与过量水胶比的关系[97]

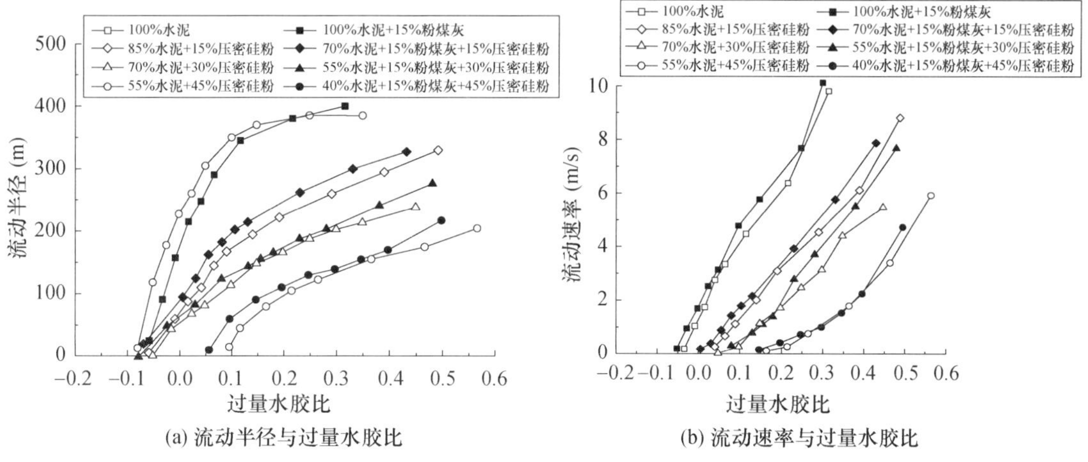

(a) 流动半径与过量水胶比　　(b) 流动速率与过量水胶比

图5.5　C、D两组砂浆流动性与过量水胶比的关系[97]

由图5.4和图5.5可知，当压密硅粉的掺入量一定，逐渐增加粉煤灰的掺入量至45%时，流动半径与流动速率曲线均明显向左移动，证明在过量水胶比一定时，添加粉煤灰会提高砂浆的流动性。粉煤灰通过填充水泥颗粒间的孔隙来提高混凝土砂浆的堆积密度，进而提高砂浆的流动性，由于堆积密度对流动性的影响已通过过量水胶比考虑在内（当堆积密度提高时，在水胶比固定的情况下，过量水胶比也会提高），所以混凝土砂浆流动性的提高可以归因于粉煤灰，其通过的光滑球状外形减轻了颗粒间的内摩擦作用，促进了棱角状水泥颗粒的流动，提高了砂浆的整体流动性。

当掺入粉煤灰的量一定，逐渐增加压密硅粉的掺入量至45%时，流动半径与流动速率曲线均明显向右移动，证明在过量水胶比一定时，压密硅粉的添加不利于提高砂浆流动性。同样地，添加压密硅粉对堆积密度的提升作用已通过过量水胶比考虑在内，所以对混凝土砂浆的不利影响可以归因于较细的硅粉，其增加了和水分子之间的黏附作用，进而提高了砂浆的黏度。虽然堆积密度是影响流动性的主要因素，但是所添加矿物成分颗粒的外形和比表面积也显著影响着混凝土砂浆的流动性，光滑圆润的外形能有效降低颗粒之间的内摩擦作用，提高砂浆流动性；而过细的矿粉颗粒会增加颗粒之间的黏性和稠度，不利于流动性的改善。

Ferraris等[120]用四种平均粒径不同的粉煤灰作为矿物添加剂分别配制四组混凝土砂浆，每组砂浆均用质量分数为12%的粉煤灰代替水泥，且水灰比均为0.35，减水剂剂量相同。四种粉煤灰粒径分别为18.0μm、10.9μm、5.7μm和3.1μm。通过流变试验分别测定四组砂浆的屈服应力和塑性黏度，以此来反映混凝土砂浆的流变性，测试结果如图5.6所示。砂浆屈服应力和塑性黏度越低，其流动性越好；反之，流动性越差。

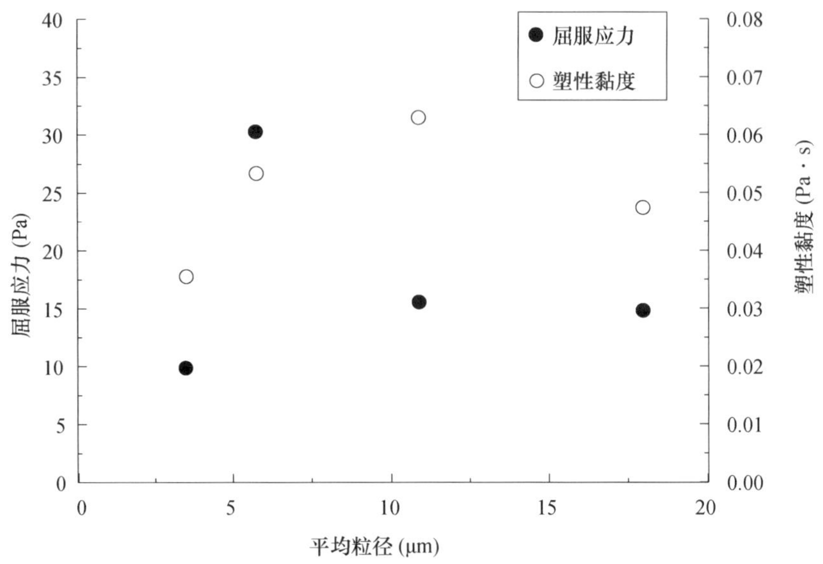

图 5.6 混凝土砂浆屈服应力和塑性黏度测试结果[120]

由图 5.6 可知，矿物添加剂平均粒径为 3μm 时，对应混凝土砂浆的屈服应力和塑性黏度最低，也就是说，极细粒径的粉煤灰对砂浆流动性的改善最明显。同时，在粉煤灰平均粒径为 11μm 时混凝土砂浆塑性黏度最大，5.7μm 时屈服应力最大。因此可推知，粉煤灰平均颗粒粒径为 3μm 时对砂浆流动性的改善效果最佳，为 5.7μm 时对砂浆流动性的改善效果最差。同时需要指出的是，矿物添加剂的最佳粒径尺寸应与其种类直接相关。

5.2.2 流动性测试评估方法

3D 打印混凝土材料应具有足够的流动性，保证其在管道系统中顺利传输。同时也必须在流动的过程中保持足够的抗离析性能。

1）坍落度试验

坍落度试验是在无侧向压力的情况下测定高流动混凝土砂浆流动性能的方法之一，已被建筑行业沿用数十年。由于坍落度试验本身具有操作简单、成本低廉、节约时间等优点，在试验室和施工现场得到了广泛应用。根据欧洲建筑用特殊化学品联合会（EFNARC）的测试标准[121]，首先利用混凝土材料将坍落度筒填满，如图 5.7（a）所示，然后移开锥体，混凝土砂浆发生流动扩散，扩散的混凝土砂浆两个正交方向上的直径平均值就是衡量其性能的工作指标。值得注意的是，坍落度流动试验与 EN 12350—2 规范规定的坍落度试验不同[122]，前者通过混凝土砂浆的扩散半径来评估其流动性，适用于高流动性混凝土，如图5.7（b）所示；后者通过锥体移开后的混凝土高度降低值来评估其流动性，适用于低流动性混凝土，如图5.7（c）所示。

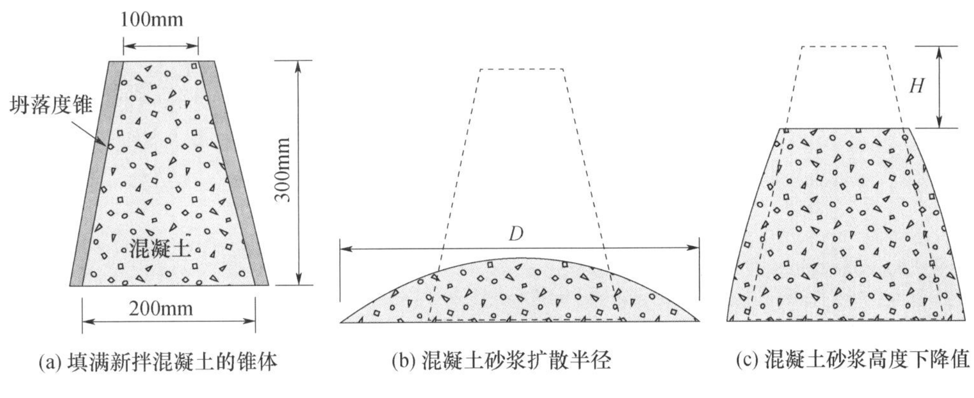

图5.7　混凝土坍落度测试

2）T_{50}坍落度试验

T_{50}坍落度试验常被用来测试新拌混凝土的流动性。T_{50}是指混凝土砂浆流动至半径为50cm时所需时间。T_{50}坍落度试验能够提供关于混凝土材料抗离析性的信息，还可以通过试验过程中的可视化观察和T_{50}时间的测量来判断混凝土砂浆的均匀性。根据EFNARC，按照工程需要一共有三种典型的坍落度流动等级。值得注意的是，宜采用小尺寸坍落度筒测定流动性较好的混凝土砂浆。小尺寸坍落度锥体试验步骤为：将锥体放在平整干净的钢板中心；把制备好的混合物浆体倒入锥体中，每倒入1/4～1/3的浆体时，用木棒搅拌碾压，直至浆体完全填满锥体；轻轻地抬起锥体，使浆体向四面自由流动，直到停止；测量两个正交方向上浆体的直径，计算其平均值，再减去锥体底面的直径，即为浆体流动范围。

3）V形漏斗试验

V形漏斗试验被用来评估新拌混凝土的黏稠度，通过V形漏斗试验的流动时间，可衡量其通过限制区域的能力。在V形漏斗试验中，将如图5.8（a）所示的V形漏斗填满新拌混凝土，从打开漏斗口到所有混凝土砂浆全部流出所用时间即为V形漏斗流动时间V_t。V_t值与混凝土砂浆的黏稠度、内摩擦力和流动的堵塞程度直接相关。3D打印的混凝土砂浆应当在穿过狭窄漏斗口时没有明显的离析和阻塞作用。新拌混凝土的黏稠度可通过V形漏斗试验和T_{50}试验流动时间来分级，见表5.4。

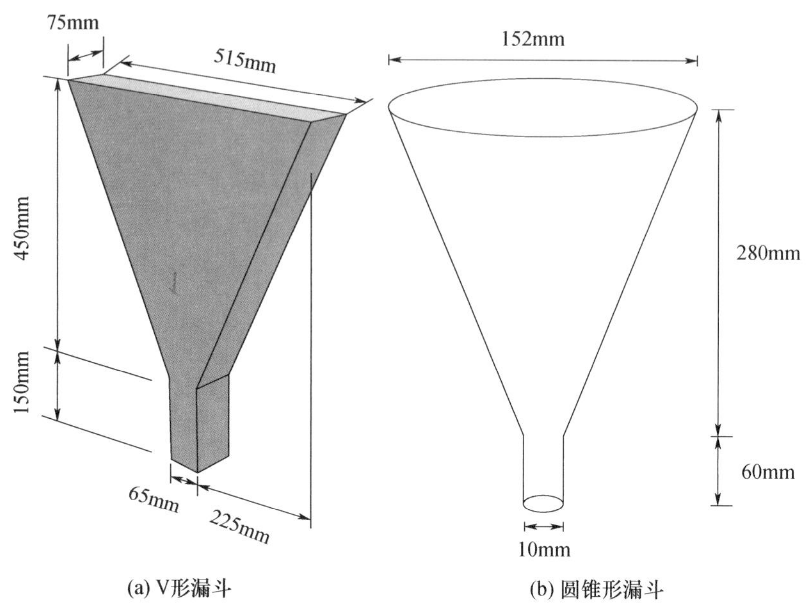

(a) V形漏斗　　(b) 圆锥形漏斗

图 5.8　用于流动性测量的漏斗简图

表 5.4　坍落度流动、黏稠度和通过能力分级（EFNARC）

坍落度流动分级		坍落度流动半径（m）
SF1		550～650
SF2		660～750
SF3		760～850
黏稠度分级	T_{50}时间（s）	V 形漏斗时间（s）
VF1	≤2	≤8
VF2	>2	9～25
通过能力分级		L 形箱高度比（H_1/H_2）
PA1		≥0.8（两个钢筋棒）
PA2		≥0.8（三个钢筋棒）

除了 V 形漏斗外，有时也可采用圆锥形漏斗来进行试验，如图 5.8（b）所示。试验步骤如下：将锥体固定在支架上，并在锥体孔口下侧放置圆柱形容器；密封锥体下口，将 900mL 的水泥浆体倒入锥体中，为尽可能减少掺入的空气量，倾倒时使浆体沿锥体内壁缓缓流入；打开孔口，并记录下浆体完全流尽所需时间，计算单位时间的流出体积；若 300s 后浆体仍未完全流尽，则立即关闭锥体孔口，记录剩余浆体体积，计算单位时间流出体积。

4）L 形箱试验

L 形箱试验用于评估混凝土的流动性，尤其是砂浆的通过能力。L 形箱试验的测量结果可用于评估混凝土砂浆通过 3D 打印系统狭窄管道和沉积系统喷嘴的能力。如图 5.9 所示为 L 形箱试验装置简图。首先将竖直部分填满新拌混凝土，然后将两部分之间的滑动挡板打开，混凝土砂浆会通过阻挡的钢筋条流动至水平部分。当流动停止后，竖直部分残留混凝土砂浆的高度记为 H_1，水平部分记为 H_2。L 形箱试验的结果就是 H_1/H_2，它是混凝土砂浆通过能力的衡量指标。

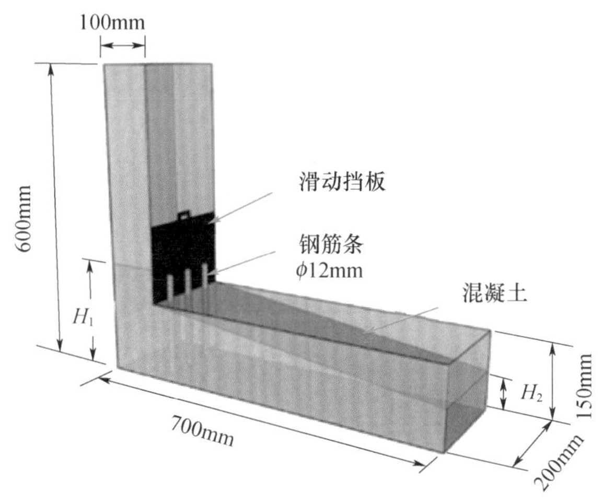

图 5.9　L 形箱试验装置示意图

5.3　挤出性优化与评价

混凝土的挤出性是决定 3D 打印混凝土可打印特性和稳定性的关键参数和指标。大多数 3D 打印喷头的形状为圆形或者矩形。挤出性是指材料从喷头持续均匀挤出的过程中不发生堵塞和中断的能力。与流动性测试不同，挤出性的测试和评价没有专用的设备和仪器，通常情况下依赖人眼观测评定。如图 5.10 所示的打印模型结构的打印层则出现了材料的撕裂/不连续现象。据报道，研究者 Silva 使用的是尺寸为 40mm × 10mm 的矩形打印头，打印速度设置为 30 ~ 35mm/s。研究者 Lim 选用的是直径为 9mm 的圆形打印头，打印速度设置为 50 ~ 66mm/s。然而，根据荷兰埃因霍芬的报道，他们使用的机械臂式的 3D 打印机，运行速度可达 300mm/s[123]。

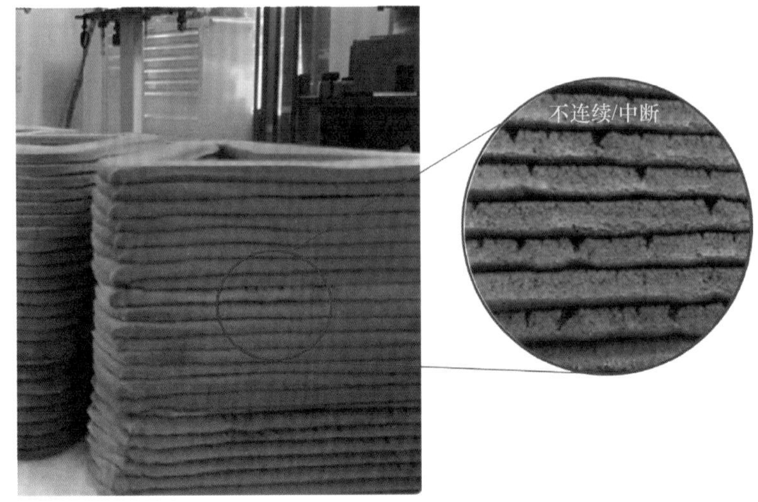

图 5.10　3D 打印混凝土的挤出性观测

5.3.1　挤出性调控措施

用于 3D 打印的混凝土砂浆需要具有良好的可挤出性能，这与其能否持续通过细管输送并经过喷头沉积成型密切相关。打印头的形状和尺寸均会影响材料的挤出性能。材料的级配选择是 3D 打印混凝土材料挤出控制的关键，同时，原材料的颗粒应具有圆滑的外形和较小的直径。在水与粉末的质量比一定的情况下，与带有棱角的颗粒相比，外形圆滑的颗粒可以获得更好的挤出性能，还能降低喷头被堵塞的风险。一般来讲，打印材料级配设计的基本原理是使用大量砂浆来级配优化骨料之间形成的空隙[97,124]。

为获得良好的挤出性能，许多研究者不断进行尝试。Malaeb 等[125]针对 3D 打印系统设计出了合理的混合物配合比。在设计配合比时，对所有颗粒级配都进行了严格控制，推荐细骨料与水泥的质量比为 1.28，细骨料与砂土的质量比为 2.0，并且骨料中最大颗粒粒径为 3D 打印机械喷头直径的 1/10。Le 等[126]配制混凝土材料时选择最大粒径为 2mm 的砂，指出此混凝土材料适用于直径为 9mm 的打印喷头，并能够保证较高的分辨率。较高性能的混凝土砂浆胶结材料应包含质量分数为 70% 的水泥、20% 的粉煤灰和 10% 的硅粉，并且砂与胶结材料的质量比应为 3∶2。Perrot 等[72]配制了一种适用于 3D 打印挤出系统的混凝土砂浆，这种打印材料包含质量分数为 50% 的水泥、25% 的石灰石粉和 10% 的高岭土，这三种材料的平均粒径分别为 10μm、9μm 和 15μm。

5.3.2 挤出性测试评估方法

混凝土砂浆的挤出性与其流变性能直接相关，流变性能决定了新拌混凝土砂浆的工作特性和压实能力。坍落度流动试验不能用于测量低黏稠度或高流动性混凝土砂浆的流变性能，常常采用数字黏度计直接测量混凝土砂浆的流变性能。常用的测量混凝土砂浆流变性能的旋转式黏度计是 Brookfield DV-E 型黏度计，它可以简单精确地记录试验过程中的黏度和扭矩。如图 5. 11 所示是测量混凝土砂浆流变性能的流变仪。混凝土砂浆的黏度测量在不同的转速下进行。例如，在混合后 0、20min 和 40min 时，以七个转速，即 1r/min、2. 5r/min、5r/min、10r/min、20r/min、50r/min 和 100r/min 进行测量[127]。流变行为可以由扭矩和流变仪获得的旋转速度之间的关系来表征。值得注意的是，需要确定混凝土的时间依赖性黏度，以为流变性质提供补充信息，防止不准确的屈服应力。黏性行为在低转速下是明显的，在高转速下黏度计中的叶片产生剪切稀化效应，破坏了混合物高黏性行为的形成，导致其主要表现为可流动行为。当制备用于 3D 打印的混凝土时，可以通过搅拌器的旋转速度来调节混合物的可流动性或黏性性质。

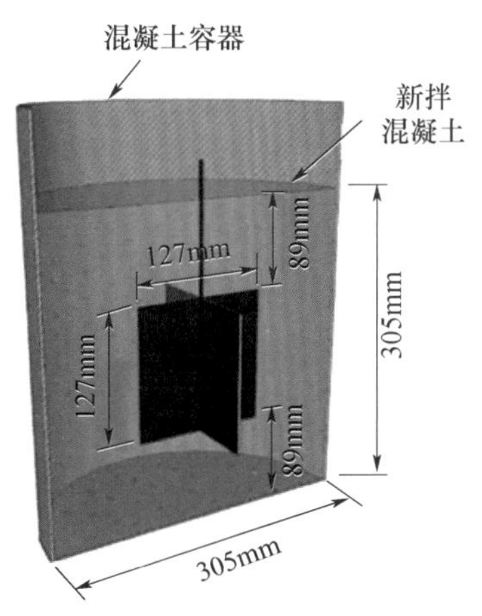

图 5. 11 流变仪的示意图

旋转流变仪可以分为同轴圆柱式旋转流变仪、圆锥-平盘式旋转流变仪和平行圆盘式旋转流变仪三种类型，如图 5. 12 所示。其中，同轴圆柱式旋转流变仪由一个可以随旋转轴转动的内部旋转圆柱体和一个固定的外部圆柱体组成；圆锥-平盘式旋转流变仪由一个随旋转轴转动的圆锥体和一个固定的底部圆盘组成；平行圆盘式旋转流变仪由两个彼此平行的圆盘组成。

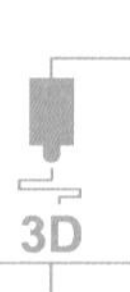

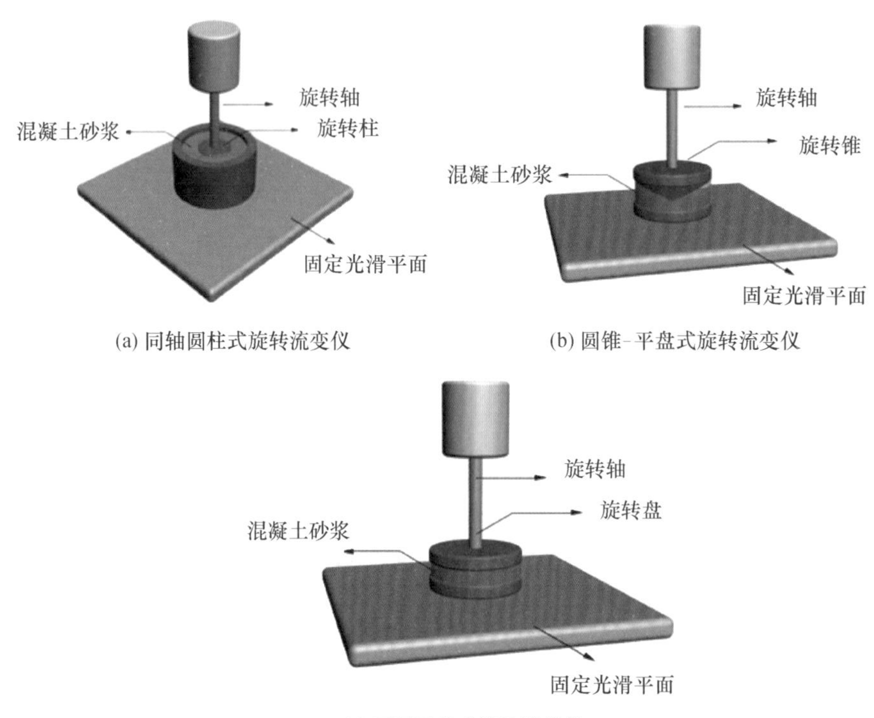

(a) 同轴圆柱式旋转流变仪

(b) 圆锥-平盘式旋转流变仪

(c) 平行圆盘式旋转流变仪

图 5.12　旋转流变仪类型

新拌混凝土砂浆具有一定的流动性，但是仍然具有较大刚度，不适宜采用圆锥-平盘式旋转流变仪对流变性进行试验。因此，应该设计特殊的旋转流变仪来进行流变试验，但是相关经验较少，所以针对这种情况，一般推荐使用毛细管式流变仪。一般而言，测定添加了硅粉和石灰粉等矿物材料的纤维加强型混凝土的表面黏度时，应当采用同轴圆柱式旋转流变仪，在试验过程中，需根据试验数据绘制剪切应力-剪切速率曲线。但是，最常用的还是平行圆盘式旋转流变仪，其结构简图如图 5.13 所示。

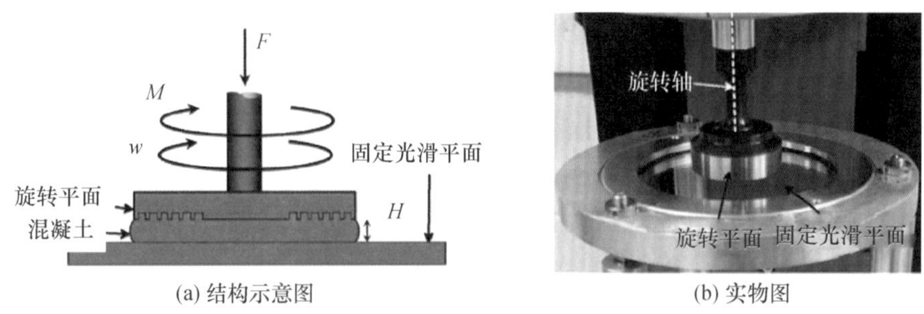

(a) 结构示意图

(b) 实物图

图 5.13　平行圆盘式旋转流变仪

5.4 建造性优化与评价

建造性是指新拌水泥基复合材料承载材料自重及后续上覆打印层材料自重不发生明显变形和坍落的能力。图 5.14 给出了结构底面 5 个监测点的竖向位移随打印层不断增加的变化规律。

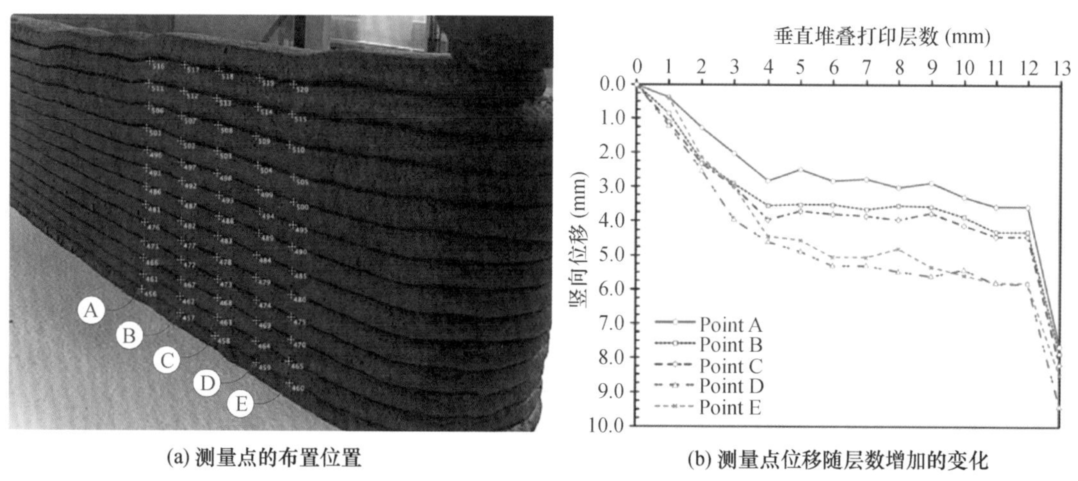

(a) 测量点的布置位置　　(b) 测量点位移随层数增加的变化

图 5.14　3D 打印结构底面变形测量

5.4.1　建造性调控措施

混凝土材料的可建造性是评价水泥基材料可打印性能的另一重要指标。它是指已经打印完成的混凝土材料在自重及上层材料重力作用下维持自身结构和外形的能力，可以被当作是混凝土材料的早期强度。挤出的混凝土材料一定要有足够的可建造性来保证其能够准确打印，在建造后保证形状不发生变形，能够承受后续打印层的重力作用，还必须能够相邻层之间保持良好的粘结。

在传统混凝土材料中，骨料占据了较大比重，保证了成型混凝土结构的尺寸稳定性。同样地，对于适用于 3D 打印的混凝土而言，在细骨料和细砂占较高比率的情况下，较好的可建造性也是可以实现的。Tang 等[128]提出粉煤灰有利于增强砂浆材料的黏度，并且能够提供保持结构稳定性所需的支撑力。从另一个角度讲，为提高流动性和挤出性而添加的化学添加剂，一般情况下同样可以提高可建造性。同时，通过添加少量的黏度改性剂可以减少水泥渗出，并提高水泥砂浆的稳定性。此外，黏度改性剂还可以在保持同样稳定性的前提下，降低对粉末材料的需求量[82]。Benaicha 等[129]通过研究表明，添加黏度改性剂可以使自密实混凝土材料 1d 的硬化强度达到 28d 硬化强度的一半以上，这意味着黏度改性剂能够显著提高混凝土材料的早期强度，同时促进水泥的水化作用，缩短水泥的凝结时间，提高混凝土砂浆的可建造性能。Lin 等[130]在 2016 年调查了三种能够提高混凝土早期强度的制剂，分别是碳酸锂、氢氧化锂和一些硫酸盐，并研究了这些制剂对水泥基打印材料强度的影响。试验结果表明，添加质量分数为 0.05% 的氢氧化锂可以将混凝土砂浆的凝结时间缩短至 9min，并且添加氢氧化锂的砂浆 2h 凝结时间内达到的抗压强度明显高于其他两种制剂。

5.4.2 建造性测试评估方法

1）塑度计试验

塑度计试验也是衡量混凝土砂浆流变性能的重要手段，图 5.15 展示了塑度计的内部结构及试验过程。

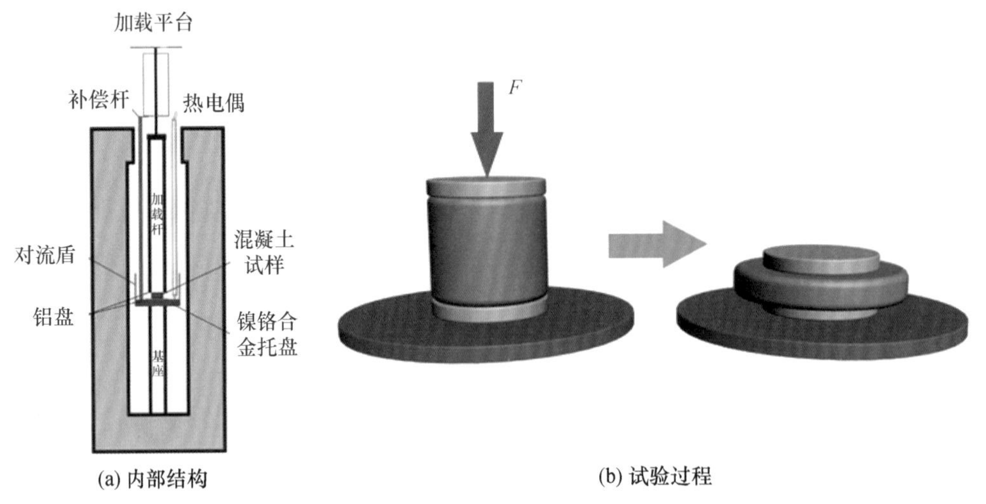

图 5.15　塑度计示意图

在挤压混凝土砂浆的过程中，绘制挤压力 F 随砂浆高度 h 变化的函数关系曲线。在理想塑性模型中，挤压力是线性变化的：

$$F = \left(\beta + \alpha \frac{h}{R}\right) \cdot K \tag{5.2}$$

式中：K、α、β 是随试验条件变化的参数。

通过试验，绘制挤压力 F 随 h/R 变化曲线，参照曲线和式（5.1），可以得到下式：

$$F=\frac{2}{3}K_1+\alpha K_2\frac{h}{R} \tag{5.3}$$

式中：α 是与混凝土砂浆表面（光滑或带有锯齿）有关的参数；K_1是摩擦力阈值；K_2是塑性阈值。

按照这种方法，根据圆盘表面的处理方式，有两种不同的试验条件：①附着接触（锯齿平面），$K_1=K_2$；②带有一定摩擦力的光滑接触，$K_1<K_2$。通过这些试验，可以评价混凝土材料的流变性能，也可以衡量混凝土砂浆喷出后的成型能力（即可建造性）。然而，混凝土材料的挤出性和建造性之间往往存在矛盾，所以需要进一步试验分析，对混凝土材料的性能进行优化。

2）直剪试验

在土力学中，经常采用直剪试验来测定土体的力学参数，通常将土样放在上下两部分分离的金属盒子当中，在一个固定竖向力的作用下，给土样施加一个水平剪切力，根据竖向力和土体剪坏时水平剪切力的对应关系，探究土样的力学参数。近年来，越来越多的学者应用直剪试验测定混凝土砂浆的流变性能。最先对混凝土砂浆展开直剪试验（图5.16）的是意大利比萨大学。对于黏性介质而言，适用于摩尔-库仑强度理论，混凝土砂浆的抗剪强度与正应力之间存在如下关系：

$$\tau=\sigma\cdot\tan\varphi+c \tag{5.4}$$

式中：τ 是混凝土砂浆的抗剪强度；σ 是正应力；φ 是混凝土砂浆内摩擦角；c 是混凝土砂浆的黏聚力。

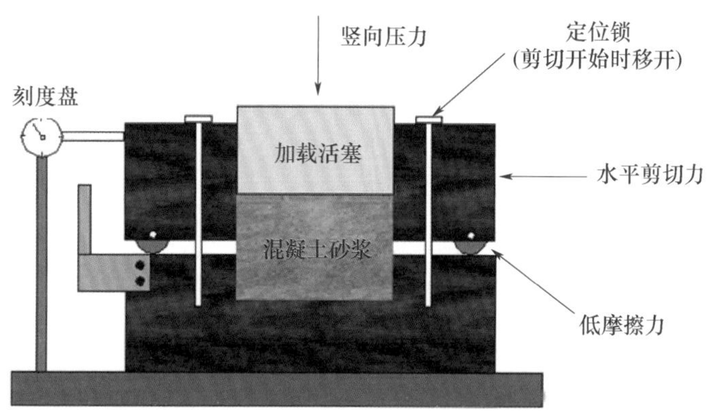

图5.16 混凝土砂浆直剪试验示意图

如果搅拌均匀混凝土后立即进行直剪试验，那么随着时间的推移，混凝土砂浆发生硬化，其抗剪强度也会增强。直剪试验可提供混凝土砂浆塑性和可建造性之间相互关系的信息，如图 5.17 所示。

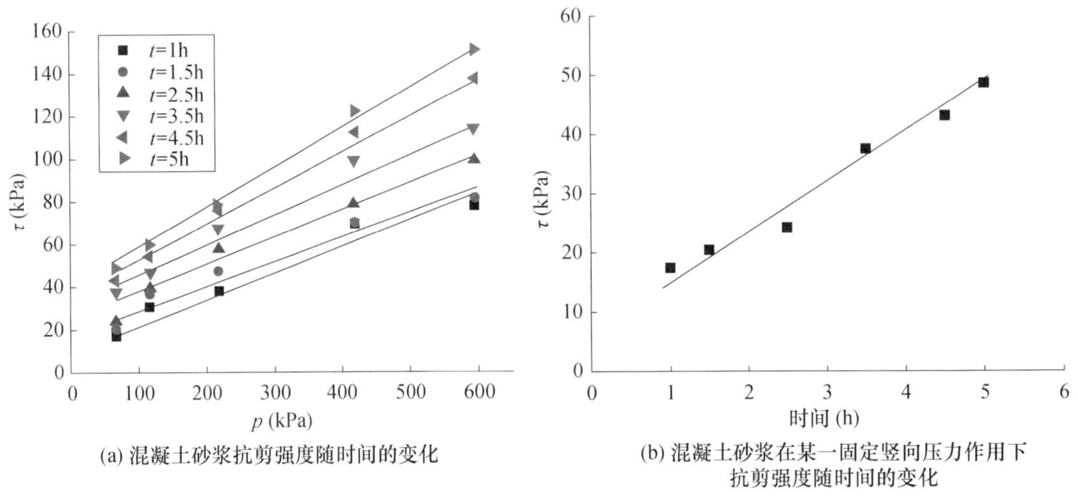

图 5.17　直剪试验测试结果

3）重力型测试方法

传统的坍落度试验已不适合单独用于表征新拌混凝土砂浆的工作性能，但通过发展改进得到了一些其他测试方法，如 J 环试验、U 形槽试验等，这些方法一般只可以测出一个参数（与某一个流变参数具有一定相关性）。通常这一类测试方法是依靠被测新拌混凝土砂浆的重力作用进行的，故把这类测试方法称为重力型测试方法。

5.5　凝结性优化与评价

5.5.1　凝结性调控措施

3D 打印系统的混凝土材料凝结时间必须在以下两方面进行控制和优化：一方面，当打印材料在传输系统中时，需要延长其凝结时间，保证混凝土材料能够持续流动；另一方面，当打印材料通过打印系统挤出成型后，要求其凝结时间尽可能缩短，以达到早期强度的要求，并保证适当的打印效率。

Robeyst 等[107]研究了采用高炉矿渣作为矿物成分添加剂替代部分水泥，对混凝土砂浆凝结特性的影响。试验表明，多于30%的水泥材料被高炉矿渣取代，会对混凝土材料早期硬化强度和凝结过程起到延缓作用；超过50%的水泥材料被高炉矿渣取代，对混凝土砂浆凝结过程的阻碍作用将非常明显。Gesoglu 等[131]提出采用高炉矿渣替代部分水泥材料，会明显延长砂浆的初凝时间和终凝时间，同时还会降低混凝土混合物的黏性。

因此，控制混凝土凝结时间的方法，主要是合理搭配使用速凝剂和缓凝剂。Paglia 等[132]调查研究了不同种类速凝剂对砂浆凝结过程的影响，结果表明，采用质量分数为4.5%的碱性速凝剂，混凝土砂浆凝结时间是采用质量分数为8.0%的无碱速凝剂的57%。Maltese 等[133]提出采用质量分数为2%～7%的无碱速凝剂可以将混凝土砂浆的凝结时间从360min 缩短至150min。Galobardes 等[134]认为速凝剂应该在干混合过程之后立即加入，不能用水进行稀释，并且搅拌速率为52r/min，共搅拌20min。Lin 等[130]研究了六种常见的缓凝剂对可挤出打印材料凝结时间的影响。在这六种缓凝剂中，最优的缓凝剂是四硼酸钠，添加0.1%～0.3%的四硼酸钠可以将初凝时间从28min 延长至109min，终凝时间从49min 延长到148min，并且葡萄糖酸钠和柠檬酸也可以对水泥基砂浆起到良好的缓凝效果。

凝结时间的控制对于3D 打印混凝土材料至关重要，下面通过 Maltese 等[133]在2007 年的一组试验来说明添加速凝剂促进混凝土浆体凝结的具体措施和方法。水泥材料暴露在空气中的时间与其吸附水分的关系如图5.18 所示。其中，混凝土砂浆水灰比为0.35，速凝剂采用 Al_2O_3 含量为17%、SO_3 含量为40%的无碱性速凝剂，将无碱性速凝剂直接添加到新拌混凝土砂浆中搅拌10s，同时还采用了一种矿渣和一种 β 型半水化合物。这种 β 型半水化合物的主要成分是 SO_3 和 CaO，中间粒径为19.4μm，作用与石膏类似。

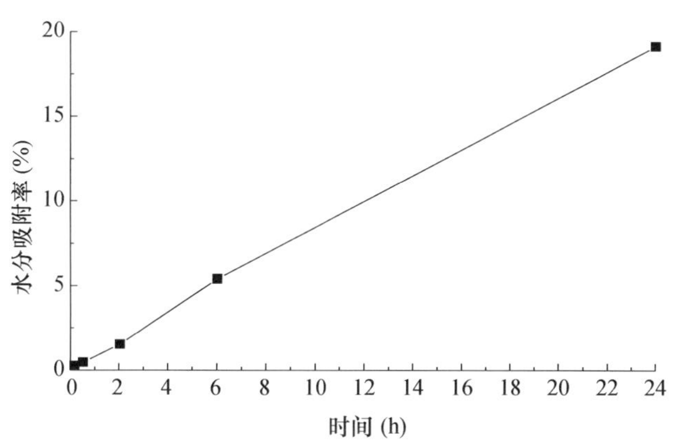

图5.18　水泥暴露时间与吸附水分含量的关系

为了评估无碱性速凝剂剂量（分别为2%和7%）对混凝土砂浆凝结效果的影响，利用维卡仪测定试样 C1、C2、C3、C4、C5 和 C7 的终凝时间，如图 5.19（a）所示。同时通过测定 C5～C10 试样的终凝时间，分析水泥试验前暴露在潮湿空气中的时间对砂浆凝结效果的影响，如图 5.19（b）所示。与试样 C3（2% 速凝剂，新鲜状态）和 C5（7% 速凝剂，新鲜状态）相比，试样 C4（2% 速凝剂，30min 暴露时间）和 C7（7% 速凝剂，30min 暴露时间）的终凝时间显著缩小，表明在配制混凝土砂浆前，将水泥在空气中暴露一定时间（30min），可以显著缩短混凝土的终凝时间。同时，试样 C3 和 C4（2% 速凝剂）的终凝时间明显长于试样 C1 和 C2，说明若加入速凝剂的量过少，不仅不会缩短终凝时间，反而延长了终凝时间。

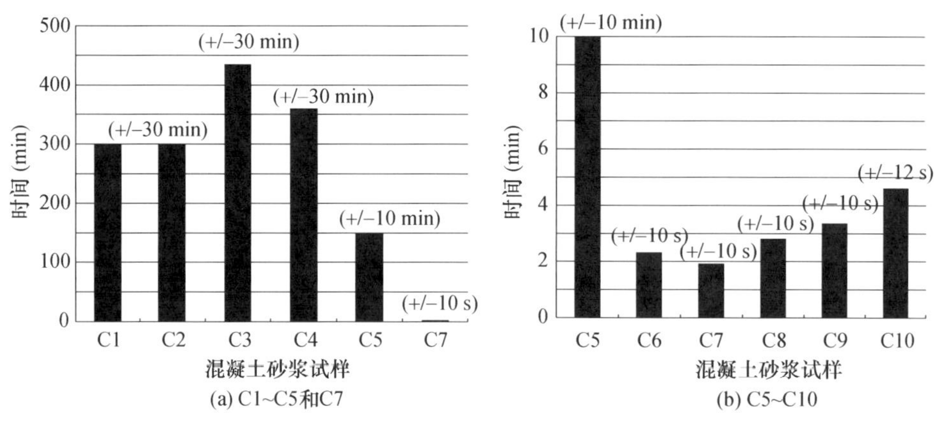

图 5.19　试样终凝时间测试结果[133]

为调查潮湿空气影响砂浆凝结效果的机理，分别将矿渣和 β 型半水化合物的新鲜状态和暴露空气后的两种状态进行组合试验，测定 K1～K8 试样的终凝时间，如图 5.20 所示。

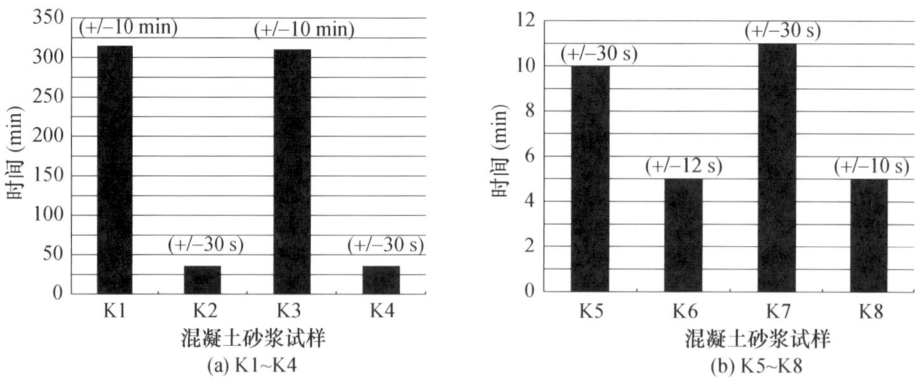

图 5.20　试样终凝时间测试结果[133]

图5.20表明在配制混凝土砂浆前，将水泥在空气中固化30min对缩短砂浆终凝时间最为有利，30min的固化时间和7%的速凝剂将混凝土砂浆的终凝时间缩短至2min。值得一提的是，暴露在空气时的固化作用可能是无水矿渣引起的，但也有可能是β型半水化合物引起的。图中所示数据证明，β型半水化合物对潮湿空气环境下水泥的固化效果起关键作用。比如，试样K1由新鲜矿渣和新鲜β型半水化合物组成，并在2%速凝剂的作用下其终凝时间明显长于新鲜矿渣、暴露在空气中30min的β型半水化合物组成的试样K2。综上所述，组成混凝土的水泥固化时间、速凝剂种类及添加剂量等因素，都显著影响着混凝土砂浆的凝结时间。

5.5.2 凝结性测试评估方法

监测混凝土砂浆的固结硬化属性对于控制打印过程具有重要意义，可监测从混凝土浇筑到最终硬化阶段的流动性和刚度变化。凝固时间是与混凝土强度增加和刚度发展有关的重要参数，目前凝结性的测试方法主要有贯入阻力试验、维卡仪试验、超声波透射法和超声波反射法。

1）贯入阻力试验

贯入阻力试验适用于各类水泥、外加剂及不同混凝土配合比凝结时间的常用方法。将待测的水泥砂浆材料装满标准模具并将表面抹平，选装合适的贯入针，将贯入针以均匀的速度压入待测材料25mm深度，通过量测针端的阻力值来评价水泥砂浆的凝结性能。规定当贯入阻力值为350N时（即2~3.5MPa，此时用100mm^{2}贯入针），表明该时刻下的材料达到了初凝；阻力值为1000N时（即2~3.5MPa，此时用50mm^{2}贯入针），表明该时刻下的材料达到了中间贯入阻力；560N对应终凝贯入阻力（即20~28MPa，此时用20mm^{2}贯入针）。

2）维卡仪试验

维卡仪试验是测定水泥砂浆凝固和硬化时间的标准方法。新拌混凝土砂浆的初凝时间和终凝时间根据ASTM C403/C403M—99测定[135]。如图5.21（a）所示，将砂浆置于高度为40mm的维卡仪模具中，将横截面为1mm^{2}的针固定在质量为300g的可移动杆上，然后在重力作用下下落并穿透试样，记录穿透深度随时间的变化情况。穿透过程以固定时间间隔的方式重复进行，直至水泥砂浆最终硬化。初凝时间和终凝时间被规定为穿透深度分别达到（39±0.5）mm和小于0.5mm时所对应的时间。图5.21（b）是由Vicatronic自动仪器记录的穿透深度随时间的变化情况。Sleiman等[136]在2010年开发了一种改进的维卡仪设备，它与通常使用的维卡仪直到初凝时间才能捕获变化不同，这种改进的维卡仪可以在混凝土浇筑之后立即开始对凝固行为进行监测。

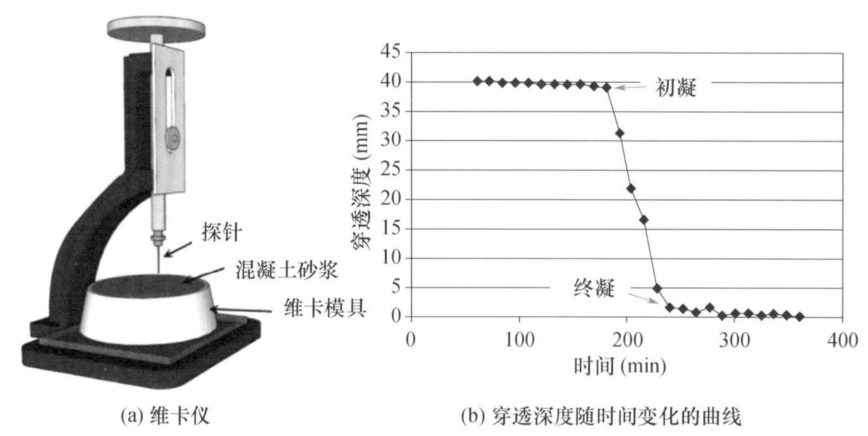

图 5.21　维卡仪试验结果[136]

3）超声波透射法

超声波透射法为连续监测混凝土的凝固硬化性能提供了有效的方法。2000 年，Reinhardt[137,138]首次引入了一种几乎完全自动化和易于操作的测试装置，利用超声波连续检测混凝土的凝固过程。经过试验验证，该方法对于监测不同水灰比、不同凝结温度、不同水泥类型和细度的混凝土砂浆的水化过程非常灵敏可靠[139]。

超声波传输测量的示意图如图 5.22 所示。在该方法中，用砂浆或混凝土填充容器，主波或压缩波（P 波）由发射器产生，穿过混凝土砂浆，并由接收器记录。速度 V_p（km/s）可以用作描述测试材料凝固和硬化进程的指标，其由式（5.5）和式（5.6）计算：

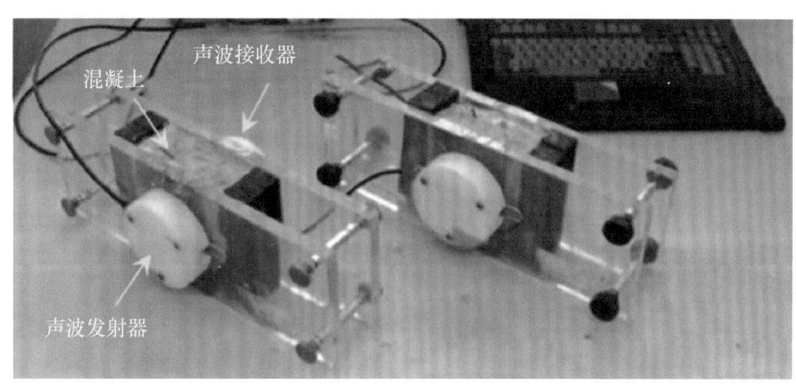

图 5.22　超声波透射法测试混凝土凝结

$$\Delta t = T_{\mathrm{concrete}} - \left(T_{\mathrm{water}} - \frac{L}{V_{\mathrm{water}}} \right) \tag{5.5}$$

$$V_{\mathrm{p}} = \frac{L}{\Delta t} \tag{5.6}$$

式中：T_{concrete}和T_{water}分别是P波穿过混凝土砂浆和纯水的时间（校准）；V_{water}是纯水中超声波的传输速度，即1480m/s；L（mm）是试样的宽度；Δt（μs）是超声波脉冲的传输时间。

超声波传输速度随着混凝土凝固时间的增加而增加。通过试验验证，超声波穿过整个样品所需的时间与水化程度直接相关[140]。砂浆的初始和最终凝固时间可以从脉冲速度（V_{p}）和硬化时间之间的关系确定。混凝土砂浆从液态到最终硬化的凝固过程，可以根据V_{p}随时间变化的曲线分为三个阶段，如图5.23所示。此外，超声波的衰减系数（α_{p}）也可用于表征水泥砂浆的水化过程。α_{p}使用由发射器（A）产生的能量，由接收器（R）检测的能量和界面（T）的能量传输系数来计算[141]：

$$\alpha_{\mathrm{p}} = -\frac{1}{L}\ln\left(\frac{R}{A \cdot T_1 \cdot T_2}\right) \tag{5.7}$$

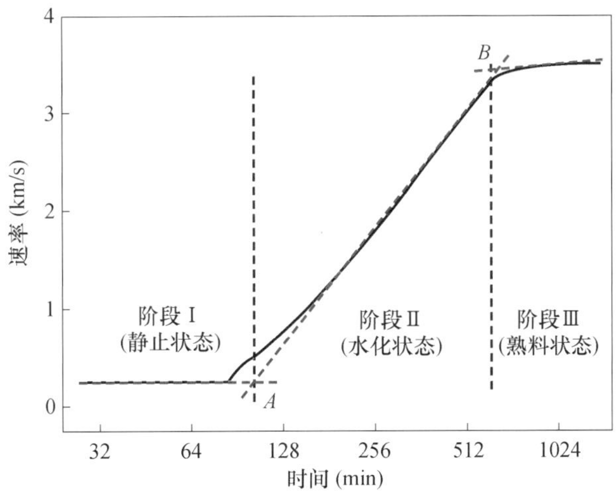

图5.23 根据波速演化评定混凝土凝结的测试结果

4）超声波反射法

近年来，超声波反射法已被证明能够在不破坏混凝土砂浆的基础上，连续监测砂浆的早期凝固和硬化过程[142]。与超声波透射方法不同，反射技术利用单个传感器作为发射器和接收器，该传感器能够记录在钢板和混凝土之间的界面处，横向波或剪切波（S波）的反射损失。图5.24为试验装置的示意图，S波只能在固体中传播。当砂浆处于新拌状态时，整个S波的波浪脉冲将从两种不同材料之间的界面反射回来，随着混凝土砂浆的逐渐硬化，波的传输脉冲能力增加，导致波浪脉冲只能部分地从界面反射回来。因此，可以将测试砂浆的水化程度与波的振幅损失相关联，当砂浆逐渐硬化后，反射系数变为常数值[143]。到目前为止的研究已经证明波反射法是可靠的，能够准确判断缓凝剂、速凝剂和固化温度等因素引起的混凝土砂浆凝固行为的差异。

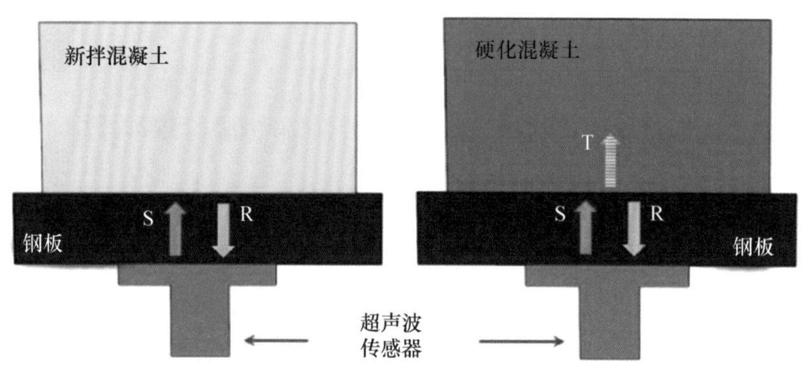

图5.24　S波反射法原理

另外，从超声波测量获得的波速度梯度曲线中的特定点也可以用来确定混凝土砂浆的凝固时间。如图5.25所示，点δV_P^{max}对应于穿透阻力（P_r）开始增加的时间，在初始设定时间（t_i）附近观察到点δV_S^{max}，点δV_S^{max}和δE_d^{max}曲线之间的E_d梯度的增加反映了水泥水化过程中水化硅酸钙的体积快速增加，δE_d^{max}与最终凝结开始的时间有关。基于这些特定点，混凝土砂浆的凝结行为可以分为休眠阶段、初始渗滤阶段、凝结阶段和早期硬化阶段[143]。

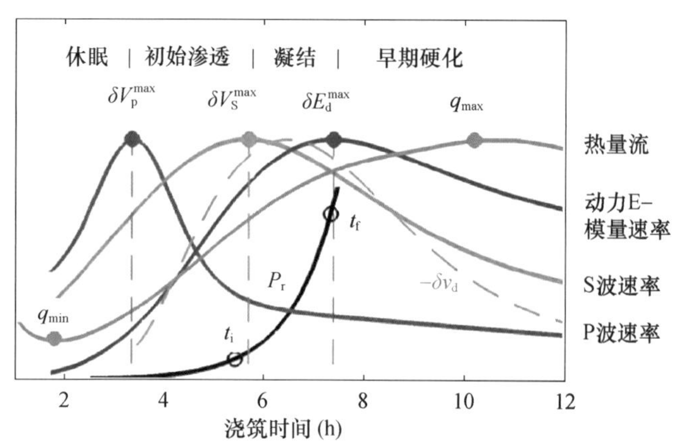

图5.25　热流、穿透电阻（黑色曲线）和V_P、V_S和E_d在砂浆上的梯度曲线

5.6 早期刚度优化与评价

5.6.1 早期刚度调控措施

掺加粒径小于水泥颗粒粒径的矿粉颗粒，可以填充水泥颗粒形成的孔隙，增加水泥砂浆的堆积密度，提高砂浆硬化后的力学强度。此外，水泥砂浆力学强度的提高还可以归因于富含 SiO_2的粉煤灰和硅粉的较高火山灰活性。在水泥的水化作用过程中，粉煤灰和硅粉可以与氢氧化钙反应，加速水化硅酸钙的形成，使水泥砂浆胶结材料更加密实，从而提高基体的力学性质。

Gesoğlu 等[144]通过试验指出，将硅粉作为矿物成分添加到混凝土砂浆中，能够显著提高混凝土的力学强度，如添加质量分数为10%的硅粉能够提高8%～20%的抗压强度。但是初期硅粉凝硬性反应活性较低，它与水化物的反应通常在水化作用3d以后开始进行[145]。Benaicha 等[129]指出当添加硅粉的质量分数在5%～30%之间浮动时，混凝土1d抗压强度与28d抗压强度的比值随着硅粉质量分数的升高而降低，这表明硅粉并不能提高混凝土砂浆的早期强度。Li[146]指出通过添加质量分数为4%的纳米二氧化硅可以将高强度混凝土的3d抗压强度提高81%。Ye 和 Zhang 等[147,148]认为添加少量（质量分数为3%）的纳米二氧化硅能够使混凝土浆体更黏稠，同时促进了水泥的水化作用，提高了混凝土砂浆的早期强度。Jo 等[149]表示所有添加了纳米二氧化硅的水泥砂浆7d和28d的抗压强度都高于添加了硅粉的水泥砂浆，与此同时，纳米二氧化硅凝硬性反应的活性高于硅粉。根据Guneyisi[114]等的研究，添加质量分数为4%的纳米二氧化硅可将自密实混凝土的抗压强度提高71.1%，但是添加质量分数为6%的纳米二氧化硅反而会降低其抗压强度。这是因为添加质量分数为6%的纳米二氧化硅会导致颗粒成球状排列，不利于混凝土抗压强度的提高。因此，还需添加发散改性剂来保证球状纳米二氧化硅被重新打散成分散状态。值得注意的是，向混凝土材料中添加大量粉煤灰会显著降低其早期强度[150]。但是在添加了少量纳米二氧化硅后，粉煤灰的凝硬性反应活性可显著提高。Ghazel 和 Khayat[151]建议用石灰粉代替大量的水泥材料，在保持同样早期抗压强度的前提下，减少水泥用量需求。

5.6.2 早期刚度测试评价方法

混凝土的早期力学性能评价是一项具有挑战性的任务。用于 3D 打印的混凝土早期强度发展对于材料的可建造性控制和工程应用十分关键。混凝土砂浆强度或刚度发展与从塑性可变形状态到硬化状态的过渡过程有关，早期强度评价方法主要有圆柱体测试方法、超声波法、传感器技术和早期强度推算法。

1）圆柱体测试方法

Ali Kazemian 等[152]提出了一种适用于 3D 打印混凝土早期刚度的测试评价方法，如图 5.26 所示。整套测试器械相对简单，主要包括一个储料筒、一个振捣棒，加载导向杆及半圆外壳等。这套设备由 3D 打印而成，ABS 材质。测试时先将待测材料装满 40mm 高度，振捣 15～20 次至密实；然后在其基础上再制作一层，将多余的材料抹除，至总高度为 80mm；再将外壳拆卸，尽量避免人为操作造成的材料变形，将质量为 5.5kg（约为 4.77kPa）的荷载施加到材料的上表面，测量材料的竖向变形。本试验设备简单，而且无需借助打印机便可制作分层结构。此测试方法是针对评价 3D 打印混凝土材料而设计的，上覆质量用于模拟后续打印材料的自重。试验完成后，可以用竖向的变形及环向的表观裂缝来评价材料抵御外部荷载变形的能力。Perrot 等[153]也提出了一个类似的测试方案，即制作直径为 35mm、高度为 60mm 的混凝土圆柱体，在上下两端分别放置两个铁块作为承载和固定端，并对上部的铁块以 1.5N 的增量进行加载，来模拟持续的打印过程。

2）超声波法

监测混凝土早期强度的一种替代方法是使用本章 5.5 节所述的波传播技术。超声脉冲的传播速度和反射损失对混凝土的水化程度非常灵敏，这两者都与混凝土的强度直接相关。因此，使用超声脉冲信息来评估和预测混凝土砂浆的早期强度是可行的。动态弹性参数、动态泊松比 ν_d 和动态杨氏模量 E_d 通过采用 P 波传输速度 v_P、S 波传输速度 v_S 和混凝土密度 ρ 计算，如式（5.8）和式（5.9）所示[154]：

$$\nu_d = 1 - 2 \cdot \frac{{v_S}^2}{{v_P}^2} \tag{5.8}$$

$$E_d = v_P^2 \rho \frac{(1+\nu_d)(1-2\nu_d)}{(1-\nu_d)} \tag{5.9}$$

图 5.27 显示了三种类型混凝土标准化 S 波反射和强度发展特征的比较。通过超声波技术评估混凝土砂浆的抗压强度是可靠的。Boumiz 等[155]开发了一种同时采用超声波、量

(a) 使用模具

(b) 测试过程

图 5.26 3D打印混凝土早期刚度圆柱体测试方法[152]

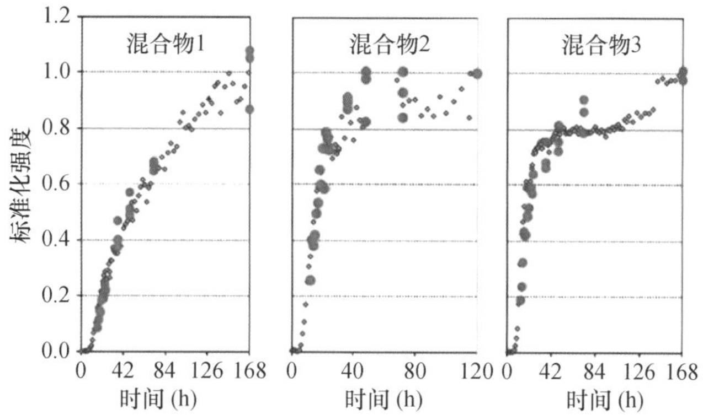

图 5.27 强度分别为 26MPa、37MPa 和 55MPa 的混凝土标准化 S 波反射（蓝色点）和强度（粉色点）对比

热计和传导技术来测定同一批次混凝土砂浆早期强度的方法，将杨氏弹性模量和泊松比作为时间和水化程度的函数进行研究。Akkaya[156]指出，混凝土早期抗压强度发展与平板和混凝土样品界面处反射波的能量损失呈线性相关，这种线性相关性不受固化温度、混合物配合比设计和材料类型的影响，一旦明确反射损失和混凝土强度之间的关系，就可以基于超声波数据来预测早期的混凝土砂浆强度。Voigt 等[157]建立了混凝土材料传递超声波的能力与其早期抗压强度之间的关系。Demirboga 等[158]指出超声脉冲速度与混合有粉煤灰和高炉矿渣的混凝土的抗压强度之间的指数关系。

3）传感器技术

混凝土浆体材料的水化过程是复杂的放热化学反应，水化反应程度与水化过程中产生的热量直接相关。因此，可通过监测光纤光学传感器或热电偶的放热量来评估水化程度。Wang 等[159]使用一种新型的锆钛酸铅压电陶瓷（Piezoelectric Zirconate Titanate，PZT）阻抗传感器来监测抗压强度的增加，将传感器嵌入新浇筑的混凝土中，并且基于 PZT 电导纳（阻抗反转）信号来预测力学强度。Gu 等[160]通过放置“智能聚合物”形式的压电传感器进行混凝土早期强度监测。Cai 等[161]实施了一种光纤光学传感技术记录大坝的温度和裂缝的变化。Lin 等[162]在 2004 年应用光纤布拉格光栅（Fiber Bragg Grating，FBG）传感器来检测预应力混凝土（Prestressed Concrete，PC）梁在硬化过程中的水化温度。

4）早期强度推算法

混凝土早期强度推算是冬期施工的重要课题之一，在冬期施工中具有很高的实用价值。20 世纪 80 年代的重要成果是北京建筑工程研究院的“成熟度法”。进入 20 世纪 90 年代后，又出现了“等温强度龄期曲线法”（三次幂函数曲线法）及“等效龄期法”，混凝土早期强度推算的研究达到了一个新的高度。建立这三种方法时有各自的基本理论出发点，但往往会忽略计算结果的差异。因此将三者放到一起进行比较研究对实际应用的影响重大。三种方法中，成熟度法历史最悠久并得到广泛的应用；开始建立等效龄期法（最早由陕西省建筑科学研究设计院张德骞在 1992 年提出）时，将其归并于成熟度法，使其知名度受到很大影响。由于它不以度时积（或称成熟度）为计算依据，因此完全有别于成熟度法；等温强度龄期曲线法（采用三次幂函数强度龄期曲线为要点）原来也称为“强度龄期曲线法”，由于此名称易与一般的龄期曲线混肴，其推广应用受到了一定影响，故定名为“等温强度龄期曲线法”以兹区别。现对三种方法分别作简要介绍。

（1）等温强度龄期曲线法。基于最基本的混凝土强度龄期曲线，该曲线以等温养护为基础，表达了龄期与强度之间的关系，只不过由于试验困难及数据的离散性，原有曲线早期（3d 以下）的曲线部分残缺。通过对该曲线规律的讨论得出将三次幂函数曲线纳入应

用，使之得到弥补成为完整的曲线。其基本表达式为

$$R = aT^3 + bT^2 + c \tag{5.10}$$

式中：R 为 28d 强度百分率；T 为龄期（d）；a、b、c 为参数。

以任一养护温度下的 R_7、R_{14}、R_{28} 强度为基本数据，求出常数 a、b、c。

（2）等效龄期法。是以不同温度下混凝土的强度龄期曲线为基础进行统计回归分析所形成的强度推算方法。在 20℃养护条件下，给定强度的龄期与其他温度养护达到同样强度所需龄期之比 $m = T_{20}/T_t$，称为“等效系数”。然后将养护期按不同温度划分为各自独立延续时间，延续的时间与等效系数相乘得出相应 20℃时的龄期，将养护阶段全部等效龄期叠加即得其总等效龄期：

$$T = \sum m_t a_t \tag{5.11}$$

式中：T 为 20℃对应的等效龄期（h）；m_t 为温度 t 时的等效系数；a_t 为温度 t 时的延续时间（h）。

根据《混凝土冬季施工工艺学》，等效系数的经验公式为

$$m_t = 0.273 + 0.224t + 0.000706t^2 \tag{5.12}$$

式中：m_t 为等效系数；t 为养护温度（℃）。

（3）成熟度法。采用养护温度与养护时间的乘积作为推算强度的基本参量，然后根据试验数据确定成熟度与强度的关系，用以推算混凝土强度。成熟度的计算式为

$$M = \sum (t + 15) \cdot \Delta T \tag{5.13}$$

式中：t 为养护温度（℃）；ΔT 为 t 温度下养护持续的时间（h）。

强度与成熟度之间的关系式为

$$Q = fa\mathrm{e}^{b/M} \tag{5.14}$$

式中：Q 为推算强度（MPa）；f 为修正系数；a、b 为按混凝土强度等级、水泥种类和外加剂类型确定的常数。

5.7 收缩优化与评价

收缩开裂是水泥基复合材料的固有属性，在不承受荷载时同样会产生裂缝。在外部荷载作用更大时，微裂缝扩展演化，甚至贯穿水泥石，发展成为宏观裂缝。3D 打印混凝土减少了对模板的使用，促进了材料与养护环境的直接接触，有利于强度的发展。然而 3D

打印混凝土的低水胶比及大面积的自由表面裸露反而促进了收缩。因此在材料配合比设计和后期养护方式等方面对材料进行优化调控。可采取的方法一般有内养护、蒸汽养护、使用膨胀剂化学添加剂、进行收缩补偿等。

5.7.1 收缩调控措施

由于混凝土材料的收缩性会影响打印结构的尺寸准确性和稳定性，因而也成为胶结材料打印性能的一项重要评估参数。如上所述，3D 打印的混凝土材料需要具有较高的含水率来保证良好的流动性和稳定性，为满足这种特殊要求，需要在添加满足水化作用所需水分的基础上，额外添加过量的水，额外添加的水分从混凝土砂浆中蒸发，使得混凝土材料在凝结和硬化过程中呈现较高的收缩性[163]。此外，通常 3D 打印构件暴露在外部环境的表面积比有模具的传统浇筑结构更大，更易导致水分的蒸发[164]。

增加矿物掺合料的用量是控制混凝土收缩性的一个有效措施。在某一固定的龄期，较低的水灰比能够降低干燥收缩应变。骨料的颗粒越细，混凝土砂浆的收缩变形越小[165]。在混凝土砂浆中添加粉煤灰，可以显著减少水化过程放出的热量，进而减小外部发生裂缝的概率。Khatib 等[166]在自密实混凝土中添加粉煤灰的试验表明，随着粉煤灰添加量的增加，混凝土的收缩变形呈线性减小，将 80% 的水泥替换成粉煤灰能够使收缩变形减小 66.7%。Rongbin 和 Jian[167]表明将粉煤灰和硫铝酸钙水泥搭配使用，干燥条件下收缩变形减小了 80% 以上。Guneyisi 等[168]表明分别添加 5% 和 15% 的硅粉使混凝土干燥收缩变形减小了 29% 和 35%。

Al-Khaja[169]提出在混凝土中添加硅粉可使混凝土收缩变形减小 34.9%。姚燕[170]认为极细颗粒的高炉矿渣和硅粉能够显著减小混凝土的收缩应变，加快水化作用，促进强度更高、排列更紧密的结构形成，从而提升抵抗荷载的能力。这也可以被用来解释极细的矿物添加成分能够显著减小混凝土的收缩变形的原因。然而一些研究者表明，增加硅粉含量会增大混凝土的收缩变形。Mazloom 等[76]指出分别添加质量分数为 10% 和 15% 的硅粉，混凝土的收缩变形分别增大 33% 和 50%。一般情况下，硅粉对混凝土的干燥收缩变形的影响主要受两点平衡因素的控制，一是孔隙水张力引起的收缩应力，可促进收缩变形；二是堆积密度更大的混凝土砂浆引起的刚度发展，可限制收缩变形。采用化学添加剂也是防止收缩变形的方法之一。Shah 等[171]在混凝土中使用收缩抑制添加剂显著减小混凝土外部构件水分蒸发引起的表面张力，以减小混凝土的收缩变形。

5.7.2 收缩测量评估方法

1）干燥收缩

干燥收缩测量方法的各种标准及其规定见表5.5。

表5.5 干燥收缩测量方法的各种标准及其规定

标准或规程	试件形状	初始读数时间	恒温恒湿条件	
			温度（℃）	RH（%）
普通混凝土长期性能和耐久性能试验方法标准 GB/T 50082—2009	100mm×100mm×515mm棱柱体	非接触法，混凝土初凝时读数	20±2	60±5
水工混凝土试验规程 DL/T 5150—2017	100mm×100mm×515mm棱柱体	从搅拌混凝土加水时算起3d时读数	20±2	60±5
RILEM	100mm×100mm×515mm棱柱体	拆模后立即测定	20±1	50±3
OCT 24544	100mm×100mm×515mm棱柱体	拆模后4h以内	20±2	50±5
ASTM C157—2008	25mm×25mm×285mm	加水搅拌后（24±0.5）h	23±2	50±4
日本JIS A1129-1—2010	40mm×40mm×160mm	成型后1d初测，水养7d为基准	23±2	50±4

2）自收缩

利用千分表测量混凝土的自收缩操作简单，但该方法误差较大。混凝土的干燥收缩率可根据ASTM C157—2008的标准测定。用于监测自由收缩行为的混凝土样品是棱柱形的，其长度远大于宽度和高度。图5.28表示自体收缩的测定方法。棱柱的尺寸是70mm×70mm×280mm或50mm×50mm×300mm。在浇筑之前，一种方法是将Teflon片材放置在钢模具内以减小或消除模具对混凝土的摩擦；另一种方法是在模具表面涂抹润滑油，将表盘式伸长计水平地嵌入样品中间，使用聚酯膜或塑料包装来防止水分从顶部表面蒸发，该计量器用于记录棱柱样品的长度变化，可以获得一维干燥收缩应变随时间的变化关系，样品在20℃和100%相对湿度下固化24h，然后脱模[50]。

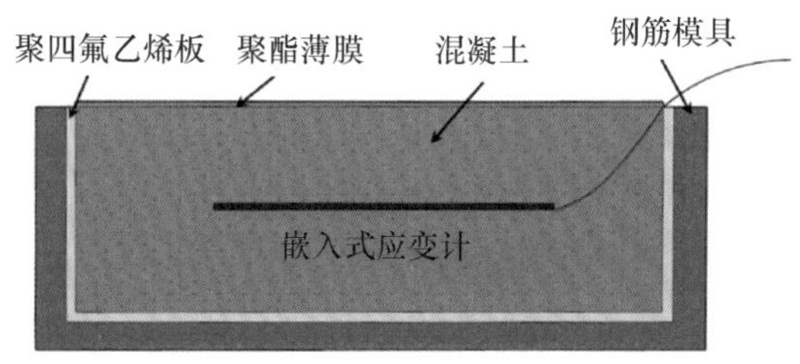

图5.28 自体收缩试验的示意图

采用计量伸长计的标准方法属于一种平均收缩率的测量方法。此外，可以通过在混凝土中嵌入传感器来监测特定点处的内部收缩，例如应变仪和光纤等。Chen 等[53]在 2010 年通过固化参考法开发了一种自动化莫尔条纹分析系统（Moire Fringe Analysis System），收缩变形演变规律作为位置、时间、湿度和温度的函数来确定。Newlands 等[54]在 2008 年开发了一种新的线性测试方法，利用三角模具来测量混凝土在初期的无约束收缩变形。

3）约束收缩试验

约束收缩试验可以对混凝土的抗裂性能作出定性或定量的评估。根据 ASTM C1581，环形混凝土样品可用于检测混凝土的约束收缩[55]。浇筑后，样品在 20℃温度条件和 100%相对湿度下固化 24h 后，将外钢环剥离。为了仅在外圆周表面干燥，混凝土环的顶表面立即覆盖硅橡胶或乙烯树脂，以防止干燥进程。之后，将样品在（23 ±2）℃和（50 ±5）%相对湿度的湿度箱中进行干燥。图 5.29 所示为约束收缩试验方法的示意图，收缩率由裂纹宽度确定。Gesoglu 等[56]在 2006 年提出了一种特殊的通过设置显微镜来测量约束环形试样上的裂纹宽度。

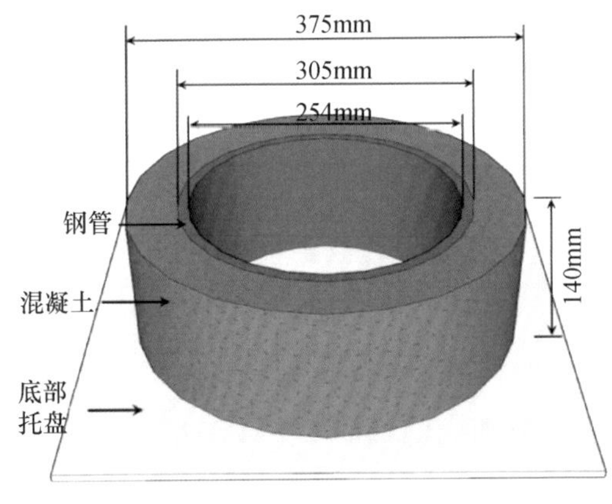

图 5.29　约束收缩环样品示意图

3D 打印胶凝材料的配比设计需要满足上述对新拌水泥基材料的各项要求。图 5.30 为结构尺寸 3D 打印胶凝混合料的制备流程。该制备流程中，首先需要控制的是材料的挤出性。为确保混合物能够顺利通过狭窄的喷嘴，需要选定的是原材料的颗粒尺寸，建议最大粒径不超过 1/10 的喷嘴直径。如果不满足打印喷头对挤出性的要求，建议替换掉颗粒粒径较大的组分。其次需要考虑的是材料的流动性，材料流动性的初始阶段的材料性能控制着打印过程的质量。调整水与胶凝材料的比例（W/B），使混合物产生有效的流动性，使材料可以在输送系统中流畅地运输。结合输送管道的长度、直径、曲折程度等进行考虑，如果材料不能满足要求，建议调整水灰比或者使用高效减水剂进行优化调控。在流动性满

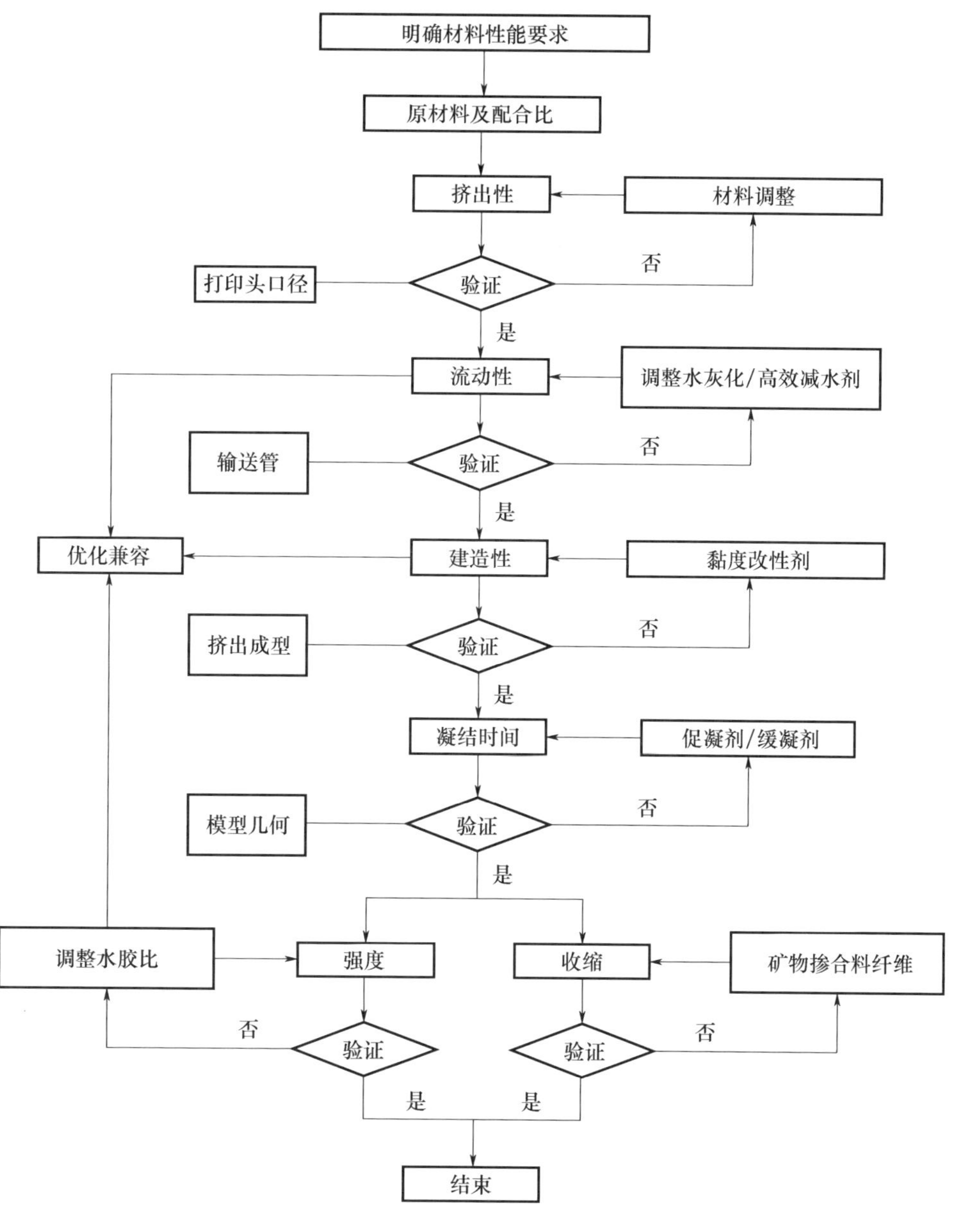

图5.30　3D打印水泥基复合材料的配合比优化调控流程图

足要求的情况下，结合打印喷头的截面几何特征，对其建造性能进行评估，必要时可通过黏度改性剂来进行调整，黏度改性剂的作用是提高材料的保水性。最后是需要控制材料的凝结时间，既要保证良好的工作性能，又要保证足够的刚度。在制备的材料满足打印的开放时间的前提下，通过适量地增加一些矿物掺合料或者膨胀剂等以降低材料的收缩，减少微裂缝并提高耐久性能。

就水泥基材料的3D可打印性而言，流动性、可建造性和机械强度方面有两个控制的关键点亦是难点。一个是水胶比，要使胶凝材料顺利输送，需要较高的水量，同时，为了获得良好的建造性（即保持挤出形状的能力）和高强度，材料又必须具有低水胶比。另一个难题来自凝结时间：一方面，良好的流动性需要缓凝，以保持一致的流量，防止堵塞在运输系统；另一方面，良好的建造性又需速凝，使材料迅速硬化获得刚度，以支撑后续打印层的质量。要掌握协调这些矛盾，就需要高效减水剂平衡水胶比，缓凝剂和促进剂以控制材料的凝结特性。

5.8 本章小结

本章主要介绍了与 3D 打印机相匹配的打印材料——水泥基材料的制备性能，主要包括配合比设计、流动性控制、挤出性控制、建造性控制、凝结时间控制、力学性质控制和收缩控制。汇总现有研究成果，细致剖析了影响水泥基材料每项性能的添加剂种类及用量等因素，并通过试验结论比较，指出当前在满足材料某一具体工作性能条件下的添加剂选择和用量，为水泥基材料 3D 打印各组分选材提供有效参考。然而，用于常规浇筑混凝土的性能测试方法可能并不适用于 3D 打印混凝土的性能评估。因此，需要新的评估方法来监测和评估在空间狭窄的管道中混凝土砂浆的流动特性和泵送能力、沉积后的尺寸稳定性、一个甚至几个小时内的刚度发展特征及大型模型的收缩性能等。虽然目前 3D 打印处于概念验证和初步制造阶段，但是通过研究这些矿物成分和化学添加剂对混凝土砂浆特性的改善措施，未来可使混凝土 3D 打印在建筑领域发挥其更大潜力。

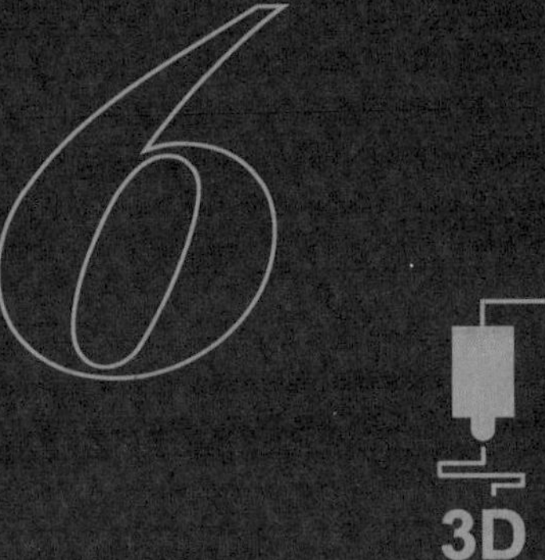

第6章 3D打印水泥基材料的流变性

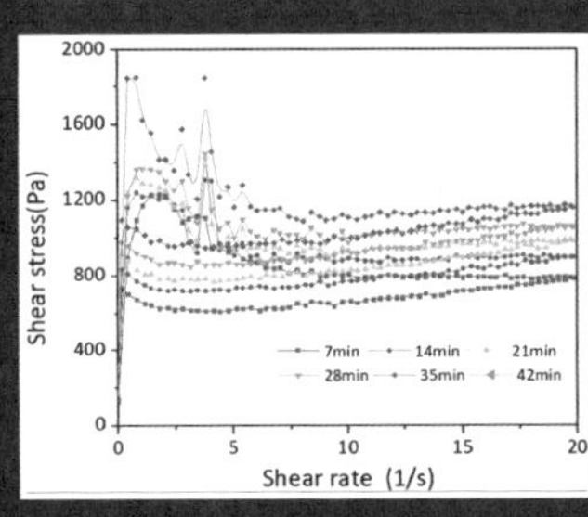

混凝土材料的可打印性中最重要的是流动性和建造性，控制流动性是为了保证材料可以在泵送系统中顺利流动且不出现离析；控制建造性是为了保证各层材料在自重和上层材料重力下能够成型。水泥基材料 3D 打印性能的两个关键因素（流动性和建造性）的优化可归结为调控其流变性特性，是实现稳定顺利的打印过程的关键。本章将对水泥基材料流变特性的测试和评估方法进行介绍，基于流变学和超声测试技术，提出一种实现对材料可打印性测量的智能无损测量方法，为 3D 打印过程的稳定持续可控提供设计指导。

6.1 水泥基材料的流变特性简介

6.1.1 流变性基本原理

水泥砂浆的流变性在很大程度上依赖于体系内部颗粒或颗粒聚集体表面上的流体动力学作用力及颗粒间的相互作用。颗粒间相互作用力主要有四种：粒子间的范德华引力、粒子双电层所产生的静电力、布朗运动力与黏性力。水泥砂浆加水后，内部的各种颗粒之间由于相互作用而引起絮凝，形成大量的絮凝结构。由于这些结构的颗粒的大小不同、成分不尽相同，形成的絮凝结构的强度也不同。同时絮凝结构形成时包裹很多拌合水，这些絮凝结构之间相互连接形成连续的整体。浆体受到剪切力的作用，絮凝结构不断地被破坏。在初期，絮凝结构被破坏得少，阻力大，剪切应力随剪切速度增大而增大；随着剪切速度的增大，被破坏的絮凝体增多，产生阻力的絮凝体减少，剪切应力随剪切速度的变化转为平缓。同时是由于初期絮凝结构较多，浆体的表观黏度高，随后破坏的絮凝结构也多，浆体的表观黏度急剧下降；随着剪切速度的增大，大部分絮凝结构已被破坏，浆体表观黏度随剪切速度变化也转为平缓。

水泥基材料大体上是一种黏塑性宾汉姆材料，只有所提供的外界应力大于其临界剪应力（即屈服应力）值 τ_c时，才会流动。当发生流动时，它们表现出黏性行为，剪切速率通过一个常数 μ_p（塑性黏度）正比于超出屈服应力部分的剪切应力。然而，对于大多数打印过程，这些材料仅仅在泵送和沉积较短时间内是流动的，其他时候都是静止的。因此，比流动时的黏性行为更重要的是弹塑性性能。低于屈服应力时，这些材料大体表现为弹性性能。

水泥砂浆的触变性表现为在剪切应力作用下表观黏度减小，剪切应力撤除后，表观黏度又恢复。对于水泥砂浆的触变性，比较认识一致的是当浆体受迫流动时，颗粒间的絮凝结构不断发生破坏，致使水泥砂浆发生触变性的剪切稀化。更一般地说，材料的触变性是材料在静止时建立一种内部结构的性能，这种性能是大多数打印过程中的一个关键性能。如图 6.1 所示，当材料沉积时，它表现为初始屈服应力 τ_{c0}、初始临界剪切应变 γ_{c0} 和初始弹性剪切模量 G_0。随着静止时间的增加，这些流变参数的变化和试验结果表明：τ_c（t）和 G（T）是随时间变化的增函数，γ_c（t）是随时间变化的减函数。Roussel[170,171] 将建造速率 A_{thix} 定义为静止时间内屈服应力的恒定增长率，材料在静止时间 t 后的屈服应力为 $\tau_c(t)=\tau_{c0}+A_{thix}t$。值得注意的是，假定建设速率恒定并不适用于所有材料。

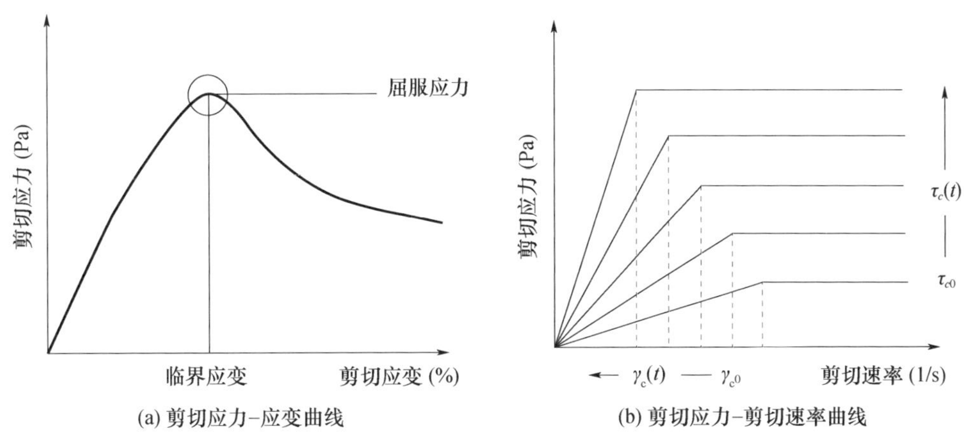

(a) 剪切应力-应变曲线　(b) 剪切应力-剪切速率曲线

图 6.1　流变性特征曲线

从微观角度来看，一种典型的胶凝材料在静止时表现出屈服应力并建立结构的能力源于它的絮凝能力，及由水泥颗粒形成的絮凝结构中水泥颗粒间虚拟接触点处早期水合物的成核能力。图 6.2 给出了屈服应力随胶凝材料絮凝过程的演化规律，图中 h_0 为打印层的高度，H 为打印结构的成型高度，S 为打印路径的总长度，v 为打印速度，ρ 为材料密度。

（1）在混合阶段结束时，水泥颗粒被分散。

（2）由于胶体的吸引力，水泥颗粒絮凝并形成一个相互作用的粒子网络，能够抵抗应力，并表现出初始弹性模量和初始屈服应力，这个阶段称为“絮凝”。这种絮凝作用是由水泥颗粒间胶结力和水泥颗粒间隙水的黏性耗散之间的竞争关系造成的。此外，在流动停止后的几秒钟内，水泥悬浮液具有了屈服应力和弹性性能。

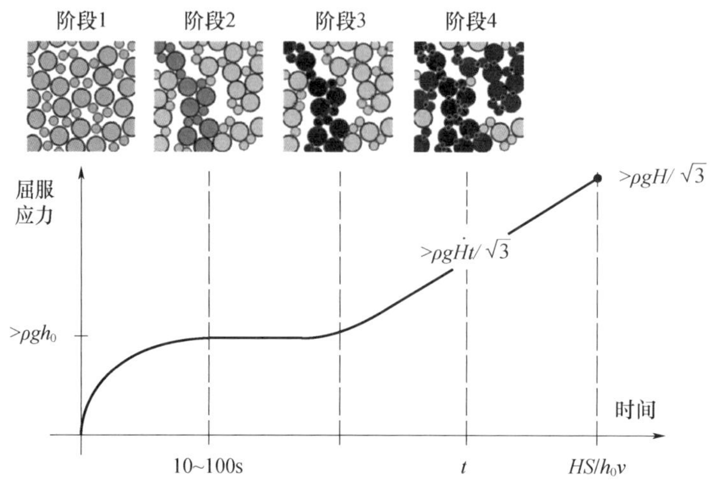

图 6.2　屈服应力随胶凝材料絮凝过程的演化规律

（3）同时，在粒子网络中的虚拟接触点，水合物发生成核反应。这种成核作用使水泥颗粒之间的软胶体相互作用，局部转化为能量较高的相互作用，大致可以看作是固相桥接作用，也就导致了宏观尺度上的弹性模量的增加。几十秒后，纯粹通过水合物桥相互作用的水泥颗粒的渗流路径便出现了。

（4）宏观弹性模量和屈服应力的进一步增加是由渗滤水泥颗粒之间的水合物桥的尺寸增大或数目的增加引起的，这一阶段称为“结构化”。此外，还可以指出，在微观尺度上，不可逆的化学反应会在粒子之间产生水合物键。然而，这些键可能很弱，足以被剪切和/或再混合而破坏，而只要化学种类的储集库足够，新的键就可能再次自发地出现在静止状态。因此，这些键的形成与触变性所期望的宏观可逆演化并不相容。因此，从实际的观点来看，只要可用的混合动力足以破坏水泥颗粒之间的水合物桥，水合作用就可能具有可逆的宏观结果。然而，如果可用的混合动力不足以破坏所有粒子间的连接，水化作用就会导致初始工作性能的丧失。

许多可打印材料依靠使用絮凝剂或纳米粒子加速和放大絮凝和/或通过增加系统中有效成核表面的数量或加速化学反应本身来促进和放大结构。

6.1.2　水泥基材料流变性理论模型

牛顿流体是研究流体流变性问题的基础，根据流体的不同流变性能，基本可分为牛顿流体和非牛顿流体，如图6.3所示。新拌水泥浆、砂浆是一种多相混合物，大多数表现出复杂的非牛顿流体特征。很多学者用塑性流体，即宾汉姆流体来描述新拌的水泥、砂浆，但也有少数用假塑性及胀流型流体来研究其流变性的。下面列出一些用于表征水泥净浆、砂浆流变学的流变方程。

1）麦克斯韦尔流体

假设在新拌砂浆阶段，细骨料都被水泥浆体所包裹，并且骨料总体表现出弹性性质，浆体总体则表现出黏性性质。麦克斯韦尔用两个元件串联的模型很好地表示了上述思想，如图 6.4 所示，胡克弹性元件表征的是骨料的弹性性质，而牛顿黏性元件表征的是浆体的黏性性质，两者之间的串联表征了骨料分布于浆体之中。

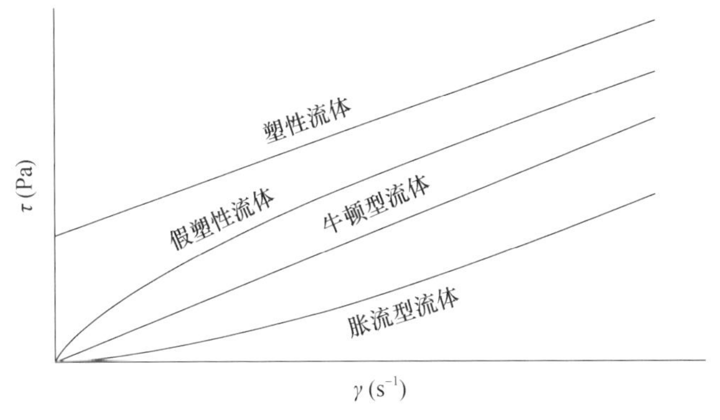

图 6.3 流变曲线类型

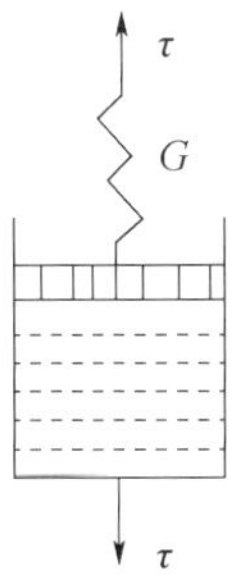

图 6.4 麦克斯韦尔模型

2）开尔文流体

在麦克斯韦尔模型的基础上，认为模型不仅仅由不同物理参数的两种元件串联而成，而应该是由整体骨架和部分空隙组成的带有很多孔的混合物，该混合物在外力的作用下，骨架和充满空隙的流体都要承受外力，并且骨架与流体之间有着比较密切的关系：外力的作用使得骨架发生一定的变形，充满空隙之间的流体会随之发生流动，流体的流动会消耗外力作用产生的能量，减小骨架的部分变形。基于这种思想，开尔文模型可以表示成图 6.5，弹性元件与黏性元件并联，表征骨架和流体在外力作用下的变形是一样的，但是应力却有所区分。

3）宾汉姆流体

麦克斯韦尔模型和开尔文模型将骨料和水泥浆体局限在弹性体和黏性体之上，虽然构造出了比较好的力学分析模型，但是还不能较好地反映水泥基材料真实的受力情况。而在很早之前，宾汉姆发现了物体可以同时具备塑性物质和黏性物质的共同特征，所以在已有流变学的基准上，结合圣维南塑性体流变方程与牛顿黏性体流变方程，在理想条件下，提出了最负盛名的宾汉姆流变方程（图 6.6）。

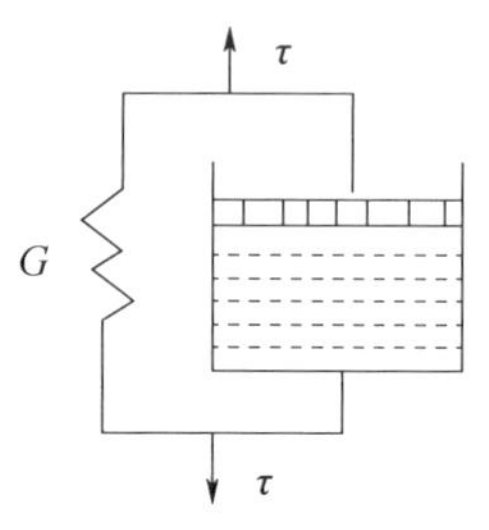

图6.5　开尔文模型

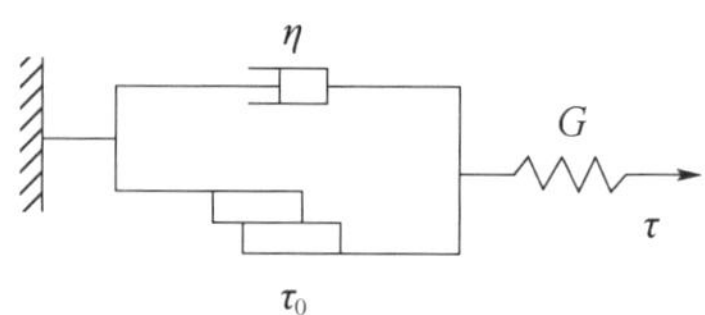

图6.6　宾汉姆模型

其数学表达式为

$$\tau = \tau_0 + \eta \mathrm{d}\gamma/\mathrm{d}t \tag{6.1}$$

式中：τ_0为砂浆流动的剪切屈服应力；η 为砂浆的塑性黏度；$\mathrm{d}\gamma/\mathrm{d}t$ 为砂浆的剪切速率。

剪切屈服应力 τ_0 的大小体现的是浆体保持原有状态不发生改变的能力，τ_0越大，在同一剪切应力下浆体越难发生流动，τ_0越小，浆体越容易流动。

4）幂律流体

幂律流体的特征表现为表观黏度随剪切速率的增大而增大或减小，其流变方程可用下式表示：

$$\tau = K \cdot \dot{\gamma}^n \tag{6.2}$$

当 $n=1$ 时，$K=\eta$（常数，即黏度），为牛顿流体。

当 $n<1$ 时，$K=\eta a$，其表观黏度 ηa 随剪切速率的增大而减小，因其流变特性与宾汉姆流体相似，故又称假塑性流体。

当 $n>1$ 时，$K=\eta a$，其表观黏度 ηa 随剪切速率的增大而增大，称为胀流型流体。式中：K 为稠度系数（$\mathrm{Pa \cdot s}^n$）；n 为流变特性指数，无量纲数。

5）卡森流体

基于以下两点假设：①当粒子悬浮于牛顿流体中时，粒子间具有相互作用的引力；②当剪切应力较小时，这些粒子将聚集成刚性杆，杆的长度随剪切应力而成反比地减小，卡森从理论上推导了下述经验公式：

$$\tau = \tau_0 + \eta_\infty \dot{\gamma} + 2\left(\sqrt{\dot{\tau}_0 \eta_\infty}\right)\sqrt{\dot{\gamma}} \tag{6.3}$$

式中：η_∞为极限黏度。

水泥浆、砂浆一般都有屈服应力，因此幂律流体适合的范围很窄。此外，在讨论的范围内一般不涉及极限黏度，因此可以忽略。事实上，参数的多少并不能决定流变模型的好坏，判定流变模型最重要的标准就是看理论流变曲线与实际流变曲线的吻合程度。同时，流变参数越多，虽然流变模型的误差可能越小，但是参数的物理意义却不会太明显，整个模型的建立和计算也会变得复杂。宾汉姆流体模型只用两个参数（屈服应力和塑性黏度）的线性方程表征水泥浆、砂浆的流变性能，更加简单，两个参数表征的物理量更明确，同时与流变曲线的吻合程度好，因此得到了广泛应用。

6.1.3 流变性测试方法

流变特性是指在不同剪切速率下，水泥基材料抵抗剪切流动能力的性能。流变学是研究物体在外力作用下所产生的形变和应力变化与时间之间关系的科学。流变学作为基础科学的一个分支，把水泥基材料的工作性能以基本单位量度的物理量表示出来，求出能表征材料物性而在各种变异条件下可供比较的物理参数，包括剪切应力、应变、剪切应变速率、黏度、屈服应力等。水泥基材料的流变参数主要是通过流变仪或黏度计进行测试，但流体所受的剪切应力 τ 和剪切速率$\dot{\gamma}$并不能直接测得，而需通过对测试中采集到的扭矩 T 和转速 n 进行数学转换得到。浆体拌制完后，放入旋转黏度计测定浆体在各剪切速率下的剪切应力值。黏度计由低速挡开始，逐渐增大，每挡记录一个读数，此段称为上升段。达到最高转速挡后，再逐渐降速，同样每挡都记录读数，此段成为下降段。然后由读数计算出各剪切速率下的剪切应力，作出流变曲线。最后，根据所选的流变模型进行最小二乘法的线性拟合，得到相应的流变参数，即塑性黏度 η 和动态屈服应力 τ_0。流变仪或黏度计的剪切方式有两种：一种是台阶式（以某一固定值剪切固定的时间），另一种是均匀型（从某一剪切速率均匀增长或降低至另一剪切速率）。两种剪切方式如图 6.7 所示。

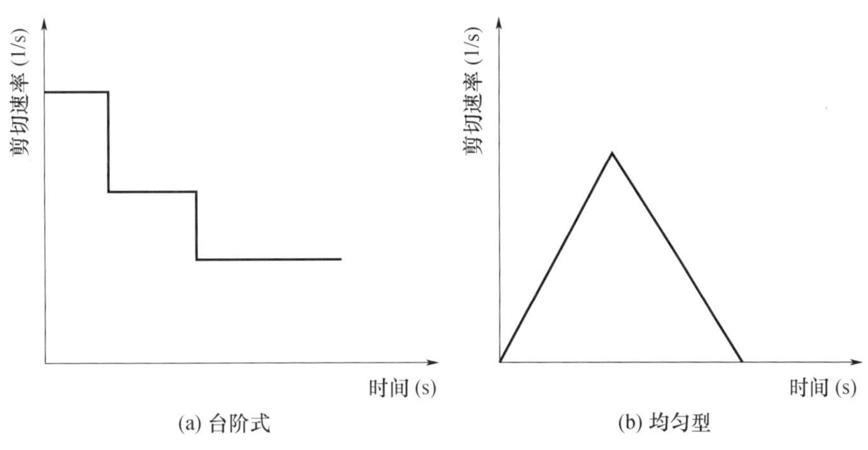

图 6.7　两种剪切方式图

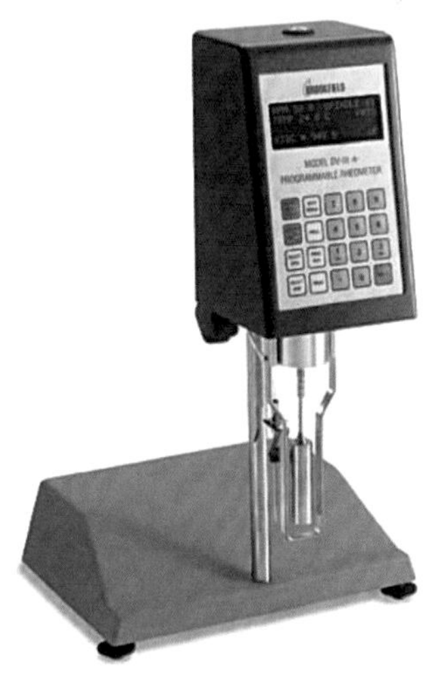

图6.8　Brookfield DV-Ⅲ Ultra 流变仪

试验设备主要是 Brookfield DV-Ⅲ Ultra 流变仪，如图6.8所示。DV-Ⅲ Ultra 流变仪整机包括主机、显示屏、Rheploader 等软件，转子一套，RTD 温度探针，材料容器，支架和底座，保护腿，包装箱。主机、显示屏、Rheploader 等软件用于控制剪切过程的设置及数据采集；转子用于对测试材料施加扭矩；RTD 温度探针用于对测量温度进行控制；材料容器用于盛放试验材料；支架和底座起支撑作用。

在试验中，同一批次生产的三组试样分别用于混合以后 t_0、t_1、t_3的测试，重复进行三次（所有试样均出自同一批次），利用一种 Brookfield 流变仪的普通滞回环试验即可获得触变性、黏度和动态屈服应力。流变试验在一个直径为 r、深度为 d 的容器内完成，它允许的混凝土试样体积为 V。流变仪的旋转叶片尺寸为 $b \cdot h$，用于测流变性的剪切过程由一条上升的直线和一条下降的直线组成，如图6.9所示。在试验过程中，浆体的温度始终保持在25℃左右。

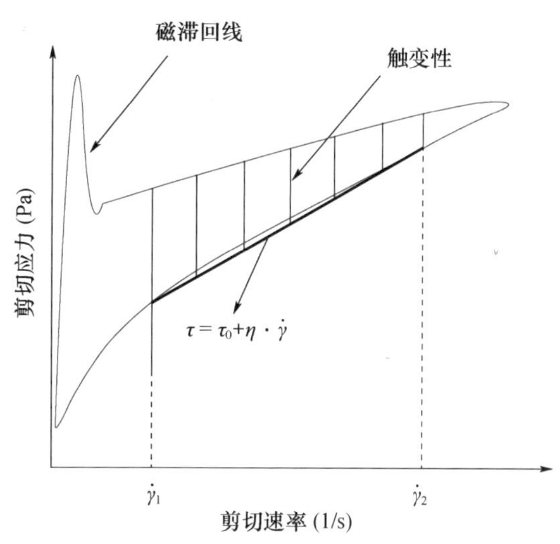

图6.9　典型试验结果

宾汉姆方程被广泛用于描述水泥基材料的流变性能，计算公式如下：

$$\tau = \tau_0 + \eta \cdot \gamma \tag{6.4}$$

式中：τ 为剪切应力（Pa）；τ_0为动态屈服应力（Pa），即滞回曲线下降段（剪切速率γ_1 ~

γ_2）拟合曲线与纵轴的交点；η 为黏度（Pa·s），即为滞回曲线下降段拟合曲线的斜率；γ 为剪切速率（1/s）。水泥砂浆触变性可以用滞后环法来表征，即由一定剪切速率范围内滞回曲线上升段和下降段围成的面积计算求得。

1）屈服应力

流体的屈服应力是指对于某些非牛顿流体，在恒定较低剪切速率下会发生变形和流动，剪切应力小时水泥基材料作弹性变形，当剪切应力达到一定值时，水泥基材料开始发生流动，随后仅需要较小的剪切应力即可维持水泥基材料的流动，如图 6.10 所示，使水泥基材料开始发生流动的最小剪切应力即为静态屈服应力（Static Yield Stress）。而维持材料流动的剪切应力即动态屈服应力（Dynamic Yield Stress），该力较静态屈服应力要小一些。可以使用流变仪或黏度计，采用恒定低剪切速率剪切过程来测量静态屈服应力。对于动态屈服应力的测量，可以采用均匀型剪切过程。

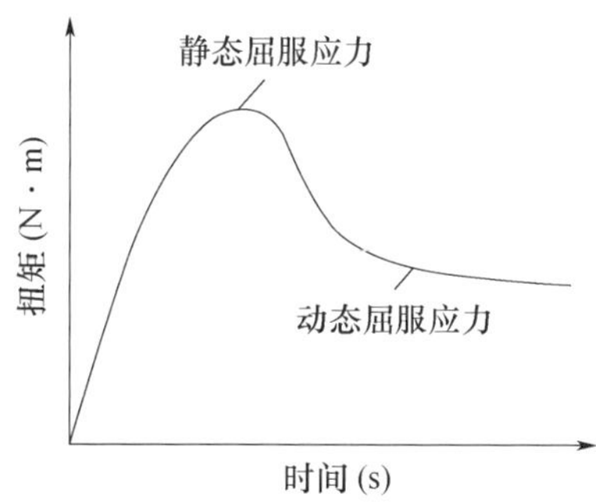

图 6.10　恒定较低剪切速率下剪切应力随时间的变化

张云升等[174]研究了纳米黏土和硅灰两种材料对 3D 打印混凝土流变性能的影响，研究表明，两种材料均能提高混凝土的静态屈服应力和动态屈服应力，纳米黏土提高得更多。Yiwei Weng 等[178]研究了不同级配的细骨料对 3D 打印水泥基材料流变性的影响，并采用普通河砂作对比试验，发现与河砂相比，细骨料级配连续时，材料的静态屈服应力提高最多，为所有级配情况下静态屈服应力最大者。偏高岭土、硅灰、减水剂、纤维等也均会影响水泥基材料的静态屈服应力和动态屈服应力。

2）黏度

黏度是物质内摩擦力的总和，是流动阻力的一种量度。当水泥基材料在剪切应力作用下发生流动时，剪切应力与剪切速率的比例系数即为黏度，用 η 表示，反映了浆液结构的破坏与恢复处于动平衡时，内部摩擦作用的强弱。塑性黏度 η 越小，在相同外力作用下流动得越快。当黏度为恒定值时，材料的流变特性可以通过牛顿模型进行描述：

$$\tau = [\text{constant}]\dot{\gamma} = \eta\dot{\gamma} \tag{6.5}$$

式中：τ 为剪切应力（Pa）；η 为黏度（Pa·s）；$\dot{\gamma}$为剪切速率（s^{-1}）。

但是对于大多数材料而言，其黏度随剪切速率的变化而发生变化，流体表现为非牛顿模型：

$$\tau = \eta(\dot{\gamma})\dot{\gamma} \tag{6.6}$$

通常所说的黏度指的是动力黏度，单位是 Pa·s。塑性黏度是在剪切速率趋于无穷大时微分黏度的值：

$$\mu = \eta_{\text{pl}} = \lim_{\dot{\gamma}\to\infty}\frac{\partial \tau}{\partial \dot{\gamma}} \tag{6.7}$$

可以使用流变仪或黏度计，采用台阶式剪切过程直接测得黏度，也可以采用均匀型剪切过程获得典型曲线，对其下降段进行拟合后取其斜率得到。

3）触变性

触变性是流体物质的流动性重要指标，反映流体在不同剪切速度的作用下产生的反作用力的大小与停止剪切力后恢复原有结构的能力。水泥砂浆触变性是指浆体在机械剪切力作用下，从凝胶状体系变为流动性较大的溶胶状体系，静置一段时间后又恢复原凝胶状态的性质。絮凝网状结构的存在，导致部分水泥基材料的流动性曲线依赖于剪切速率和时间的变化，表现为在恒定剪切速率作用下随着时间的增加黏度逐渐降低，当撤掉剪切应力以后絮凝结构逐渐恢复，黏度又逐渐上升，水泥基材料的这种性质称为“触变性”[177,179]。

作为黏塑性材料，新拌水泥基材料需要克服屈服应力 τ_0后才能发生流动，属于牛顿流体中的宾汉姆流体，但与其他黏塑性材料不同的是，当开始发生流动后，剪切应力 τ 与剪切速率$\dot{\gamma}$之间呈线性关系[180]：

$$\dot{\gamma} = 0,\ \tau < \tau_0 \tag{6.8}$$

$$\tau = \tau_0 + \mu\dot{\gamma},\ \tau \geqslant \tau_0 \tag{6.9}$$

式中：τ_0为屈服应力，其他各符号同前。宾汉姆模型中的流变参数（即屈服应力和塑性黏度）为恒定值，如图 6.11 所示。

但 De Larrard 等[181]研究发现，由于水泥基材料中粗骨料和浆体絮凝作用的存在，常常会发生剪切增稠或剪切稀化现象，导致剪切应力与剪切速率呈非线性关系，且有时会出现经宾汉姆模型推导出的初始屈服应力为负值的情况。针对上述情况，赫谢尔-巴尔克利模型（Herschel-Bulkley Model）能够更为准确地表示具有剪切增稠或剪切稀化现象的水泥基材料，其表达式如下：

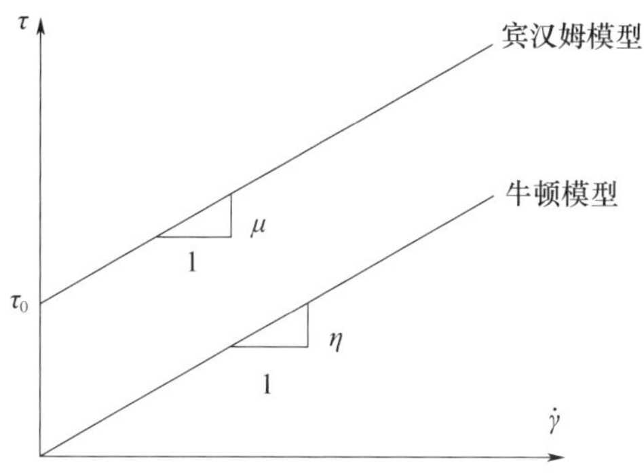

图 6.11　宾汉姆模型与牛顿模型的流动曲线

$$\dot{\gamma}=0,\ \tau<\tau_0 \tag{6.10}$$

$$\tau=\tau_0+k\dot{\gamma}^n,\ \tau\geqslant\tau_0 \tag{6.11}$$

两式中：k 和 n 分别表示稠度和幂律指数，其他符号同前。当 $n>1$ 时，流体表现为增稠行为；当 $n<1$ 时，流体表现为稀化行为；当 $n=1$ 时，流体即为宾汉姆模型。宾汉姆模型与赫谢尔-巴尔克利模型的关系如图 6.12 所示。采用赫谢尔-巴尔克利模型表征水泥基材料的流变特性时，其回归变异系数接近于1%，能够更好地描述水泥基材料的流变特性，而且经赫谢尔-巴尔克利模型拟合得到的屈服应力总是正值，流变指数可以不断变化，弥补了宾汉姆模型只能描述线性关系的缺陷。但对比采用宾汉姆模型和赫谢尔-巴尔克利模型得到的屈服应力和坍落度的关系，发现赫谢尔-巴尔克利模型得到的屈服应力不能准确反映坍落度的变化情况，而且在流变参数的实际工程应用中，赫谢尔-巴尔克利模型中的三个参数很难进行控制[180]。

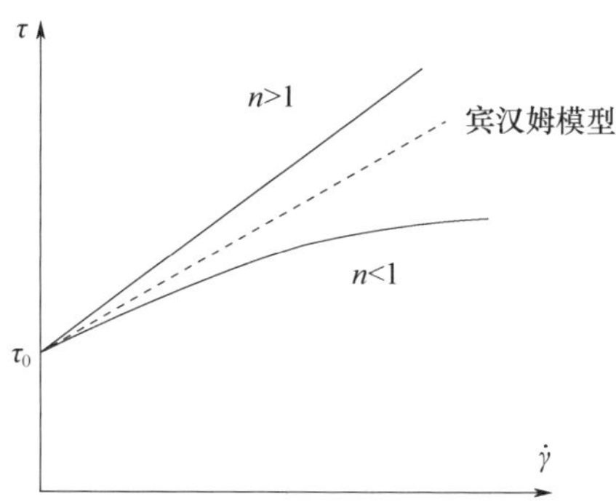

图 6.12　宾汉姆模型与赫谢尔-巴尔克利模型流动曲线

针对自密实混凝土和高流动性混凝土中的剪切增稠行为及采用宾汉姆模型表征流变性能时得到负屈服应力值的情况，Feys 等[182,183]引入了改进宾汉姆模型：

$$\dot{\gamma}=0,\ \tau<\tau_0 \tag{6.12}$$

$$\tau=\tau_0+\mu\dot{\gamma}+c\dot{\gamma}^2,\ \tau\geqslant\tau_0 \tag{6.13}$$

两式中：c 为二阶系数（$Pa \cdot s^2$），其他各符号同前。与赫谢尔-巴尔克利模型相比，改进的宾汉姆模型不含变量指数，且无低剪切速率时的局限性，适用于表征具有剪切增稠行为的水泥基材料流变特性。

除上述三种模型以外，仍有一些其他模型能够反映水泥浆体的流变性，比如幂律模型、卡森模型等，但这些模型局限性很大，不适用于表征粗细骨料存在时水泥基材料的流变特性，而尽管赫谢尔-巴尔克利模型、改进宾汉姆模型能够更准确地表征水泥基材料的流变性能，但由于两个模型参数比较多，在应用过程中无法准确控制其参数，而宾汉姆模型仅包含屈服应力和塑性黏度两个基本物理参数，因此，宾汉姆模型是描述水泥基材料流变特性最常见的模型，大多数流变仪都是基于宾汉姆模型进行流变参数的计算和推导的。

6.2 基于流变学的 3D 打印过程调控

3D 打印因其无模、快速、灵活及低碳的建造方式引起了世界范围内广泛的探索和研究，然而在材料、系统及产品成型等方面的研究尚有欠缺。结构性的垮塌及成型后的分层等依然是水泥基材料 3D 打印过程中需要严格控制的问题。对打印过程、材料质量、成型精度等进行实时持续的监控对 3D 打印的实际应用具有重要的推动作用。

水泥基材料 3D 打印经历的几个阶段：打印前阶段，此时材料尚存储于打印系统；打印过程阶段，此时材料从存储系统被打印出来；打印后阶段，此时打印过程已经完成。水泥基材料水化经历的几个阶段：水泥拌合料加水搅拌阶段，此时水泥刚刚与水反应，为水化过程的初始阶段；低水化阶段，此时材料水化反应的速率较低，强度的增加多依赖于材料颗粒的内摩擦力；凝结阶段，此时水化反应进行迅速，材料硬化。材料的水化进程不一定需要与打印过程相匹配，但需要在材料、打印及模型设计上进行合理的优化设计。

6.2.1 3D 打印过程控制要点

打印机参数包括打印喷头水平移动速度 V_{ph}、竖直移动速度 V_{pv}、材料挤出速度 V_e

和打印喷头与打印面之间的距离 H_p（图 6.13）；四个参数必须相互完美协调，才能完成打印工作。

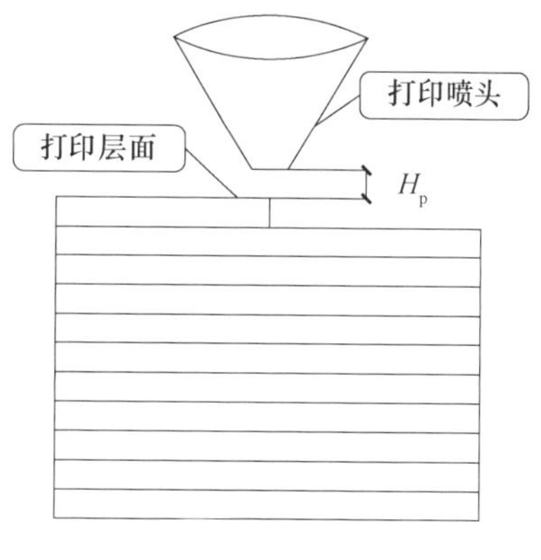

图 6.13　H_p示意图

（1）V_{ph}设计要点

V_{ph}要根据所打印结构每一层的尺寸、打印走线宽度（d）来设定在一定的幅度值内，保证以此范围内的速度水平移动打印机喷头，能够完成逐层尺寸的线路打印；若 V_{ph}值过大可能导致打印材料拉断、拉细，无法与之前所打印的线条相匹配，严重影响结构的强度与美观；若 V_{ph}值过小可能导致材料挤出后没有及时拉伸，材料在某一处的堆积，造成打印结构破坏要重新打印结构，严重影响打印工作的继续进行。

（2）V_{pv}设计要点

V_{pv}要根据所打印结构的高度、打印层高来设定在一定幅度值内，保证以此范围内的竖直速度移动打印机喷头，能够保证在上一层打印完成后喷头与层面之间的高度能够满足对下一层的打印。若 V_{pv}值过大，可能导致随着打印的进行，H_p值越来越大，材料自由下落的高度也越来越大，造成材料拉断、拉细；也可能导致自由下落的速度过大，使材料拍打在层面上，造成打印结构的破坏或者严重影响美观；若 V_{pv}值过小，可能导致 H_p值过小，使打印喷头过度挤压材料，造成走线宽度变大、打印层高变小，影响打印结构的尺寸；也可能导致材料的过度堆积，造成结构破坏。

（3）V_e设计要点

V_e要根据每层打印所需材料体积、每层打印所需时间来设定在一定的幅度值内，保证以此范围内的挤出速度向外挤料，能够满足每层打印的材料需求；同时 V_e也与储存槽中材料的搅拌速度相关联，搅拌速度越快，V_e越大；搅拌速度越慢，V_e越小。因此搅拌速度要控制在一定范围内，既不能使材料在储存槽中固结，也要保持材料的活性；若 V_e值过大，可能导致挤出材料过多、储存槽中的搅拌过快，造成材料在喷头口处堆积且破坏材料活性；若 V_e值过小，可能导致挤出材料过少、储存槽中的搅拌过慢，造成材料挤出量不能满足打印需要，挤出材料间断；材料在储存槽中固结、干裂，不能满足打印要求，打印中断。

（4）H_p设计要点

H_p作为打印喷头到打印层面之间的距离，在设定时要保证在一定合理的范围内，若 H_p值过大，可能导致材料自由下落高度过大，造成材料拉断或拍打层面，严重破坏打印结构；若 H_p值过小，可能导致给材料预留空间过小，造成材料淤积或喷头的堵塞；同时也要保证不能因为打印过程中的层高堆叠，使 H_p 值变化过大，造成其他影响；因此要严格协调 V_{pv} 值来设定。

6.2.2 基于超声测试的参数化3D打印方法

1）建立超声波速和流变参数的关系表达式

首先测试不同时间下水泥基材料的超声波传播特性（或者其他无损测试方法指标，如压电测试等），超声波速与龄期（水化程度）直接相关，水化程度越高，传播速度越快。超声波速与水化程度的关系为

$$V_u = F\ (t) \tag{6.14}$$

Wolfs等通过透射式超声波测量的方法，测试了3D打印混凝土材料在早期的超声波速，通过5种样品的测试，拟合出了相对应的数学关系，如图6.14所示。

$$V_u = 3.851 \cdot t + 66.68 \tag{6.15}$$

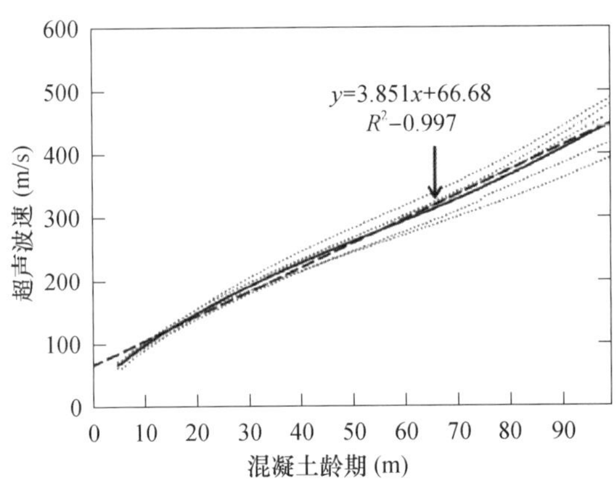

图6.14　3D打印混凝土不同龄期下的超声波速

同时通过流变试验测得水泥基材料不同龄期下的静态屈服应力 τ_s 随时间变化的关系为

$$\tau_s = F\ (t) \tag{6.16}$$

Roussel[175,176]定义了结构速率 A_{thix} 作为在静置时间内屈服应力增加的恒定速率：

$$\tau_s(t) = \tau_{s,0} + A_{thix} t \tag{6.17}$$

式中：$\tau_{s,0}$ 为材料在静置时间为0时的静态屈服应力。Perrot等[184]提出了一个描述静态屈服应力增长的指数形式模型，当静置时间 t 趋于0时，这一模型从初始线性增长到指数演化的过渡逐渐趋向于Roussel模型：

$$\tau_s(t) = \tau_{s,0} + A_{thix} t_c (e^{t_{rest}/t_c} - 1) \tag{6.18}$$

式中：t_c为特征时间，对其值进行调整，可以得到与试验值最吻合的结果。

由于两者均为时间的函数，将式（6.14）代入式（6.16），可以得到超声波速和静态屈服应力的关系式：

$$\tau_s = F\ (V_u) \tag{6.19}$$

即可以通过直接量测超声波速来预测相应时刻下的静态屈服应力，可实现实时探测和预测材料的静态屈服应力，无需额外的流变性测试试验。

Perrot 等[153]建立了静态屈服应力与可打印高度的关系：

$$H = \frac{\alpha}{\rho g}\tau_s \tag{6.20}$$

式中：H 为可打印高度（m）；α 为拟打印结构的几何因子；ρ 为材料密度（g/cm^3）；g 为重力加速度（m/s^2）。

每种水泥基材料所能打印的极限高度（层数）除与材料固有的流变特性相关外，拟打印结构的几何形状为另一重要影响因素。相同的材料，不同的结构模型，所能打印的成型高度也不相同。相比内部中空的结构，中间部分有连接的几何形状更易在垂直堆叠的过程中保持稳定性。Weng 等[178]提出了一个中空圆环的柱状结构的几何因子计算方法，并通过试验测量的方法量化打印高度与静态屈服应力的关系，具体试验方案如图 6.15 所示。分别记录所打印结构处于稳定状态时的高度 h_1、发生显著变形时结构高度 h_2及发生倒塌时结构的高度 h_3。图 6.15（b）给出了不同材料的静态屈服应力及对应不同工况的打印高度。依分析结果来看，计算与分析结果吻合良好。根据 Weng 等提出的几何因子的计算方法对空心柱状结构计算推导过程虽具有一定的可行性，然而难以求解一些较为复杂几何结构的参数计算。

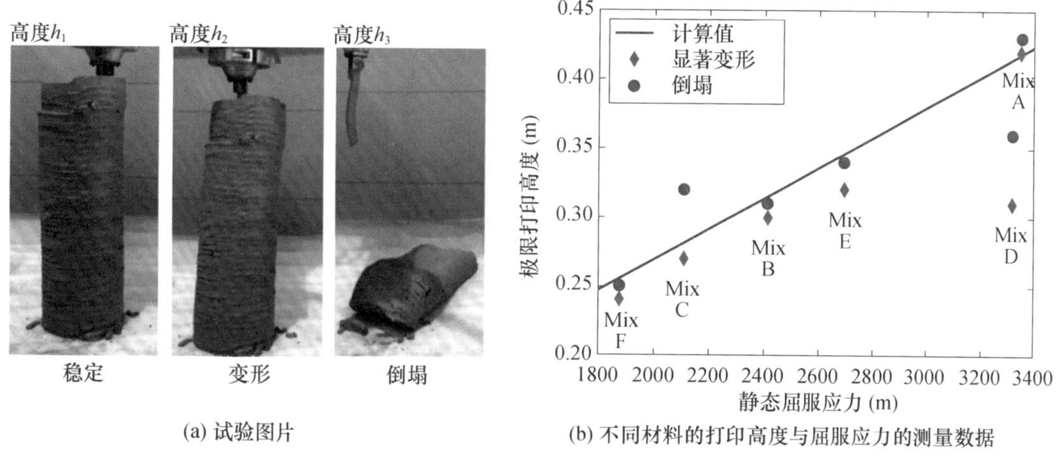

(a) 试验图片

(b) 不同材料的打印高度与屈服应力的测量数据

图 6.15　试验方案

2）确定结构建造稳定的判别条件

每一层的打印时间及该截面的几何轮廓（路径规划）与打印速度 v_p 相关，第 i 层的打印总时间 t_i 可由下式计算求得：

$$t_i = L_i / v_p + \Delta t = t_m + \Delta t \tag{6.21}$$

式中：L_i 为第 i 层的打印路径的总行程；v_p 为打印速度；t_m 为第 i 层的打印时间；Δt 则为第 i 层与后续 $i+1$ 层的时间间隔。因此，打印层数为 n 的结构所需的时间 T_n 为：

$$T_n = t_i \cdot n - \Delta t = (L_i / v_p + \Delta t) \cdot n - \Delta t \tag{6.22}$$

因此可以看出，结构打印所需的时间与每一层的路径规划、水平打印速度和层间时间间隔相关。通常情况下，水平打印速度和层间间隔在打印参数设置时为固定值。因此，打印结构模型所需的时间可通过优化路径行程及调整层间间隔来控制，从而使得建造速度与材料的凝结时间相匹配。

当打印至第 n 层时，首层的承载上覆材料的压力为

$$\sigma_0 = \rho \cdot g \cdot h = \rho \cdot g \cdot \Delta h \cdot (n-1) \tag{6.23}$$

式中：ρ 是打印材料的密度；h 是打印总高度（除首层外）；Δh 是每层的厚度；n 是打印层数；g 是重力加速度；σ_0 是首层材料承受的压力。结构中其他各层的压力值 σ_v 的计算方法与式（6.23）类似。

由式（6.23）可得出 σ_0 为打印层数 n 的函数，打印总时长 T_n 同样为 n 的函数。因此，可建立首层材料承受压力与打印时长（即首层材料的龄期）的数学关系

$$\sigma_0 = F(T_n) \tag{6.24}$$

为确保结构的稳定性，在打印过程中，每一层的打印材料的刚度/静态屈服应力 t_s 应大于上覆材料的自重所产生的压力 σ_0，即材料的龄期应与垂直打印速度相匹配，需满足如下数学关系：

$$\tau_s(t) > \sigma_0 \tag{6.25}$$

即首层材料在龄期为 t 时的静态屈服应力 $\tau_s(t)$ 应大于其上覆材料压力值，首层材料的龄期即为打印总时长 $t = T_n$。因此，两者均为材料龄期的函数，为便于判断是否满足打印结构的建造性要求，以打印时间为横坐标，屈服应力和上覆材料自重压力为纵坐标，在同一坐标系下绘制相应的函数关系，如图 6.16 所示。随着材料龄期的增长，屈服应力和材料堆积造成的压力也逐步增大。当自重压力小于屈服应力时，可确保打印过程结构的稳定性。然而当自重过大时，可能导致结构变形较大甚至失稳。两条曲线交点处的时间点即可定义为临界打印时间，而此时刻下结构的堆积高度即为打印高度极限值 H。然而，在某些特殊情况下结构的设计高度值较大，材料的流变特性不能满足一次性打印完成。在此情况

下，通常做法是将结构沿高度方向分段打印。待底层的材料凝结一段时间，获取足够的刚度时再继续打印后续堆积的材料，以至设计的高度。

然而，3D 打印的一个长远目标是促进建筑的机械自动化及装配工业化。保证连续的打印过程是提高施工建造速率的前提。因此，需要改变打印过程参数来提升打印高度极限值。可通过延长材料的静置时间，即在打印的初始时刻便具备一定的刚度，如图 6.16（b）所示。此时，打印高度的极限值由 H 提高到了 H'。也可以通过降低水平打印速度及增加打印层间间隔的方式来降低整体结构的打印速度，即在保证材料屈服应力逐步增大的前提下，适当降低自重压力的增幅，如图 6.16（c）所示。理论上讲，可以通过合理设置打印速度、层间间隔、静置时间等参数，使得材料本身屈服应力始终大于自重压力导致的剪切应力，则可实现持续不间断的打印。

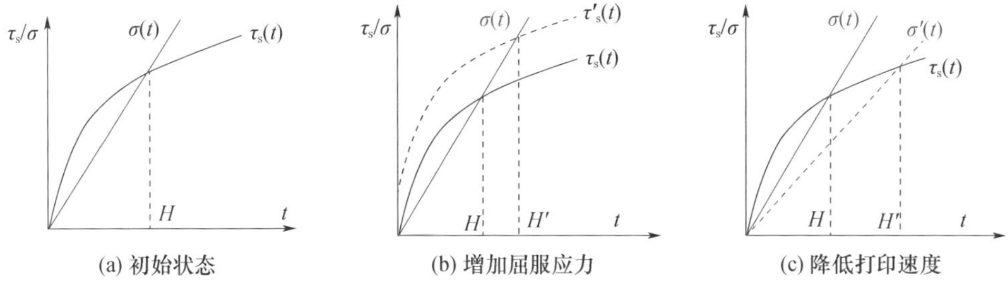

(a) 初始状态　(b) 增加屈服应力　(c) 降低打印速度

图 6.16　材料屈服应力与自重应力的关系

然而即便在满足建造稳定性的前提下，每一层的材料也会产生一定的坍落和变形，使得结构的打印高度与设计值产生一定的偏差，如图 6.17 所示。打印结构的设计高度 H_d 一般可通过层数 n 与打印厚度 Δh 的乘积计算得出。实际成型高度 H_r 则为设计高度 H_d 减去每层变形量的累积之和：

(a) 打印过程控制优异，打印层压缩变形较小

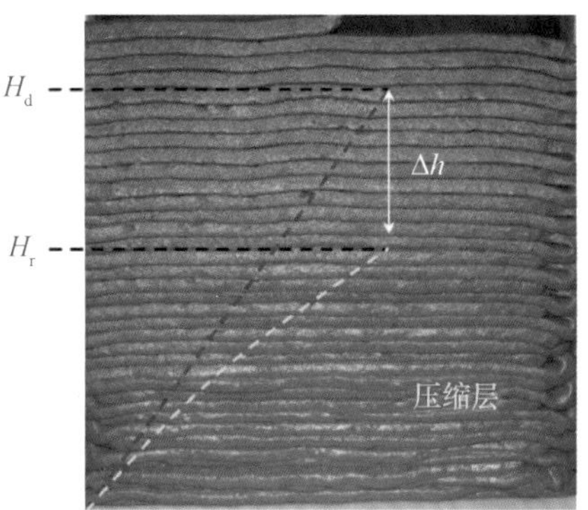

(b) 底部打印层压缩严重，导致设计高度与实际建造高度误差较大

图 6.17　产生偏差示意图

$$H_r = H_d - \sum_1^n \varepsilon_i = \Delta h \cdot n - \sum_1^n \frac{\rho \cdot g \cdot \Delta h \cdot (n-i)}{E(t)} \tag{6.26}$$

式中：ε_i为第 i 层的压缩变形量；$E(t)$ 为材料龄期为 t 时的弹性模量。

如前面分析，对建造稳定过程的优化控制可通过合理设置达到水平打印速度 v_p。然而，为了保证材料挤出过程的稳定性，材料挤出速度需与水平打印速度相匹配，即从打印喷头单位时间内挤出的材料的体积（即流量 Q_e）需等于打印速度 v_p与带状结构截面积（$w \cdot \Delta h$）的乘积：

$$Q_e = v_p \cdot (w \cdot \Delta h) \tag{6.27}$$

材料的挤出体积 V_e又可通过挤出速度与喷头口径计算得出：

$$V_e = E_p \cdot A = F(r) \tag{6.28}$$

式中：E_p为材料的挤出速度；A 为打印喷头出口的面积，而材料的挤出速度又与喷头内置绞龙的旋转速率 r 相关。有些 3D 打印机使用的是泵送传输装置，或者是泵送与绞龙组合的挤出方式，这种条件下需将泵送压力值一并考虑在内。

若采用泵送压力的方式输送，泵送压力与流变参数满足如下关系[185]：

$$P = \left(\frac{8\tau_0}{3R} + \frac{8\eta}{\pi R^4} Q_e\right) L \tag{6.29}$$

式中：P 为泵送压力（Pa）；L 和 R 分别为泵送管道的长度（m）和直径（m）；Q_e为流量（m^3/s）。可以看出，增加材料的动态屈服应力和黏度均会增加材料所需的泵送压力。选取合适的材料配合比优化流变特征参数以满足泵送和打印过程的协调。

若采用绞龙式挤出方式，可建立挤出流量 Q_e与绞龙旋转速率 r 的函数关系 $F(r)$。联立式（6.28）和式（6.29），可得绞龙转速与喷头打印速度的函数关系：

$$r = F(v_p) \tag{6.30}$$

因此，基于结合材料的流变特性设置的满足稳定建造的条件，可以获取打印速度 v_p的优化取值范围，进而计算得到绞龙转速的设置范围。

对于所建造的结构而言，当材料的挤出速度和水平打印速度确定之后，同样可得到结构的体积建造速率和高度建造速率，从而为材料的制备、存储及施工建造的周期等提供合理科学的指导。因此，可建立基于无损测试的智能打印过程，如图 6.18 所示。借助超声波、压电等无损测试方法，预测材料的流变学特征，在满足结构建造的挤出性和建造性的原则下，优化打印工艺参数、计算建造效率等，进而实现 3D 打印过程的实时监测化、参数化、精细化及智能化。

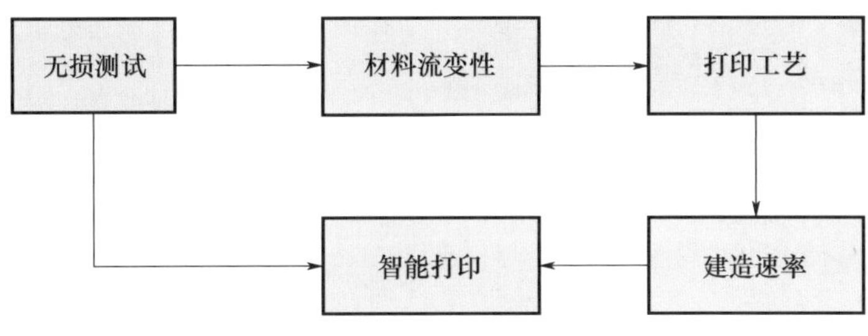

图 6. 18　打印控制流程图

6. 3　本章小结

水泥基材料 3D 打印技术对新拌材料的工作性能和可打印性有严格的要求，水泥基材料 3D 打印性能的两个关键因素（流动性和建造性）的优化可归结为调控其流变性，是实现稳定顺利的打印过程关键。本章主要介绍了水泥基材料流变特性的测试和评估方法，基于流变学和超声测试技术，提出了一种实现材料可打印性测量的智能无损测量方法，为 3D 打印过程的稳定持续可控提供设计指导。

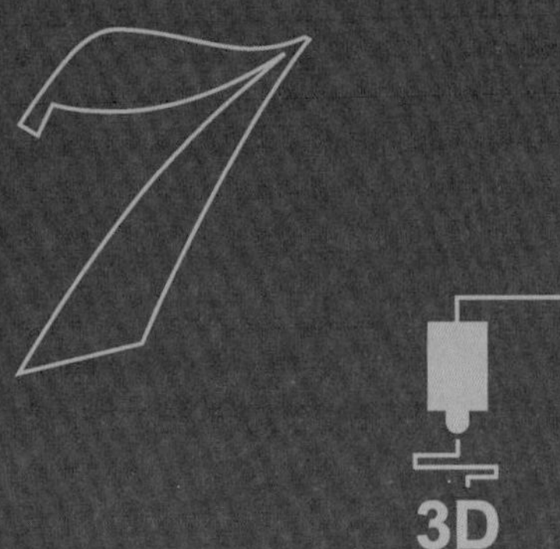

第7章 3D打印尾矿砂混凝土的配制

3D 打印是一项创新性强且具有良好发展前景的增材制造方式。该方法依据数字化的建模图形逐层建造出结构模型，目前该项技术已经在众多领域取得了广泛应用[12,20,186,187]。近几年，得益于在建筑和结构设计方面优异的灵活性和创造性，3D 打印技术在土木建筑行业也取得了一定的推广和应用。预拌好的水泥基材料从打印喷头通过压力或机械方式被挤出，逐层建造结构构件，无需外侧模板支撑及后续的振动密实[188-191]。多种多样的大型 3D 打印设备在不断地研发、更新和完善当中。3D 打印技术在建筑领域的快速应用依赖于与打印机相兼容的高性能水泥基材料的制备。Le 等人[192]提出了一种高性能纤维增强的 3D 打印水泥基材料，设计该材料水灰比为 0.26 以满足早期的可打印性能，并且该打印材料的 28d 抗压强度可达 110MPa。Pshtiwan 等[193]研制了一种改性的新型水泥粉末材料作为 3D 打印材料。Manuel 等[194]初步尝试了使用水泥和短纤维，如碳纤维、玻璃纤维、玄武岩纤维等，制备可 3D 打印的复合材料，该材料的弯折强度可达 30MPa，抗压强度可达 80MPa。Gosselin 等[195]制备出了一种适用于大型 3D 打印系统的高性能混凝土。尽管在 3D 打印混凝土的研发和制备方面已经取得了一定进展，但是仍然需要深入和拓展水泥基材料 3D 打印的研发以适应各种打印设备及工作环境的需求。

尾矿砂（Mine Tailing，MT）是在矿石中提取有价值的矿物后留下的固体残留物，大量储存、任意堆放尾矿砂等将导致一系列环境、经济和社会问题[196,197]，如何处置矿业尾矿一直是困扰采矿业的难点[198,199]。利用尾矿砂作为部分细骨料生产可 3D 打印的水泥基材料，可有效降低 3D 打印材料的成本，同时具有良好的环保效益。并且，有效利用尾矿砂也符合我国在资源回收和建筑节能等方面的战略目标。众多实践也证明了将尾矿砂作为一种替代材料制备环保型混凝土材料的可行性和有效性[200-204]。尽管采用尾矿砂进行混凝土制备已经取得了一定成果，但是将尾矿砂用于水泥基材料 3D 打印制备的探索尚鲜有报道，特别是材料与打印系统的协调兼容性还有待探索。水泥基材料 3D 打印技术是近年来快速发展的一种革新的、有前途的建造方法。在打印材料的制备过程中，应用建筑、矿业垃圾或其他种类的固体废弃物等，可极大促进 3D 打印达到其性价比的最优化。本章将介绍一种高掺铜尾矿砂的水泥基打印材料的制备方法及其可打印性的测量与评估。

7.1 打印材料与设备 7.1.1 原材料及配比

7.1.1 原材料及配比

水泥基 3D 打印材料的制备包括：快硬硅酸盐水泥 P·O 42.5R、粉煤灰和硅灰组成的胶凝材料，其中水泥 3d 静态抗压强度为 22.0MPa；细骨料由铜尾矿砂和天然河砂组成，河砂的比表面积为 0.101m^2/g，铜尾矿砂的比表面积为 0.141m^2/g，来自中国东川市的一个铜尾矿；应用水和高效减水剂的混合液来提高水泥基材料的流动性，其中减水剂的减水率大于 30%，含固量约为 37.2%。此外，还掺入了少量的聚丙烯纤维（Polypropylene Fiber）以减小早期干燥产生的收缩，这对于打印混凝土非常重要，因为 3D 打印结构具有相对较大的自由表面区域，相对于模具浇筑结构具有更大的水分蒸发量。表 7.1 给出了聚丙烯纤维的基本物理力学参数。通过 X 射线荧光分析（X-Ray Fluorescence，XRF）对所采用铜尾矿砂的化学成分进行测定，结果列于表 7.2 中，测试结果表明，铜尾矿主要是硅、钙、铝和铁的氧化物，不含有任何有害元素。

表 7.1 聚丙烯纤维的物理力学参数

长度（mm）	直径（μm）	密度（g/cm^3）	弹性模量（GPa）	抗拉强度（MPa）	极限拉应变（%）
9	23	0.91	3.0	3.5	80

表 7.2 铜尾矿砂的化学成分及含量

SiO_2	Al_2O_3	Fe_2O_3	CaO	MgO	SO_3	Na_2O	P_2O_5	K_2O	MnO
39.77%	4.61%	20.16%	22.29%	7.17%	3.05%	1.32%	0.26%	0.44%	0.23%

本章拟使用铜尾矿砂替代部分天然砂进行材料制备，符号 R0、R10、R20、R30、R40 和 R50 分别代表用尾矿砂替代质量分数分别为 0%、10%、20%、30%、40% 和 50% 的天然砂。表 7.3 列出了几种材料的配合比。在制备过程中，聚丙烯纤维、水泥、粉煤灰、硅灰、天然砂和尾矿砂等干粉首先混合搅拌 3min；然后加入一半用量的水和高效减水剂的混合液搅拌 2min；随后加入剩下一半用量的水和高效减水剂的混合液，搅拌 3min 后获得设计的水泥砂浆。

表 7.3 3D 打印尾矿砂混凝土的原材料及配合比

编号	河砂	尾矿砂	替代率（%）	水泥	粉煤灰	硅灰	水	减水剂（%）	纤维（kg/m^3）
R0	1.2	0	0	0.7	0.2	0.1	0.27	1.083	1.2
R10	1.08	0.12	10	0.7	0.2	0.1	0.27	1.083	1.2
R20	0.96	0.24	20	0.7	0.2	0.1	0.27	1.083	1.2
R30	0.84	0.36	30	0.7	0.2	0.1	0.27	1.083	1.2
R40	0.72	0.48	40	0.7	0.2	0.1	0.27	1.083	1.2
R50	0.60	0.60	50	0.7	0.2	0.1	0.27	1.083	1.2

7.1.2 铜尾矿砂物理特性

打印材料需具备平滑的颗粒级配以提高所配制材料的挤出性和流动性。因此，下面利用激光衍射粒度分析仪（Laser Diffraction Particle Size Analyzer）对水泥基材料 3D 打印所使用的尾矿砂和河砂两种材料的粒径分布特征进行量测，同时测定了 6 种不同尾矿砂掺量下胶凝材料的粒径分布曲线。

图 7.1（a）给出了河砂和尾矿砂的累积粒径分布曲线。测试结果表明，河砂和尾矿砂在粒径范围 1～1000μm 之间分布特征类似，尾矿砂的累积曲线稍靠左，说明尾矿砂粒径在一定程度上小于河砂。图 7.1（b）给出了两种细砂的粒径分布曲线，从中可以看出，绝大多数颗粒粒径在 50～800μm 范围内，而绝大多数粒子集中在 100～500μm 范围内。经测量，河砂和尾矿砂的平均粒径分别为 378.5μm 和 246.0μm。表 7.4 列出了几种基本粒径分布统计参数，如 *D*（1，0）、*D*（0.1）、*D*（0.5）和 *D*（0.9）等。*D*（0.1）、*D*（0.5）和 *D*（0.9）表示小于某一颗粒粒径的颗粒质量分数为 10%、50% 和 90% 的颗粒粒径值。所列数据从另一个方面说明了尾矿砂的颗粒细于河砂的颗粒。因此，用尾矿砂代替河砂制备打印材料会影响整个胶凝材料体系的颗粒级配。表 7.5 列出了拟配制的 6 种尾矿砂打印材料的胶凝材料体系在 3 个粒径区间内的质量分布，通过增加尾矿砂的用量提高了小粒径范围（即 0～130μm）内颗粒的含量。

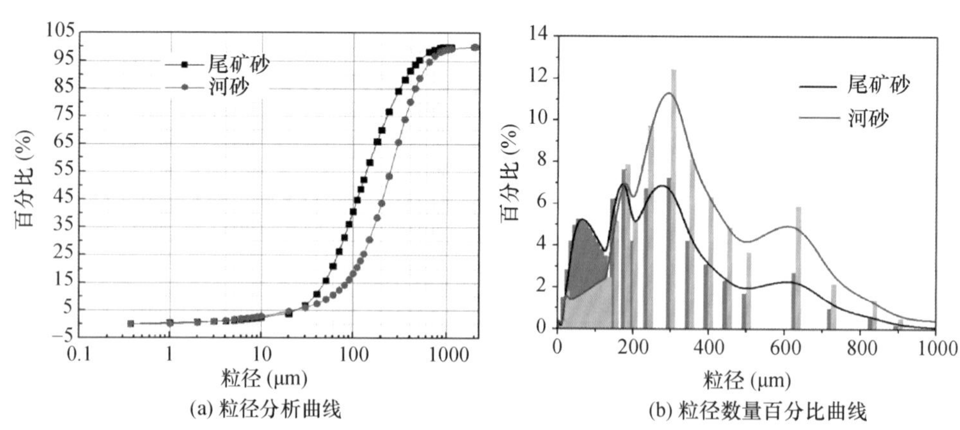

(a) 粒径分析曲线

(b) 粒径数量百分比曲线

图 7.1 河砂、尾矿砂粒径分布的激光衍射分析结果

表 7.4 尾矿砂及河砂的粒径分布

类型	*D*（1，0）（μm）	*D*（0.1）（μm）	*D*（0.5）（μm）	*D*（0.9）（μm）	平均粒径（μm）
河砂	375.61	56.52	225.57	519.92	378.5
尾矿砂	229.87	38.03	123.75	375.10	246.0

表 7.5 干料混合物的粒径分布

粒径区间	<130μm	130~250μm	250~500μm
R0	48.6%	26.8%	24.4%
R10	50.4%	26.7%	22.7%
R20	52.1%	26.5%	21.1%
R30	53.9%	26.3%	19.4%
R40	55.6%	26.2%	17.7%
R50	57.4%	26.0%	16.1%

7.1.3 自制 3D 打印机

图 7.2 展示了简易水泥基材料打印机的机械结构，该机械结构未考虑材料的泵送输送系统及行程的电机驱动，但仍可用于水泥基材料的流动性、挤出性、建造性等打印性能的测试和评价。该打印机包括整体钢架、V 形储料仓、运动滑轨、载物台、搅拌叶片和驱动电机等。整体钢架的设计尺寸为 0.5m×0.39m×1.10m；V 形储料仓用于盛放刚拌合好的水泥混凝土材料，它通过一个垂直的螺旋杆和四个滑轮连接到钢架上。V 形储料仓里装配有一锥形搅拌叶片，叶片在转速可调节的驱动电机控制下将水泥材料输送到打印喷头出口处。打印喷头开在 V 形储料仓的底部，尺寸为 8mm×30mm；在钢架底部装有一个 40cm×20cm 的载物台，用于放置 3D 打印模型。载物台通过一系列传动部件连接到钢架，可在 X 和 Y 方向上自由移动。Z 方向上的打印过程由钢架顶端的传动部件通过螺杆控制。打印建造的整体流程是：将新拌混凝土材料输送至 V 形储料仓→通过叶轮的旋转将材料从打印喷头出口挤出→旋转传动装置 XY 水平移动载物台→旋转传动部件，使打印喷头提升某一设定高度。

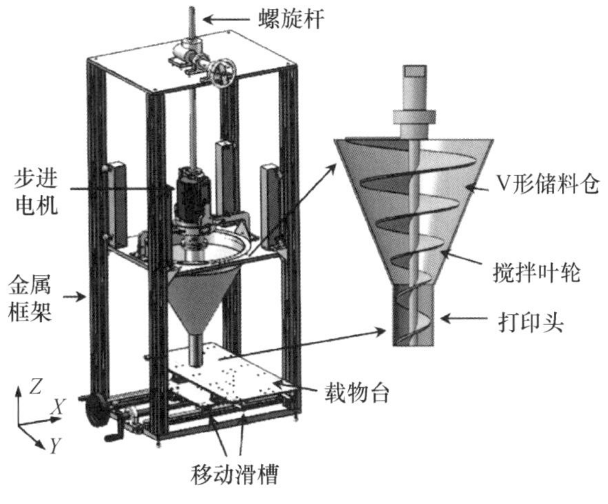

图 7.2 简易 3D 打印系统示意图

制备水泥基打印材料同样需要尾矿砂具备良好的挤出性、优异的建造性、足够的流动性和合理的凝结特性等，以保证打印过程的顺利进行和无模建造的稳定性[26,69,200,205]。可打印性能的优化控制目标是确保每个挤出层有能力保留原有形状和承载后续挤压层自重，同时需要具备一定的粘结性以避免邻层之间弱面的形成。打印材料特性与打印工艺参数（打印速度、喷嘴开口、挤出速度等）存在一个合理的平衡对应关系[206,207]。

7.2 挤出性评估

7.2.1 挤出性测试

挤出性是反映材料是否可以通过打印喷嘴顺利挤出并保持连续长带状的关键参数，主要受干粉材料的种类、用量及颗粒级配等因素影响[208]。本节水泥基材料挤出性的评价方法是使用 8mm ×8mm 开口的打印喷头测试水泥基材料被连续挤出 2000mm 过程中的连续性和稳定性。如材料在挤出测试过程中出现中断或者喷头发生堵塞，则说明挤出性不符合要求。长度为 2000mm 的带状挤出材料被设计分为 8 段，4 个往返过程，每段长 250mm。该测试过程与 3D 打印建造过程类似，测试结果可用于自动化建造的设计参考。理论上，材料被连续挤出而不发生中断的长度越长，测试使用喷头的开口越小，材料的可挤出性越优异。

7.2.2 挤出性评价

图 7.3 给出了某一材料按照设计的测试方法挤出总长度为 2000mm 的带状结构。根据测试结果，所配制的各种水泥基尾矿砂打印材料均可以顺利地、不间断地被挤出，这表明所有配合比的材料 R0 ~ R50 均满足挤出性要求，这可能是由于所使用的尾矿砂和河砂的最大粒径均比打印喷嘴的开口小得多。

另一方面，挤出材料为细长条形，导致模型建造过程中竖向堆积困难，有时也容易出现挤出物的扭转。打印喷嘴的开口是控制挤出过程及建造堆积过程的关键参数。经过反复尝试选定，口径 O_z 为 8mm ×30mm 的打印喷头用于模型打印。Rudenko 教授和埃因霍温科

图 7.3　从方形喷头挤出的混凝土

技大学设计发明的 3D 打印机的喷嘴均是矩形的，尺寸分别为 30mm × 10mm 和 40mm × 10mm[209,210]。拉夫堡大学（Loughborough University）设计的打印喷嘴为圆形，直径为 6 ~ 20mm，打印结构的层厚为 6 ~ 25mm[26]。Hwang 和 Khoshnevis[211]设计的圆形喷嘴，直径约为 15mm，打印层厚为 13mm。打印喷头的设计尺寸越小，可打印的结构特征越小，也会在一定程度上降低打印建造效率。

材料的挤出速率 v_e和结构打印速度 v_p之间存在一个挤出性的平衡和相关关系。v_e是指单位时间内被挤出材料的体积，主要由搅拌叶片的转速控制；v_p是指喷嘴的移动速度。基于 8mm × 30mm 的喷嘴进行了一系列测试，最终确定在挤出率为 5.4L/min、打印速度控制为 450cm/min 时可以确保打印过程的顺利进行。此外，打印头与打印表面的高度 H_p也是影响打印过程的关键因素，如图 7.4 所示。在我们的测试中，H_p设置为喷嘴口宽度，即 24mm。至此，O_z、v_p、v_e和 H_p等影响打印过程的基本参数均已最终确定，为结构的顺利建造提供了参考设计。

图 7.4　3D 打印混凝土过程

7.3 建造性评估

7.3.1 建造性测试

应用3D打印技术建造3D结构的关键步骤是逐层堆叠挤出条状或者带状材料。因此，评价混凝土材料可打印性能的另一个关键参数是建造性，该指标是用于表征材料保持其被挤出时形状的能力和承受后续堆积材料自重而不发生大变形甚至垮塌的能力[26,192,212]。本节对所制备尾矿砂混凝土建造性的评价是先将刚拌和完毕的混合浆料储存于材料存储腔中，然后通过搅拌叶轮的旋转将材料挤出并分层建造。拟建造的结构设计为垂直堆叠20层长250mm、宽30mm的带状挤出材料，每一层高度设计为8mm，所以打印机在建造过程中以8mm的间距垂直移动。每个打印层的平均垂直应变ε_d用于表征砂浆材料的形状保持能力。与此同时，几何参数整体打印结构的高宽比P_{hw}用于表征所建造20层结构的稳定性。参数ε_d和P_{hw}均被用于评价所制备材料的建造性能。

7.3.2 建造性评价

水泥基材料3D打印需要具有一定的黏度来提高打印层与层之间的结合力，而层间的结合力与水泥基材料制备完成后的静置时间紧密相关，静置时间越短，层间结合力越强。同时，打印速度越快，层间结合力越强。然而，一旦打印机达到一定速度，所需的层强度则没有足够的时间来实现。因此，打印结构的负荷能力相应减少。

在测试中，所有结构都将打印速度固定为450cm/min，并且相邻层之间的时间间隔控制为30s。静置时间为10min时，不同尾矿砂替代率的拌合物以垂直速度1.3cm/min建造一个20层的打印结构。图7.5展示了一次性建造成型的20层结构，可以观察到，编号为R0和R30的材料具有良好的可建造性。尽管每一层均有一定程度的变形，但整体结构保持良好的稳定性，未发生明显的变形、倾斜甚至坍塌。

材料R0～R30的最终建造高度分别是138mm、140mm、120mm和117mm，最底层宽度分别是30mm、31mm、33mm和33mm。从这两个角度来看，材料R20和R30产生的垂直和水平变形要大于材料 R0 和 R10，这说明尾矿砂替代率的提高，增强了材料流动性，同时降低了材料刚度。材料 R40 和 R50 最终建造结构成型效果较差，同样是由材料流动性较大、刚度较低引起的。20 层 R40 和 R50 材料的最终叠加高度分别是 83mm 和 72mm。因此，材料 R40 和 R50 不能用于 3D 打印。

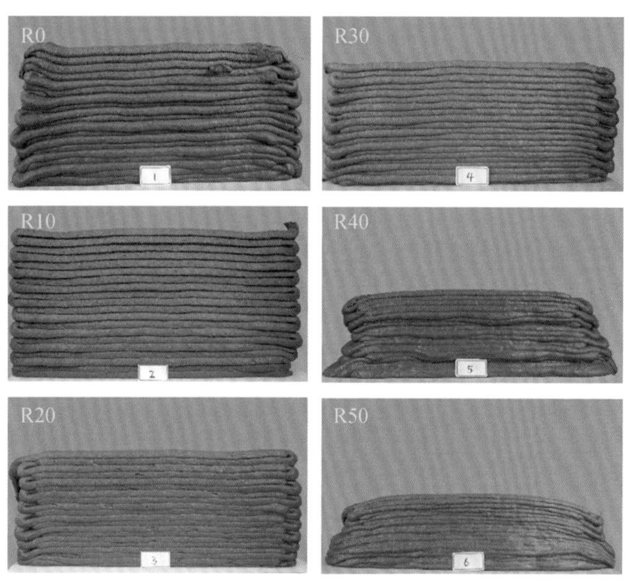

图 7.5　不同尾矿砂掺量混凝土的建造性观测

参数 ε_{d}用于定量描述水泥基材料的建造性，是指堆叠 20 层材料所发生的变形与设计高度值之比。20 层设计高度值为 160mm（8mm ×20 层）。图 7.6 给出了打印结构的层厚和每层变形的平均值。从结果可以看出，所配材料的形状保持能力随尾矿砂替代率的增加而降低。与此同时，定义了一个物理参数 P_{hw}，即最终打印结构的高宽比，该参数可用于表征打印层的可叠加程度。从图 7.6（b）给出的计算结果可以看出，结构或几何稳定性随尾矿砂用量的增加显著降低，特别是尾矿砂替代率从 30% 升高至 40%。此外，打印过程中的一些不利因素，如打印机头的不准确定位、挤出材料的非均匀性、材料逐层动态叠加过程等均会导致打印结构建造时的不稳定甚至坍落[213]。

基于上述分析，打印材料的早期刚度对建造性的发展和提高具有决定性作用。图 7.7 显示了一个 40 层的打印结构，高度为 230mm，可以看出，底部的打印材料由于刚度发展不充分，在后续叠加材料自重的压缩下发生了明显变形。打印结构的每一层都有不同的刚度 E（t）和流动性 F（t），这两个参数均是 t 的函数。因此，时间也对建造性的优化起着决定性作用。

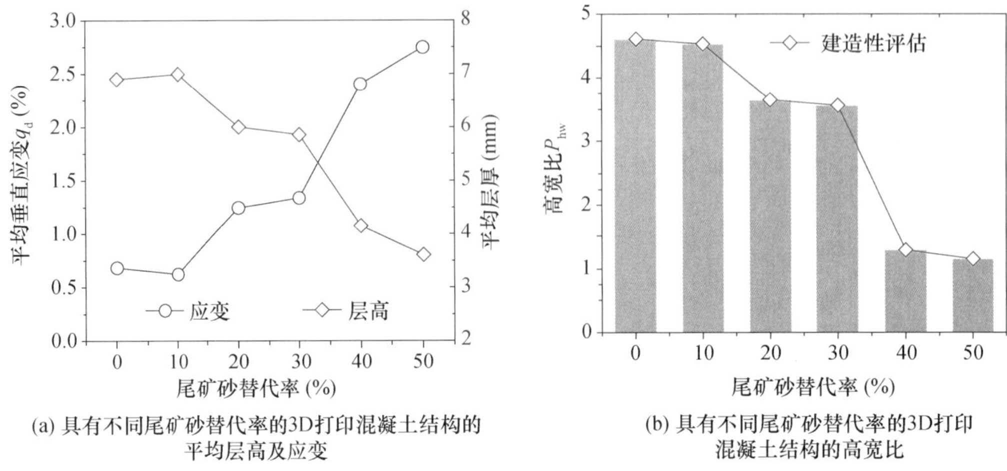

(a) 具有不同尾矿砂替代率的3D打印混凝土结构的平均层高及应变

(b) 具有不同尾矿砂替代率的3D打印混凝土结构的高宽比

图 7.6　尾矿砂替代率对混凝土材料建造性的测量分析

图 7.7　3D 打印结构（尺寸 250mm × 33mm × 230mm）

7.4　开放时间测试与量化

开放时间指的是新拌材料保持良好的工作性或可打印性的时间。通常情况下，该参数通过 Vicat 仪器或者扩展流动度试验在特定时间间隔内测定流动性来确定[213,214]。Le 等[190]用剪强度来确定开放时间。在此研究中，开放时间由水泥基材料具有可接受的挤出性的时间周期来表征。测试试验是通过打印简单的两层结构，每层长 250mm、宽 30mm，每间隔 10min 对材料的挤出性、连续性进行测量，直到发生中断，该时间被确定为开放时间。

图 7.8 展示了材料 R40 在不同静置时间的挤出效果，可以看出，在配合完成的 80min 时间内，R40 可以从喷嘴被连续打印出来。然而，静置 90min 后材料发生了明显破坏，表明可挤出性的失效。以类似的测试方式，材料 R0 ~ R30 和 R50 的开放时间测试结果分别是 90min、90min、90min、80min 和 70min。因此，在给定的材料配合比下，可打印有效时间被选定为 70min。这表明，胶结材料在拌和完成后不超过 70min 的时间内具有可接受的挤出性。

从图 7.8 中可以看出，挤出材料的形状保持能力随静置时间不断发生变化。将挤出的带状材料中间部位的宽度量测出来，结果如图 7.9 所示。在材料挤出的 30min 内，宽度降低较为明显，随着静置时间的延长，挤出材料的宽度逐渐趋向于打印喷头的宽度，材料挤出的最小宽度等于喷嘴宽度。统计结果表明，$t \leqslant 30$min 的时间范围内，打印材料具有良好的流动性；在 30min$\leqslant t \leqslant$80min 的时间范围内，打印材料表现出良好的形状保持能力，即建造性。因此，挤出材料的宽度和静置时间的关系为建筑的可建造性评估提供了有力的辅助信息。

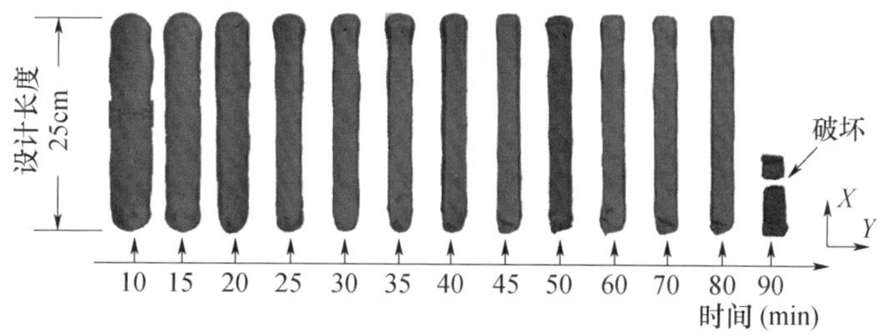

图 7.8　材料 R40 静置不同时间后打印出的带状结构

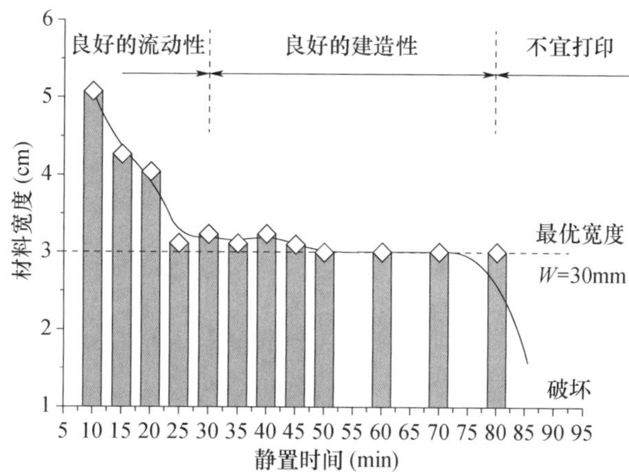

图 7.9　材料 R40 打印出的带状结构的宽度随静置时间的变化规律

7.5 流动性评估

7.5.1 流动性测试

流动性的优化控制是为了确保新拌和打印材料从存储系统到喷嘴的顺利运输，可以通过执行一系列试验进行测量，包括依据 GB/T 14902—2012 进行的坍落试验、根据 JGJ/T 283—2012 进行的 V 形漏斗试验和根据 GB/T 2419—2005 进行的跳桌试验。

由于试验操作简单，测试结果可直接获取，坍落度试验在实验室和现场被广泛用于材料流动性测试。如图 7.10 所示，试验测试所用的坍落度筒底部直径为 100mm，顶部直径为 50mm，高度为 150mm。试验过程中将新拌水泥浆填满坍落筒。然后，提起坍落筒，材料的高度自然下降，下降的高度值被用于表征材料的流动性特征。V 形漏斗试验主要是用于评价材料的黏度或者材料通过受限制口径的能力[208]。试验过程中将混凝土材料充满 V 形漏斗，然后记录打开底部出口和材料完全排空之间的时间间隔，记为 V-漏斗流动时间 V_t[215]。跳桌试验是先用材料填满一个锥形模具，随后移除锥形模具，使材料在(25 ±1) s 的时间内自由振动 25 次，使其扩展开。对混凝土材料在两个垂直方向的拓展直径求平均值，用于表征材料的流动性，材料拓展度越高，流动性能越好。

7.5.2 流动性评价

坍落度值越大或者扩展直径越大，则材料的流动性越好；反之，亦然。图 7.11 显示了各组制备材料的流动性在不同尾矿砂掺量和静置时间情况下的测试结果。结果表明，所配材料的流动性随尾矿砂替换率的增加而增强。静置时间为 10min 时，材料 R0 ~ R50 的坍落度值分别为 5.8mm、7.2mm、7.7mm、8.8mm、9.5mm 和 9.8mm。相比不掺入尾矿砂的混凝土材料，50% 尾矿砂替代率提高了混凝土 69.0% 的流动性。在相同的静置时间，R0 ~ R50 的扩散直径分别是 19.2cm、19.3cm、20.5cm、20.6cm、21.8cm 和 22.1cm。相比不掺入尾矿砂的混凝土材料，尾矿砂替代率为 50% 的材料扩展直径增加了 15.1%。坍落度测试和跳桌试验的流动性变化相互吻合。然而，流动性将随静置时间的增加而降低，静置时间从 10min 延长到 90min 的过程中，各组混凝土材料的扩散直径平均降低 14.3%，这主要是因为充足的时间促进了水泥胶凝材料的水化程度，进而促进了刚度的逐步发展。

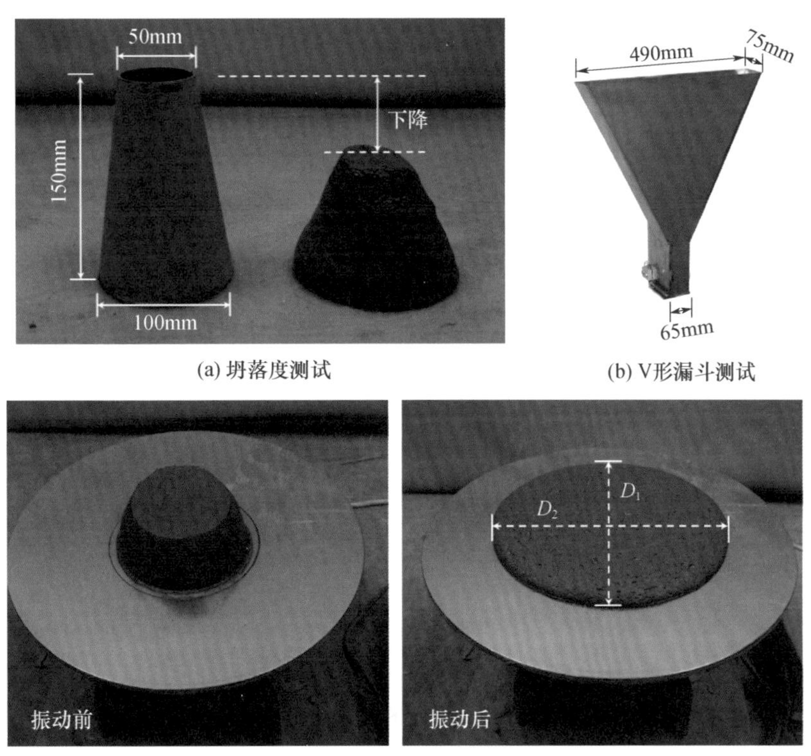

(a) 坍落度测试 (b) V形漏斗测试

(c) 跳桌试验

图 7.10 混凝土材料流动性的测试方法

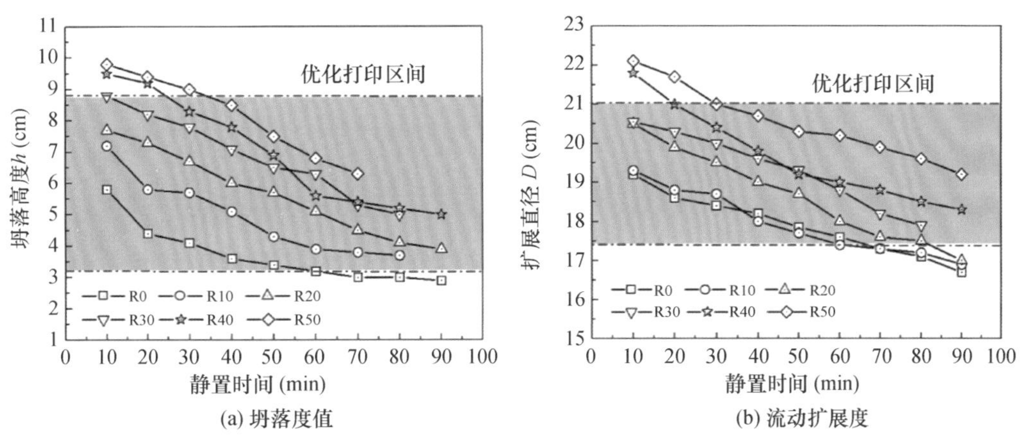

(a) 坍落度值 (b) 流动扩展度

图 7.11 尾矿砂混凝土流动性与静置时间的关系

坍落度的试验结果（流动性测试）为 3D 打印材料的挤出性和建造性评价提供了补充参考。增加尾矿砂的替代率、缩短静置时间有利于连续、平滑挤出过程的实现。相反地，减少尾矿砂掺量、延长静置时间则可以提高胶结材料的刚度和形状保持能力，从而促进建造性的发展。

此外，水泥基材料 3D 打印在通过狭窄出口时（打印喷头）应当无离析、无堵塞现象发生。图 7. 12 给出了 V 形漏斗流动时间随尾矿砂替换率的变化规律。结果表明，尾矿砂掺量的增加会增加材料流过 V 形漏斗的时间，表明黏度升高。材料 R0 和 R50 从 V 形漏斗完全流出所需要的时间分别是 22. 1s 和 26. 4s。结果表明，尾矿砂的掺量从 0% 提高到 50%，流动时间延长了约 20%。根据粒度分布的分析，尾矿砂掺量越高，小粒径颗粒含量越高，导致水量的需求及颗粒间摩擦力的增加。由于提高了材料黏度，用尾矿砂代替河砂可以增加邻近打印层之间的胶结力，这对加强打印结构的整体性和抵抗变形能力均具有重要意义。

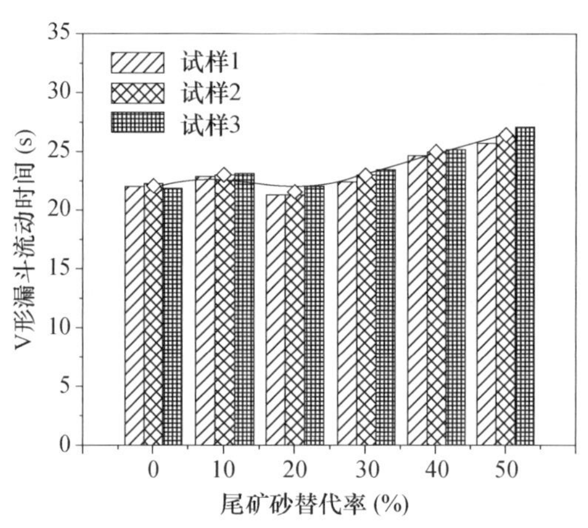

图 7. 12　V 形漏斗流动时间随尾矿砂替代率的变化规律

7. 6　早期刚度评估

区别于传统模具建造过程，3D 打印为逐层叠加的堆积过程，对打印材料的建造性具有较高要求，而建造性又与刚度的发展直接相关。因此，水泥基材料 3D 打印应在超早期便获得相对较高的力学刚度，从而使建造结构在无模情况下依然可以达到设计高度[207]。多数情况下，打印材料必须在较短时间内便获得足够刚度。然而，由于水泥混凝土的初凝时间通常为 2～3h，初凝时间和终凝时间的参数并不适用于评估材料的打印能力。

由于易操作性、可重复性及有效性，贯入阻力常被用于量测水泥材料在超早期阶段的刚度发展。因此，本章应用贯入阻力来量测水泥基材料凝结过程中的刚度发展。该试验通过使用压缩弹簧将具有一定横截面积的钉子压入砂浆中，钉子被压入一定深度所需要的压力可由弹簧计算得来[216,217]。贯入阻力试验根据 GB/T 50080—2016 进行。对尾矿砂替代率不同的混凝土材料进行贯入阻力试验，对钉子被压缩进砂浆（25 ±2）mm 的深度所产生的贯入阻力进行了测量和记录。

图 7.13（a）给出了不同尾矿砂掺量的混凝土材料的贯入阻力在静置 10～90min 时的变化。测量结果表明，贯入阻力随时间的延长而快速增加。贯入阻力是一个量化水泥材料刚度和强度发展的关键参数，并且与打印材料的建造性呈正相关。基于开放时间的测量结果，尾矿砂替代率为 0%～50% 的混凝土在静置时间分别为 90min、90min、80min、90min 和 70min 时发生了挤出中断，而在相应的时间点处，材料 R0～R50 的贯入阻力的测试结果分别是 41.9kPa、45.1kPa、42.1kPa、41.8kPa、41.6kPa 和 42.5kPa。因此，水泥基材料具备可打印性的贯入阻力临界值 C_p 可以确定为 40kPa。当所配材料的贯入阻力高于该临界值时，材料不能被连续挤出；当材料的贯入阻力低于 40kPa 时，则意味着所配的混凝土材料具有良好的挤出性。

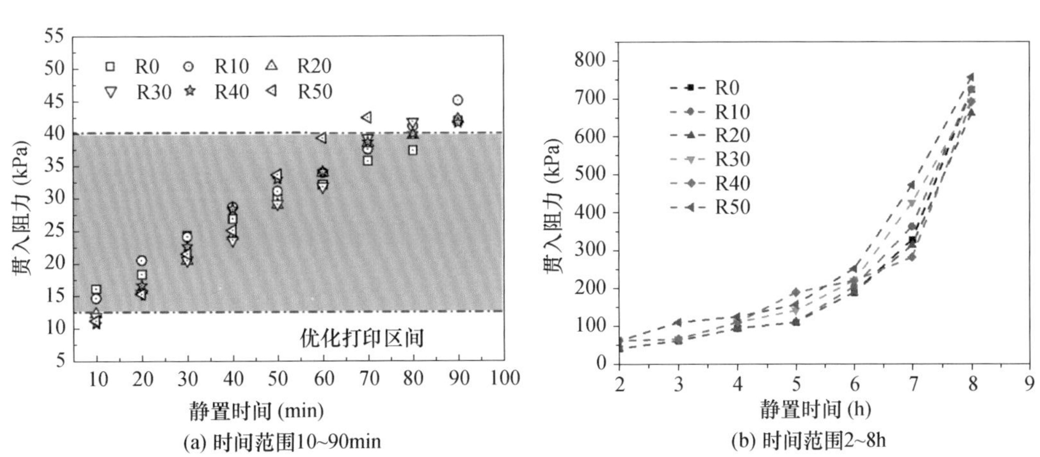

图 7.13 贯入阻力随尾矿砂替代率和静置时间的变化规律

图 7.13（b）给出了各组材料的贯入阻力在 2～8h 内的变化规律。同样地，随着静置时间的延长，贯入阻力会迅速增加，这也说明了刚度的快速发展。拌和完成后 2h 和 8h，所配各组混凝土材料的贯入阻力分别达到 50kPa 和 0.7MPa。混凝土的平均密度约为 2.2g/cm^3，每个打印层的体积约为 75cm^3。根据贯入阻力测试结果，所配材料在静置 2h 后，每个打印层可以承受超过 1000 个后续打印层的自重。随着水化产物的不断进行，新拌混凝土从流动态转变为塑性，最后变为刚性固体，其承载能力随着时间的推移不断增强。然而，用尾矿砂代替河砂并不会显著影响准备材料的凝结行为，这是由于与水化作用直接相关的水泥含量和水胶比等在所制备的各组混凝土材料中是固定不变的。

7.7 力学性能评估

前面均在讨论混凝土材料在硬化之前的性能，本节则主要分析尾矿砂水泥基材料硬化后的力学性能。力学性能是评价 3D 打印材料的一个重要指标。本节对 6 种尾矿砂替代率的混凝土材料 3d、14d 和 28d 的单轴抗压强度进行了测试，材料测试使用的是浇筑试件。然而，为了与打印建造过程相似，材料倒入模具后并未进行振捣。同时通过三点弯曲试验测量了 3D 打印棱柱体和浇筑棱柱体的 7d 弯折强度，以分析打印结构和浇筑结构的差异。试样制备完成后在环境温度为（20±2）℃，在相对湿度为（95±5）% 的环境下均进行标准养护。此后，各组混凝土材料的力学性能根据 GB/T 50081—2019 进行了测量。试验采用 1500kN 伺服试验机持续施加荷载，抗压强度和三点弯曲测试加载速率分别设置为 0.8MPa/s 和 0.05mm/min。各组尾矿砂混凝土均测试三个试样，最后求平均值。

图 7.14 给出了各组尾矿砂混凝土 3d、14d 和 28d 抗压强度的测试结果。所有试样的 3d 平均抗压强度为 36MPa，早期获取的高强度可能归因于相对较低的水胶比及快硬性硅酸盐水泥的使用。同时，还可能是由于掺入的聚丙烯纤维起到了一定的变形约束和限制裂纹扩展的作用，使得力学性质得以增强。

结果表明，用细尾矿代替天然砂对材料 3d 抗压强度的影响不明显；14d 和 28d 的抗压测试结果说明，所配混凝土材料的力学性能随尾矿砂替代率的增加呈先增加后降低的趋势，在替代率为 40% 时达到最优。材料 R40 的 14d 和 28d 抗压强度分别为 47.0MPa 和

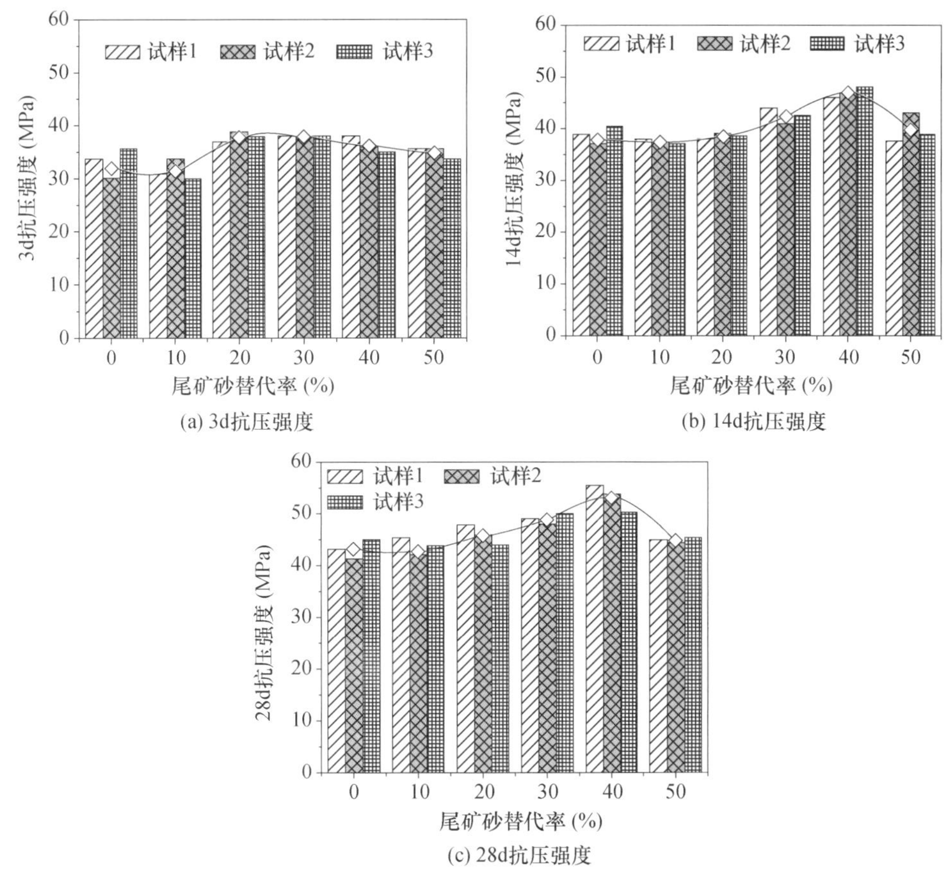

(a) 3d抗压强度

(b) 14d抗压强度

(c) 28d抗压强度

图 7.14 不同尾矿砂替代率的混凝土材料的抗压强度

53.2MPa，比没有尾矿砂掺入的材料分别高 21% 和 23.2%。尾矿砂的表面呈不规则的棱角状，尾矿颗粒之间的咬合力促进了对外部荷载的抵抗力。同时，适当比率的水泥、硅灰、粉煤灰与级配良好的细砂具有较高的堆积密度，有利于强度的增长。

图 7.15 显示了 3D 打印试件与浇筑试件的弯折性能测试结果。3D 打印试样的测试过程中，为了消除波纹状表面对断裂行为的影响，进行了相应的切割磨平处理，因为打印层状结构的过渡区域往往容易产生裂缝。根据测试结果，打印结构的抗弯性能弱于浇筑结构，打印结构的平均弯曲强度和最大挠度分别低于浇筑试样的 31.4% 和 36.3%，这可能是由相邻层之间的粘结强度小于材料本身强度造成的。3D 打印工艺不同于传统浇筑建造工艺，需要借助一定的处理方法来改善和提高相邻层之间的粘结强度，如添加一些黏度改性剂或适宜的养护方法等，来改善打印结构的整体性、降低分层性，以最终提高 3D 打印构件的整体力学性能。

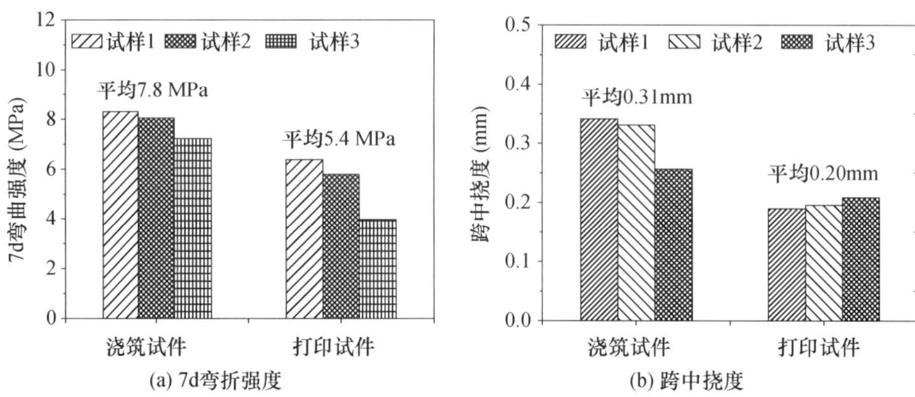

图 7.15　3D 打印试件与浇筑试件的弯折性能对比分析

7.8　3D 可打印性能的优化设计

打印过程的优化设计依赖于对新拌材料的物理力学特性和打印工艺过程的控制（图 7.16）。新拌材料的控制参数包括坍落度、扩展直径、开放时间、贯入阻力、黏度和粒度分布等，打印过程控制参数包括打印速度 v_p、挤出速度 v_e、喷头口径 O_z、打印路径 P_L和打印高度 H_P。减少材料的坍落度可提高建造性，但可能会牺牲可挤出性，甚至导致堵塞。延长开放时间有助于水泥基材料保持表面化学活性，形成层间的强结合面，但可能会影响早期的刚度发展。

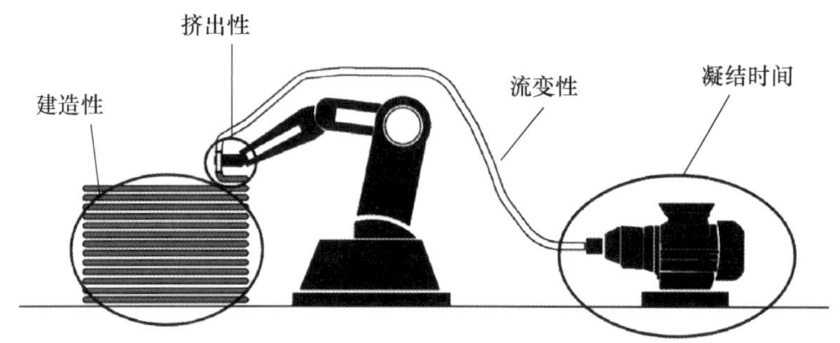

图 7.16　3D 打印混凝土材料与过程控制参数的优化设计

为了更全面地评价混凝土材料的可打印性，本节提出两个系数 P_E 和 P_B，分别用于评估材料的挤出性和建造性。根据前几节的测试结果，材料的流动性越大，静止时间越短，材料的挤出性越好。因此，挤出性系数 P_E 由扩散直径 D_s 和静止时间 t 相除得出，见公式 (7.1)。混凝土材料的刚度越高，坍落度值越小，则建造性越好。进而建造性系数 P_B 由贯入阻力系数 P_r 和坍落度值 H_s 相除得出，见公式（7.2）。一个典型的3D 打印过程是材料在喷嘴的运动过程中被持续挤出（挤出性），并逐层稳定地垂直叠加以最终成型（建造性）。因此，材料可打印性能的优化设计主要是寻求挤出性和建造性之间的平衡，见公式 (7.3)。

$$P_E = \frac{D_s/t}{D_{s,max}/t_{min}} \times 100\% \tag{7.1}$$

$$P_B = \frac{P_r/H_s}{P_{r,max}/H_{s,min}} \times 100\% \tag{7.2}$$

$$P_P = F_{optimal}(P_E,\ P_B) \tag{7.3}$$

图7.17（a）描述了材料 R40 的物理力学参数 D_s、H_s 和 P_r 随时间的变化规律。基于这些数据，建造性系数 P_B 和挤出性系数 P_E 可以通过将 D_s、H_s 和 P_r 的数据分别代入式 (7.1) 和式（7.2）即可求得，计算结果如图 7.17（b）所示。挤出系数随静置时间的延长而减小，而建造系数随时间的延长而不断增大。挤出性越好，建造性就越差；反之，亦然。材料 R40 的曲线 P_E 和 P_B 存在一个交叉点，该点的横坐标值为 30min。借助类似的计算方式，材料 R50 的曲线 P_E 和 P_B 的交叉点所对应的时间为 40min。因此，将 R40 和 R50 的打印时间从之前的 10min 分别延长至 30min 和 40min，堆积高度同样为 20 层，如图 7.18 和图 7.19 所示。水平打印速度也可控制为 450cm/min，垂直方向打印

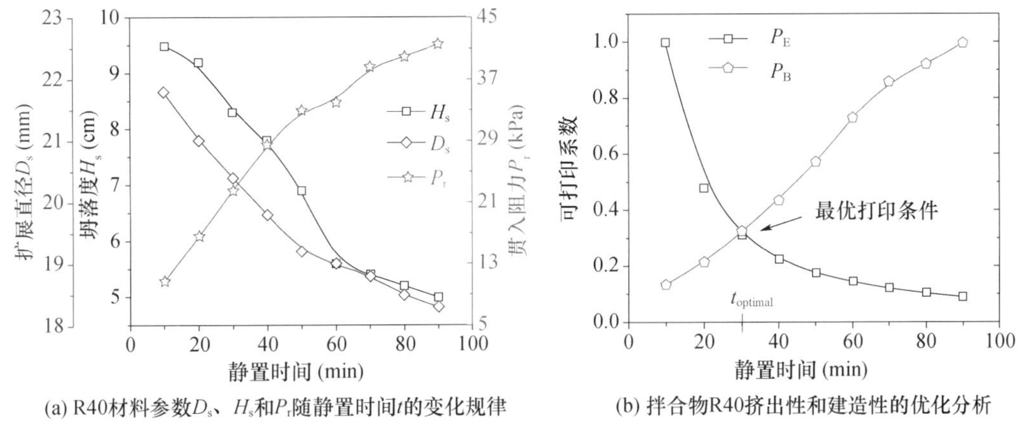

(a) R40材料参数D_s、H_s和P_r随静置时间t的变化规律　(b) 拌合物R40挤出性和建造性的优化分析

图7.17　3D 打印尾矿砂混凝土可打印性能的优化

速度为 1.3cm/min。可以看出，重新打印后的结构建造成型效果良好，R40 的堆积高度从原来的 83mm 升高到 139mm，材料 R50 的堆积高度从 72mm 升高到 118mm，证明了该优化方法的有效性。

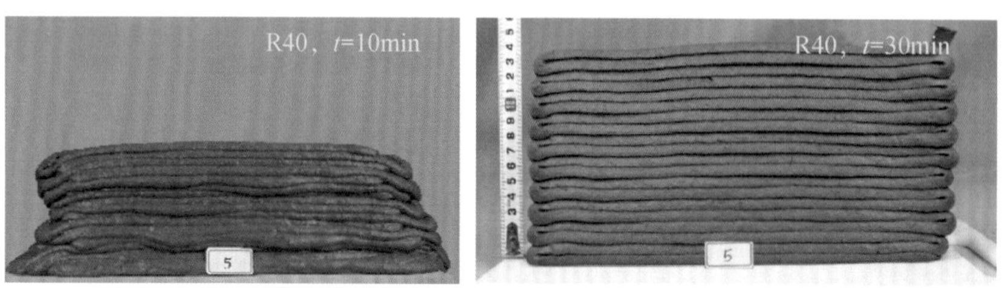

图 7.18　拌合物 R40 在静置时间延长至优化时间 30min 前后的建造效果对比

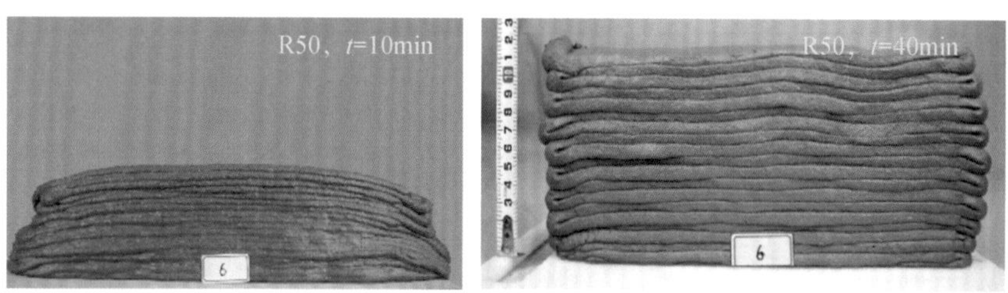

图 7.19　拌合物 R50 在静置时间延长至优化时间 40min 前后的建造效果对比

7.9　本章小结

本章配制 6 种不同尾矿砂掺量的混凝土材料，并系统分析了各组材料的可打印性能，包括流动性、挤出性、建造性、开放时间、凝结特性及力学强度等性质。同时分析得出混凝土材料的上述各项性质与打印过程参数之间应保持相互协调，通过优化坍落度、流动扩展度、静置时间、贯入阻力等参数可以确定最优的打印方式，为可打印材料的配合比设计明确了思路。基于多参数的综合分析，材料 R30 表现出优异的可打印性能，该配合比设计为：水胶比为 0.26，河砂和尾矿砂的质量比为 3:2，胶凝材料水泥、粉煤灰和硅灰的质量比为 7:2:1。试验结果显示，除 R40 和 R50 外，其他各组材料在静置 70min 内均可以顺利打印，因此混凝土可打印性的评价标准可以确定为：坍落度范围为 32 ~ 88mm，扩散直径范围为 174 ~ 210mm，贯入阻力范围为 13 ~ 40kPa，满足此类要求的水泥基材料可以在合理的打印控制参数下完成打印建造，其中打印头出口面积为 60 ~

200mm^2，挤出速度为5.4L/min，水平打印速度为75mm/s，打印高度为24mm。然而，打印结构的力学强度低于模具浇筑结构，打印棱柱体的平均抗弯强度和最大挠度比浇筑的棱柱体分别低31.4%和36.3%。因此在后续的研究工作中应探索一种可以减弱分层效应的方法以提高打印结构的力学整体性，同时应该继续探索一种钢筋嵌入的方法以提高打印结构的抗拉性能等。

第8章

3D打印水泥基材料的力学各向异性

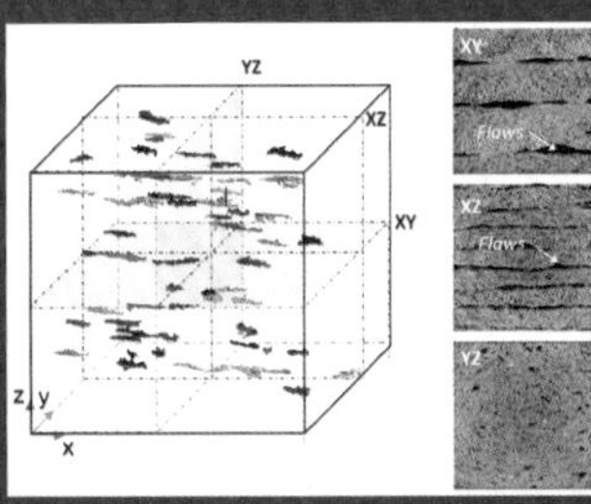

正如前面章节里所介绍的，3D 打印水泥基材料需要有足够的力学承载性能和韧性来避免脆性破坏。借助钢纤维、玄武岩纤维、碳纤维等来增强增韧水泥基复合材料是目前被广泛认可的一种处理手段。在水泥基材料 3D 打印的制备过程中添加适量的短纤维，可以在早龄期提升材料的可建造性，控制水分蒸发造成的干缩，亦可以在材料长期服役过程中控制变形，抑制微裂缝萌生，进而改善力学性能和耐久性。一些研究结果证明，混入的纤维在挤出的过程中会沿打印路径的轨迹而表现出独特的定向特性[218-221]。定向的纤维可有效地提升材料在改方向的弯曲和抗拉性能，试验数据表明，随机纤维分布的材料的力学强度仅为定向纤维水泥基复合材料的 30%。特别地，一些学者利用纤维定向的特点，研制出了超高性能的混凝土材料，抗弯强度超过了 120MPa[222]。定向纤维会影响材料早龄期的流变性能和硬化后的力学性能。纤维掺量低时易于新拌材料的输送和挤出，力学增强增韧效果则不明显。增加纤维掺量则易造成打印过程中的堵塞和中断。因而，制备同时兼备优异的力学承载性能和可打印的工作性能的纤维增强水泥基复合材料是配合比设计中的难点。区别于传统的模板浇筑过程，3D 打印时在材料持续挤出和堆叠的过程中引入一定量的弱粘结面及空隙，不但会影响细观结构的非均质性，也不利于材料的抗压、抗拉、抗弯等力学性能。测试和评价 3D 打印材料的力学各向异性以及量化与模板浇筑材料的差异对优化打印结构设计具有重要的意义。

3D 打印过程是基于三维模型切片的路径规划逐行逐层进行的，因此在打印过程中，材料不可避免地会产生一定的空隙，无法确保完整密实地填充。如图 8.1（a）所示，3D 打印混凝土钻心式样内嵌有众多大小不一但规则排布的贯通空隙，这些空隙与打印路径方向一致。图 8.1（b）所示为水平面内打印路径效果，可以看出，打印材料难以完全填充

(a) 3D打印混凝土钻心式样

(b) 打印路径导致的不完整填充

图 8.1　打印路径造成的两种空隙[223]

矩形的设计空间，特别是在路径方向转换之处。打印工艺导致的细观的空隙、弱面等不连续结构、非均质性在材料受载过程中易导致损伤累积、应力重分布及裂缝开裂等，直接影响材料的宏观力学行为。

8.1 材料与测试

8.1.1 原材料与配合比

本节试验选用的原材料主要包括快硬性普通硅酸盐水泥 P·O 42.5R、粉煤灰和硅灰组成的胶凝材料。此外，选用当地河砂作为细骨料，比表面积为 0.101m^2/g，平均粒径为 0.39mm。减水剂选用聚羧酸系高效减水剂，减水率大于 30%，含固量约为 37.2%。使用减水剂，一方面可以提高新拌水泥基复合材料的流动性能；另一方面可降低水灰比，控制干缩，提高后期力学性能。

测试高强度和高弹性模量的玄武岩纤维的制备混凝土材料的可打印性和力学性能，分别使用符号 S0、S0.1、S0.3、S0.5、S0.7 和 S0.9 代表质量分数为 0%、0.1%、0.3%、0.5% 和 0.7% 的玄武岩纤维混凝土。表 8.1 给出了所采用玄武岩纤维的物理力学参数。纤维长度为 18mm，略大于打印头口径的 12mm，有利于纤维复合材料在挤出过程中形成定向作用。各组复合材料的配合比设计见表 8.2。制备材料时，先将纤维、水泥、粉煤灰、硅灰、河砂等干粉混合 5min，获得均匀的拌合物；然后加入水和减水剂总量的一半，搅拌 5min；将剩余的水和减水剂的混合溶液倒入搅拌机中，继续搅拌 5min 后得到所需的材料。

表 8.1 玄武岩纤维规格

材料	长度（mm）	直径（μm）	密度（g/cm^3）	弹性模量（GPa）	抗拉强度（MPa）	极限拉伸应变
BF 纤维	18	13	2.55	76.5	1950	2.55%

表 8.2 3D 打印原材料混合物中各物质相对质量比率

编号	水泥	硅灰	粉煤灰	河砂	水	超级塑化剂	纤维（%）
S0	1.0	0.14	0.29	1.71	0.38	0.018	0
S0.1	1.0	0.14	0.29	1.71	0.38	0.018	0.1

续表

编号	水泥	硅灰	粉煤灰	河砂	水	超级塑化剂	纤维（%）
S0. 3	1. 0	0. 14	0. 29	1. 71	0. 38	0. 018	0. 3
S0. 5	1. 0	0. 14	0. 29	1. 71	0. 38	0. 018	0. 5
S0. 7	1. 0	0. 14	0. 29	1. 71	0. 38	0. 018	0. 7
S0. 9	1. 0	0. 14	0. 29	1. 71	0. 38	0. 018	0. 9

图 8. 2 为自行开发设计的钢架式水泥基材料打印系统，包括结构组件、运动滑槽、连接组件、控制系统和驱动马达等。储料仓用于存储新拌和好的混凝土材料，储料仓内装配有叶片绞龙，可以在挤出电机的驱动下，将混凝土材料传送至底端的打印头挤出。打印头可以在电机（X、Y、Z）的作用下分别沿滑槽（X、Y、Z）运动，从而实现三维模型的逐层打印建造，同时在软件控制下，打印头能以 X、Y 为函数进行曲线运动。打印系统的有效打印范围为 0. 7m × 0. 4m × 0. 3m。

制备测试试件，首先 3D 打印一个尺寸为 220mm × 220mm × 140mm 的大尺寸矩形试件，打印完成之后在（20 ± 1）℃的环境温度和相对湿度为（95 ± 5）% 的环境中养护 28d。然后利用机械切割提取符合测试规范的试件进行力学性能测试。与此同时，浇筑相同材料的试件用作参考，有利于分析和讨论 3D 打印对水泥基复合材料的力学承载性能及各向异性的影响机制。

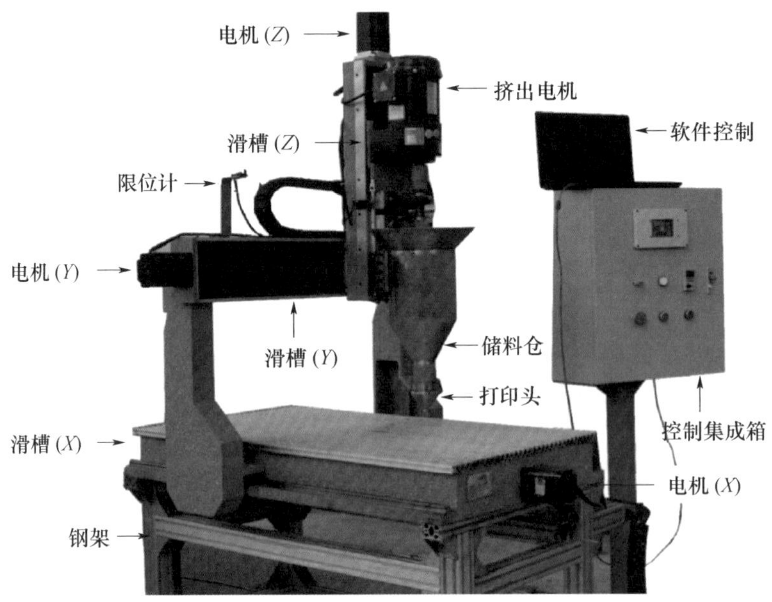

图 8. 2　自主研发桌面式混凝土 3D 打印机

8.1.2 优化配合比测定

为了确定最优的玄武岩纤维掺量，从可打印性能和抗弯性能两个方面进行测试评估。

1）可打印性能测试

挤出性能参照 Le 等[224]的方法，通过打印喷嘴的连续性和稳定性，对搅拌料的挤出性进行了评价。每条打印路径的设计都是在 8 个返回过程中，总长度为 2000mm，打印路径的每一段都是 250mm。在挤压过程中没有堵塞和中断的复合材料，说明具有满足条件的挤出性能。可建造性是指垂直堆叠打印一定高度而保持稳定状态、不发生较大变形的能力。本试验评估材料的打印性，设计结构的平面几何尺寸为宽度 24mm、长度 250mm，堆叠 20 层，观测最终成型后是否垮塌来评定建造性。

试验设计最大纤维掺量为 0.9%，不足 1%，主要是考虑到较高纤维掺量会影响材料的打印工作性能。然而根据打印过程中的观测，材料 S0.9、S0.7 的工作性能不佳，被挤出后外表面细观裂缝较多，整体拌合物略显松散，密实性相对较差。这可能是由于纤维的掺入增加了需水量，导致流动性能较差；同时，纤维混入后形成的三维网络降低了胶凝体系的密实度。而掺量相对较低的纤维复合材料 S0 ~ S0.5 的打印效果整体上满足均匀性、稳定性的打印要求。

图 8.3 给出了材料 S0.5 打印过程的图片，从图中可以看出材料在挤出过程和垂直建造过程中均展现出良好的打印性能，挤出过程平稳连续，无裂缝和中断出现；建造过程均匀稳定，无明显变形。因此，根据试验观测，用纤维掺量不超过 0.5% 的配合比进行下一步的试验测试。

(a) 挤出性

(b) 建造性

图 8.3 S0.5 材料的 3D 打印性评价

2）抗弯性能测试

借助三点弯曲试验测试不同玄武岩纤维掺量试件的弯折性能，使用2000kN的万能伺服试验机进行加载，测试时棱柱体试件的跨度为125mm，加载速率为0.05mm/min，加载时自动记录荷载位移曲线，每个纤维掺量测试三个试样。此时的材料制备为模具浇筑方式，但浇筑完成后不进行后续的振捣工序。

图8.4给出了玄武岩纤维掺量的混凝土材料的抗弯性能。从图中可得出，弯折承载能力随纤维掺量的增加而增强，但从0.5%增加至0.7%时，增强效果不明显。因此，综合可打印性的观测及力学强度的测试数据，选定S0.5为最优的配合比进行打印测试。

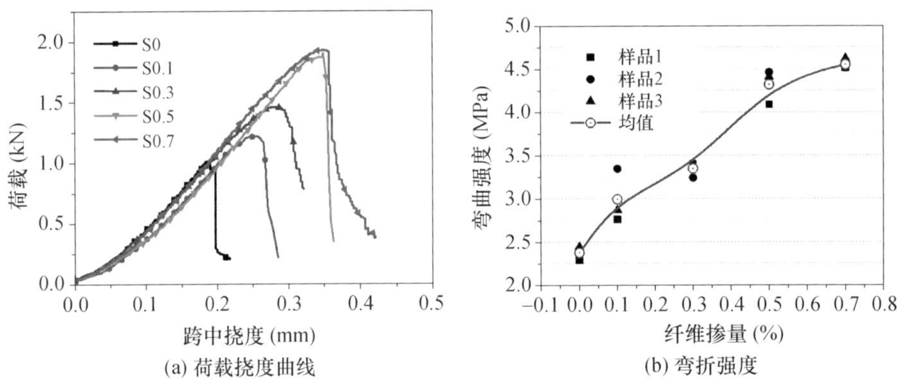

图8.4　纤维混凝土的抗弯性能测试

8.2　力学各向异性测试

3D打印混凝土材料的力学各向异性测试主要包括抗压、抗弯、抗剪和抗拉测试。具体加载方式如图8.5所示，符号FX、FY、FZ用于表征分别从X轴、Y轴和Z轴加载。

8.2.1　抗压强度测试

试验测试样品的尺寸为70mm×70mm×70mm，测试过程完全按照国家标准进行。加载速率为0.6MPa/s，加载过程自动记录荷载位移参数，每个配合比的每个加载方向测试三个样品。

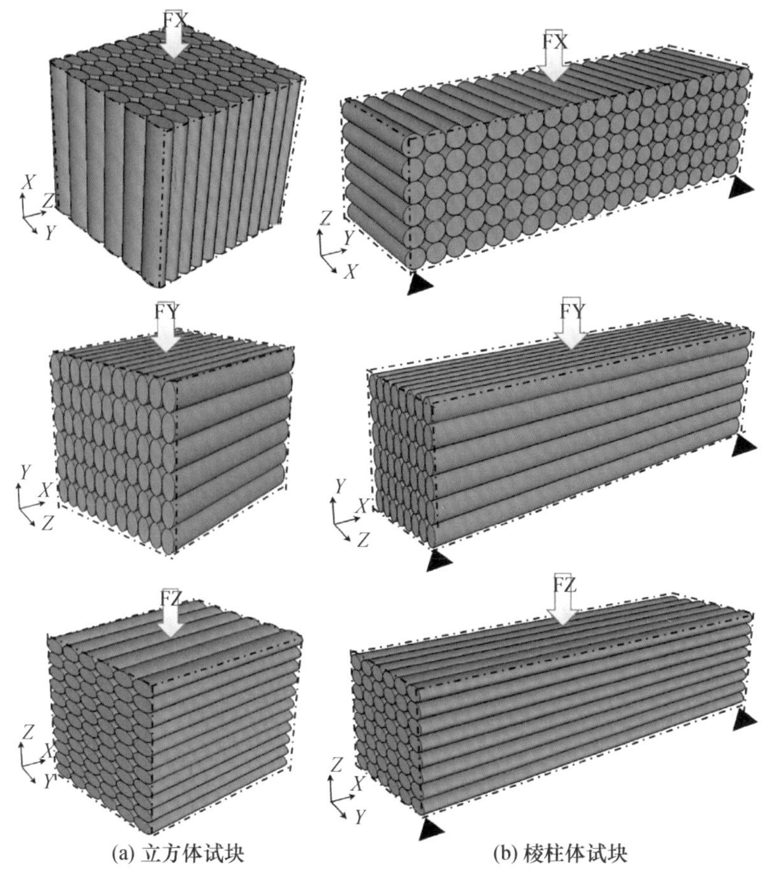

图 8.5　3D 打印混凝土试块各向异性测试

图 8.6 显示了 3D 打印材料的单轴抗压测试的结果，数据显示，沿 *X* 轴、*Y* 轴和 *Z* 轴的抗压强度平均值分别为 39.6MPa、37.0MPa 和 29.8MPa，模具浇筑试样的单轴压缩强度值为 39.5MPa。因此，显示了不同的各向异性的力学特性。与浇筑材料相比，FY 和 FZ 的抗压强度分别降低了 7.0% 和 24.6%。3D 打印材料在 *X* 方向表现出较高的力学性质，而且高于浇筑试样。

如图 8.6（a）所示，FX 和 FY 试样所承受的荷载在达到峰值荷载之后迅速下降，裂缝发展迅速，脆性破坏特征明显。*X* 轴方向加载时，打印的带状结构平行于竖向压力，压缩破坏裂缝与层间弱面结构平行，有助于裂缝的发展和迅速扩展，因此表现出脆性的破坏特征。而当沿 *Z* 轴方向加载时，3D 打印材料表现出与浇筑试样相近的破坏模式，应力-应变曲线均存在一定的峰后下降阶段。此时，打印层间的弱面与竖向压缩应力垂直，对破坏裂缝的发展影响并不显著。但依据测试数据，试样 FY 和 FZ 的抗压强度较浇筑试样低 10%～20%，如图 8.6（b）所示。这说明，虽然在此工况下，弱面对裂缝的扩展影响不显著，但弱面的存在仍然会降低打印材料的力学承载力。

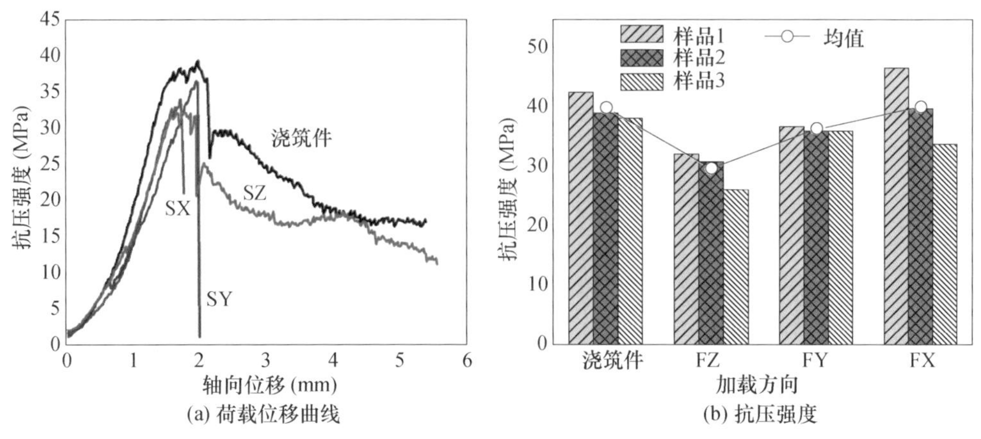

(a) 荷载位移曲线　　(b) 抗压强度

图 8.6　3D 打印纤维混凝土不同加载方向的抗压力学特征

图 8.7 给出了 3D 打印材料不同加载方向的破坏模式。从图中可以看出，浇筑的试块表现出锥形的破坏，这与常规的测试结果相同。而沿 Z 轴和 Y 轴加载时，3D 打印试块的破坏模式与浇筑试块相同。沿 X 轴加载时，裂缝的扩展路径（白色虚线标注）与加载方向平行。这些试验现象也再次证明了上述推断。

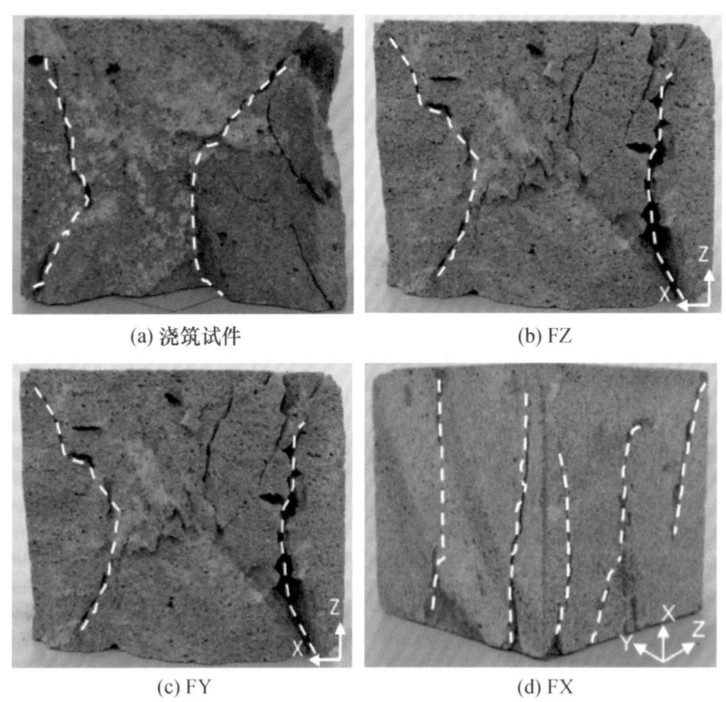

(a) 浇筑试件　　(b) FZ

(c) FY　　(d) FX

图 8.7　单轴压缩试验试块破坏状态

8.2.2 抗弯强度测试

抗弯强度测试采用的是棱柱体试件，尺寸为 50mm×50mm×200mm。三点弯曲试验根据 GB/T 50081—2019 进行，加载速率设置为 50N/s。抗弯强度可通过下式计算求得：

$$f_{\mathrm{flx}}=\frac{3F_{\mathrm{f,max}}\cdot L}{2bh^2} \tag{8.1}$$

式中：f_{flx}为抗弯强度；$F_{\mathrm{f,max}}$为峰值弯曲荷载；L 为加载跨度；b 和 h 分别为棱柱体的横截面宽度和高度。

图 8.8（a）给出了 3D 打印纤维混凝土的抗弯性能测试结果。数据显示，3D 打印试件在 X 轴、Y 轴和 Z 轴方向的抗弯强度值分别为 3.34MPa、5.03MPa 和 6.51MPa。棱柱体试件在 X 轴方向的弯曲承载性能最差，相对浇筑试件而言，降低了 24.8%。浇筑材料的抗弯强度值为 4.17MPa。而 FZ 和 FY 试件则表现出较好的抗弯承载性能，相对于浇筑模型，分别升高了 94.8% 和 50.5%。

当棱柱体试件承受 X 轴方向的弯曲应力时，试件跨中底部承受的拉应力与层间弱面垂直，易产生裂缝，出现开裂。因此，FX 的抗弯承载力值最低。然而，依据测试结果，当棱柱体试件承受 Y 轴和 Z 轴的弯曲荷载时，尽管存在弱结合面，仍表现出高于浇筑试件的承载力。这主要是由于挤出过程中纤维的定向作用，使得打印的带状结构在承受平行拉力时表现出优异的力学性能。尽管如此，从图 8.8（b）中的荷载曲线来看，3D 打印纤维混凝土在各个方向的抗弯破坏依然是明显的脆性特征。玄武岩纤维的掺入虽然可以在一定程度上增强材料的力学性能，但本章所制备的材料依然没能有效地改善材料的延性，这可能与纤维的物理力学参数、掺量等相关。后续的研究中将进一步尝试不同参数的玄武岩纤维或者其他种类的纤维（如 PVA 纤维、玄武岩纤维）等，进而寻求 3D 可打印性和力学承载性能的最优化。

8.2.3 劈拉强度测试

劈拉强度测试的试样为立方体试样（70mm×70mm×70mm），加载速率为 0.06MPa/s，劈裂强度按照下式计算得出：

$$f_{\mathrm{ts}}=\frac{2F_{\mathrm{t,max}}}{A\pi}=0.637\,\frac{F_{\mathrm{t,max}}}{A} \tag{8.2}$$

式中：f_{ts}为劈拉强度；$F_{\mathrm{t,max}}$为峰值荷载；A 为承载面积。

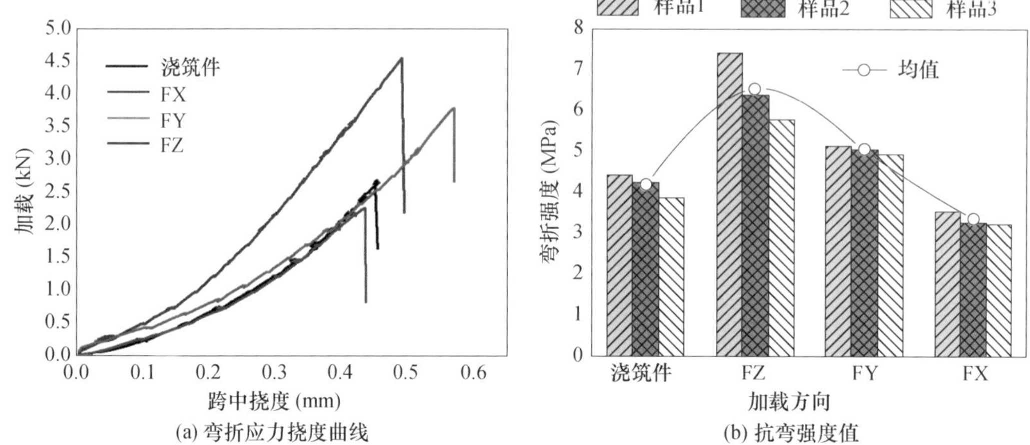

图 8.8　3D 打印纤维混凝土的弯折应力挠度曲线与抗弯强度值

图 8.9 给出了 3D 打印纤维混凝土的劈拉强度。测试结果显示，试件 FX、FY 和 FZ 的劈拉强度分别为 3.62MPa、3.20MPa 和 5.26MPa，因此，打印材料也表现出各向异性的劈拉性能。浇筑材料的劈拉强度为 4.81MPa，试块 FX 的劈拉强度比浇筑试块低 24.7%，试块 FY 的劈拉承载力最低，相对于浇筑试块降低了 37.2%。打印材料在 Z 轴方向的抗劈拉性能最优，尽管存在层间弱面，但测试强度比浇筑试件高 9.4%。

3D 打印试块的各向性能与抗压强度的测试结果不同。FX 和 FY 的承载性能低于浇筑试件，而 FZ 的承载性能略高于浇筑试件。在劈拉测试过程中，混凝土试块将承受垂直于加载方向的拉应力。当沿 X 轴或 Y 轴加载时，水平方向的拉应力易使层间弱结合面断开，因此强度值相对较低。然而对于从 Z 轴方向加载而言，尽管有弱面的存在，但弱面结构与加载方向垂直，试块承受的水平拉力与打印的带状结构平行，在材料挤出过程中形成的纤维定向效果提升了材料的抗拉承载性能，这也是 FZ 试件的劈拉强度大于纤维乱向分布的浇筑试件的主要原因。如图 8.9（b）所示的劈拉破坏状态，FZ 试件的裂缝垂直穿过打印的带状结构，而 FX 和 FY 的裂缝则从层间交界面处产生。

8.2.4　抗剪强度测试

抗剪强度测试所采用的试件的尺寸为 50mm×50mm×100mm，双剪切试验的加载速率设置为 50N/s。剪切强度由下式计算：

$$f_{\mathrm{fc,v}} = \frac{F_{\mathrm{s,max}}}{2bh} \tag{8.3}$$

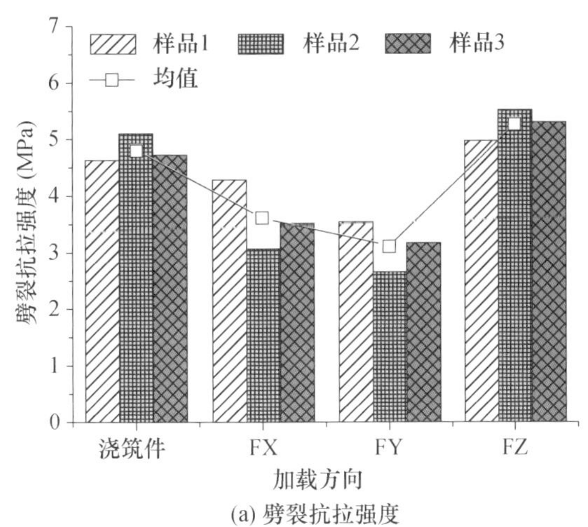

(a) 劈裂抗拉强度

(b) 破坏状态

图 8.9　3D 打印纤维混凝土的劈裂抗拉强度与破坏状态

式中：$f_{fc,v}$ 为剪切强度；$F_{s,max}$ 为峰值剪切应力；b 和 h 分别为测试试件的长度和高度。

图 8.10 给出了 3D 打印纤维混凝土的抗剪强度的测试结果。与抗弯和劈拉测试结果相似，X 轴方向的抗剪切强度值最低，为 4.67MPa，比浇筑试件（5.21MPa）低 11.5%，同样是由剪切应力平行于打印层间弱面所致。层间剪切应力易导致相邻打印层之间的滑移和搓动。试样 FY 和 FZ 的抗剪强度分别为 6.42MPa 和 8.49MPa，分别比 FX 高 36.9% 和 45.0%。当加载方向沿 Y 轴和 Z 轴时，抗剪强度分别比浇筑试件高 23.2% 和 38.6%，这是由于定向纤维对打印材料抗拉承载能力增强。混入的玄武岩纤维在一定程度上发挥了优异的变形约束和裂缝扩展的作用。

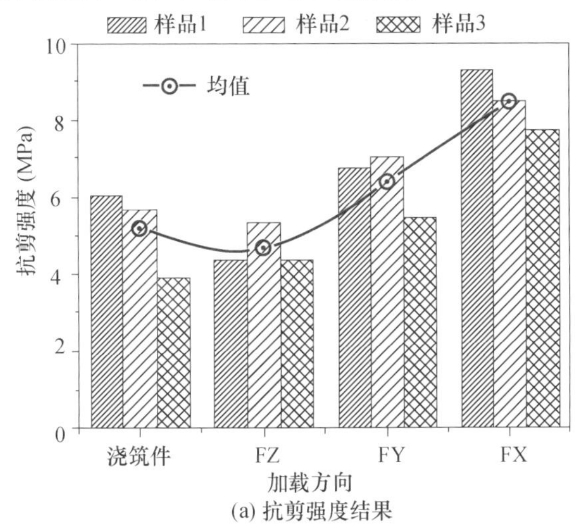

(a) 抗剪强度结果

(b) 破坏状态

图 8.10　3D 打印纤维混凝土的抗剪强度结果及破坏状态

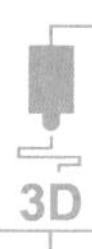

8.2.5 微观结构分析

力学测试结果表明，沿打印方向的力学强度较高。为了探明玄武岩纤维的定向作用及增强增韧机理，下面借助扫描电镜（SEM）进行微观结构探测。图 8.11 为放大 700 倍后的观测效果。从图中可以看出，大多数纤维均沿打印方向排布，这证明了选用长度长于打印喷头口径的纤维可以提升挤出过程中的纤维定向效果，也支撑了前面对力学测试结果的推断。挤出过程中纤维定向的形成主要有三个方面的因素：①纤维的长度应长于挤出口径；②所选用的纤维应具有一定的刚度，不易变形；③新拌胶凝材料还应具有良好的流变性和润滑性，利于纤维的挤出。纤维的分布角度对力学性能的改善具有显著的影响，一些研究结果表明，当纤维分布角度为45°时，拔出过程中需要的能量最高，对材料的增强增韧效果也最显著。

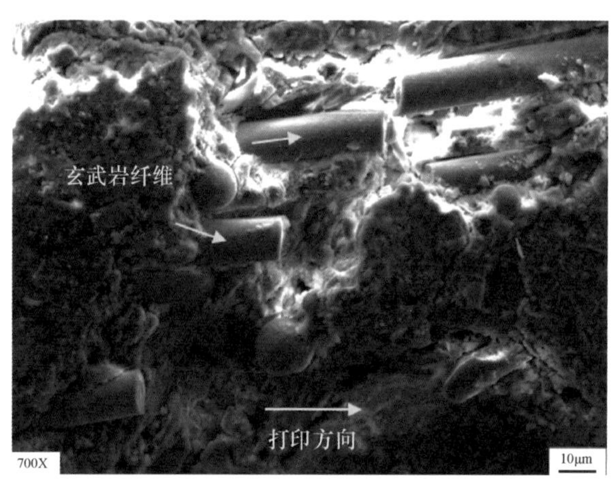

图 8.11　纤维定向的 SEM 观测（700 倍）

纤维与基体界面的粘结是增强增韧的重要因素。如图 8.12 所示，部分纤维在受载过程中被拔断甚至被拔出。良好的纤维与基体粘结可有效地传递和耗散外部荷载的能量，从而起到增强增韧的作用。玄武岩纤维主要组分为二氧化硅、三氧化二铝、氧化铁等，与水泥基材料的粘结性较好，因此与水泥等胶凝材料具有良好的粘结性能。特别是其含有的 SiO_2 和 Al_2O_3 等物质，可促进水化硅酸钙的形成，进而提升材料的力学性能。材料制备过程中加入的硅灰材料可有效地填充微孔隙，发挥火山灰效应，从而改善纤维与胶凝基体的粘结。

除了纤维的定向作用影响材料的力学性能，细观的层间弱面同样是决定 3D 打印材料宏观行为的关键因素。图 8.13 给出了 3D 打印层状结构单轴压缩受力示意图，打印层（弱

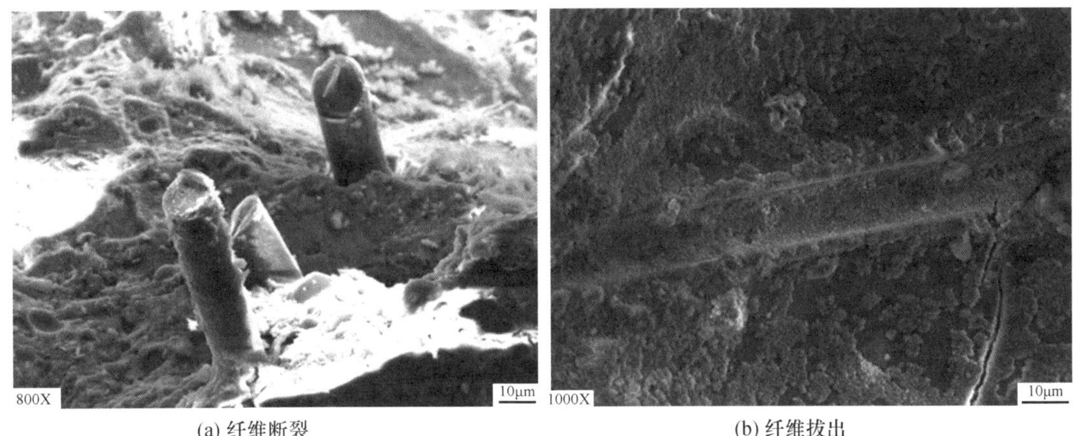

(a) 纤维断裂　　(b) 纤维拔出

图 8.12　玄武岩纤维断裂和拔出的 SEM 图

面结构）与垂直压缩应力存在一定的角度 θ。层间界面的法向应力和切向应力如图 8.13（a）所示。法向应力（σ_n）和切向应力（σ_t）可由如下公式计算求得。σ 为施加在材料表面的压力值；n 和 t 为垂直和相切于层间弱面的单位向量。

$$\sigma_n = n \cdot \sigma = |\sigma| \cos^2\theta \tag{8.4}$$

$$\sigma_t = t \cdot \sigma = |\sigma| \sin\theta\cos\theta \tag{8.5}$$

图 8.13（b）绘制了 3D 打印材料在承受轴向压缩应力状态时，主应力和切应力与倾斜角的函数关系。从图中可以看出，当倾斜角为 45°时，层间弱面剪切力数值最大，此时易出现层间滑移甚至破坏。因此，在使用 3D 打印结构的过程中应合理调整试件的倾向，或者设计打印层的倾向以满足对设计承载能力的要求。各向异性的测试和研究可以为结构的设计及工程应用提供规范和指导。

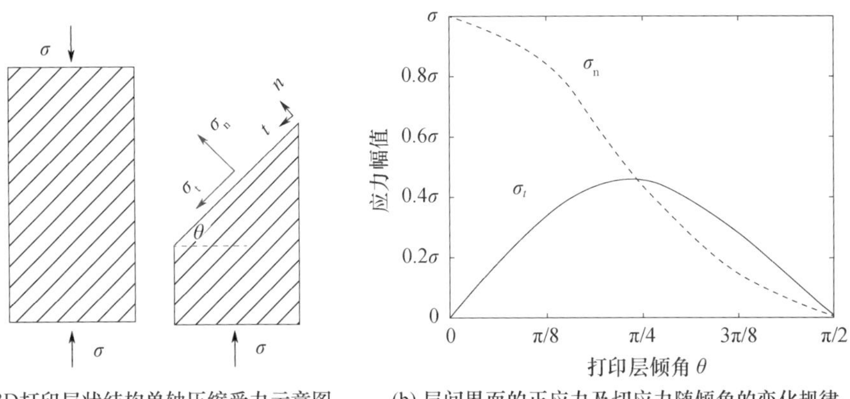

(a) 3D打印层状结构单轴压缩受力示意图　　(b) 层间界面的正应力及切应力随倾角的变化规律

图 8.13　受力示意图及变化规律图

8.3 各向异性评价

综合上述的抗压、抗弯性能的力学测试结果，区别于模板浇筑的成型方式，3D 打印混凝土在配合比固定的条件下因受力方向的不同而表现出迥异的力学性质，即力学的各向异性。各向异性受打印材料参数、打印工艺参数等影响较大。视模板浇筑的砂浆试件为各向同性材料。相同尺寸的试件，打印层越少，与浇筑试样越接近，则力学差异性也就越小。相反地，各向异性也就越明显。因此，提出一个各向异性指数用于表征打印过程对材料力学行为的影响，计算如下式：

$$I_a = \sqrt{(f_X - f_c)^2 + (f_Y - f_c)^2 + (f_Z - f_c)^2} / f_c \tag{8.6}$$

式中，f_X，f_Y，f_Z分别代表沿 X，Y，Z 方向加载时的强度。f_c为浇筑试件的强度。基于力学强度指标的各向异性指数 I_a则表征为单一方向强度与浇筑材料强度的平均方差与浇筑强度的比值。对于各向同性材料，各向异性指数 I_a的值等于 0。即数值越小，各向异性差异也就越小。影响打印结构各向异性的除了结构层面的成型工艺外，材料自身的物理力学性质同样对各向异性具有明显的影响。例如纤维混凝土，纤维的掺量越多，各向异性值也就越大。这主要是由于纤维在挤出过程中可发挥一定的定向效果，可有效提高混凝土在特定方向的力学强度，自然也将增加其力学各向异性。同时，在一定程度上，纤维的定向作用在 3D 打印层间弱面处发挥的作用有限。因此，随纤维掺量增多，材料各向异性特征增大。

前面几节通过力学试验测试，分析了 3D 打印材料对不同方向载荷的响应行为。众所周知，工程材料的宏观力学行为受内部微细观结构的影响。本节借助高分辨率微焦点 X 射线 CT 系统进行 3D 打印材料的细观结构检测，最大的空间分辨率为 4μm。图 8.14 给出了 CT 扫描的测试结果。图中黑色的像素点表征孔隙或者打印过程中形成的空隙。根据 CT 图片，打印层与层之间分布有明显的空隙，而且层间的弱粘结面也可清晰地观测到。正交提取的三张 CT 图片清晰地反映出细观的分层结构，也有力地证明了打印材料的力学各向异性。

超声波测试（Ultrasonic Pulse Velocity）是一种无损检测方法，3D 打印过程在材料内部形成的弱面和空隙在一定程度上会影响超声脉冲在材料内部的传播。下面借助超声波速来评价 3D 打印材料的细观非均质性，进而为各向异性评价提供参考支撑，操作规范参考

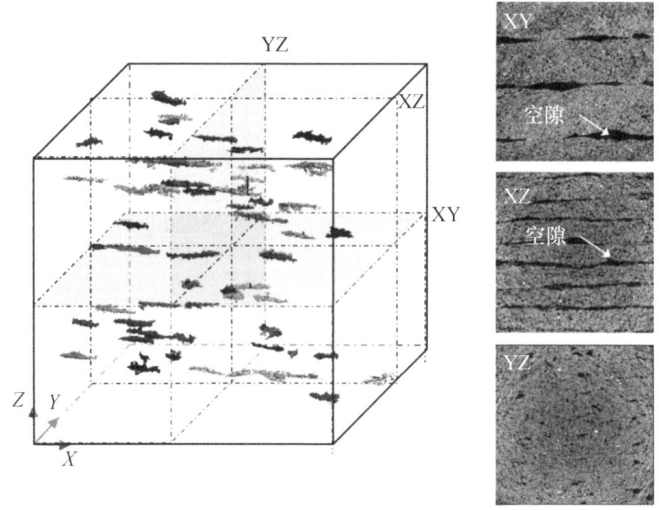

图 8.14 3D 打印混凝土的 CT 扫描结果

BS 1881—203—1986。在特定方向上的超声波波速越快，则说明该传播路径上的材料的密实性和均匀性越好；而较低的波速则说明材料在相应传播方向上的连续性较差。

图 8.15 显示了超声波测量的试验布置图。一个声波脉冲发射器和一个接收器分别接于测试材料的两端，测试之前于传感器表面涂抹少量凡士林，从而保证传感器与混凝土试件的良好连接。超声脉冲波速由两个传感器之间的距离（L）和电子脉冲的传播时间（t）之比计算得出：

$$v = \frac{L}{t} \tag{8.7}$$

如图 8.15（b）所示，对 3D 打印试件进行了三个方向的 UPV 测试。考虑到打印层外表面的不规则性，对混凝土样品的外表面进行了切割磨平处理。为确保统计结果的可靠性，在同一个方向测试三个不同部位，取其平均值。研究后推荐混凝土材料的超声波脉冲测试频率在 40 ~ 80kHz 范围内[225]。本章测试脉冲频率选定为 55kHz，传输时间测量以微秒计。

图 8.16 给出了浇筑试件和打印试件三个方向的超声波测速数据。沿 X 轴、Y 轴和 Z 轴的超声波速分别为 4.11km/s、3.92km/s 和 3.81km/s，而浇筑材料的波速为 3.95km/s。沿 X 轴方向的超声波速最大，沿 Z 轴方向的波速值最小。在 Y 轴和 Z 轴的波速分别低于 X 轴方向的 6.31% 和 8.89%，这主要是由不连续的孔隙和空隙造成的。打印材料正交方向的超声波速度的差异性也从另一个角度证明了该材料的细观非均质性。

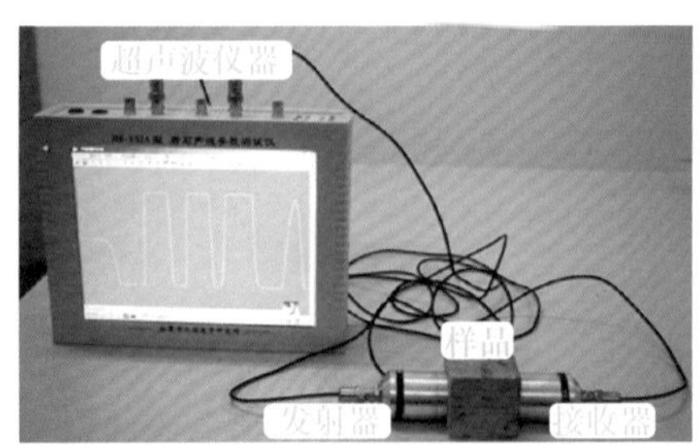

(a) 超声波测试实验装置

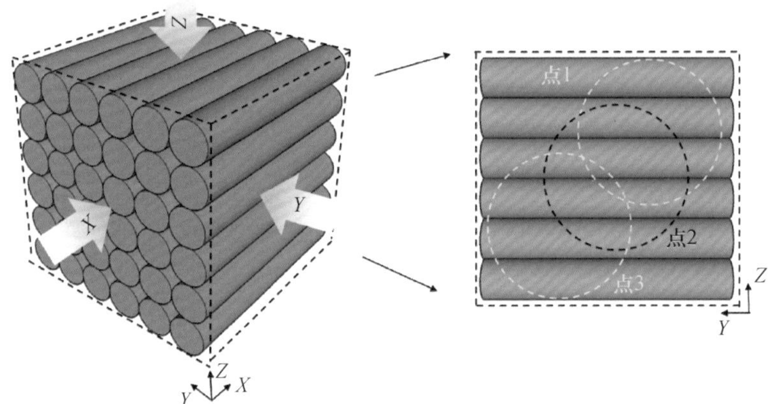

(b) 测试方案示意图

图 8.15　超声波测量的试验布置图

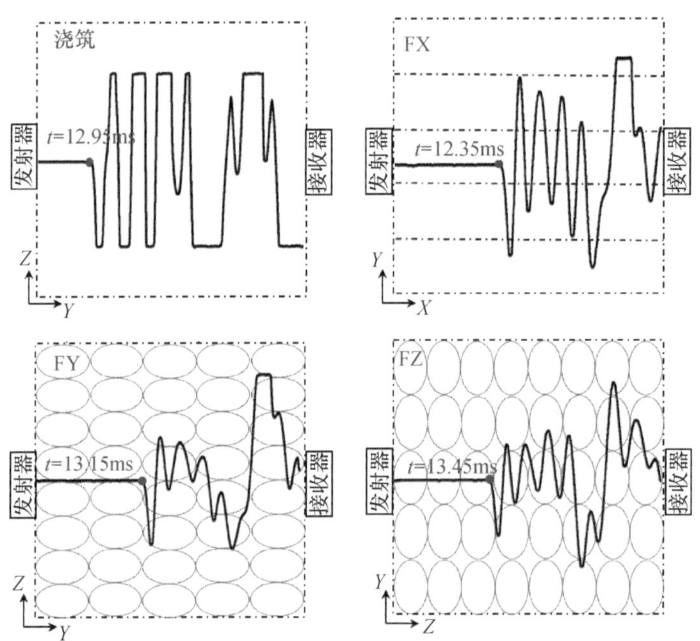

图 8.16　3D 打印混凝土正交方向的超声波测试结果

整体上来看，X 轴方向的波速值较高，而 Y 轴和 Z 轴的波速值相当。因此提出一个基于超声波速的各向异性系数来表征材料的各向异性。将浇筑材料的超声波速作为参考值，计算打印材料三个正交方向的波速的平均值与浇筑材料的比值 v_a。对于浇筑的试件，v_a数计算值为 1.0。然后根据公式（8.9）至式（8.11）可分别计算在 X、Y、Z 三个方向的各向异性系数。

$$\nu_a = (V'_{p,X} + V'_{p,Y} + V'_{p,Z}) / 3V_c \tag{8.8}$$

$$\eta_X = \frac{V'_{p,X}/V_c}{\nu_a} \tag{8.9}$$

$$\eta_Y = \frac{V'_{p,Y}/V_c}{\nu_a} \tag{8.10}$$

$$\eta_Z = \frac{V'_{p,Z}/V_c}{\nu_a} \tag{8.11}$$

式中：$V'_{p,X}$、$V'_{p,Y}$、$V'_{p,Z}$分别指超声脉冲沿 3D 打印材料 X、Y、Z 轴的传播速度，V_c为超声波在浇筑试件内的传播速度，η_X、η_Y、η_Z分别 X、Y、Z 三个方向的各向异性系数。对于各向同性材料，提出的各向异性系数为1。各向异性系数计算值与1.0之差的绝对值越大，则各向非均质性越明显。将测试数值代入上述公式中求解，打印材料在 X、Y、Z 三个方向的各向异性系数分别为 1.041、0.993 和 0.965。打印材料 Y 方向表现出与浇筑材料相接近的超声传播特征。

图 8.17 将打印材料各向的超声波速与力学强度建立了拟合关系。从分析结果来看，波速与强度呈正相关，这也证明了用波速表征强度是可行有效的。超声脉冲的传播速度越高，密实性越好，材料的强度也越高。根据以往试验测试结果，超声波速与抗压强度的关系可用式（8.12）表征量化，根据测试数据对 3D 打印材料进行计算，可得式（8.13）所述关系。用无损检测的方法来预测材料的力学性能是高效的。

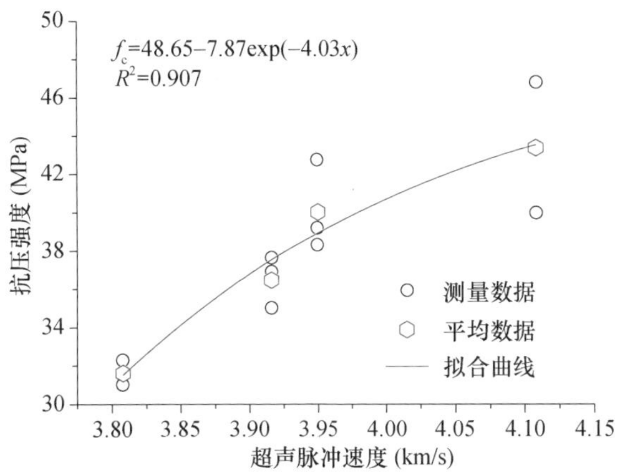

图 8.17 超声波速与力学性能的拟合曲线

$$f_c = a \cdot e^{bV_c} \tag{8.12}$$

$$f_c = 48.65 - 7.87e^{-4.03V_c} \tag{8.13}$$

8.4 打印路径对力学性能的影响

8.4.1 3D 打印混凝土路径的选择

挤出型 3D 打印为一个将胶凝材料持续挤出、垂直堆叠的建造过程，对于相同的几何模型，有多种打印路径。打印路径的设计会影响打印的长度，进而影响打印的时长，路径选择不合理则会影响打印层间的结合强度。因此本节设置了不同的打印路径来测试和评价路径规划对试件宏观力学行为的影响机制。设计了如图 8.18 所示的四种打印路径，分别为“回”形路径 A、Z 形路径 B、正交路径 C 及倾斜垂直交叉路径 D，据此制作立方体和棱柱体力学试件。

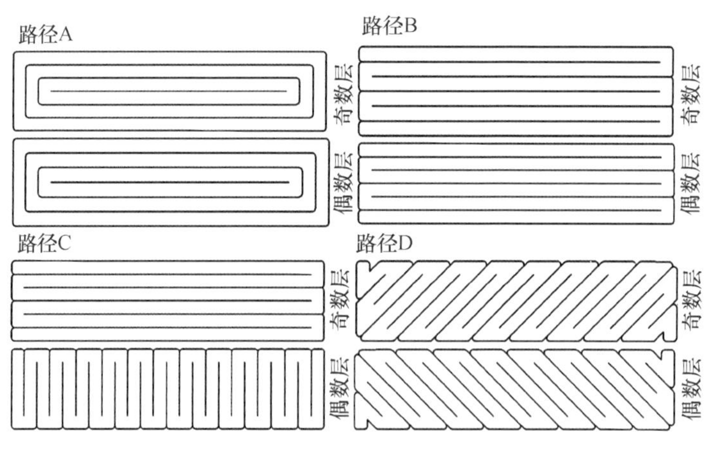

图 8.18 四种打印路径示意图

路径 A 为由下至上全部为“回”形打印堆叠；路径 B 为由下至上全部为长条形打印堆叠；路径 C 为长条形奇偶层 90°交叉打印堆叠；路径 D 为长条形奇偶层 45°交叉打印堆叠。实验室打印采用直径为 20mm 的打印喷头，打印速率设为 5cm/s，打印模型如图 8.19 所示。考虑到打印的误差，设计模型尺寸稍大。图 8.19 为四种不同打印路径的 110mm × 110mm × 400mm 的长方体；图 8.20 为四种不同打印路径的 110mm × 110mm × 100mm 的立方体。试验测试时为了消除打印边界的影响，对试件进行了切割后处理，切割后的试件尺寸分别为 100mm ×100mm ×400mm 和 100mm ×100mm ×100mm，满足国家标准对力学性能测试试样的尺寸要求。

立方体试件用于抗压和劈拉强度测试，棱柱体用于弯折测试。每一种打印路径的试件均测试抗压、劈拉和弯折性能，并分别从 X，Y，Z 三个方向进行加载，试验量测不同打印路径对结构力学各向异性的影响。具体的方案设计及材料编号如表 8.3 ~ 表 8.5 所示。每组试验做三个试样。

图 8.19　试件打印过程

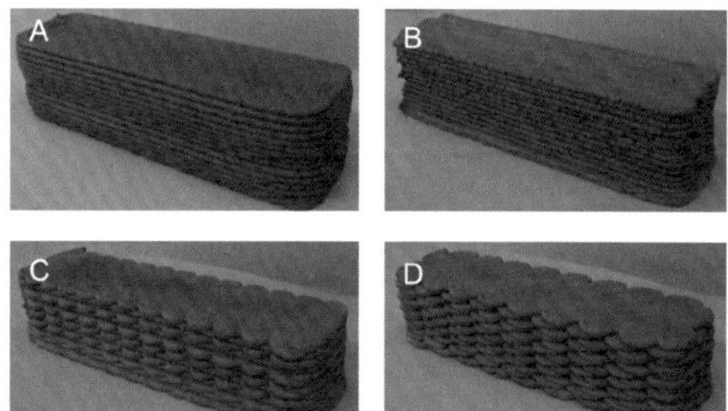

图 8.20　四种路径打印长方体

表 8.3　立方体抗压试验安排

立方体抗压试验	X 受力方向	Y 受力方向	Z 受力方向
A 打印路径	C-X-A	C-Y-A	C-Z-A
B 打印路径	C-X-B	C-Y-B	C-Z-B
C 打印路径	C-X-C	C-Y-C	C-Z-C
D 打印路径	C-X-D	C-Y-D	C-Z-D

表 8.4　抗折试验安排

抗折试验	Y 受力方向	Z 受力方向
A 打印路径	F-Y-A	F-Z-A
B 打印路径	F-Y-B	F-Z-B
C 打印路径	F-Y-C	F-Z-C
D 打印路径	F-Y-D	F-Z-D

表 8.5　劈裂抗拉试验安排

劈裂抗拉试验	XY 平面方向	YZ 平面方向	ZX 平面方向
A 打印路径	T-XY-A	T-YZ-A	T-ZX-A
B 打印路径	T-XY-B	T-YZ-B	T-ZX-B
C 打印路径	T-XY-C	T-YZ-C	T-ZX-C
D 打印路径	T-XY-D	T-YZ-D	T-ZX-D

8.4.2 基本力学性能测试

1）抗压强度试验

根据《混凝土物理力学性能试验方法标准》（GB/T 50081—2019）[226]的规定，本试验采用边长为100mm的非标准试件，其换算系数为0.95，加载速率为0.5MPa/s。按照标准规定的方法计算该组试件的强度值，计算精确至0.1MPa。四种路径打印的立方体抗压强度的计算结果如图8.21所示（图中C-Z-A、C-Z-B、C-Z-C、C-Z-D分别表示A、B、C、D四种路径的试块在Z方向上的立方体抗压试验）。

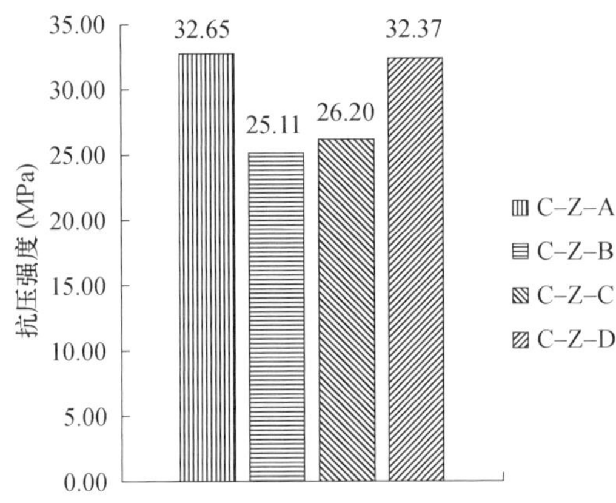

图8.21　四种路径打印立方体的抗压强度柱状图

抗压强度测试结果表明：路径A、B、C、D的抗压强度分别为32.65MPa、25.11MPa、26.20MPa和32.37MPa。其中路径A的抗压强度最大，较路径B、C、D分别高出30.0%、24.6%和0.9%。这可能是由于立方体受压的过程中，“回”形路径可以起到环向的约束作用。测试结果中路径B的强度最小，这主要是由于Z形打印路径导致的垂直层间交界面最为显著，在受压过程中易出现分离和开裂等。而路径C和路径D的测试试样的带状结构错缝搭接，整体性和承载性能则相对较高。

2）抗弯强度试验

根据《混凝土物理力学性能试验方法标准》（GB/T 50081—2019）的规定，本试验采用边长为100mm的非标准试件，其换算系数为0.85，加载速率为0.05MPa/s。混凝土抗弯强度计算应精确至0.1MPa。按照标准规定，以三个试件测定值的算数平均值作为该组试件的强度值。比较四种路径抗弯强度平均值，结果如图8.22所示（图中F-Z-A、F-Z-B、F-Z-C、F-Z-D分别表示A、B、C、D四种路径的试块在Z方向上的抗弯试验）。

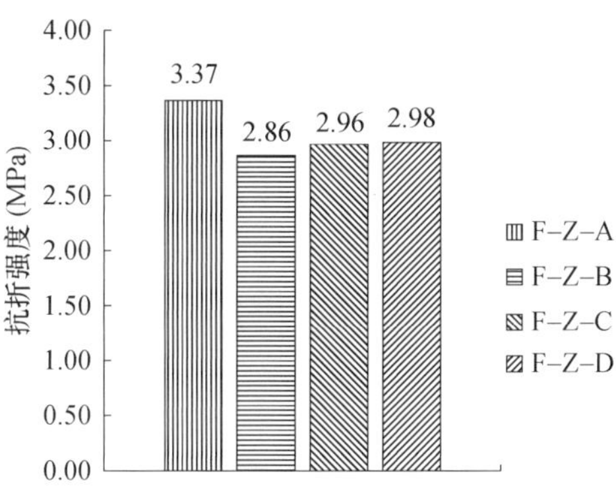

图 8.22　四种路径抗折试验的抗折强度柱状图

抗折强度测试结果表明：路径 A、B、C、D 的抗弯强度值分别为 3.37MPa、2.86MPa、2.96MPa、2.98MPa。其中路径 A 的抗弯强度值最大，分别是路径 B、C、D 的 117.83%、113.85% 和 113.09%。打印过程层的弱面结构，不利于结构的整体性能。特别是当打印层承受垂直方向的拉力时，力学承载性能最弱。对于路径 A 的打印方式，棱柱体在受弯过程中，试件的底端承受拉力，拉力的方向平行于层间弱面，对层间开裂的影响不显著，因此强度值相对较大。路径 C 和路径 D 的强度值相差不多。

3）劈拉试验

根据《混凝土物理力学性能试验方法标准》（GB/T 50081—2019）的规定，本试验采用边长为 100mm 的非标准试件，其换算系数为 0.85，加载速率为 0.05MPa/s。混凝土劈裂抗拉强度计算应精确至 0.1MPa。按照标准规定，以三个试件测定值的算数平均值作为该组试件的强度值。比较四种路径劈裂抗拉强度平均值，结果如图 8.23 所示（图中 T-YZ-A、T-YZ -B、T-YZ-C、T-YZ-D 分别表示 A、B、C、D 四种路径的试块在平行于 *YOZ* 平面上的劈裂抗拉试验）。

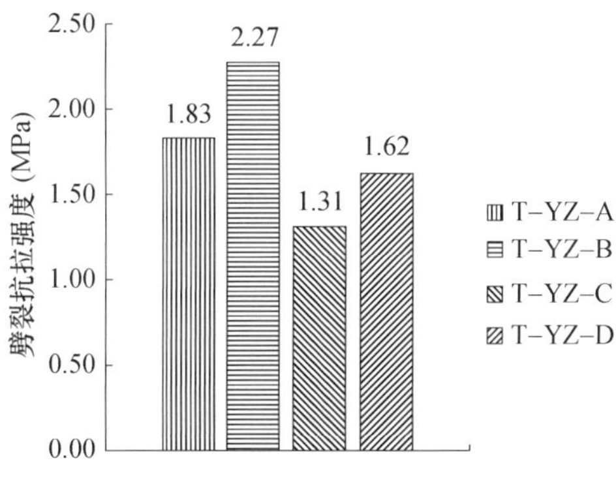

图 8.23　四种路径的劈裂抗拉强度柱状图

劈裂抗拉强度测试结果表明：路径 A、B、C、D 的劈裂抗拉强度值分别为 1.83MPa、2.27MPa、1.31MPa、1.62MPa。其中路径 B 的抗拉强度值最大，分别是路径 A、C、D 的 124.04%、173.28% 和 140.12%。

8.5 本章小结

本章制备了五种不同掺量的玄武岩纤维混凝土，通过综合评价力学强度和打印效果确定了最优纤维掺量。在其基础上，3D 打印立方体和棱柱体试块，测试了正交方向的抗压、抗弯、劈拉和剪切强度，分析了 3D 打印材料的各向异性力学行为。同时，提出了一种基于挤出型打印工艺的纤维定向方法，借助 SEM 从微观角度探测了纤维的定向分布特征，及拔出拔断等增强增韧机理。纤维定向可以有效地提高和改善打印材料的力学承载性能。借助 CT 检测提取了 3D 打印材料的细观结构，分析了细观非均质性。特别地，借助超声脉冲波速评价和量化了材料的各向非均质性，建立了超声波速与抗压强度的拟合关系，为 3D 打印材料的强度预测提供了试验数据和参考。同时测试了不同打印路径对 3D 打印材料抗压、抗折和劈拉力学行为的影响。基于测试结果，建议针对不同受力特点与受力要求，选择较好的打印路径。

3D

第9章

3D打印结构的整体性增强方法

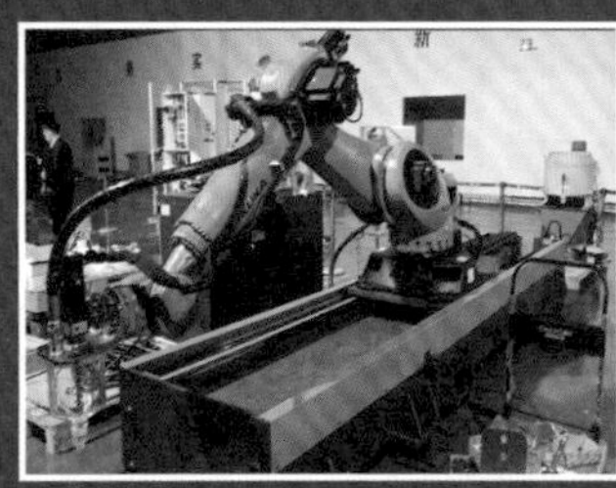

新拌水泥基材料的可打印性和硬化后结构的力学行为是当前3D打印技术关注的焦点[72,192,227,228]。可建造性是表征可打印性的一项重要指标，是指水泥浆体在自重和上层压力作用下仍保持其挤出时形状的能力[26,192,212]，建造性可认定为水泥浆体的早期刚度，良好的建造性是3D打印材料的基本要求。提高建造性的一个可行方法就是合理延长静置时间[229-231]，静置时间越长，水泥水化越充分，水泥浆体早期刚度越高。然而，这种方法会牺牲新拌浆体的流动性和黏度，使得硬化结构的力学承载力和整体性变差。在3D打印过程中，打印层状浆体，条与条之间粘合在一起形成混凝土结构单元，全程不使用模板[21,24,31]。应控制新拌材料的流变性和流动性，保证其能从打印头顺利挤出。低流动性和粘结性会使打印试件层间更可能形成孔隙，这些孔隙将降低打印试件的总体力学性能[232]。因此，通过优化设计，使水泥浆体具有良好的建造性，同时使硬化试件具有优异的后期力学性能至关重要。

9.1 材料制备和测试

9.1.1 材料制备

本节采用早强型水泥P·O 42.5R、粉煤灰和硅灰作为胶凝材料，集料采用当地河砂和铜尾矿砂。河砂和铜尾矿砂的比表面积分别为0.101m^2/g和0.141m^2/g。此外，为使水泥浆体具有合适的流动度，本节采用聚羧酸型高效减水剂，其减水率大于30%，固含量为37.2%。因为打印过程中没有模板保护，混凝土更易因蒸发出现收缩裂缝，可掺入少量的聚丙烯纤维以减少裂缝。3D打印所用水泥基材料配比见表9.1。大量的试配结果表明，当尾矿砂与河砂比例为2∶3（即尾砂代替40%河砂）时最适合打印[229]。

表9.1　用于水泥基材料3D打印的配比

河砂	铜尾砂	尾砂替代率	水泥	粉煤灰	硅灰	水	减水剂	纤维
0.72	0.48	40%	0.7	0.2	0.1	0.27	1.083%	1.2kg/m^3

制备过程如下：首先将聚丙烯纤维和干粉末（水泥、粉煤灰、硅灰、河砂和尾矿砂）放入搅拌锅中搅拌3min，然后将一半的水和减水剂加入锅中搅拌2min，另一半的水和减水剂倒入锅中继续搅拌2min，直至混合均匀。

先将新拌浆体运送至自主研发的打印机材料储存罐中以备制造40层结构[229]，打印结构如图9.1（a）所示。此结构由挤出的条状浆体经过竖向堆积而成，条状浆体长度为250mm，宽度为30mm，打印头尺寸为8mm×30mm。经过大量尝试，确定了能保证打印机顺利打印的最优运行参数，水泥基材料的挤出速率为5.4L/min，打印机的运行速率为450mm/min。新拌浆体的挤出速率由打印机上配置的绞龙电机控制，打印机的运行速度（即打印头的运行速度）也由电机控制。

打印完成后，将打印的结构切割成尺寸为30mm×30mm×120mm的棱柱体。如图9.1（b）所示，棱柱体具有波纹状表面，层垂直于打印方向。裂纹易在条间分界面处产生，将切割的试件磨平以减小表面波纹对开裂行为的影响。同时，采用浇筑试件作为对照组。

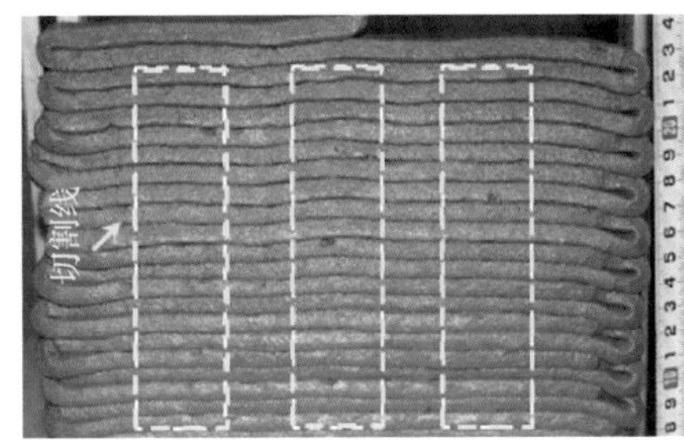

(a) 通过挤出型打印机建造的40层结构

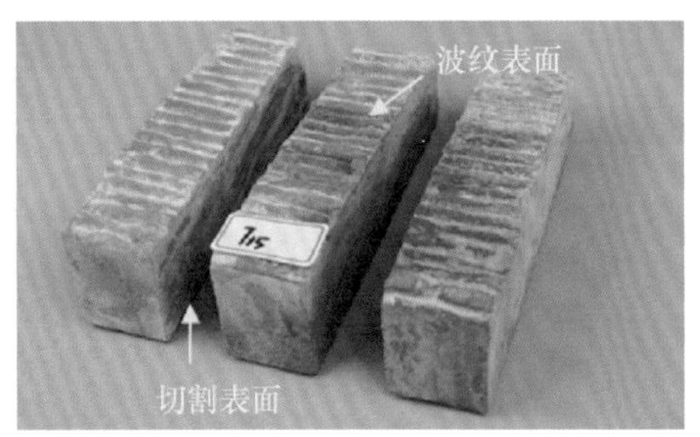

(b) 从打印试件中切割出来带波纹表面的棱柱体试件

图9.1 制备过程

9.1.2 材料测试

为得到最优的建造性和结构承载力，本节设计的试验方法见表9.2。考虑静置时间、黏度改性剂掺量和养护方法三种因素的影响，研究浇筑试件和打印试件的抗弯性能。静置时间指砂浆搅拌结束至开始打印的时间间隔，它控制着新拌水泥浆体的流动性和黏度特性，对层间粘结性能影响很大。一般情况下，静置时间越短，层间粘结强度越高，静置时间分别选为15min、30min和45min，粘结剂掺量分别选为0.5%、1.0%和1.5%。由于45min以后新拌水泥浆体太干，不能从打印机顺利挤出，所以没有考虑更长的静置时间。试件在室温下养护24h后脱去模具，分别用三种不同方法进行养护。水下养护是将试件直接放入水中（约20°C）养护7d；蒸汽养护是将试件放入90°C蒸汽中养护3d；而标准养护是将试件放入标准养护箱里养护7d，养护箱温度为（20±1）°C，相对湿度为（95±2）%。

T1～T3组用以评估静置时间对打印试件抗弯强度的影响，T4～T6组用来测试粘结剂对抗弯性能的影响，T3、T7、T8 用以研究养护方法对抗弯特性的影响。打印试件和浇筑试件的抗弯强度试验均参照《混凝土物理力学性能试验方法标准》（GB/T 50081—2019）。试验机的最大压力值为 100kN，在数控万能试验机上安装了三点弯夹具，加载速率为0. 05mm/min。加载的同时自动记录试件的荷载-位移曲线直至试件破坏，每组试件有三个平行试件。

表 9. 2　评估抗弯性能的试验方法

组号	养护方法	静置时间	黏度改性剂
T0	标准养护	浇筑	0%
T1	标准养护	15min	0%
T2	标准养护	30min	0%
T3	标准养护	45min	0%
T4	标准养护	45min	1. 0%
T5	标准养护	45min	1. 5%
T6	标准养护	45min	2. 0%
T7	水下养护	45min	0%
T8	90°C 蒸汽养护	45min	0%

9. 2　静置时间对打印整体性的影响

9. 2. 1　静置时间对建造性的影响

为了评估静置时间对新拌混凝土建造性的影响，采用自主研发的配比，分别在静置时间为 15min、30min 和 45min 时建造 20 层结构。建造的结构如图 9. 2 所示，结构的尺寸为 250mm × 30mm × 160mm。从打印的结构可以看出，新拌混凝土可稳定地进行竖向堆积而不垮塌，说明静置 15min 以后新拌混凝土均能表现出良好的建造性。然而，由于打印结构具有明显的分层属性，不利于打印结构的整体性。静置时间越长，胶凝材料的水化程度越高，使得新拌砂浆从流体状态转变为塑性状态[233-235]。如图 9. 3 所示，结构建到一定层数时所对应的总高度随着静置时间的延长而增加。相似地，平均层厚也随着静置时间的延长而增加。因此认为刚度的增长有利于建造性的提高。

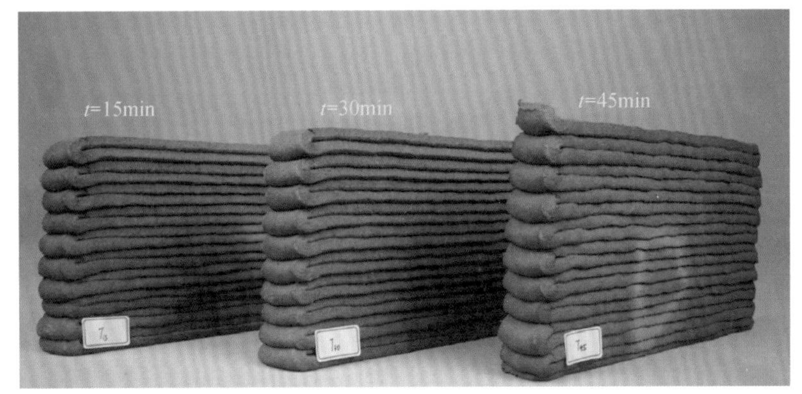

图 9.2 采用所研发的尾矿砂混凝土材料在不同静置时间建造的结构

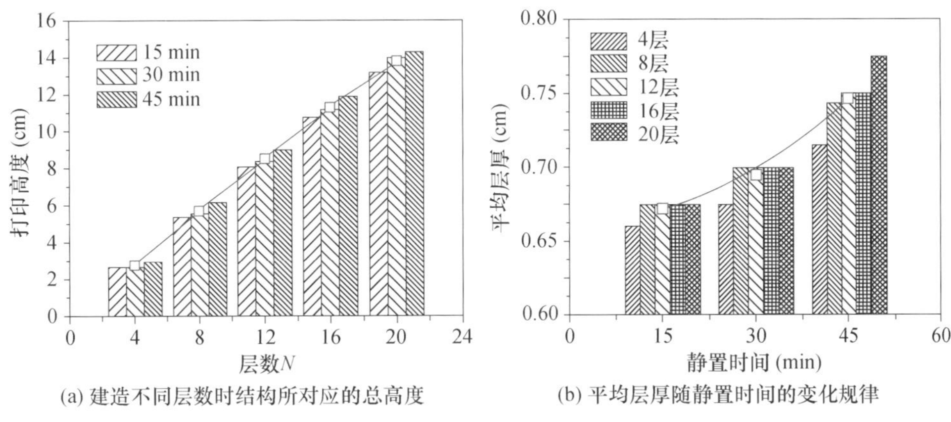

(a) 建造不同层数时结构所对应的总高度　　(b) 平均层厚随静置时间的变化规律

图 9.3 打印结构建造性的评估

静置时间为 45min 时，自重作用下试件的平均层厚为 7.5mm，占设计值（8.0mm）的 93.75%。设计值是指在没有塌落的情况下条状膏体从打印头挤出的高度，大多数情况下等于打印头厚度。条状膏体的变形越小，建造性越好。测试结果说明，静置时间为 45min 时，材料表现出最优的建造性。所以，通过延长静置时间来提高建造性的方法是可行的。然而，延长静置时间会大幅度减小材料的表面化学活性，进而在层间形成薄弱分界面，不利于试件的力学承载性。

9.2.2 静置时间对抗弯性能的影响

如前所述，通过延长静置时间来提高建造性将会牺牲层间粘结力。下面研究不同静置时间下打印试件的抗弯性能。浇筑和打印的棱柱试件在三点弯曲过程中的荷载（P）-

挠度（δ）曲线如图9.4（a）所示。从 P-δ 曲线可知，所有试件在荷载作用下裂纹迅速出现并贯通破坏，P-δ 曲线没有峰后变形，属于脆性破坏。裂缝发生在试件的跨中，破坏面粗糙。棱柱试件的7d抗弯强度 f_{flx} 和跨中挠度 δ_{ult} 随静置时间的变化分别如图9.4（b）、（c）所示。静置时间为15min、30min和45min试件的抗弯强度 f_{flx} 分别比浇筑试件低约31.4%、33.4%和46.1%。同时，试件的跨中挠度 δ_{ult} 分别比浇筑试件低约49.5%、40.1%和36.2%，静置时间越长，粘结力越差。另外，依照荷载-挠度曲线计算断裂能 G_f，G_f 指产生单位面积的平行于裂纹方向平面的裂纹所需要的能量[236]。打印试件的弱粘结界面处更易产生裂纹和导致低断裂能。如图9.4（d）所示，打印结构在弯曲荷载下，具有比浇筑试件低的裂纹抵抗力。综上所述，与浇筑试件相比，打印试件具有低的抗弯能力和抗裂纹扩展能力，这主要是因为打印工艺本身使层间粘结力弱于基体本身。

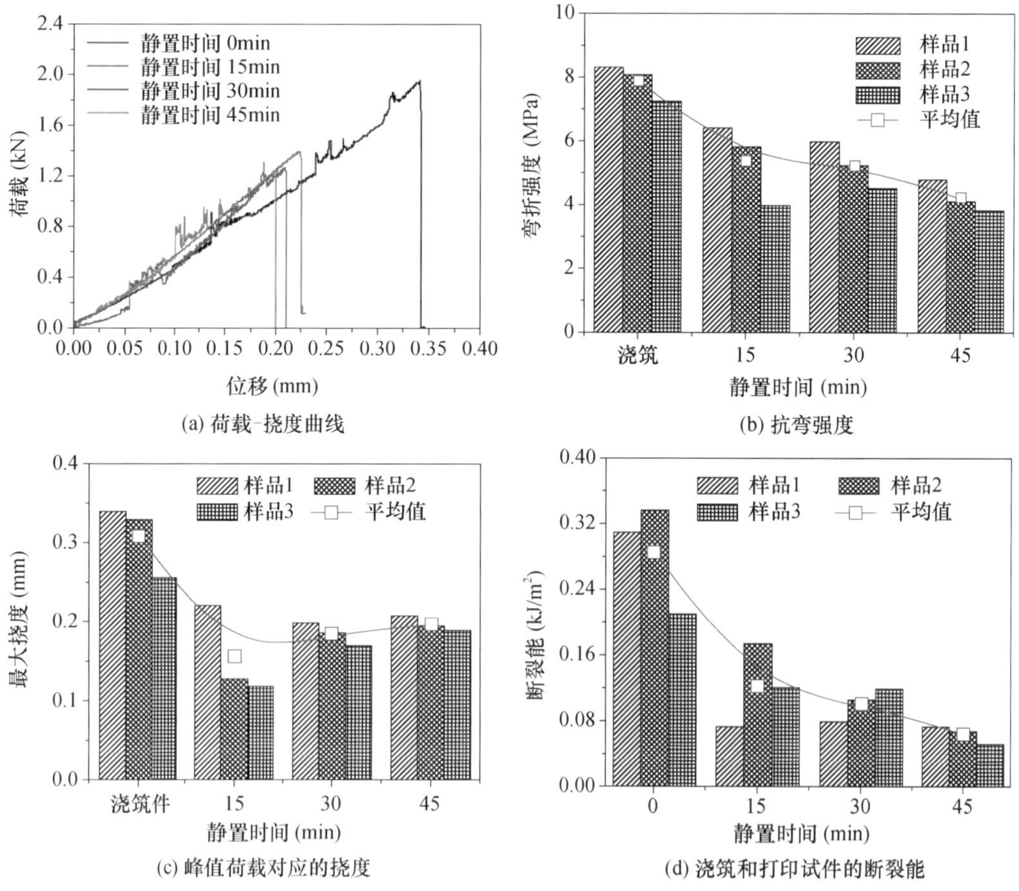

(a) 荷载-挠度曲线

(b) 抗弯强度

(c) 峰值荷载对应的挠度

(d) 浇筑和打印试件的断裂能

图9.4　抗弯性能评估

X 射线 CT 扫描是一种无损检测方法，研究者们采用此方法精确表征工程材料的细-微观结构[237-239]。本节采用先进的 CT 技术探测打印过程中形成的层间空隙和薄弱分界面，并观察裂纹路径和界面的位置关系。采用高精度 CT 扫描仪，最高精度为 10μm，此设备足以满足重构试件细观结构的需要。由于试件是梁状的，为了提高扫描图片的清晰度和精度，不对整个试件进行扫描，而是集中在破坏面附近，并且将破坏的棱柱试件的两部分重新组装再进行 CT 扫描，如图 9.5 所示。利用 X 射线 CT 切片扫描来表征棱柱体试件破坏面附近的细观结构，如图 9.6 所示。如图 9.6（a）所示，切片图像中有在水化过程中形成的孔隙，未发现其他异常孔隙。静置 15min 对混凝土基体的影响不明显。然而当静置时间延长到 30min 和 45min 时，可以明显观察到层状结构，如图 9.6（b）、（c）所示，层状结构可以由大量的微米级孔洞表征，这些孔隙与水泥基体中的孔隙尺寸相当。不同之处是，如 CT 图片中黄色线所示，这些孔隙沿着层边界非连续分布，故层间边界处的孔隙可以证明分界面的存在。从宏观角度看，图中曲线形边界是由小打印头挤出砂浆过程的不稳定引起的，随着静置时间的延长，薄弱分界面变得更明显。由于化学活性和流变特性的降低，层间分界面处会变得不连续。但是薄弱面不会以贯通的线性孔隙的形式存在，在某些情况下，两层之间是连接在一起的，界面间不存在特殊排列的孔。即便如此，混凝土的硬化特性仍会受到分层效应的影响，力学行为会表现出各向异性。

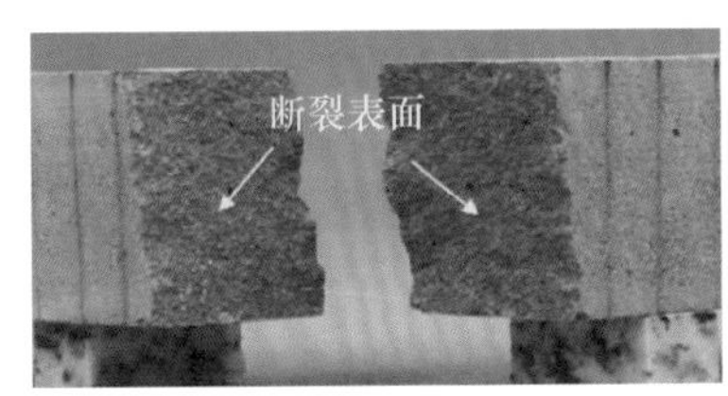

(a) 弯曲破坏后试件的破坏面

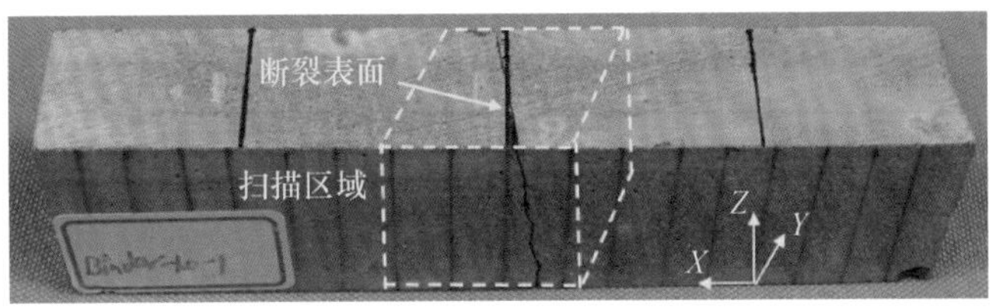

(b) CT扫描区域

图 9.5　断裂区域 CT 扫描

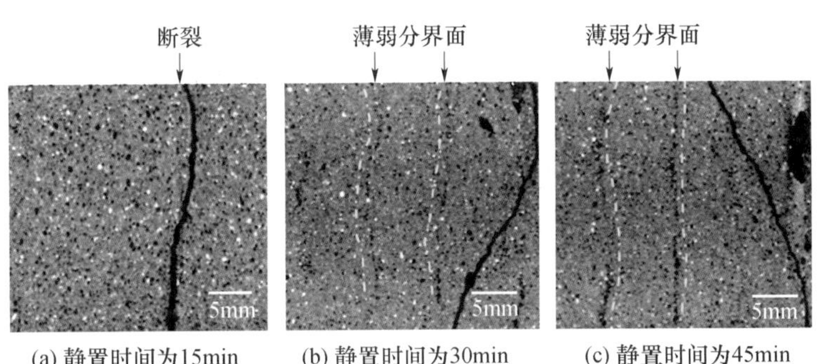

(a) 静置时间为15min　(b) 静置时间为30min　(c) 静置时间为45min

图 9.6　3D 打印试件破坏面附近结构的 CT 表征结果

9.3 打印层间隔对力学性能的影响

相比传统的浇筑方法，3D 打印层间的弱面是限制该技术应用的一个关键问题。而层间弱面的结合力则与材料的水化程度、黏度等直接相关。水平切片上打印速度的设置、打印过程中的路径的规划等均会导致打印层间时间间隔的不同。打印速度设置得越小、路径越长，则层间弱面越明显。本节的主要目的是探究打印层间的界面特征对材料宏观力学行为的影响机制。

澳大利亚斯威本科技大学的 Jay 教授，用3D 打印了尺寸为 50mm×25mm×30mm 的试样，由两层材料打印完成，每层厚度为 15mm。第一层打印完成之后，间隔一定时间后继续打印第二层。分别设置了 10min、20min 和 30min 三种不同的层间时间间隔。通过直接拉伸试验来量测层间强度。为了便于获取层间的粘结力，层间界面处的两端均开有 5mm 深度的切口。拉伸试验由 MTS 试验机完成，拉伸速率设置为 1mm/min。具体实施方案如图 9.7 所示。拉伸试验的测试难度相对较大，数据的离散性也较高。因此，每个工况测试不少于 6 个试样。

图 9.7　3D 打印试件的层间结合力测试方案

图 9.8 给出了不同层间时间间隔的 3D 打印试样的抗弯和抗拉测试结果。随着打印时间间隔的延长，抗弯强度并未呈现预期的一直降低的规律，而是先升高后降低。当层间时

间间隔为 20min 时，抗弯强度最高。直接拉伸试验测试的试样均在层间弱面处发生破坏。随着打印时间间隔的延长，层间结合强度先降低后升高。特别地，层间时间间隔为 10min 和 30min 时的测试结果高度接近。直接拉伸强度随层间时间间隔时间的变化规律与抗弯强度不同。Jay 教授的测试结果与预期的规律不同。他推测这可能是由于打印层表面湿度的变化造成层间结合力的不同，表面自由水分的含量是获得足够粘结的关键因素。水泥基材料的挤出过程易使材料表面产生一定量的水分，自由水分在设定的时间间隔期限内会部分或是完全蒸发，使得打印层表面变干燥或者变硬。与此同时，如果静置时间较长，也会有一部分水分从材料内部溢出。

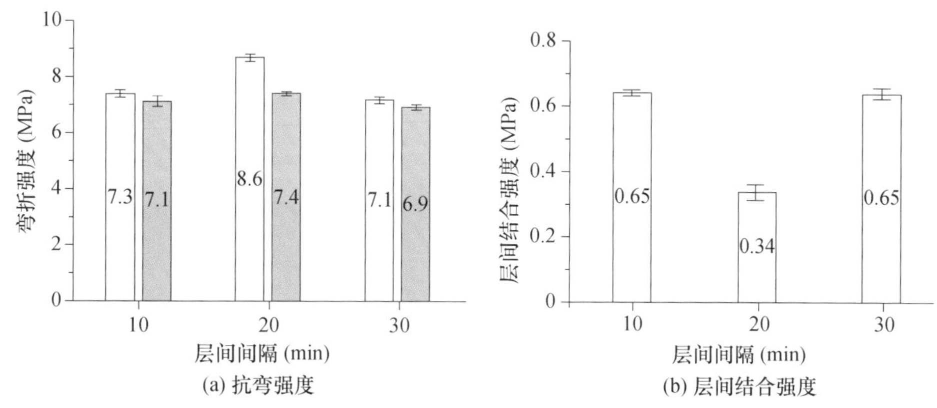

图 9.8　不同层间间隔 3D 打印试样的抗弯强度和层间结合强度[240]

Jay 教授巧妙地使用面巾纸来测试打印材料挤出后不同时间的表面自由水分含量。图 9.9 给出了量测结果，对于浇筑的材料，表面自由水分含量随着时间的延长而逐渐升高。然而，对于打印的材料，表面自由水分含量呈先降低后升高的趋势，20min 时表面自由水分含量最低，这与拉伸强度的测试规律吻合。这说明，表面自由水分含量越少，则层间粘结强度越低。根据测试结果，在时间为 0 时，3D 打印材料表面自由水分含量高于浇筑材料。这主要是由于在挤出过程中，材料在挤压力的作用下发生流动，剪切力会使表面的颗粒向内部移动，水分逐步溢出，进而形成润滑层。根据打印材料的水分溢出速率的测试结果，10～20min 时间段内，打印材料的水分溢出速率为 0，而此时由于蒸发，会造成水分含量的降低。因此，在 20min 时，当蒸发的速率大于材料水分溢出速率，则表面水分含量降低。20～30min 时间段内，水分溢出速率升高，大于水分蒸发速率，因此表面自由水分含量出现了回升。

影响表面自由水分含量的因素较多，例如材料的水胶比、打印头的出口口径、挤出压力及空气的湿度、风力等。因此在打印建筑结构前系统测试各项参数的影响，以确保

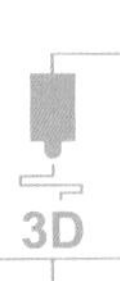

打印结构的层间粘结力达到最优，从而保证材料的整体性能和结构的力学承载性能满足设计要求。

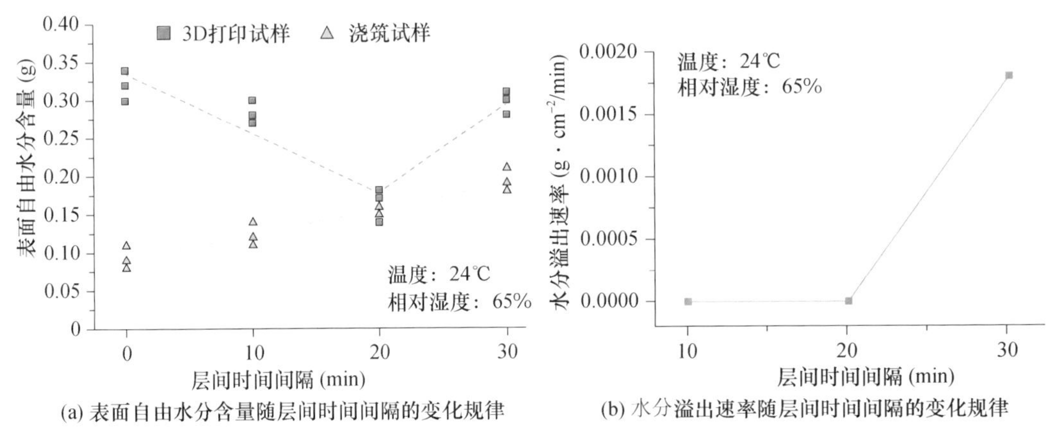

(a) 表面自由水分含量随层间时间间隔的变化规律　　(b) 水分溢出速率随层间时间间隔的变化规律

图 9.9　表面自由水分含量及溢出速率随层间时间间隔的变化规律[240]

9.4　黏度改性剂对打印整体性的影响

可以通过合适的处理方法增强层间粘结性和减小条间空隙。粘度改性剂（VMA）是水溶性聚合物，可以用来控制混凝土的流动性和流变特性[241-243]。掺加适量的黏度改性剂可以减少砂浆的流动、提高其稳定性，黏度改性剂也可以增加新拌膏体的黏度，从而提高层间粘结性能。有人研究表明，在水量固定的情况下，加入黏度改性剂可降低混凝土流动性，但会增加其屈服应力和塑性黏度[228,242-244]。因此认为通过掺入适量的黏度改性剂来改善层间粘结性的设想具有可行性。

9.4.1　黏度改性剂对流动性的影响

3D 打印过程不同于传统建造过程，分层效应对试件的破坏模式和裂纹路径影响较大，可通过某种处理方法改善层间粘结特性。采用合适的黏度改性剂提高砂浆黏度，提高层间黏聚力以提高 3D 打印结构的完整性。然而加入一定量的黏度改性剂会降低新拌砂浆的流动性。掺入不同掺量黏度改性剂的尾砂混凝土的流动度如图 9.10 所示。参照《水泥胶砂流动度测定方法》（GB/T 2419—2005），流动度采用水泥浆体在完成跳桌试验后的扩展直径来衡量[245]。测试结果表明，黏度改性剂掺量越高，水泥浆体流动度越低。依据以往试验，当扩展直径保持在 17.4～21cm 时，混凝土材料具有良好的可打印性[229]。分析图中数据，黏度改性剂掺量为 0～1.5% 时，水泥膏体的扩展直径均在可打印区间内，满足打印要求。然而，继续增加黏度改性剂，水泥膏体将变得不再适合打印，因为低流动度的砂浆会在运输管道中发生阻塞，不能顺利打印。

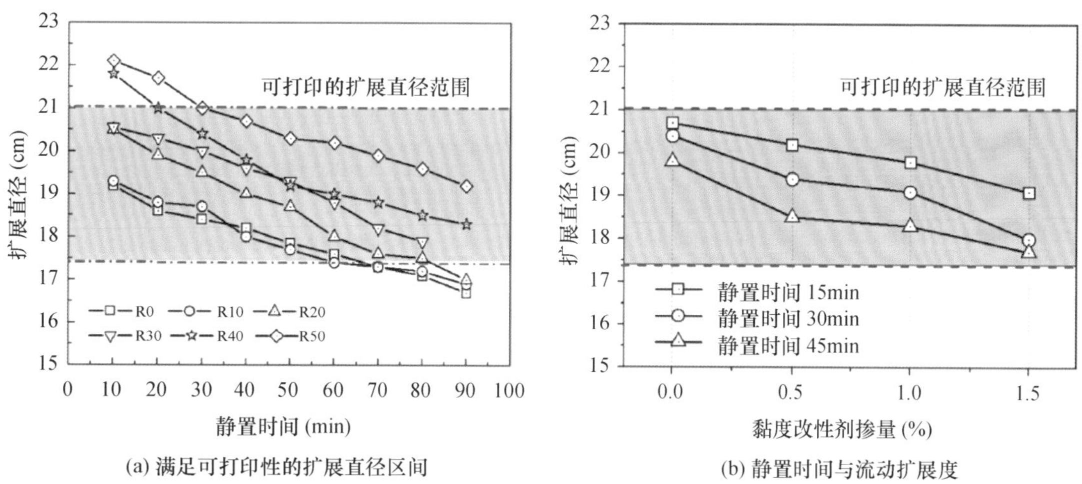

(a) 满足可打印性的扩展直径区间　　(b) 静置时间与流动扩展度

图 9.10　水泥膏体流动度和黏度改性剂掺量间的关系

9.4.2　粘结剂对抗弯性能的影响

设想一定量的黏度改性剂可以增强层间粘结特性。为了验证这一假想，对不同掺量的黏度改性剂的棱柱体的抗弯性能进行测试。静置时间选为 45min（此时混合物的建造性最优）。含不同掺量黏度改性剂的打印试件的荷载-挠度曲线如图 9.11（a）所示。结果表明，棱柱试件均表现出明显的脆性，黏度改性剂对打印结构的破坏影响不大。如图 9.11（b）所示，试件的抗弯强度随着黏度改性剂掺量的增加而提高，添加 1.5% 的黏度改性剂使试件的强度提高 26% 左右。此结果证实了黏度改性剂对打印结构力学性能有积极作用，同时也可以增强试件的裂纹抵抗力。如图 9.11（c）所示，当分别添加 0.5%、1.0% 和 1.5% 的黏度改性剂时，断裂能 G_f 分别增加 17.6%、42.6% 和 54.5%。然而，3D 打印试件的最大挠度并没有明显的变化。总之，一定量的黏度改性剂可以有效提高打印试件的层间粘结性能。

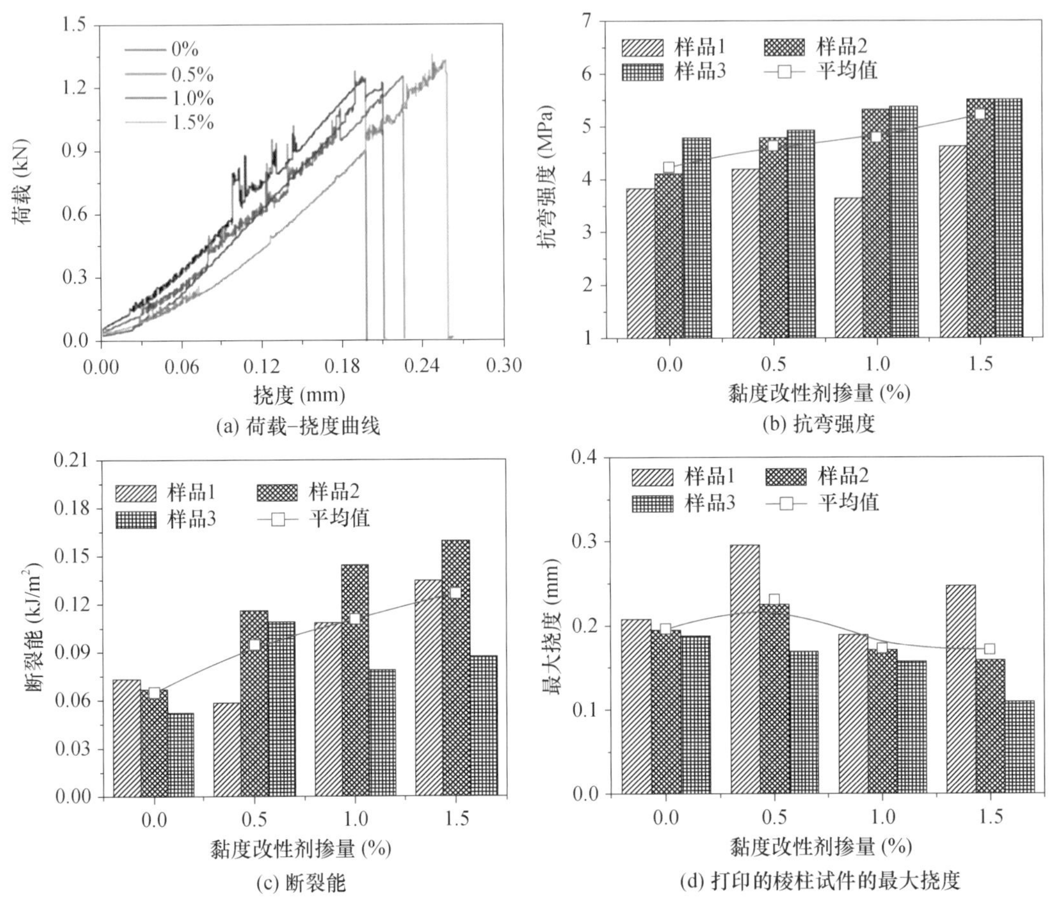

图 9.11　黏度改性剂对抗弯性能的影响评估

为了进一步验证黏度改性剂对层间粘结性能的影响，采用 CT 扫描技术表征试件破坏面附近的细观结构。由扫描结果可知，当添加 0.5% 的黏度改性剂时，试件在弯曲荷载作用下产生的裂纹贯穿薄弱分界面，如图 9.12（a）所示，这样会减弱分层结构的力学性能。当黏度改性剂掺量增加时，由于层间粘结力增强，裂纹平行或交叉于薄弱分界面。如图 9.12（b）所示，当黏度改性剂掺量增加到 1.0% 时，仅有一小段裂纹与薄弱分界面交叉。因此认为当各层间牢固粘结在一起时，界面效应对结构承载力的影响会很小。如图 9.12（c）所示的切片图像验证了该假想，图像中裂纹平行于界面延伸，而不是与界面交叉。黏度改性剂的添加会大幅度减小分层效应对裂纹扩展路径的影响。由上述结果可以推断，通过在水泥砂浆中添加适量的黏度改性剂来获得理想的结构承载力是可行的。

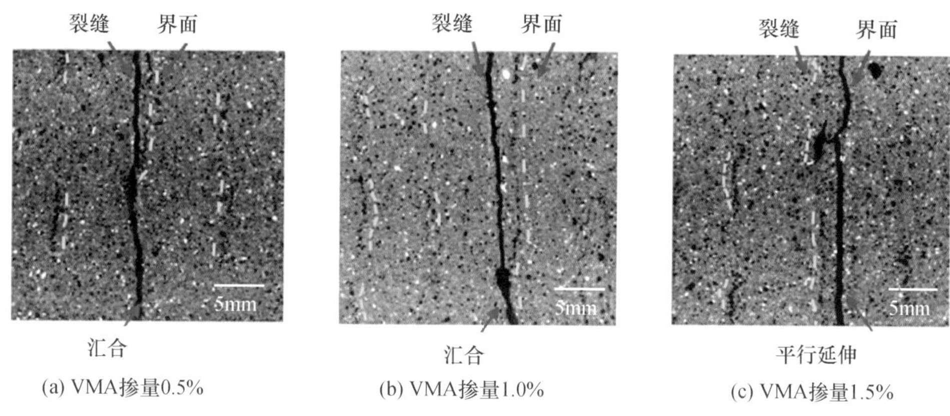

(a) VMA掺量0.5%　(b) VMA掺量1.0%　(c) VMA掺量1.5%

图 9.12　用以表征试件破坏面附近细观结构的 CT 扫描图片

9.5　养护方式对打印整体性的影响

不同于传统建造过程，3D 打印是一种层层建造的技术，所以水泥基材料 3D 打印适合建造预制的结构构件。合理的养护方法可提高水泥的水化程度和试件内部微观形貌的密实度，进而促进混凝土结构的强度增高。标准养护、水下养护和蒸汽养护的试件的抗弯性能如图 9.13 所示。试验结果表明，试件达到峰值荷载后迅速出现裂纹，混凝土材料的脆性并未因养护方式的不同而得到改善。如图 9.13（b）所示，标准养护下试件的抗弯强度与水下养护相近。然而，90℃蒸汽养护能明显增强试件的抗弯强度，比标准养护的高 4 倍左右。与标准养护相比，蒸汽养护试件的最大跨中挠度提高了 50%，这主要是因为在水泥水化过程中硅灰与氢氧化钙反应，促进了硅酸钙凝胶的形成。硅酸钙凝胶将多种成分连接在一起，形成密实的水泥基体，进而表现出良好的力学性能[246]。

由试验结果可知，蒸汽养护可改善水泥基体的微观结构、减小分层效应，进而提高打印结构的承载力。这对一些结构已经足够了，而对某些结构仍需进一步采取措施提高其承载力。

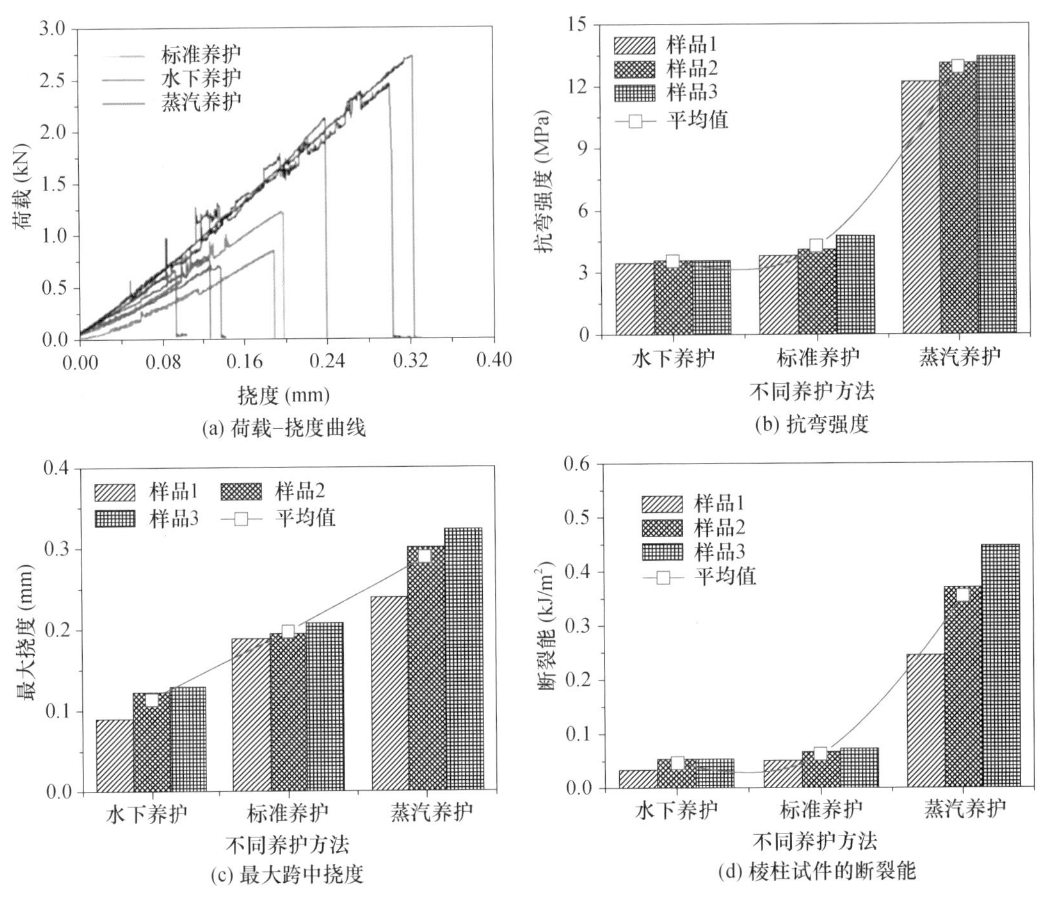

图 9.13　采用不同养护方法的棱柱体的抗弯性能评估

9.6　3D 打印混凝土的增强增韧

混凝土结构的抗拉强度通常仅为抗压强度的 10% 左右。嵌入钢筋是增强结构抗拉承载力的主要措施。当然，嵌入钢筋的主要目的不仅是提高强度，同时也可避免脆性破坏，提高结构受载状态下的延展性能，制约变形抑制裂缝的发展。对于现场浇筑和预制构件等的制作，常规方法是先绑扎纵筋和箍筋，然后借助木质或金属制的模板作为支撑进行浇筑，而逐行逐层的打印过程影响了钢筋的嵌入方式。

9.6.1 3D 打印定向纤维增强

新加坡南洋理工大学的 Biranchi Panda[247] 制备了一种适用于挤出型 3D 打印的玻璃纤维增强地聚物，该复合材料使用质量分数为 23% 的 F 级粉煤灰、5% 的矿渣、3% 的硅灰、47% 的细（河）砂、15% 的液态硅酸钾、2% 的羟丙基甲基纤维素和 5% 的自来水。Biranchi Panda 测试了三种长度（3mm、6mm 和 8mm）和四种掺量（0.25%、0.5%、0.75% 和 1%）的短切玻璃纤维对 3D 打印结构各项力学性能的影响。模型建造使用的是一四轴框架式打印机，借助螺杆泵的压力将拌和好的纤维地聚合物输送至打印喷头，打印喷头的口径为 40mm × 10mm。打印过程中泵送的压力一直维持在 10 ~ 15Pa，材料的挤出速度为 4L/min，相邻两层的打印间隔为 7 ~ 8s。图 9.14 给出了掺入不同质量分数的 3mm 玻璃纤维的各项力学性能测试结果。测试数据表明，掺入纤维可以提高打印材料的各项力学性能，但增强的效果并不显著，这可能是由于纤维与水泥基质间的结合力较弱，试验结果探测到的纤维松动及纤维拔出等现象也证明了这一点。

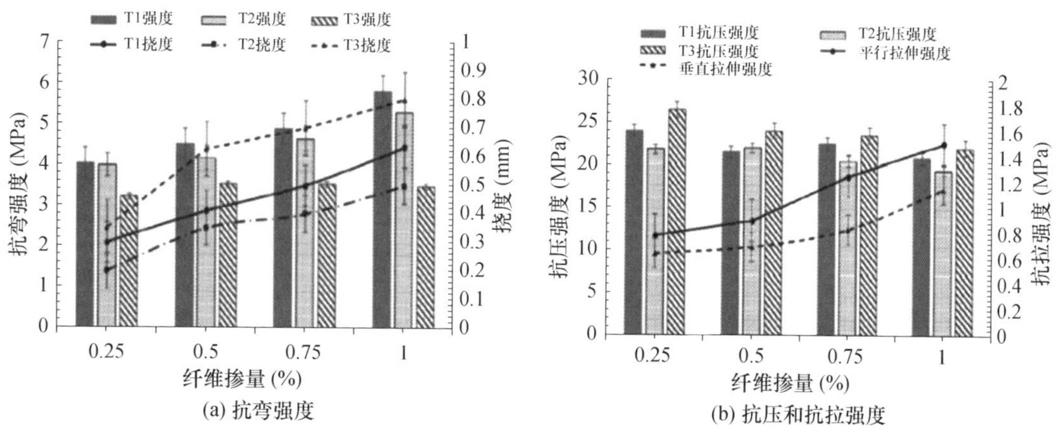

图 9.14 玻璃纤维与地聚物复合材料的力学性能测试[244]

德国维尔茨堡大学的 Uwe Gbureck[248] 试验测试了 4 种不同种类的纤维（聚丙烯腈纤维、聚丙烯腈短纤维、聚酰胺纤维和耐碱硅酸锆短切玻璃纤维）对石膏粉末基的 3D 打印材料的增强效果，并考虑了纤维的长度方向与加载方向的关系。图 9.15 显示了纤维增强打印材料的局部细观结构。四点弯折测试结果表明，纤维的掺入增加了弯曲强度和断裂能，原因在于基质在受力过程中将荷载传递给纤维，通过纤维的拔出、摩擦、断裂等将荷载耗散掉。但是测试结果显示断裂韧性和断裂能受纤维定向的影响较小，这可能是由于此种粉末基的 3D 打印建造方式对粘结剂的依赖性更强。

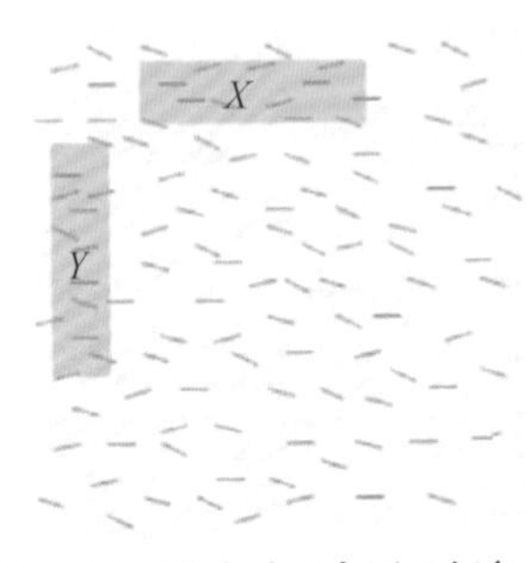

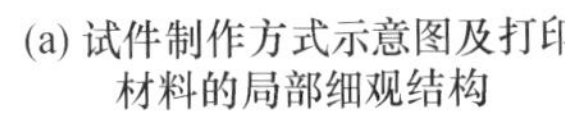

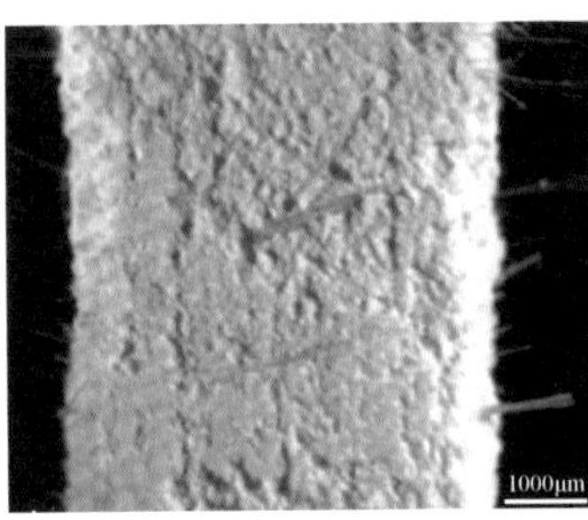

(a) 试件制作方式示意图及打印材料的局部细观结构　　(b) 纤维垂直于受力方向 (*Y*)　　(c) 纤维平行于受力方向 (*X*)

图 9.15　纤维增强打印材料的局部细观图

德国奥格斯堡大学的 Dirk Volkmer[249,250] 进行了使用短碳纤维、玻璃纤维、玄武岩纤维等定向增强水泥基 3D 打印结构的尝试和探索。打印材料由质量分数为 61.5% 的P·O 52.5R 硅酸盐水泥、21% 的硅灰、15% 的水、2.5% 的减水剂组成，水灰比为 0.3。为了提高纤维的分散性及纤维与水泥基质间的结合力，试验前事先对纤维进行了高温处理。纤维定向的实现方式是借助口径远小于纤维长度的打印喷头，使短纤维在挤出过程中始终平行于喷头的移动路径。试验过程中使用的短纤维的长度为 3～6mm，打印喷头的口径为 2mm。SEM 的观测结果如图 9.16（a）、（b）所示，纤维的分散性和定向性良好。试件打印成型后进行了三点弯折测试，结果表明：纤维的定向性有利于力学性能的提高，掺入体积分数为 1% 的碳纤维、玻璃纤维和玄武岩纤维，抗弯强度分别提高了 174.5%、17.0% 和 30.2%。其中，掺入 1% 的碳纤维时，抗弯强度达到了 30MPa。然而，各组定向纤维增强打印材料的单轴抗压强度并未因纤维的定向增强而提高，原因可能在于相邻打印层之间的弱结合面首先发生破坏，导致纤维的增强效果并未发挥出来。

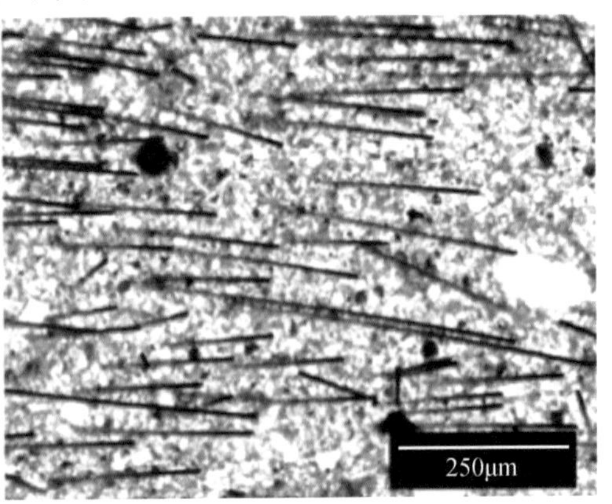

(a) 纤维平行于打印层　　(b) 纤维垂直于打印层

图 9.16　定向纤维局部微观图[249,250]

虽然纤维混凝土可以提高素混凝土的韧性和拉伸强度，但是在经济有效地获取足够的延性方面尚有诸多的难点。特别是短直纤维难以使混凝土材料实现应变硬化的力学特性。纤维混凝土难以兼顾拉伸强度和延展性能，可将其与钢筋增强结构联合应用，从材料和结构两个层面实现增强增韧。

9.6.2 3D 打印钢筋网格增强

3D 打印钢筋网格增强是由苏黎世联邦理工学院提出的，该技术是借助机械臂系统同时建造钢筋网格和模板的过程，如图 9.17 所示。该方法的主要特点是在机械臂上装配有一个终端处理器，可自动地建造三维结构。钢筋网格内部均匀充填水泥基复合材料，并确保在钢筋网格的约束作用下不会发生外溢。由于水泥基复合材料填充到结构内部，因此避免了挤出型增材制造过程中的分层现象。内部材料填充完成之后，外部通过喷射混凝土技术建造保护层。但喷射混凝土与钢筋网格之间的粘结性的问题尚需进一步测试和优化。此项技术使用的依然是传统的钢筋，为了适应建造过程的灵活性，水平（竖向）钢筋为不连续布置。可根据实际建造需求、设计的曲率、力学承载能力的需求等选定不同的网格间隔。该研究团队目前正在从事开展 DFAB House 项目的研究，并使用此技术建造了一系列 3m 高的结构构件。该结构竖向和水平向的钢筋增强率分别为 1.2% 和 0.7%，在考虑强度折减的前提下依然可满足两层高度建筑的支撑。此外，使用纤维增强水泥基复合材料一方面可以作为结构增强增韧的补充，另一方面可以降低水泥基复合材料的流动性，约束材料的外溢现象。

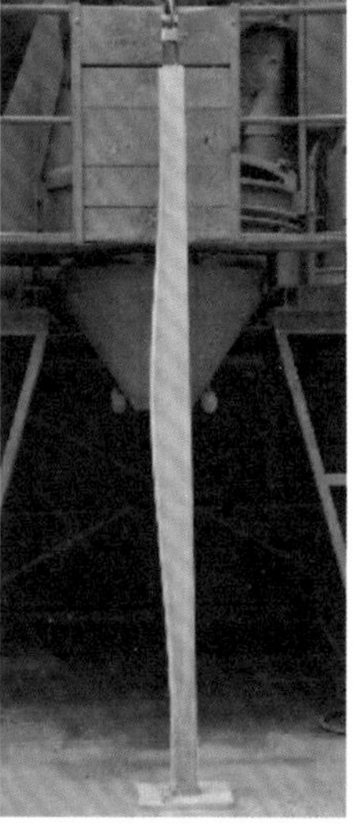

图 9.17 3D 打印钢筋网格增强[251]

9.6.3 外部布置钢筋增强

3D 打印使得结构构件的施工建造更具灵活性，对制作一些空心轻量化的结构，多功能化的拓扑结构提供了便利。因此，可以尝试对一些大型的钢筋混凝土构件进行数字化拆分，然后逐个打印，最后借助钢筋增强体系再组装成对应的结构整体。对于混凝土构件，可沿宽度或者纵轴拆分，即使切割拆分平面垂直或者平行于结构部件。特别地，数字化拆分过程要结合所采用的打印工艺进行，需要将打印的精度、尺度等因素综合考虑在内。每一个拆分组件的设计可以结合拓扑优化原理，同时满足结构的轻量化和足够的力学承载性能的双重要求。为实现此目标，混凝土拆分组件依据对应的受力状态，可将低受力区域制作成中空，既保证力学性能的要求，又可节省一定量的材料。而且这些空隙可用于提升结构的附件功能性，例如便于外部钢筋的布置穿插或者安装放置一些传感元器件等。

Asprone 等人通过借助外部钢筋锚固的方式将一系列中空的 3D 打印组件装配为一体，创建了两个长度约 3m 的横梁。图 9.18（a）展示了 3D 打印的空心部件，并在特定部位预留了空隙，便于后续的钢筋锚固。此款 3D 打印空心砌块设计得相当巧妙，顶端部位用于承担压力，底面部位用于承担拉力，而中间倾斜支撑的部位用于承担剪切力。图 9.18（b）展示了锚固件的连接构造。结构的整体装配增强是先借助打印结构上下两个外表面的锚固件固定，将各个 3D 打印块体串联起来。然后使用垂直于打印平面的锚固件将上下两个表面的钢筋系统固定连接，形成整体的增强。垂直打印平面的连接固定，后续将使用浇筑高强、高黏度砂浆的方式将钢筋与打印结构固定连接起来。

(a) 3D打印的空心部件

(b) 锚固件的连接构造

图 9.18　3D 打印空心砌块及外部钢筋锚固连接[252]

试验测试结果表明，3D 打印模块间的剪切破坏及混凝土材料与外部钢制锚固件的变形不协调造成的局部破坏（图 9.19），影响了 3D 打印组装梁式结构的非线性弯曲力学行为，但总体来讲表现出与实体梁相当的初始弯曲刚度。尽管试验过程中整个梁式结构发生了较大的挠曲变形，但是钢制连接却未发生屈服。虽然此项研究还有待于进一步的深入研究，但此项技术为促进 3D 打印混凝土技术的工程实际应用，特别是在复杂构件的制作、几何形式的拓扑优化、结构的轻量化设计等诸多方面提供了新的思路和途径。

图 9.19　3D 打印模块组装梁式结构[252]

9.6.4　3D 打印同步植筋增强

目前 3D 打印增强增韧方面最前沿的是荷兰埃因霍温理工大学提出的 3D 打印同步植筋增强，即在打印的过程中将钢绞线同步植入打印材料的内部。这个概念最早是由 Behrokh Khoshnevis 教授提出的，他指出所使用的钢绞线或其他柔韧度优良的线材应当具有足够的强度和延展性，以同时满足对 3D 打印的灵活性和力学承载性能的要求。Bos 教授等尝试了几种不同的钢绞线，直径为 0.63 ~ 1.20mm，承载力为 420 ~ 1925N。他通过测试加筋的横梁的四点弯曲性能来验证该方法和材料的可行性及有效性。就传统的承载钢筋混凝土结构而言，当钢筋被拉断时，说明钢筋的增强增韧性能得到了有效的发挥。当钢筋/钢绞线强度较高时，则易出现界面滑移等现象。Bos 教授同时进行了拉拔试验以评价钢绞线与水泥基体的粘结强度，测试结果表明，其与浇筑混凝土的粘结力是打印材料的 1.5 ~ 3 倍，研究者推测这可能是由于材料自重不足导致的粘结性能较弱。3D 打印同步布筋的有效性的提高依赖于对打印路径、材料基体的密实度、早期刚度等的系统研究，使钢筋的力学性能与材料的物理力学特性获得良好的匹配和协调性（图 9.20）。

图 9.20　荷兰埃因霍温理工大学的同步布筋 3D 打印装置

本研究团队在 3D 打印同步布筋方面也开展了一定的研究工作，提出了一种纤维微筋增强地质聚合物的复合材料的制备方案。经过不断的尝试，适用于挤出型 3D 打印的地质聚合物的材料的原材料为 F 级粉煤灰、硅灰、矿渣、碱性溶液、水等。此外，加入了少量的聚丙烯纤维用于控制收缩，及适量的黏度改性剂（羟乙基纤维素）来增强保水性，避免离析。

图 9.21 展示了所设计的纤维微筋同步加筋方案，整个系统的关键部分是基于步进电机的纤维筋挤出机。在材料挤出打印的过程中，挤出机在步进电机的控制下可以持续地将纤维筋通过打印喷头的疏导管植入地聚物材料内部，进而实现同步增强。纤维筋存储于固定于纵梁的线圈，在挤出机的带动下可以自由灵活地转动。挤出机送筋的原理是通过相切齿轮的转动，由转动的速度控制送筋的速度。在本项研究中，采用的纤维微筋为不锈钢材质，直径为 1.2mm，线密度为 1.71kg/m，抗拉强度为 532MPa，屈服强度为 265MPa，弹性模量为 192GPa，伸长率为 40%。为了适应打印过程的灵活性，纤维微筋由 19 组，每组 7 根超细钢丝编制而成。地聚物材料的密度为 2.2g/cm^3，抗压强度为 40.5MPa，抗拉强度为 2.84MPa。打印机喷头的出口口径为 12mm。因此，所制备的纤维微筋地聚物复合材料的体积增强率约为 0.8%。

设计了三种不同打印路径的棱柱体试样，用于验证所提方法的灵活性和应用性。设计试样的尺寸为 400mm × 100mm × 50mm，打印路径的规划如图 9.22 所示。所有的试样均由 8 层纤维筋增强地聚物材料堆叠成型。与此同时，打印了相应尺寸和材料的无筋试样用于对比。对 3D 打印棱柱体试件进行四点弯曲试验来评价制备材料的力学承载性能。打印完

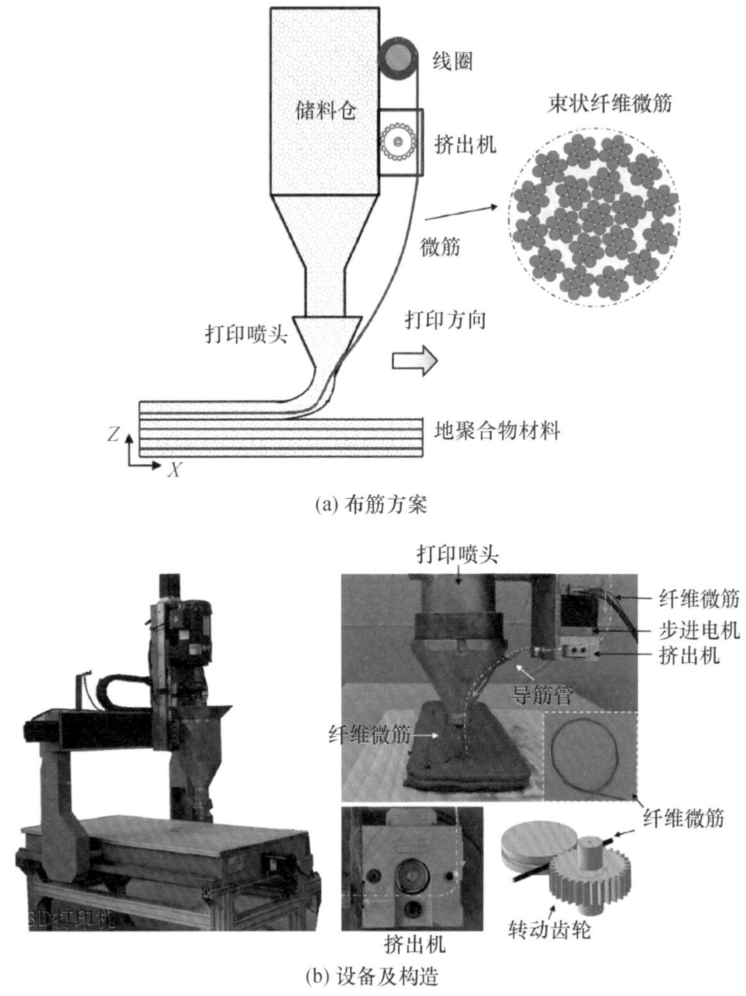

(a) 布筋方案

(b) 设备及构造

图 9.21　3D 打印纤维筋同步布筋运行方案、设备图片及局部构造

成之后对试样进行为期 28d 的养护，然后将其切割，便于测试加载，切割后长度约为（400 ±5） mm。四点弯曲加载时，底部的两点支撑间距为 300mm，上端的两点加载间距为 100mm。加载采用量程为 70kN 的伺服万能试验机，加载速率设置为 0. 5mm/min，直至试样破坏。

地聚物材料的成型原理为碱性激发作用下的聚合反应，有别于水泥基材料的水化反应过程，它具有更短的凝结时间和更高的早期刚度，因此更适合于 3D 打印对材料早期性能的要求。制备试样时选用的水平打印速度为 35mm/s，将打印速度值设置得较高的目的是缩短层与层之间的成型时间间隔，从而避免因聚合程度不同而造成明显的弱面结构。特别地，挤出机的送筋速度要与打印头的移动速度（即水平打印速度）相当。试验结果证明，所制备的材料及设置打印参数可以协同完成地聚物加筋。

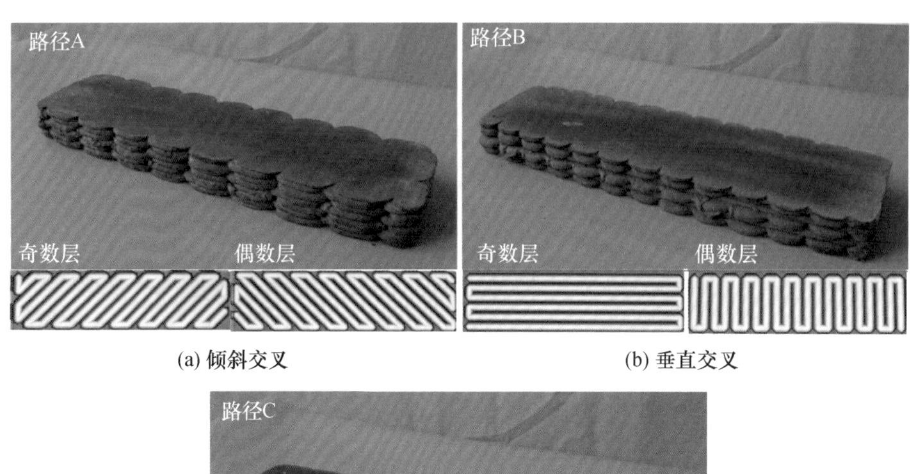

(a) 倾斜交叉　　(b) 垂直交叉

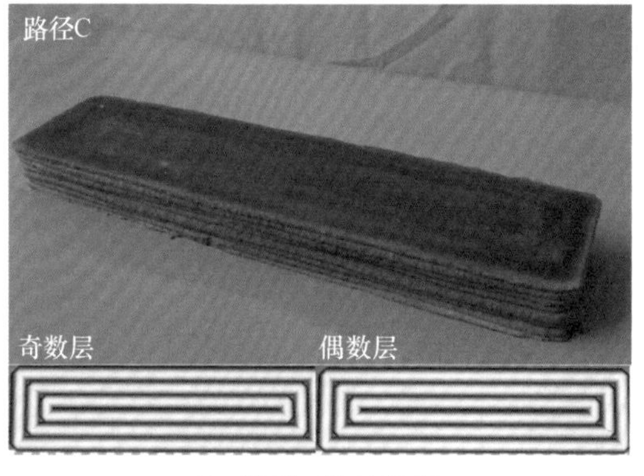

(c) “回”形打印路径

图 9.22　三种不同打印路径的试样

图 9.23 综合了试验测试数据和结果。根据弯折荷载-变形曲线可以看出，加筋增强结构表现出明显的应变硬化特征，破坏时的跨中挠度可以达到 20mm；而无筋增强材料则表现出脆性破坏特征，峰值挠度不足 0.5mm。根据实测数据，路径 A、B、C 的加筋试样的抗弯强度分别是无筋材料的 5.1 倍、5.6 倍和 2.1 倍。试验结果充分证实了所提出的同步加筋方案的高效性。不同打印路径制备的试样，弯折行为也不同。三种路径的加筋材料的峰值挠度相差约 18.1%。由此看来，打印路径对强度的影响作用相比变形能力更为显著。FPA 的强度值分别高于 FPB 和 FPC 48.9% 和 200%。因此，垂直交叉的打印路径下的试样表现出最为优异的弯折承载性能。由于测试过程中，试样的底面承担沿长度方向的拉伸应力，平行于试样长度方向的纤维筋则有助于提升承载能力，而垂直于试样长度的纤维筋则对承载性能的改善效果不明显。

图 9.23（e）、（f）也给出了加筋与无筋材料的破坏状态。依拍摄照片看，加筋材料破坏后表现出明显的多缝开裂现象，证实了纤维微筋与地聚物材料基体在承受外部荷载时良好的协同作用。微筋承受的外部荷载可以有效地传递给基体，二者联合作用抵御试样宏观的变形和裂缝扩展。而对于无筋材料，破坏后仅有一条明显的宏观裂缝产生在跨中部

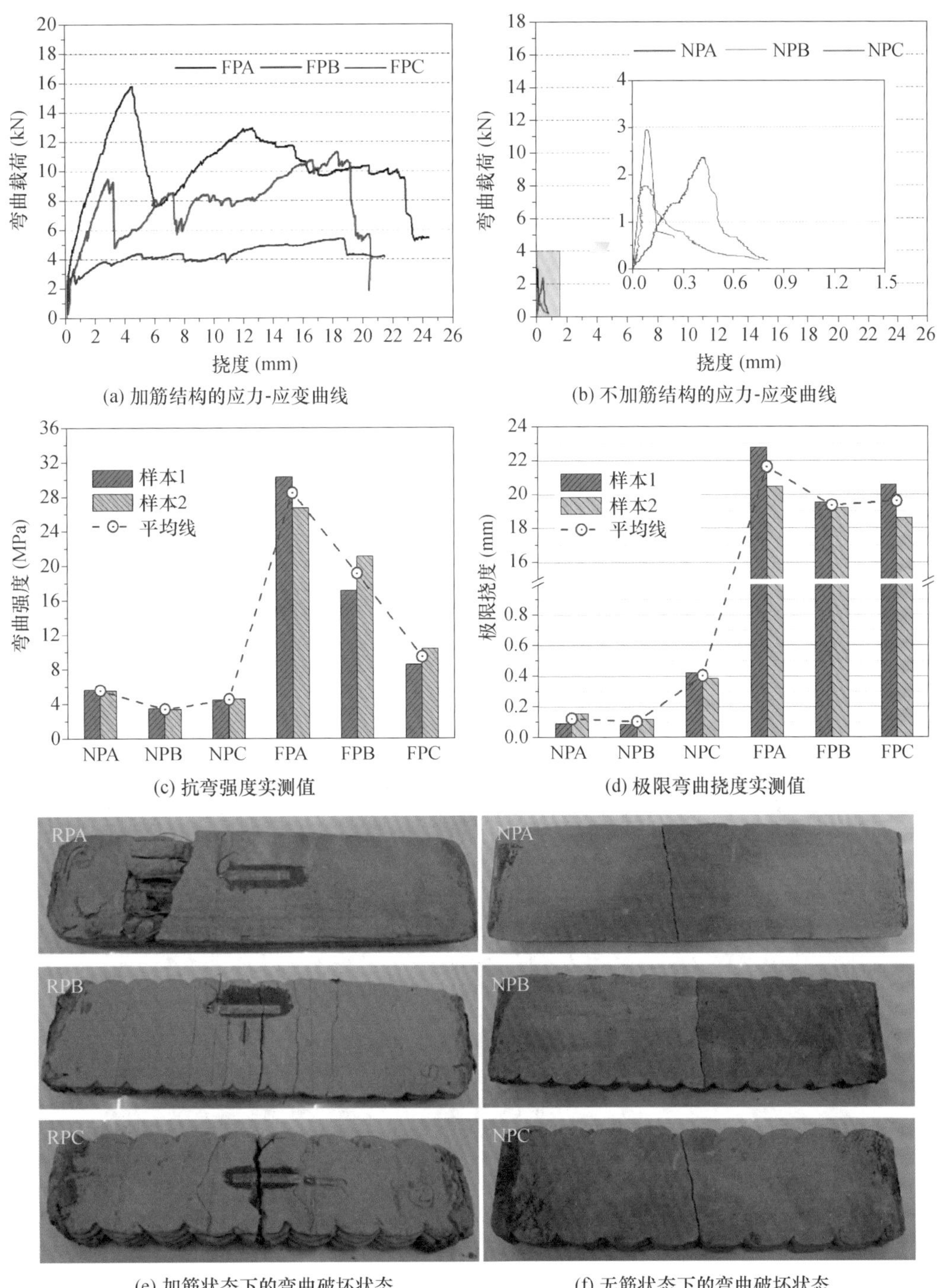

(a) 加筋结构的应力-应变曲线

(b) 不加筋结构的应力-应变曲线

(c) 抗弯强度实测值

(d) 极限弯曲挠度实测值

(e) 加筋状态下的弯曲破坏状态

(f) 无筋状态下的弯曲破坏状态

图 9.23 3D 打印地聚物的弯折性能测试结果

位。当达到峰值荷载时，跨中出现裂缝并迅速扩展，试样表现出明显的脆性断裂。由于纤维筋可以随打印路径灵活变化，而且纤维筋的直径为打印喷头口径的 1/10。因此，可将纤维增强地聚物视为类似于纤维增强混凝土（FRC）的一种复合材料。在后续的工作中将继续探讨不同纤维微筋的类型、布筋方式、布筋率等对 3D 打印结构的影响。

9.6.5 3D 打印钢筋增强

3D 打印过程为逐层进行，因此水平布置增强钢筋、CFRP 筋或其他类型的增强筋等则容易实现，而灵活制造垂直方向增强筋的技术目前研究尚少。目前，针对 3D 打印混凝土无筋增强的问题，德国德累斯顿工业大学建筑材料研究所的 Viktor Mechtcherine 等人发明了一种实时打印钢筋的技术。但该技术的问题在于钢筋的打印和混凝土材料的建造需分开进行，原因就在于钢筋制造过程中易局部产生高温，而且钢筋的打印成型速率尚低，难以与混凝土材料的建造速度相匹配。Viktor Mechtcherine 表示，该技术可以灵活打印复杂的、非线性的几何形状。图 9.24 展示了该团队打印的钢筋。制作直线型钢筋有利于承担更多的竖向拉伸应力，同时也便于测试和与传统钢筋的对比分析。该技术可以完成变截面钢筋的制作，有助于提高钢筋与混凝土基体的粘结性能。然而由于技术尚不成熟，打印钢筋的成型精度和平滑度有待进一步研究。

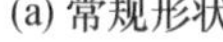

(a) 常规形状

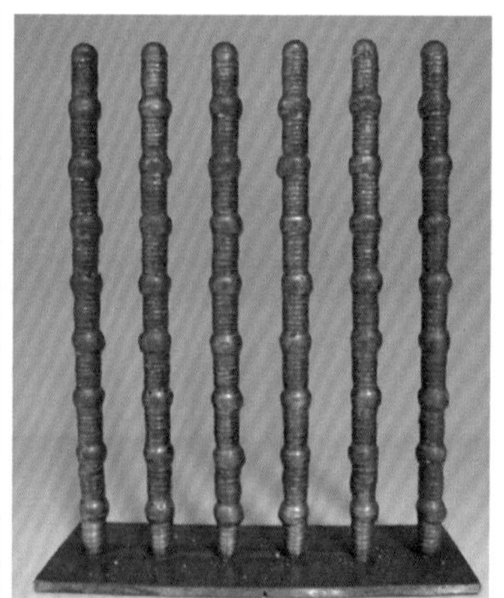

(b) 异型

图 9.24　3D 打印钢筋的常规形状和异型[253]

图 9.25 绘制了 3D 打印钢筋与传统钢筋的拉伸应力-应变曲线对比图。总体来讲，3D 打印钢筋的弹性模量、屈服应力及抗拉强度分别低于传统工艺制造的材料的 28%、28% 和 16%。但是其却具有良好的延展性能，约为 B500 钢筋的 2.5 倍。3D 打印钢筋的测试数据离散性较大，原因可能是打印成型过程造成的材料的细观非均质性相对显著，及钢筋的宏

观几何形态的不规则性。因此，在使用此种类型的材料进行结构设计时需进行合理的设计。同时，也给出了打印钢筋、常规钢筋与混凝土基体拉拔测试的试验结果。打印钢筋与混凝土的粘结剪切强度相对较低，降低幅值约为 14%。然而当达到峰值强度时，打印钢筋可继续保持一定的位移，即延性破坏；而传统的钢筋则表现出应变软化现象。此项研究为 3D 打印混凝土的增强增韧提供了全新的思路，诸多的影响因素仍需进一步地系统测试和分析。

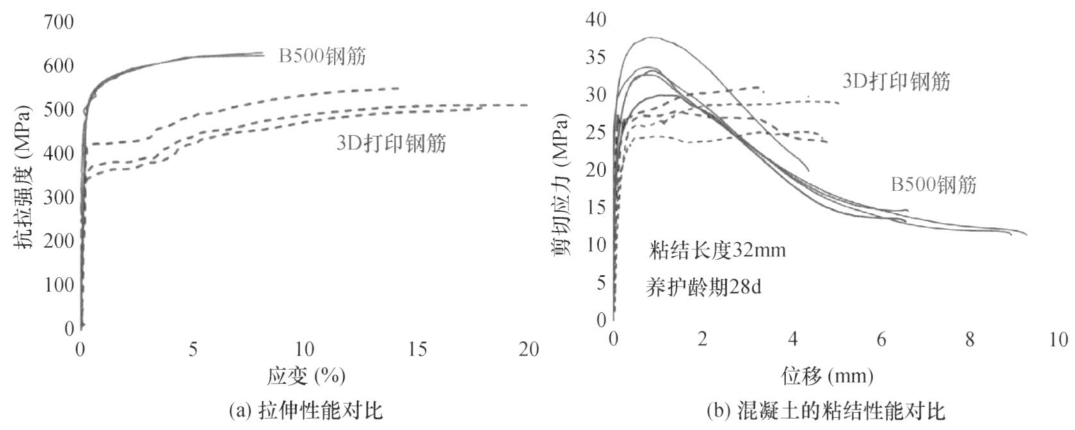

图 9.25　3D 打印钢筋与常规钢筋的拉伸性能对比以及与混凝土的粘结性能对比[253]

9.7　本章小结

本章测试了通过调整静置时间、黏度改性剂和养护方法三个因素来优化新拌浆体的建造性和硬化结构的力学性能，以满足打印结构承载力的要求。调整静置时间可以控制所研制尾矿砂混凝土的建造性，静置时间越长，建造性越好。当静置时间为 45min 时，平均层厚为 7.5mm，占设计值的 93.8%。低流动性代表高建造性，通过调整静置时间来提高建造性是可行的。当静置时间为 45min 时，打印试件的抗弯强度比浇筑试件低 46.1%。从 CT 结果可知，薄弱分界面可以用沿着分界面不连续分布的孔隙来表征。随着静置时间的延长，薄弱分界面变得更明显。分层效应是 3D 打印结构的自然属性，会削减打印结构的完整性和承载力。

添加 1.5% 的黏度改性剂可以分别将试件的抗弯强度和断裂能提高 25% 和 54.5%。黏度改性剂的添加可大幅度减弱分层效应对裂缝扩展路径的影响。添加 1.5% 黏度改性剂的试件的抗弯强度为浇筑试件的67% 。当添加黏度改性剂时，应该考虑其对新拌膏体流动性的影响，以满足理想可打印性的要求。蒸汽养护打印试件的抗弯强度比标准养护下提高 4 倍，利用这种后处理方法可使试件的抗弯强度达到 12.93MPa。蒸汽养护可能并不适用快速建造过程，但却是提高力学性能的好方法。

本章同时探讨了几种新型的适用于 3D 打印混凝土结构的钢筋植入的方式，然而诸多研究尚在初期，对于原材料、打印成型工艺等需进一步的系统研究和测试，及打印制作一些倾斜的、复杂几何形状的、不同表面粗糙度的增强钢筋，进而优化先进建造结构的增强增韧。

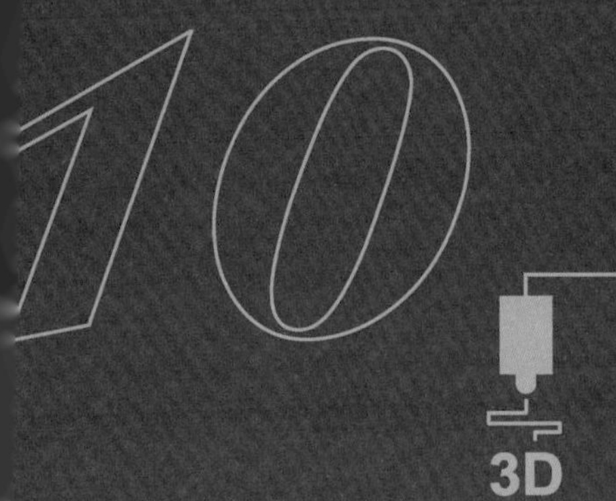

第10章 水泥基材料3D打印的应用与展望

10.1 水泥基材料 3D 打印的应用案例

3D 打印技术是一种可实现非标准形状制造和材料低成本化的先进建造技术。3D 打印混凝土的优点主要是无需模具，能随意建造多样结构，针对任何形状均具有灵活性和适应性，坚固且承载力强。若 3D 打印房屋技术得到推广，不仅可以有效减少房屋建筑的人力、物力等综合成本，还可以利用建筑垃圾和其他城市废弃物作为打印的原材料，有效改善城市环境。3D 打印技术逐渐在土木建筑行业得到广泛应用，一系列成功应用案例证明 3D 打印技术在房屋建筑、道路桥梁、地下工程等工程实际应用中存在巨大潜力和广阔发展前景。

10.1.1 水泥基材料 3D 打印在房屋建筑中的案例

2013 年，荷兰阿姆斯特丹宇宙建筑公司的 Ruijssenaars 使用意大利设计师 Enrico Dini 发明的 3D 打印机，拟建造一座两层单片环状结构楼房，设计尺寸为 6m × 9m，类似于莫比乌斯圈（Mobius band）压扁后的构造，如图 10.1 所示。考虑到 D-Shape 沙层不能支撑整个结构，因此 Ruijssenaars 计划用 D-Shape 打印机分段打造建筑构件，组成外部轮廓，并用薄层的砂、无机粘合剂及钢筋混凝土加固。该景观别墅作为 Europan 在欧洲空间设计大赛的参赛作品，设计之时 Ruijssenaars 曾设想将它与爱尔兰的美丽海岸线融为一体。

图 10.1　3D 打印技术建造单片式景观别墅

2014年，通过3D打印建造的10幢建筑在上海张江高新青浦园区内竣工并展示，如图10.2所示。打印所用的材料主要是建筑垃圾、工业垃圾和矿山尾矿，其他材料主要是水泥和钢筋，还有特殊的助剂。在打印过程中，根据设计图纸和方案，由计算机操控一个巨大喷口喷射出“油墨”，呈Z字形运动，层层叠加建造起一面高墙。墙与墙之间还可像搭积木一样垒起来，再用钢筋水泥进行二次“打印”灌注，连成一体。

(a) 房屋整体结构

(b) 打印墙体

图10.2　上海张江高新青浦园区的3D打印建筑

2016年，北京华商腾达科技有限公司建造出一座高度为6m、长宽均为15m、墙体厚度为25cm、面积为400m^{2}的双层别墅，如图10.3所示。该别墅是全球首座现场整体3D打印的建筑物，位于北京市通州区的一个工业园区中，打印原材料均为普通强度等级的混凝土和钢筋等。全程由计算机程序操控，采用3D打印机直接浇筑成型技术，施工用时仅为45d，打印过程无人力介入，只需技术专家监督建造过程。经质量检测，该建筑物可抗八级地震。

图10.3　3D打印双层别墅及施工建造过程

2016年，盈创建筑科技（上海）有限公司在苏州工业园区使用3D打印技术打造了一个中式庭院，使用的打印材料由少量钢筋、水泥和建筑垃圾制成，如图10.4所示。依据3D打印建筑技术的特性，整体建筑设计超越了原有苏州园林的古建筑体结构和布局，将现代审美元素与高科技技术相结合。采用3D打印技术，可节约建筑材料30%~60%，工期缩短50%~70%，建筑成本至少节省50%以上，并且顾客可以私人定制家居和房屋风格。此庭院墙体强度是普通混凝土的5倍，而且是中空的，更加保温。不过，打印建筑的刚度、强度和耐久性等综合性能还有待进一步验证。

图10.4　3D打印的中式庭院

2017年，俄罗斯Apis Cor建筑公司打造了一种悬臂式可移动的新式3D打印机，大大提升了房屋建造效率，例如占地面积$38m^2$的房屋在24h内即可建造完成。如图10.5（a）所示，该打印机长约6m，质量相当于一台汽车，因此便于运输，特别之处在于该打印机可以承受-35℃的低温。图10.5（b）为使用混凝土材料打印的房屋，造价仅为1万美元，与传统房屋修建相比，成本节约70%。

(a) 悬臂式3D打印机

(b) 3D打印的房屋

图10.5　现场打印房屋

2017 年 10 月，俄罗斯 AMT-SPECAVIA 公司使用 3D 打印机在雅罗斯拉夫尔建造了一座住宅，如图 10.6 所示。首先利用计算机创建该住宅的 3D 模型，然后对模型进行分层切片处理。该住宅符合俄罗斯个人住房建设的所有规章制度，采用 3.5m × 3.6m × 1m 的 3D 门式打印机，使用标准的 M-300 混凝土砂浆，每一层高为 10mm，宽为 30 ~ 50mm，打印速度为 $15m^2/h$，仅在一个月内就完成了所有打印。

图 10.6　3D 打印住宅

10.1.2　水泥基材料 3D 打印在基础设施中的应用案例

2015 年，荷兰埃因霍温理工大学开始开发巨型混凝土 3D 打印机作为大型研究项目的一部分。该巨型 3D 打印机包括一个混凝土搅拌泵和一台四轴龙门式机器人，打印范围为 9.0m × 4.5m × 3m，后来该大学与荷兰建筑公司 BAM Infra 合作，启动了一个合作项目——3D 打印一座新的混凝土步行桥和自行车桥，如图 10.7 所示。这座桥长 8m，先 3D 打印多个素混凝土部件共计约 800 层，打印过程中预留孔洞实施后张法预应力组合拼接而成，并经过安全测试，以确保它能承受 2t 以上的荷载。现在这座桥已经正式开放。

图 10.7　3D 打印混凝土步行桥和自行车桥

2016 年，西班牙的阿科班达（Alcobendas）市架设了世界上第一座完全由混凝土制成的 3D 打印人行桥，该桥位于马德里的一座公园内，桥长为 12m，宽为 1.75m，如图 10.8（a）所示。其结构设计由加泰罗尼亚高等建筑研究所完成，随后由西班牙土木工程公司安迅公司（Acciona）建造出来。这座造型奇特的人行桥由 8 个独立部分组合而成，其设计过程用到了有机和仿生建筑技术，外观类似于自然环境中的天然结构，三维设计稿如图 10.8（b）所示。阿科班达市政府报告说，通常来说混凝土建筑物需要大量资源、能源并且产生很多废弃物，而这座 3D 打印桥梁则完全打破了人们的旧观念，由于生产过程中对原材料的回收利用及 3D 打印整体上的可持续性，这座人行桥几乎没有花费任何经济成本。可预见的是，其他欧洲国家将增材制造技术整合到土木工程中只是时间问题，而阿科班达市在这方面起到了开创性的表率作用。

(a) 3D打印步行桥

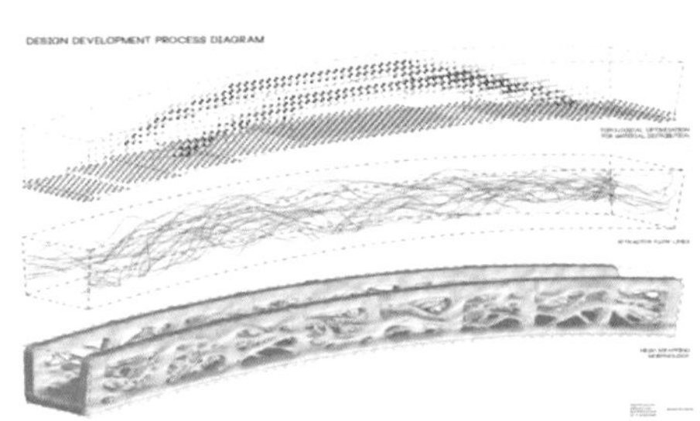

(b) 桥梁三维设计稿

图 10.8　阿科班达市的 3D 打印桥

2017 年 8 月，江苏大阳山国家森林公园利用 3D 混凝土技术建造了一个景区厕所，如图 10.9 所示。据报道，建造所用材料以建筑垃圾为主，践行了低碳环保的理念，成功将建筑与周围生态环境、旅游与科技结合起来，已获得国家旅游发展基金 30 万元的奖励。

(a) 景区厕所外观

(b) 景区厕所内部结构

图 10.9　3D 打印景区厕所

2018 年 1 月，在上海金山区的枫泾镇开放了世界上第一个 3D 打印公交站并已投入使用，为枫泾线 4 路服务，如图 10.10 所示。该公交站的 3D 打印技术由张江国家创新示范区金山源的制造企业提供。

图 10.10　3D 打印公交站

混凝土 3D 打印技术能够快速地建造各种结构，从长椅、桥梁到房屋和酒店别墅，但建造方法并非没有缺点。在建造过程中，混凝土变得柔软，3D 打印的墙壁存在倒塌的风险。在传统模板中，沉积的混凝土通常可以在几周内硬化，而 3D 打印混凝土由于缺乏支撑模板，不得不立即承受后续混凝土层的质量。2018 年，埃因霍温理工大学的 Akke Suiker 教授针对此问题提出了一种模型来确定合适的印刷速度和尺寸，以保证 3D 打印混凝土墙保持直立。[254]

2018 年 1 月，特种化学品公司 Sika 因其 3D 混凝土打印技术在巴黎的 INTERMAT 创新奖中获得特别奖，有望为建筑业带来一场革命。Sika 开发的 3D 打印技术可以打印出高度为 10m、打印速度仅为 1m/s 的未来建筑，核心特征是挤出头，通过添加各种外加剂来制备砂浆，该材料可在几秒内完成固化并与前一层结合。

2018 年 3 月，记者 Dave Lee 报道了一间位于美国奥斯汀的 3D 打印示范房，如图 10.11所示，由建筑公司 Icon 及非营利组织 New Story 联合建造，旨在解决人类的庇护所问题，之后将前往萨尔瓦多建造一些测试房屋，并将于 2019 年初开始建造世界上第一个 3D 打印的社区。

2018 年 4 月，欧盟首个 3D 打印混凝土房屋在米兰亮相，如图 10.12 所示，这座 $100m^2$ 的单层建筑内部包括一间客厅、一间卧室、一间厨房和一间浴室，绿色的屋顶上有一个临时花园。这栋房屋由 35 个混凝土模块组成，每个模块在 60 ~ 90min 内完成，整个房屋在 48h 内打印出来。

图 10.11　3D 打印示范房

图 10.12　3D 打印混凝土房屋

10.1.3　其他应用

1）古建筑物防护部件 3D 打印

应用 3D 扫描对历史建筑物进行数字化建模和信息存储，对物质文化遗产的档案记录和技术分析具有重要意义。该项技术在计算机图形学、几何建模、虚拟现实及计算机科学等方面均已获得广泛关注。3D 扫描可以将对象带到虚拟的工作环境中，这意味着对象的几何完整性是可以保证的。此外，3D 扫描还可以确保目标物体在物理修复过程和逆向工程中的质量控制[255]。在物体的修复过程中，组成部件可以与原型进行比较检查，以确保修复精度。华中科技大学的丁烈云教授应用3D扫描技术和3D打印混凝土技术对历史建筑的石材柱基进行了修复研究，如图10.13所示。

图10.13 完全损坏的石材柱基[256]

整个设计建造过程总共分为以下4个阶段：

（1）三维数字扫描。历史结构部件的几何信息通过手持的三维扫描仪来获取，如表面数据点的空间几何坐标，这些探测得到的临近数据点相互连接，形成三角形。手持扫描仪具有较高探测精度，探测焦距通常在1m范围内。所得点云数据通过数据处理软件Geomagic Studio进行转换，可以得到高精度的三维模型。

（2）分层切片处理。通过三维扫描仪获取的构件几何数据可以转换为STL格式文件，进一步借助分层切片处理算法来优化设计结构模型的喷头行走路线及填充方式。

（3）模型打印。打印过程即3D打印机按照切片软件中设计的路线和填充方式，通过连续移动喷头和挤出混凝土砂浆来完成模型的建造。使用混凝土材料的水灰比为0.3，砂灰比为1:1，再加上0.1%的聚丙烯纤维和1.25%的减水剂，最终打印模型如图10.14（b）所示，整体结构为4层，内径为0.7m，高度为40～80mm，打印速度为2min/层。

（4）结构安装。部件打印完成之后对表面进行打磨等处理，然后将原有的损坏结构进行替换，连接处用水泥砂浆进行粘合，完成整个修复过程。

2）异形结构构件3D打印

本节设计的墙体可用于替换损坏的结构构件或者一些外部结构支撑，如图10.15所示。在制备水泥基材料时，可以加入一些高性能的纤维材料以提高打印结构的力学性能，

(a) 3D扫描柱基STL文件

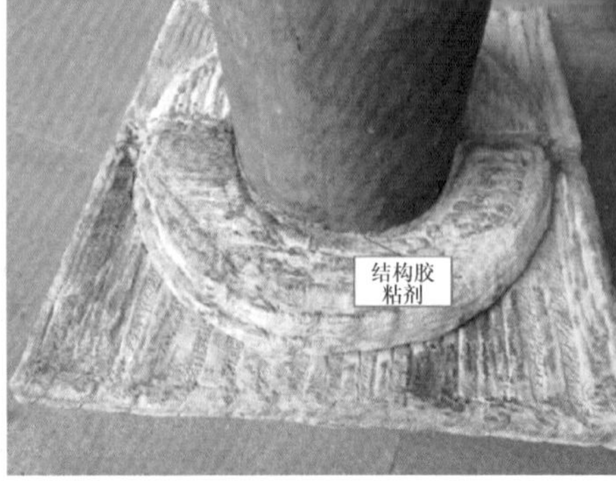

(b) 3D打印混凝土柱基及安装

图 10.14 最终打印模型[256]

同时也可以加入一些泡沫材料以提高打印结构的保温隔热性能，墙体设计为中空结构，可以用于穿插一些管道或电线。结构有两个柱状的承重部分，连接于两个平板之间，两个外壳之间的结构呈正弦波状。结构的中空几何设计可以降低热量通量，通过减少热桥的形成来提高热绝缘效率，因为总热通量正比于系统中传导物质的横截面积。本实例中通过波状的内部结构来连接外侧的两个板，这种设计将传统的面接触或者线接触转变为点接触，在保持其结构力学性能的同时减少了相互之间的接触，因此限制了内部的整体传热，有利于结构隔热性能的提升。经计算，采用本案例中正弦波的内部结构，其隔热性能可达传统结构设计的 56%[37]。此外，波状外壳结构设计有两个柱状结构，构成一个稳定桁架，可用于支撑外部负载。外壳形状设计为曲面，可实现双重波纹强化，增强了结构弯曲抵抗力。图 10.16 展示了 3D 打印的混凝土保温墙体构件，该结构共有 139 层，用时 12h 制作完成，外部尺寸约为 1360mm × 1500mm × 170mm，质量为 450kg。

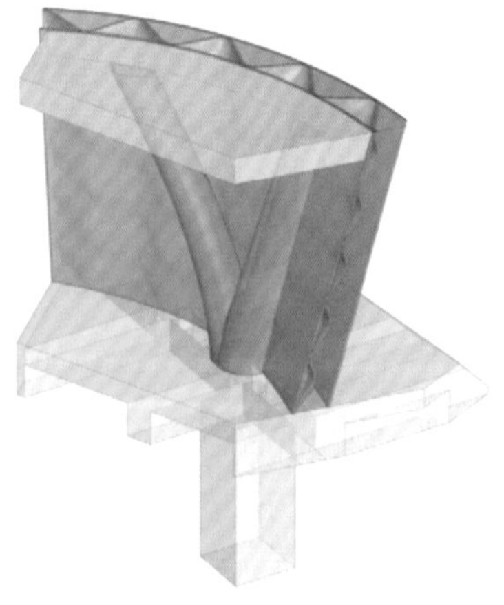

图 10.15 异形结构墙体设计[37]

图 10.16　3D 打印混凝土保温墙体构件[37]

一些具有灵活性、个性化的建造将设计空间的边界延伸到工程师、建筑师和设计师等，建造效率极大提高，并且通过几何图形来实现多功能化，已可以借助 3D 打印技术来实现。然而，3D 打印技术的革新意义并非在于提高建造速度和降低成本，更多的是给建筑业带来无模建造的灵活性和个性化。除传统的力学性质外，3D 打印混凝土结构还可以实现隔热、隔声等功能。另一个可以说明 3D 打印技术的灵活性及多功能性的例子是 3D 打印混凝土隔声构件，它可被设计成通用元素，包括结构和声学性能，多个隔声构件组装起来便可以形成完整的墙。不同几何形状的孔可以削减声波强度以增强构件的隔声性能。如图 10.17 所示，所打印结构的尺寸大约是 650mm×650mm×300mm，打印 26 层用时 2h。

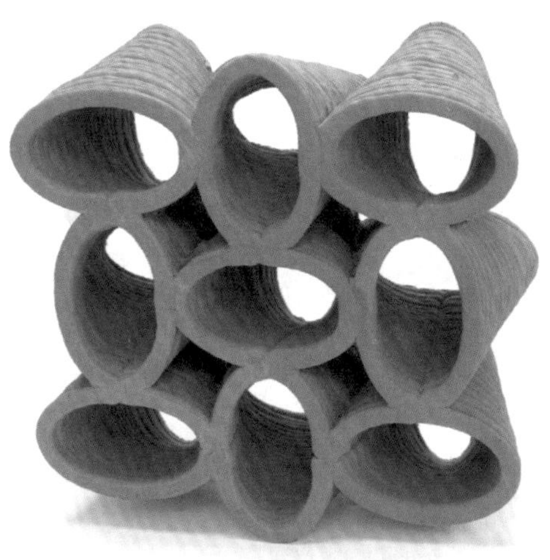

图 10.17　3D 打印混凝土隔声墙体构件[37]

2016 年，法国初创公司 XtreeE 发布将创建完整的 3D 打印建筑生产线，终极目标是建立一个“文件到工厂”的过程，期望通过 3D 打印技术来优化施工建造方法，并开展丰富的建筑创作。在科技方面，XtreeE 正在研发建筑 3D 打印技术，其中包括 3D 打印混凝土材料、可挤压材料和专门的软件程序机器人。若这一系统得以成功研发和应用，将有助于建筑企业缩短建筑时间、削减材料成本（图 10.18）。

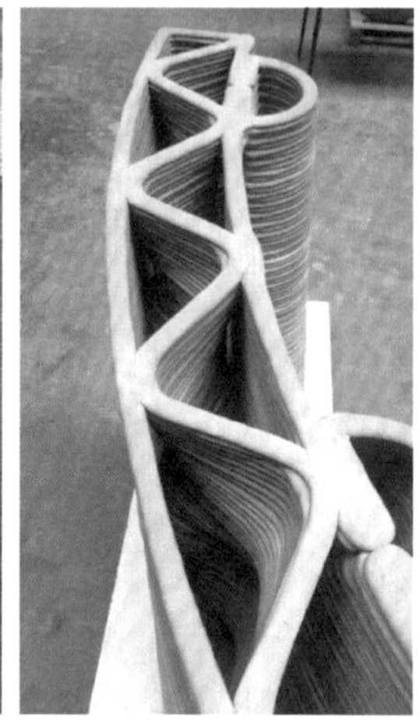

图 10.18　XtreeE 公司 3D 打印的产品

为了使混凝土模型具有一定的功能性，需要 3D 打印能够在局部实现一定的细节特征。打印头的尺寸、打印层的厚度设置、材料的流动性及路径设置等综合决定了打印的精度，进而控制了可以制作的细节特征。因此，3D 打印功能化的结构构件需要从材料和结构几何方面进行优化设计。图 10.19 展示了 3D 打印混凝土隔声板。

图 10.19　3D 打印混凝土隔声板[257]

3）双曲面板 3D 打印

3D 打印建造过程必然会造成一些非直线结构产生台阶状，因此开发一种空间曲线的打印方式或打印路径可提高打印结构表面的光滑度、减少额外的后处理工作，例如磨平或抹灰等。曲线层法打印追求的是提高打印结构的美观性和力学性能，区别于常规平面分层打印，材料可以在非平面的打印层上堆叠，这意味着打印喷嘴应在打印路径的任何曲率下均与打印路径保持90°。在打印物体表面处理的问题上，曲线层法将材料打印在外表面的曲线剖面上，因此比传统平层法具有更少的阶梯效应。曲线层法打印的结构外表面可将潜在的层间剥离最小化，原因在于外表面为曲线打印的多层结构整体性强，而且曲线层法的打印层数要比平层打印少得多。

（1）数据输入。图10.20展示了双曲面面板的结构设计图，该曲面板由4个几何相似的子曲面板拼接而成。设计时将模型的三维边界轮廓作为初始输入，每一个子曲面板的尺寸设计为525mm×525mm×30mm，每一组都有相同的几何形状。考虑到结构对称性，将每一个子面板区域引入一个象限中以便路径规划的设计计算。然而，路径规划需要确定模型的底层面作为路径创建的起始层。底层面的确定是通过将模型的轮廓边界分解为对应的面、边和顶点，然后将底层面的几何信息重新参数化并将对应的矩阵平移，从而获得另一个路径规划计算中需要的辅助面。

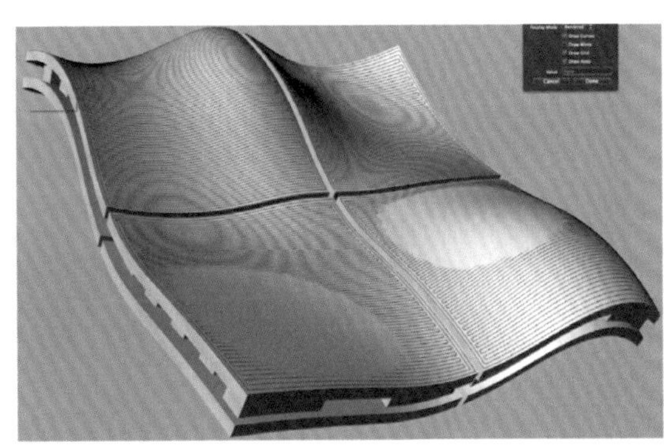

图10.20 双层曲面板的路径规划设计图[258]

（2）打印路径规划。目标对象的底层面信息提取出来之后，被分割为边界和内部子表面。通过将边界向内移动两个打印宽度的距离，形成新的曲面边界，作为路径规划的起始边界。内移边界的打印宽度可以适当降低，可保证目标对象外部结构的打印精度，减少了阶梯效应，内部区域的打印宽度可以调大以提高打印速率。将边界内部的曲面根据位置和曲率的不同分成多个子曲面，曲率较高，区域划分的子区域数量需适当增多，子区域的划分不需要严格设置为矩形。子区域划分完成后，根据打印宽度，以Z形路径填充。然而，对于一些曲率较大的子区域，仍需进行第二次的细分，以降低相邻路径之间的间隙，如图10.21（b）所示。曲面打印路径规划的整体思想是化整为零、分区处理，这样可以降低

相邻打印路径之间的间隙，提高打印表面的光滑度，同时分区处理的方式有利于应对多变的曲率，当然也会导致打印过程中出现更多转折点及较短的打印路径，这可以通过调整打印速率及材料流动性来弥补。

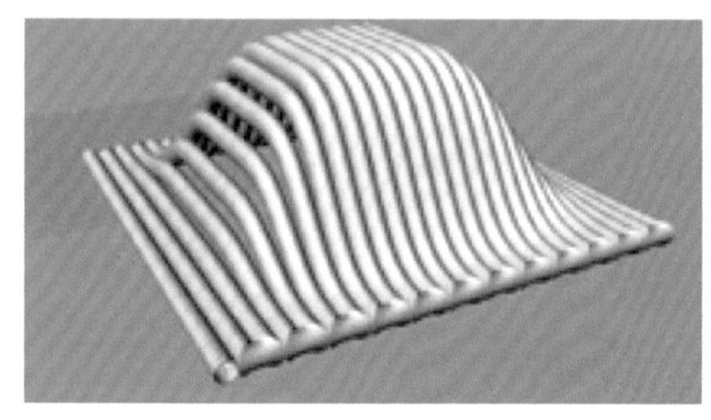

(a) 曲面子区域打印路径规划

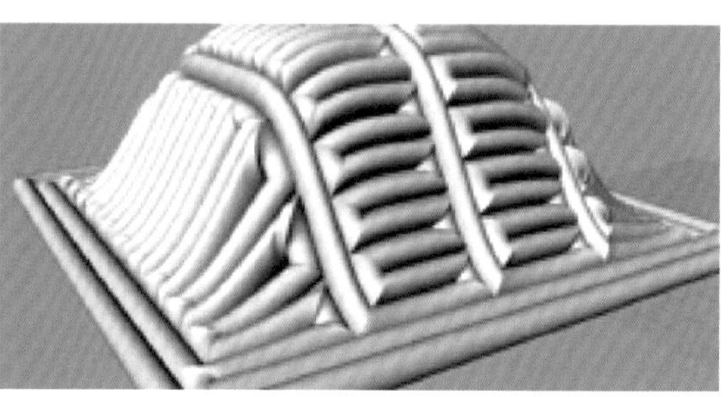

(b) 曲面子区域的二次分区路径规划

图 10.21　打印路径规划[259]

（3）支撑结构。支撑结构的建造是曲面板打印的关键，支撑结构的区域为目标模型底层面下部至参考平面所围成的区域。首先将目标结构的底层平面向下投影，得到规则的矩形区域，根据打印宽度，确定相应打印基线，如图 10.22（a）所示。然后将投影基线沿 Z 方向以打印厚度为间隔复制，直至与模型底面接触。对支撑结构的每一层均按 Z 形进行路径规划，如图 10.22（b）所示。

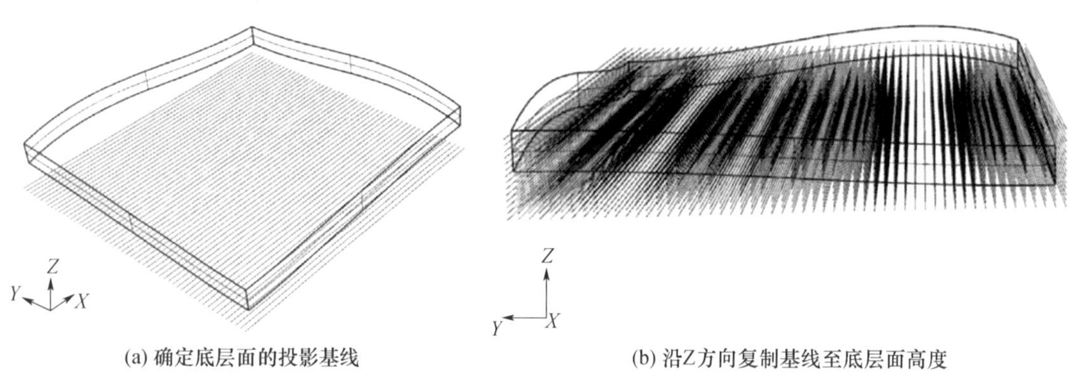

(a) 确定底层面的投影基线

(b) 沿Z方向复制基线至底层面高度

图 10.22　建造支撑结构[258]

（4）G 文件转化。打印路径创建完成后，需要改变为可以被打印系统识别的语言属性。文件转换使用的是 Grasshopper 程序，将 CAMel 脚本的五轴 G 代码转换为 3D 打印系统可识别的三轴 G 代码文件。为了把弯曲路径数据转换为 G 代码，路径被分为一定数量的点（点的数量决定路径的精度），求出表面上这些点的坐标值，从而导出表面上某点的 X、Y 和 Z 坐标值及法矢量，进而生成可以被识别的打印文件。

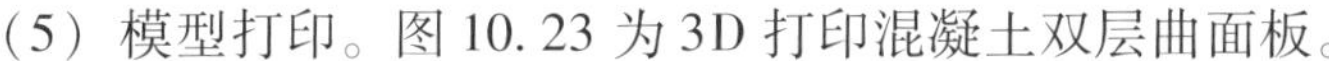

（5）模型打印。图 10.23 为 3D 打印混凝土双层曲面板。

图 10.23　3D 打印混凝土双层曲面板[258]

10.2 水泥基材料 3D 打印装配式建筑的经济可行性分析

建筑工业化是我国建筑业的发展方向，随着建筑业体制改革的不断深化和建筑规模的持续扩大，建筑业发展较快，物质技术基础显著增强，但从整体看，劳动生产率提高幅度不大，质量问题较多，整体技术进步缓慢。为解决这些问题，保持建筑行业可持续发展，我国政府出台并制定了一系列政策措施推动建筑工业化的发展，以实现“四节一环保”的要求，即节能、节地、节水、节材和环境保护。

10.2.1　经济性分析

从经济角度来看，数字化装配混凝土（Digital Concrete Fabrication）将引起生产率及成本结构的变化。尽管目前无法定量地呈现成本结构，但数字化装配混凝土提供了许多提高施工过程成本效益的潜在机会。以下从生产率、成本结构和经济效益三个方面来说明。

1）生产率

建筑行业的生产率停滞是一个重要问题，生产率不高的原因有很多，比如建筑工艺的低工业化、低合作化和数据互操作性、高水平的周转等因素，这使得实施新方法变得困难。保守的建筑业在研究和开发方面的投入相对较少，对于经济状况良好的国家也是如此，建筑公司相对较低的利润率可能是造成这种情况的主要原因。因此，在过去几十年中，施工过程几乎没有改变。

数字化装配混凝土的主要意义和革命潜力在《建筑行业 4.0》的背景下可见，它从已经发展良好的计算机辅助设计工具到自动化建设的逻辑演变，使建造成为一个完全数字化的过程。通过整合数字化设计和施工活动，缩短施工时间，提高质量和成本，可以显著提高该行业的生产率。通过结合现有技术，如快速数字地图、建筑信息模型、数字协作、物联网和专业建筑设计等向数字化建筑组织转变。从设计到建造的各种过程的数字化也可以减少错误的可能性，并有助于加强对施工过程的管理。特别地，当建造复杂的混凝土结构时，数字化建造可以比传统方式建造提供更高的生产率，并且即使墙体几何形状的复杂性增加，机械化制造也不会产生额外成本。

工程建筑行业的无效工作和浪费高达57%，主要原因是生产技术和生产流程的先进性不足，而 BIM 的核心价值之一就是高效协同，通过集成项目信息的收集、管理、交换、更新、储存过程和项目流程，为建设项目全生命周期中的不同阶段和各方参与者提供及时、准确、足够的数据信息，来支持工程各方参与者之间进行信息交流和共享，通过 BIM 管理的数字数据将从规划到生产，甚至到维护、修复和回收利用全程监控。这从根本上减少了重复劳动的损失并解决了信息传递难的问题，以支持工程各个部分的生产效率和各个不同阶段的高运行效率。

此外，由于 3D 打印建造房屋中使用数量很大、结构规格各异的预制构件，还要在建筑墙体、房屋地平、房屋顶部、吊顶和房屋的部分区域中敷设许多管线，与之进行配合，必然会发生各种不同情况的“碰撞”及不能有效地进行多专业、多部门的协同。但若能在 3D 打印技术中应用 BIM 技术，则能够减少由于各种碰撞造成的返工、停工和材料损失，并且能够为 3D 打印建筑工程项目建立一个公共的数字化 BIM 平台，协调工程参与各方和不同专业进行工作协同，大幅度提高打印建造工程的效率，创造较高的价值。

2） 成本结构

根据国外对建筑业生产的相关数据统计：现有模式生产建筑的成本接近合理成本的两倍；72% 的建筑工程项目不同程度地超预算，70% 的项目超工期，75% 不能按时完成的项目至少超出初始合同价格的50%，原因是没有精确的计算模型和现代化的管理手段。有了 BIM 模型，使用 BIM 技术，能够密切地监控实际工程建设项目的进程和进度，能够大幅度提高建筑业的生产效率和管理效能，实施对建设工程成本的有效控制。

对于浇筑混凝土，尤其是预拌混凝土，通常需要模板，从而导致增加材料、劳动力和机械成本。此外，使用模板会导致工程中相当长时间的工期延迟和负面的环境影响。在构造独特物体或复杂结构的情况下，模板的作用更为显著，其中模板的使用一方面具有挑战性（有限的几何自由度/灵活性），另一方面价格昂贵且耗时耗费。但是，在使用数字化装配混凝土技术的情况下，调节材料流变特性并合理控制（例如使用主动流变控制和主动加强控制），浇筑后的混凝土可以保持其形状而无需任何模板，这可以大大降低成本。此外，数字化装配与传统装配相比，当结构复杂时，成本不增加甚至会降低。

成本结构可分为四部分：劳动成本（人）、机械成本（机）、材料成本（材）、设计和计划成本。对于数字化装配混凝土而言：①总劳动力成本将显著低于传统建筑的劳动力成本。②机械成本原则上取决于特定的数字化装配混凝土方法和应用技术，将更多改编后的传统建筑设备纳入数字化装配混凝土的子流程的机械中，工业接受度越快，数字化装配混凝土的总成本越低，可持续性也越高。③材料成本有两方面：一方面，由于拓扑优化，避免过度工程和减少废料，数字化装配混凝土的材料成本可能低于传统结构；另一方面，由于使用昂贵的、非常精细的添加剂，例如纳米黏土、纳米二氧化硅和特殊化学外加剂，数字化装配混凝土可能价格更高。④考虑到相关领域的进步，预计包括 3D 建模、BIM 等在内的最终子流程设计和规划的成本将逐渐降低，可能出现大规模实施的情况，因为相同的算法和数据库被多次使用，降低了每个单位的成本。与传统结构相比，数字数据的高度可重复利用性使数字化装配混凝土的规划成本可忽略不计。

3）经济效益

与其他革命性创新类似，数字化装配混凝土技术将改变建筑行业的利益相关者。通过使用 BIM 和其他数字工具，IT/Tech 公司将发挥显著作用。此外，新创业公司及现有的机器人和自动化公司可能会进入并成为数字化装配混凝土技术的大型利益相关者。低技术工人的数量可能会减少，有利于增加高技能的专业工人。因此，高技能的机器人、编程和混凝土技术专家将成为数字化装配混凝土技术的支柱。从长远来看，建筑中的数字化可能会在个性化建筑模型中衍生出来。建筑物是一个复杂的系统，不能被视为一个系列产品，每栋建筑都根据设计和施工条件及利益相关方的决策进行定制。建筑中数字化制造的最新发展促进了建筑构件的大规模定制，而不是标准的大规模生产，大规模定制的下一步是个性化。因此，所有者可能不仅仅是知情参与者，而且是建筑施工的积极责任者、管理者和协调者。在未来的建筑模型中，建筑物可能由建筑专业人员设计，但是不同的设计可以保留在目录中，由客户选择直接构建或根据需要改变。因此，设计师和项目经理的传统角色可能会发展成为顾问、共同创造者和合作者，使得数字制造技术可以帮助他们完成施工过程。

数字制造技术可以提高建筑行业的生产率，不仅因为它们可以显著节省复杂设计的时间，还因为它们显示了将设计数据直接传输到 1:1 装配操作和自动建造的能力。

10.2.2 生态效应分析

从环境角度来看，必须从与结构的形状复杂性相关的角度来看待混凝土 3D 打印的环境影响。结构优化和功能集成作为设计策略，仅在结构或功能需要的地方才允许使用。这种优化设计增加了形状复杂性，同时还能减少数字化装配混凝土中的材料使用。

在世界各行各业中，建筑行业对环境的影响占有很高的比率，例如能源消耗占 40%，固体废物产生占 40%，温室气体排放占 38%，水消耗占 12%。社会对可持续性的关注日益增加，为了克服传统建筑带来的高环境影响，新型建造过程由此出现，特别是当增材制造（3D 打印）工艺与经济高效的制造相关联时，可降低产品生命周期内的能源使用、资源需求和二氧化碳排放。Labonotte 等人通过拓扑优化证明了增材制造具有能减少建筑材料的重要潜力，并且在没有支撑结构的情况下可以生产出几何形状复杂的建筑，同时在建筑元件中集成了多功能性，而这与传统的建筑技术不同。

3D 打印建筑中大量使用预制构件，通过工厂化生产打印建造出预制构件，运输到工地现场，甚至可以在工地现场打印，然后在工地现场进行拼装连接。这种方式施工方便，节能环保，极少产生建筑垃圾，能够很好地抑制有害气体及粉尘的排放。然而，为了实现可识别的可持续建造过程，必须以生命周期评估方法（LCA）来指导设计 3D 打印建筑。以下从四个方面来说明 3D 打印对环境的影响。

1）施工和材料生产对环境的影响

用生命周期评估方法来比较增材建造和传统建造，多项研究都得出结论：增材建造的能耗主导了环境影响，但这些研究都是基于小规模的 3D 打印过程。Agustí-Juan 和 Habert 进行了一场环境评估：研究三种数字化装配式构件的大型工艺过程，并将其与常规建筑进行了比较。评估结果突出表明，数字化施工过程对环境的影响相对而言较低，而建材生产对环境的影响较大。例如，机器臂的生产、用于操作机器人的锂电池的生产和再循环，以及制造期间的电力需求对数字化建造墙的整体环境仅有轻微影响，现场施工产生的直接排放约占整个生命周期排放的 2%，而大部分影响来自所用建筑材料的数量和类型。

反对使用数字化建造的一个常见论点是：由于使用机器人和高科技建筑技术，建筑能耗增加。然而，目前的研究结果表明，这一论点可以被否定，并且相反的是，设计师和材料科学家更加集中地关注 3D 打印建筑中的材料优化。

2）建筑形状复杂度

建筑中的非标准几何形状需要规划和制造复杂、劳动密集的钢筋几何形状和模板，而利用现有的施工技术制造这些几何形状和模板并不容易。因此，建筑设计通常局限于标准几何形状，以降低成本并实现模板的重复使用，尤其是在混凝土结构中。由于在建筑中需要大量使用混凝土及模板生产需要的高成本，目前正在广泛研究通过3D打印技术建造复杂混凝土结构。一些已发表的研究结果表明，3D打印可以通过减少或完全消除对模板的需求来生产大型复杂建筑和节省建筑材料，并且3D打印技术可以生产非标准几何形状而无需额外成本。建筑结构越复杂，使用3D打印技术的益处就越多。相比之下，3D打印技术对标准结构的成本效益较低。

Agustí-Juan等人基于对数字化混凝土的研究，分析了用3D打印技术建造的不同复杂程度的钢筋混凝土墙的环境性能，并将其与传统技术建造的类似结构进行了比较。分析结果证实，与传统建造相比，当建筑结构具有高度形状复杂性时，数字化建造带来了较高的环境效益。数字化建造生产的墙所产生的环境影响并不随着建筑几何形状的独特性和复杂性而增长。由于数字化建造在没有产生额外环境影响的情况下实现了额外的形状复杂性，因此其潜在益处与建筑几何的复杂程度成比例地增加。数字化建造可以促进生产更高形状复杂性的元件而不会增加环境影响，在传统建筑中恰恰相反：传统建筑越复杂，资源浪费越严重，导致建筑垃圾越多，施工工期也越长。然而，这个结论并不意味着数字化建造总是具有环境优势。当建造比较复杂的建筑时，采用数字化建造的建筑将比传统建筑更加环保；但若建造比较普通的建筑，传统方式建造产生的环境影响反而会低于数字化建造的环境影响。因此，重要的是要确定建筑形状的复杂性是被用作减少材料的设计策略，还是仅具有美学目的——将需要更多的材料。若是为了追求环境效益，则由于数字化建造技术而促进的建筑形状复杂性应该是优化建筑材料使用的结果，一般可通过两种设计策略实现：结构优化和功能集成。

3）通过结构优化产生的环境潜力

一些研究表明，通过结构优化，数字化建造技术有减少建筑材料使用的潜力，比如通过仅在结构需要的地方放置材料而实现更高效的设计，预期具有高可持续性；规定结构优化的非标准几何形状的限度，以便在满足承载功能的前提下节省材料和减轻质量。然而，通过数字化建造方法生产和优化复杂混凝土结构时通常依赖高含量的水泥。高性能混凝土确保了早期的强度和可塑造性且不需要粗骨料，但当用3D打印轻薄结构时，这种性能通常将受到限制。由于每立方米混凝土产生的环境影响随着水泥含量的增加而增加，因此混凝土体积的减小措施必须更加有效。对于数字化建造而言，高性能混凝土与通过结构优化造成的极端体积减小相结合是有效的，Agustí-Juan和Habert的研究成果证明，与传统结构相比，数字化建造混凝土结构对环境的影响大约降低50%。

然而必须指出的是，这导致了传统建筑和数字化建造结构之间的研究分歧。实际上，传统的混凝土开发在很大程度上依赖于使用辅助胶凝材料来减小环境影响，而数字化混凝土开发需要相对快速的设置和高性能，通常用纯普通硅酸盐水泥来实现。这两种方法目前似乎有所不同，但可以开发出合适的混有适当的混合物的高附加水泥材料水泥，以实现快速凝固。例如，Marchon 等人表明，碱活化剂可与特定的与碱性环境相容的增塑剂结合使用，以获得所需的早期强度，而不会失去增塑剂对流变控制的可能性。

4）通过功能集成产生的环境潜力

第二种策略是在不增加成本的情况下有效利用建筑高复杂度的好处，即使用复杂的形式来实现多功能性。可以分为两种情况：第一，结构中的管道、绝缘或电气设施等服务的集成通常需要复杂的几何形状；第二，复杂结构可以通过其形状提供辅助功能，可以节省原本提供此功能的构件。例如，Agustí-Juan 和 Habert 展示了功能结合的环境效益，作为材料还原性构建过程。LCA 应用于数字化屋顶结构的案例研究表明，功能的集成导致吊顶被省去，这对环境造成了较大的影响。然而，功能的集成可能增加建筑中材料的需求，从环境的观点来看可能是不利的。Agustí-Juan 和 Habert 的分析结果表明，只有将在传统建筑中具有高环境影响的功能集成到数字化建筑中才能产生环境效益，在这种情况下，功能的集成才达到了对建筑构件的结构性能的高材料要求。

集成设计可以在生产过程中节省建筑材料，同时降低成本和环境影响。然而，环境中的排放不仅仅是在施工阶段期间产生的，在使用寿命期间也会产生，并且功能集成可能增加建筑物在其生命周期期间改造建筑物的难度和建筑构件的替换率。混合结构的设计应足够灵活，以便能够维护某些部件，而不会影响整个部件的使用寿命。此外，应仔细选择集成的功能，以避免在必须持续很长时间使用的元件中使用寿命太短的功能。结构寿命的缩短将导致高替代率，从而增加生命周期的影响。

10.3　水泥基材料3D打印的机遇、优势与挑战

10.3.1　水泥基材料3D打印的优势

为了提升3D打印技术的优势，可在3D打印过程中引入各种自动化控制技术，如数

字化建模过程中使用三维快速扫描技术（3D scanning）[260]、无线定位技术、计算机仿真控制和机械自动化控制技术[261]，在材料运输和结构构件组装过程中应用六轴机械手臂、群体机器人及自动爬升技术等[262]。这些自动化控制技术极大促进了3D打印水泥基材料在工程实际中的应用，同时表现出一系列优势。

1）设计灵活

分层打印为复杂多变结构的建造及无模具建造提供了有力条件，建筑结构设计的灵活性得以实现，使传统方法无法实现的结构或者各种造型奇特的结构构件的建造成为可能[33]。逐层建造的特点使各种各样的建筑结构化繁为简，为建筑师设计及建造师施工提供了极大的便利条件。尽管3D打印存在一定的约束和限制，但其在设计和建造方面表现出的优异的灵活性，是土木建造领域应用中的最大优势[190]。数字制造显示出了将建筑业带入数字时代的巨大潜力。集成数字设计和制造工艺（即从设计到生产的过程）在施工过程中产生了更多的可控性和灵活性，允许在后期进行调整，而不会大幅度增加施工成本。这样，就可以在工作流中建立新的角色和元素。

2）环境友好

目前传统的土木建造过程中，不可避免地产生各种各样的有害气体及难以回收利用的废弃模板和固体废料等[263]。3D打印在生态社会环境方面发挥着独特优势：3D打印系统均为电力驱动的机械装置，不会产生有害气体；3D打印过程完全依据数字化模型进行，可准确计算材料用量，有效避免材料的浪费；与传统建设活动相比，产生的噪声会大大削减。传统建设过程中往往需要投入大量人力，容易导致出现人身安全问题。据不完全统计，澳大利亚平均5.2%的劳动者会在建设活动中受伤，在美国这一比率也达到了4.0%[264]，自动化的打印过程则大大降低了对劳动力的需求。生命周期分析结果表明，3D打印过程可以降低能源的累计消耗41%～64%，同时减少气体排放及对环境的损害[265]。根据生命周期理论，一个行业的发展一般会经历四个阶段：起始阶段、上升阶段、成熟阶段及衰退阶段。3D打印在中国已有近30年的发展历程，已经逐渐过渡至第二个发展阶段[266]。然而，3D打印在建筑领域的发展处于起始阶段，仍需不断革新和发展以充分发挥对周围环境的优势。

3）降低成本

3D打印水泥基材料提升了建筑工程的自动化程度，该技术可以从以下三个方面来降低成本：首先，机械化的3D打印建造方式可以加快施工速度，从而降低时间成本。据报道，3D打印建造相同结构所用的时间仅约为传统方法的1/4[190,267]；其次，3D打印建筑结构的过程属于增材制造，由计算机控制完成，因此降低了材料消耗及材料浪费，节约了材料成本[268,269]；再次，自动化打印过程降低了对人力的需求量，及人为造成的材料浪费、冗余操作环节等，节约了劳动力成本。Camille Holt 就利用 C40 混凝土建造一面墙所消耗的成本，将 3D 打印技术和传统施工工艺进行对比，见表 10.1[270]。从统计结果可以看出，应用 3D 打印水泥基材料来建造结构构件可以减少大部分的人力和模板成本，并且 3D 打印一面墙的成本约占传统建造方式的 1/4。据粗略估计，使用模板的成本占建造整体混凝土结构成本的 35% ~60%[271]。

表 10.1　3D 打印建造和传统建造在墙体施工上的成本估计

项目	传统建造			3D 打印建造		
	价格（美元/m^3）	数量（m^3）	费用（美元）	价格（美元/m^3）	数量（m^3）	费用（美元）
混凝土材料	200	150	30000	250	150	37500
泵送	20	150	3000	20	150	3000
劳动力	20	150	3000	—	—	—
模板	100	1500	150000	—	—	—
合计			186000			40500

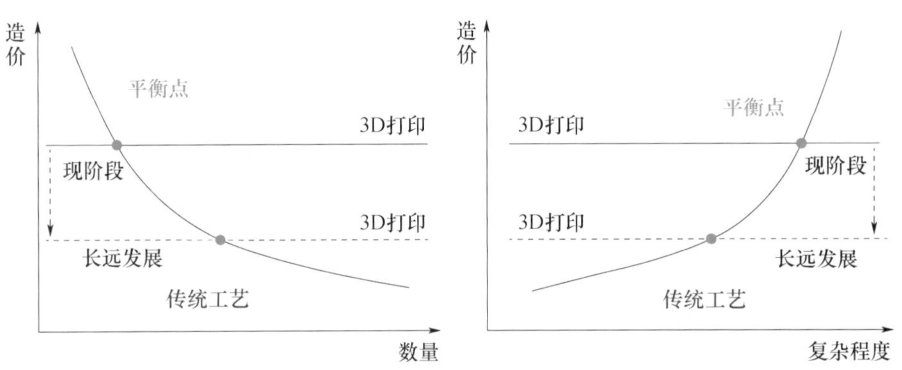

图 10.24　传统建造和增材制造过程之间的盈亏平衡关系对比分析

图 10.24 展示了传统建造和增材制造过程之间的盈亏平衡关系。传统制造中，每一增量单位的生产成本随着生产对象总数量的增加而减少，而随着复杂性的增加，每单位成本也增加。而 3D 打印的成本在每个单位生产中都保持一致，几乎不受总数量和复杂性的影响。因此，3D 打印技术在低到中等数量的生产和相对复杂的结构中显示出优越性。在未来的几年里，3D 打印的普及率和生产能力将会进一步提高，3D 打印制造成本将会逐渐下降[272,273]。当大规模生产结构复杂、设计灵活、个性化定制的建筑工程时，3D 打印将会取得规模性的经济效益，其相对于传统制造方法的优势将被极大地放大。

García de Soto 等人[274]通过收集到数据，用于计算生产率（即美元/m^3 和 h/m^3），并采用常规和机器人制作方法对两种墙体类型的施工进行定量比较，对比结果如图10.25所示。利用模拟得到的最大值、最小值和平均值，假设与传统结构的复杂性增加相关的不确定性线性增加。不考虑由于学习曲线效应造成的预期减少。对于机器人建造，生产率以恒定速率表示，这表明生产率与复杂性水平无关。

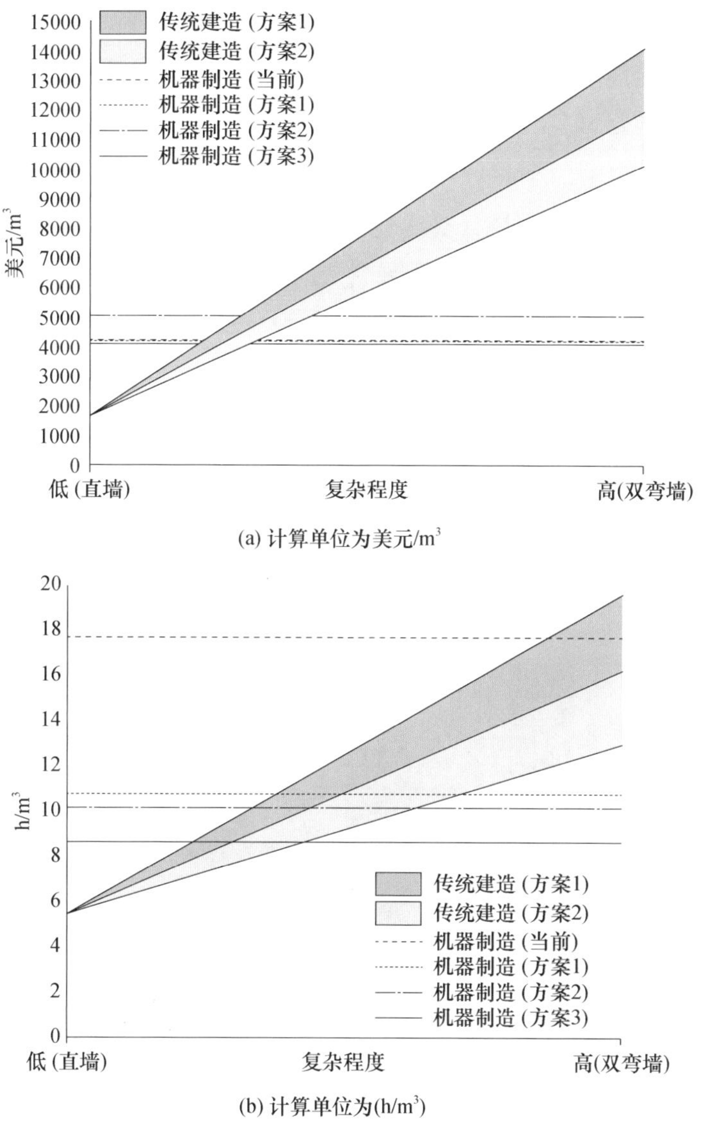

图10.25 采用传统建造和机器人制造技术建造不同复杂程度混凝土构件的生产率图示[270]

图10.25（a）为机器人与传统施工方式下两种墙体的美元/m^{3}生产率差异。若建造一堵直墙（即复杂程度较低），与传统建筑相比，使用数字制造并没有真正的经济效益。这与双弯墙（即复杂程度非常高）的情况相反。随着结构复杂程度的增加，机器人制造的成

本并未增加。此外，不同 IF 优化方案对时间的节省影响不大（与当前状况相比，选择优化方案 3 可以减少超过 50% 的时间），不产生重大影响，方案 1 和方案 3 相比，当前条件下，分别减少 16% 和 19%。预计这种低影响，源于不同优化方案的时间节省与钢丝网生产期间的人工成本有关，在目前的条件下，这占了总成本的 22% 左右的平均成本，并且在机器人建造双层弯墙的过程中考虑了各种选择。

与成本部分相反，h/m^3的计算清楚地反映了不同方案的建造效率［图 10.25（b）］。然而，机器人制造的好处更多地取决于所使用的机器人的技术方面。与传统建造相比，优化方案在每个安装数量上的小时数减少了很多。对机器人系统进行合理的修改，可以显著减少每单位安装数量的时间。鉴于这一领域的进展，预期今后的业绩将超过备选办法 3 的业绩。从这个角度来看，机器人制造的使用随着复杂性的增加有显著的好处。

不同墙体类型和施工方法的不同成本的分配（即人工、材料、设备）如图 10.26 所示。主要的变化发生在传统的混凝土墙施工中，这是由于双弯墙特殊模板的高成本造成的。用传统方法建造复杂墙体时，材料的相对成本是原来的三倍多。在机器人制造的例子中，这种变化是可以忽略不计的，与传统建筑相比，它更能体现劳动力和材料之间的平衡。

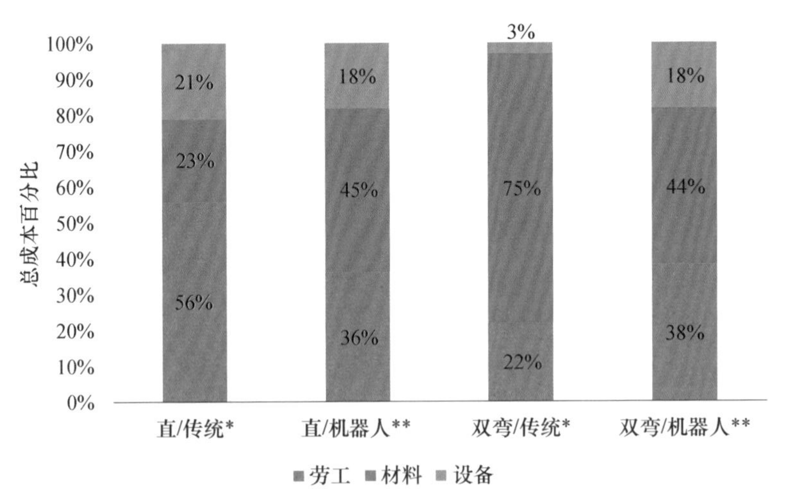

图 10.26　每种建造方法不同的成本类型分配

基于在 NEST 大楼（瑞士）建造的真实规模的数字化装配混凝土墙，García de Soto 等人研究了本案例的成本结构，具体而言，该研究比较了采用机器建造技术和传统方法构造的直弯和双弯钢筋混凝土墙的成本结构。不同成本的分配（即不同墙体类型和施工方法的劳动力、材料、设备）见表10.2所示。

表10.2 不同类型混凝土墙结构的人工、材料和设备成本分配[274]

类型	人	材料	机械设备
直弯钢筋混凝土墙/传统方法	56%	23%	21%
直弯钢筋混凝土墙/机器建造	36%	45%	18%
双弯钢筋混凝土墙/传统方法	22%	75%	3%
双弯钢筋混凝土墙/机器建造	38%	44%	18%

我们观察到，主要变化发生在传统混凝土墙体之间，引起变化的主要原因是双曲面墙体所需的模板成本高。相比之下，机器建造的直弯和双弯钢筋混凝土墙体之间的差异可以忽略不计。这一分析表明，与传统建筑相比，数字化装配混凝土工艺的成本结构显著不同，数字化装配混凝土技术导致劳动力成本份额略有下降，但对项目复杂性不敏感。与传统的施工过程相比，机器人制造提供了更高的生产率。如果墙的几何形状的复杂性增加，利用机器人制造方法不会产生额外的成本。然而，传统的建造方法在建造更简单的墙时仍然优于机器人制造方法。

10.3.2 水泥基材料3D打印的潜在应用

已完成的建筑工程实例展示了3D打印在现实生活中的可应用性，3D打印机逐步影响着建筑行业并具有广阔的发展前景。3D打印水泥基材料在以下四个方面的应用，可扩大其建造优势。

1）3D打印多种水泥基材料

目前，大规模的3D打印工艺分为两类：一种是先播撒干粉末，然后通过喷洒结合剂选择性地将它们粘在一起；另一种是喷嘴挤出预拌好的水泥基材料。这两种过程都可以利用来源广泛的粉末状原材料来制备打印材料，如尾矿砂、再生细骨料、石灰粉、高炉矿渣、聚合物等。此外，短纤维也可以混合到打印材料的制备过程中，发挥其增强增韧、提高打印结构抗拉和抗弯强度的作用，如玻璃纤维、玄武岩纤维、钢纤维、聚丙烯纤维等。通过混合添加一些具有相关功能的组分或者化学添加剂，从而实现3D打印结构的多功能性，如自感知、自密实、自愈合、自清洁等。

2）3D打印异形结构

3D打印的逐层制造过程有利于提高设计的灵活性。因此，3D打印在建造复杂结构构件方面发挥着巨大的优势，例如双曲面覆板、声阻尼壁元件、内部波纹结构的空心墙或其他传统方法难以制造的不规则形状构件。在数字化建模的过程中，可以在结构设计上增加一些功能性设计、删减冗余结构、减轻质量等以达到优化结构的目的，为实际建造过程的顺利进行提供保障。

3）联合应用建筑信息模型（BIM）

BIM是一种快速新兴的方法，用于数字化模拟及表征结构模型的物理和功能特性，同时也是模拟整个装配过程并在实际施工前预测潜在问题的有效方法。通过BIM建立的模型不仅包含几何结构信息，还包括材料类型、特征、组件空间关系和制造信息等。在设计阶段重新改造一个组件或更改模型信息，与之相关的对象都将被自动重组。这些优势均是传统3D建模程序所不具备的[275-277]。此外，BIM有利于提升建筑施工效率和施工质量[278,279]。3D打印的主要优势在于能够制作几何复杂的结构模型，而BIM技术在复杂的结构设计中又具有很强的优势。因此，3D打印技术联合BIM技术有助于设计方案的修改和完善，显著降低实际建筑和建设中的运行时间和成本。建议应用BIM技术对3D打印过程进行模型建立，以缩短打印时间、减少重复的规划路径、优化和简化建造过程。

从BIM理念创建至今，BIM技术的研究得到越来越多人的认可与关注，已成功应用于很多建筑，如美国萨维尔大学霍夫学院项目主要关注运维阶段，通过BIM一体化技术管理，项目成功避免了超过12个月的人工数据采集，空间信息管理能力提升40%，省去原先需人力手工录入和保存的超过3万条数据信息；北京朝阳区的望京SOHO大厦，200m的超高层建筑，总建筑面积52万平方米，节省的建筑成本约占总成本的20%。不可否认，BIM引入了一种新的工作方式，为不同领域的整合和协调及建筑设计、建造和运营过程提供了强有力的视角。以BIM研究和应用为核心的成套技术是促进建筑业技术升级和转换的重要手段。

建立以BIM应用为载体的项目管理信息化，提升了项目生产效率，提高了建筑质量，缩短了工期，降低了建造成本。但是仍然存在一些问题，如需要大量人力资源，工人仍需在工地上进行相关作业；各种车辆进出施工场地，运送各类建筑材料，会对周边环境造成一定破坏和不良影响；恶劣施工环境下，工人的生命安全受到威胁等。单纯应用BIM可以在一定程度上缓解建筑行业的巨大压力，但将其与其他先进技术手段相结合是推动建筑工业化发展的有效途径。

与传统建筑行业相比，3D打印的建筑不但建材质量可靠，还具有降低成本和时间、减少环境污染、减少工伤和死亡等优点，可节约建筑材料30%～60%，缩短工程施工工期50%～70%，减少人工50%～80%，被称为“具有第四次工业革命意义的制造技术”。住房城乡建设部发布的《2016—2020年建筑业信息化发展纲要》中规定，“积极开展建筑业3D打印设备及材料的研究。结合BIM技术应用，探索3D打印技术运用于建筑部品、构件生产，开展示范应用。”这意味着3D打印建筑技术在我国建筑行业的推广应用得到了国家的鼓励和认可，建筑信息建模与3D打印技术的集成将是推动建筑工业化发展的又一全新手段。

4）基于人工智能的群体机器人的开发应用

来自新加坡南洋理工大学（NTU Singapore）3D打印中心的Pham Quang Cuong助理教授和他的团队开发出一种两台机器人可以协同工作的技术，对混凝土结构进行三维打印。结构也可以按需生产，并且在更短的时间内生产。这种并行3D打印方法（称为群体打印）为移动机器人团队在未来打印更大的结构铺平了道路。目前，大型混凝土结构的3D打印需要大于设计结构的打印机，这往往难以实现。拥有多个可以同步3D打印的移动机器人意味着只要有足够的空间让机器人在工作现场周围移动，就可以在任何地方打印、搬运及组装大型结构。NTU机器人3D打印混凝土结构，在8分钟内可完成尺寸为1.86m×0.46m×0.13m构件的打印建造，一周左右的时间即可在装配完成之前实现其全部强度（图10.27）。

两个移动机器人同时打印混凝土结构是一个巨大的挑战，因为两个机器人必须移动到位并开始打印它们的部件并确保不会相互碰撞。这个多步骤过程首先让计算机绘制出要打印的设计模型并将打印的特定部分分配给机器人。然后使用特殊算法确保每个机器人手臂在并行打印期间不会与另一个机器人手臂碰撞。打印机器人移动时，通过精确的位置定位装置，移动到位并以良好的对齐方式打印零件，确保各个组件之间的接头重叠。最后，特殊的水泥基复合材料的混合和泵送必须均匀混合并同步以确保一致性。从本研究可以看出，增材数字制造具有巨大的经济效益潜力，在复杂结构施工过程中提高生产率。新加坡3D打印中心执行董事Chua Chee Kai教授表示，与机器人技术、人工智能、材料科学和绿色制造技术等其他创新技术相结合，可以进一步推进颠覆性工业4.0技术。

5）可持续发展的数字化建造（Digital Fabrication）

数字制造技术推动的建筑行业变革直接影响着社会，尤其是建筑行业的从业人员。数字制造技术可能会改变目前在建筑项目规划和执行中的角色。随着机器人和其他技术取代以前由建筑工人完成的任务，人们对未来就业和工资的担忧将会增加。一些已发表的研究预测了数字化对未来工作的影响。到2030年，德国41%、美国35%、日本26%和英国24%的建筑岗位可能会实现自动化。然而，尽管数字制造技术将提高生产率，但从长远来看，它并不一定会减少就业总人数。Frey和Osborne[280]指出低技能和低工资的职业是有计算机化风险的。根据这项研究，低技能的角色将会进化到新的高技能角色，特别是在过渡

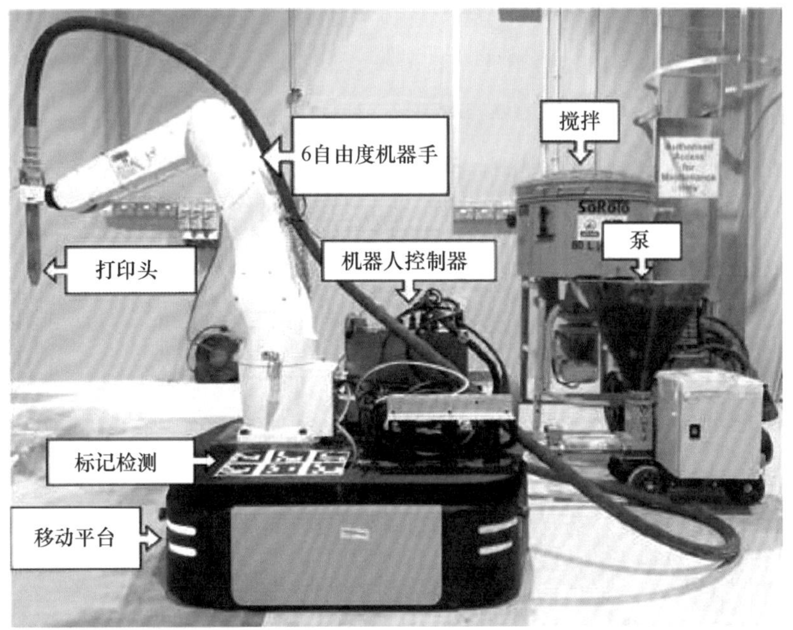

(a) 可移动式3D打印机器人的整体操控系统

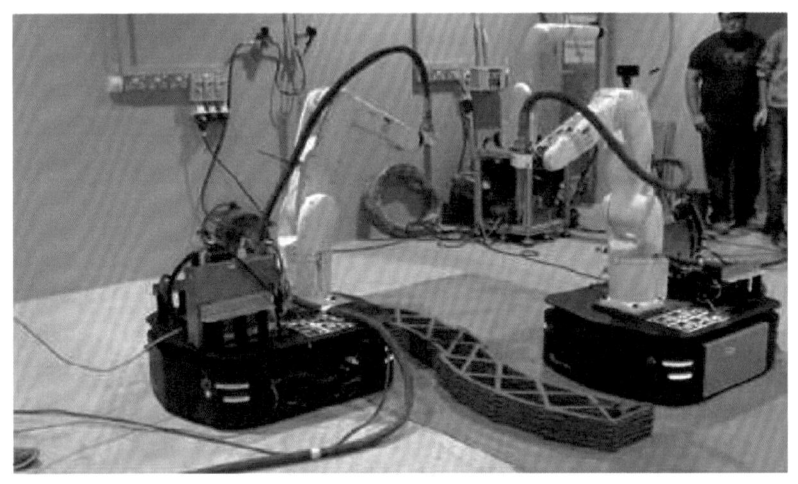
(b) 机器人协同工作打印结构构件

图 10.27　双机器人移动 3D 打印混凝土结构[281]

阶段（即人机交互）。正如 Gerbert[282] 所指出的，将需要具有数字技能的工人而不是绘图员。新角色如数字制造技术人员来支持机器人系统，数字制造程序员来开发计算机数控，或者是数字制造的经理和协调人员被期待。其他研究也表明，数字化减少了对常规任务的需求，同时增加了对低技能和高技能任务的需求。这些中等水平的合格工作可以是结构工程认证工作或经典的建筑设计工作；相反，即使要适应新的工具，需要控制和适应快速变化的环境和低技能资质的现场工作也总是需要的。然而，在建设中数字化转型的确切规模及它将如何影响劳动力市场尚需进一步研究。根据实际施工项目，确定数字制造在当前施工过程中成功过渡和集成的要素。因此，评估数字制造对当前建筑行业及其管理的影响应该成为未来研究的对象（图 10. 28）。

(a) 原位成形机和网模墙

(b) 建造的混凝土墙

图 10. 28　数字化建造[283]

这就引出了第二种观点，即建筑的复杂性是一种社会需求。Venturi 在《建筑的复杂性与矛盾性》一书中指出，对简单性的渴望需要与对建筑复杂性的认识相结合，因为“美学上的简单性是心灵的满足，当它有效且深刻时，它来自内在的复杂性”。形式的复杂性也可以被视为纯粹的装饰，因此除了审美之外没有生产功能，尽管正是这种审美功能将建筑与文化、形式与意义联系在一起，最终让人们认同并为他们的建筑环境感到愉悦。从这个角度来看，能够显示在这项研究中，与传统技术生产一个装饰品相比，机器人已经能够生产出同样的但是较低成本的对象，将机械制造作为一种有效的产生复杂的装饰结构的施工技术是适当的。考虑到装饰物的功能（及与其生产相关的固有复杂性）实际上是有道理的，因为装饰物是一种社会需求。

6）太空探索中的建设工程

太空探索中的建设工程是 3D 打印的另一个潜在应用领域。近年来，人们越来越热衷于在月球和火星上建立居住场所[284]。大规模的 3D 打印技术可以利用现场材料实现无模建造。图 10. 29 展示了一幅 NASA 在火星上 3D 打印基础设施项目的设想图。大尺度 3D 打印机的电能通过转换太阳能来获取，月球表面的类土壤材料作为打印原材料，既可以通过微波技术烧结成型[285]，也可用一些粘结材料将其粘在一起，从而建造多形结构。Benjamin 和 Straub[286]提出了一种未来在火星上利用 3D 打印机建造基础设施的构想。他们指出，

利用原位的玄武岩作为3D打印材料是可行的。然而，掌握从月球表面获得材料的力学性能和3D打印建筑的结构性能十分重要。尽管需要克服诸多问题，但我们相信利用现场材料进行大规模3D打印的太空工程建设活动发展前景广阔。

图 10.29　NASA 在火星上 3D 打印基础设施项目的设想图

10.3.3　水泥基材料3D打印的挑战

水泥基材料3D打印为工程实际建设提供了一种具有创新性并且具有前景的技术。尽管该技术在建筑行业中已表现出一定的优势和潜力，但仍存在一些困难和挑战限制其推广和应用。

1）大型3D打印机的设计

3D打印机的机械尺寸决定了可打印建筑和项目的规模。增材制造技术建造的结构物尺寸都不可避免地受到打印机尺寸的限制，3D打印自由建造技术的结构物底面积和高度均受打印设备尺寸的影响。目前在土木建筑工程领域，3D打印技术的应用仅限于建筑构件和低层建筑，该技术尚不能建造高层住宅或其他类型的大型建筑项目[287,288]。大型3D打印机需设计为可运输且可在现场安装的形式，以满足施工现场严格的操作要求。大尺度水泥基材料3D打印机的装配构件将提高并扩大该打印技术的工程适用性。将3D打印技术引入实际建筑施工领域，实现多层和高层建筑的施工，还有赖于对材料存储、输送和挤出系统的进一步优化，以及3D打印机稳定攀升等一系列问题的解决。

2）可3D打印的水泥基材料

与3D打印系统相匹配的水泥基材料的配制是3D打印应用于工程实际的关键因素。实现水泥基材料的可打印性与打印机械系统的平衡协调是研发的难点和挑战，配制的水泥基材料需具备一些基本特性以配合相应的3D打印机，如良好的流动性、易泵送性、易挤出性、体积稳定性和低收缩性等。打印混凝土材料的凝结时间应确保材料在输送系统中顺利运输，避免管道堵塞，还应满足促进打印材料挤出后的快速硬化，以获取足够刚度来支撑后续打印结构，使其不发生倾倒或者垮塌。同时，打印材料还应具有很好的流动性以确保挤出的连续性。以上特性的实现一定程度上需要通过加入适量化学外加剂，并根据打印模型尺寸、设计打印速度（喷头移动速度）、挤出速度（单位时间内从喷头挤出材料的体积）等进行相关优化控制。一些粉末状材料（如石膏、黏土等）具有强度低、收缩性强、尺寸稳定性差等缺陷，限制了其在打印大型建筑结构上的适用性[289]。以水泥为基础的胶凝材料或混凝土可通过不断改进和优化来获得良好的流动性、挤出性、建造性和高强度，证明其是可行有效的打印材料。然而，由于原材料种类和采用的外加剂与普通水泥复合材料有很大不同，3D打印的结构在一定程度上需要比普通材料昂贵得多的建筑材料。因此，进一步开发廉价、可行、易获得的建筑材料，如回收建筑材料、尾矿砂、废橡胶粉等是十分必要的。应用于3D打印技术的水泥胶凝材料配制技术和可打印混凝土强度耐久性测试技术的不断深入研究，为提高打印结构的长期稳定性提供了有力的科学依据。

碳纳米管、修复剂、光催化剂也可赋予混凝土各种功能，如自感知、自愈合和自清洁等。尤其是混凝土砂浆用于3D打印应具有良好的可印刷性能，可通过调整粉末混合物和化学添加剂的类型和含量进行控制和优化。准备与大型3D打印兼容的混凝土材料是一项复杂的工作。混凝土混合物的新拌性能和硬化性受各种因素的影响。对于应用于3D打印的混凝土制备设计，建议对每种组分和化学添加剂对混凝土砂浆工作性能的影响机理进行详细调查和综合考虑。同时，使用各种试验装置来测量和评估混凝土材料的新拌和硬化性能，将有助于模型设计和打印过程的顺利实现，并确保用于3D打印的混凝土具有良好的刚度和耐久性。

3D打印混凝土区别于传统方式的模板浇筑过程，所打印结构的外表面大部分裸露于空气中，表面水分蒸发易造成干缩。若材料设计或打印控制不合理，则易导致如图10.30所示的裂缝，这些微裂缝的存在除了会影响材料的外观质量之外，更主要的是会影响结构的力学性能和耐久性能等。尽管在一定程度上可以通过合理的后期养护来解决表面干缩裂缝的问题，但早期的无模制作过程依然是3D打印需要克服的技术难题。依目前国内外的研究进展情况，诸多学者已经开展高强度、高韧性、高延性等高性能的3D打印水泥基复合材料的研究，科学评价了所制备材料的力学性能和耐久性能。此外，在借助化学添加剂、矿物掺合料等来科学调控水泥基材料的流变性能、刚度发展特性等以期满足设计的打印过程等方面，国内外学者也做了诸多的研究测试工作。除了从材料的配合比方面进行

3D 打印混凝土的优化设计之外，从原材料的物理化学角度进行微细观调控，选取新型的特种水泥品种，使其与矿物掺合料和化学添加剂具有更优异的适应性。

图 10.30　3D 打印混凝土结构收缩开裂[290]

3）钢筋增强结构

在 3D 打印结构中植入钢筋是提高其对荷载的抵抗能力并且取代传统施工方法的又一挑战。传统钢筋混凝土结构的建造无法在挤压水泥基材料的过程中实现。与混凝土浇筑结构相似，3D 打印试件脆性很强，抗拉强度较弱，虽然添加纤维可以增强混凝土材料的延展性并改善其脆性，但结构的拉伸性能和裂缝控制能力仍难以通过混入纤维得以提高。现有打印技术研究人员都在关注此问题，其中轮廓工艺中，尝试在施工过程中使用额外的机械臂嵌入钢筋来达到加固效果，或者在打印的结构部件上制造空隙和孔洞，待混凝土硬化成型后嵌入钢筋以提高其抗拉承载力[26,291]。

钢筋混凝土是世界上最广泛使用的结构材料，其在数字化建造中的应用意味着土木建筑领域的一种新型思维模式的转换，数字化建造的灵活性对增强钢筋与混凝土材料的协调性提出了较高的要求。目前已有一些学者和团队在进行 3D 打印混凝土结构的同步布筋技术方面的探索和尝试，在一定程度上验证了该方法的可行性和有效性。然而，在材料、结构、性能、规范和经济等方面是否与常规钢筋混凝土结构相当甚至优异，还有待于系统的测试和研究。

4）打印精度和效率的优化

打印精度与可由打印机处理的最小结构特征或打印结构的精度成正比。提高打印建造工艺精度，可以保证所打印结构与其设计模型具有良好的吻合度，但会降低施工效率、提高整体成本。提高打印速度将不可避免地牺牲打印准确度，因此，模型设计时应考虑机械控制精度和制造速度以实现建造成本效益的最大化。逐层打印过程中，精准的打印依赖于打印喷头的尺寸，打印材料颗粒直径较大、打印速度较快均会对打印精度产生不利影响，然而较快的打印速率往往是工程建设过程中追求的目标。因此，合理处理打印精度与打印速度之间的矛盾是 3D 打印技术的难点也是关键（图 10. 31、图 10. 32）。

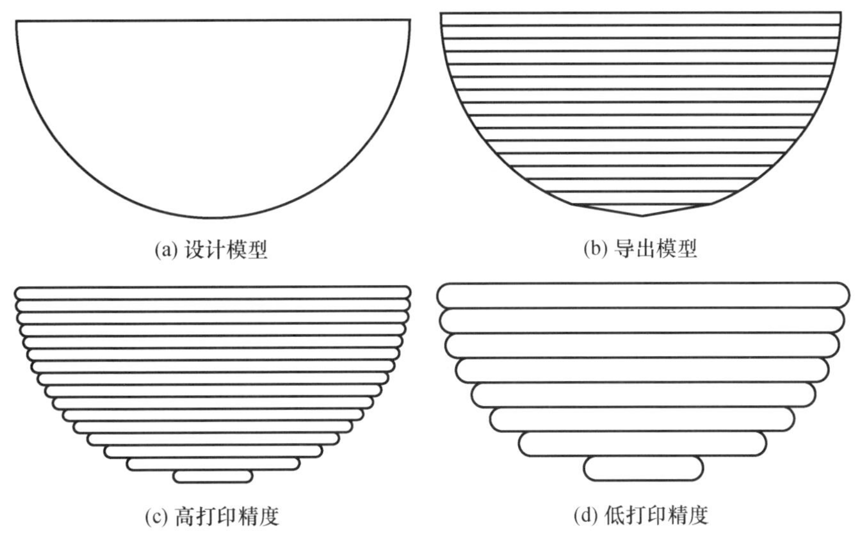

图 10. 31　设计模型与打印分辨率的关系

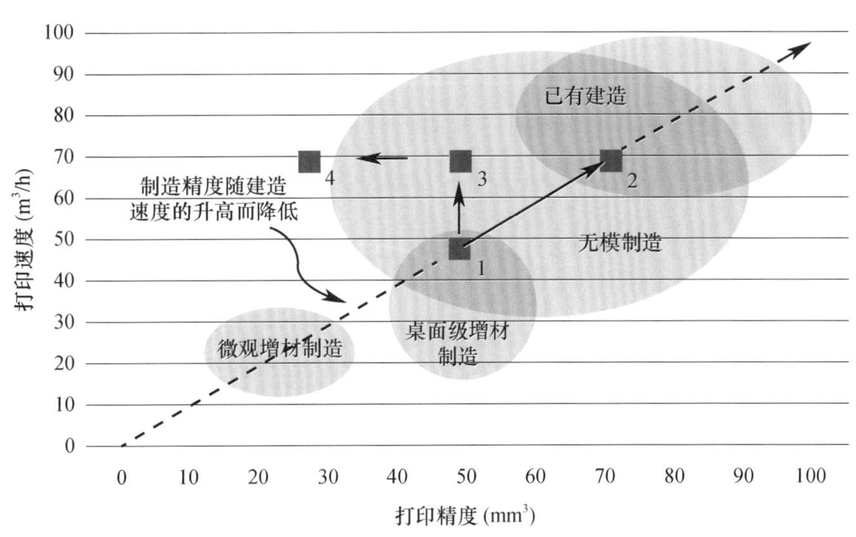

图 10. 32　打印速度与打印精度的平衡关系

5）相关规范的制定

用于 3D 打印的水泥基材料在原材料选取、搅拌混合方法、施工工艺等方面与常规水泥复合材料相比存在一定差异，传统混凝土材料和结构的评价标准和测试方法不再适用于打印材料和结构。因此，需测量和评估打印材料的力学性能、流变性能和长期耐久行为，构建新的理论模型和服务寿命预测模型，评估整个打印建筑并且修订新的标准和规

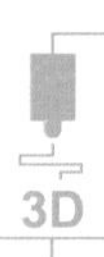

定[292,293]。新的设计和评价标准对保证应用3D打印构造的建筑结构组件和整体结构具有足够承载力以抵抗各种复杂荷载（如重力、雪荷载、风荷载、地震冲击等），以及满足抗碳化、抗腐蚀、抗冻融循环等耐久性能有着十分重要的意义。

10.4 本章小结

本章详细介绍了3D打印的发展历程及其在各个领域的应用现状。通过介绍水泥基材料3D打印工程案例，证明了该技术在建筑领域的可行性及巨大的发展潜力，重塑了对土木建筑建造方式方法的认识。水泥基材料3D打印是很有前景的建造方法，可以在建筑设计灵活性、高效自动化施工、降低成本、降低施工过程风险和劳动力需求等方面对传统建筑和施工过程进行彻底改革。然而，应用于建筑领域的3D打印技术仍然面临一些困难和挑战，主要集中在大型3D打印系统的装配建造及与3D打印机协调兼容的高性能水泥基材料的制备等方面。此外，还需建立统一标准，以便准确有效地评估3D打印材料性能和3D打印结构的力学响应。以上问题的解决将涉及材料科学、机械制造方法、自动化控制、机器人、建筑结构和设计等一系列跨学科合作。目前水泥基材料3D打印仍处于概念验证和初步应用阶段，但通过不断克服和解决所面临的困难和挑战，3D打印技术终将在建筑领域发挥其巨大的应用潜力和优势。

参考文献

[1] Ju, Y., Wang, L., Ma, G. W. Visualization of three dimentional structure and stress field of concrete through 3D printing and stress fwzen techniques [J]. Constr. Build. Mater. 2017, 143, 121-137.

[2] 王建秀，刘笑天，居哲超，等.3D数字扫描-3D数字重建-3D打印技术在地质工程教学中的应用[J].教育教学论坛，2016（42）：160-161.

[3] 鞠杨，谢和平，郑泽民，等.基于3D打印技术的岩体复杂结构与应力场的可视化方法[J].科学通报，2014，59（32）：3109-3119.

[4] WASP. The first adobe building. http://www.wasproject.it/w/en/3d-printers-projects/, 2016.

[5] 卢秉恒，李涤尘.增材制造（3D打印）技术发展[J].机械制造与自动化，2013，42（4）：1-4.

[6] Berman, B., 3-D printing: The new industrial revolution [J]. Bus Horiz, 2012, 55（2）：155-162.

[7] Gao, W., et al.. The status, challenges, and future of additive manufacturing in engineering [J]. Comput Aided Des, 2015, 69（C）：65-89.

[8] Zhang, D., et al.. Fabrication of highly conductive graphene flexible circuits by 3D printing [J]. Synth Met, 2016, 217：79-86.

[9] Jiang, Q., et al.. Reverse modelling of natural rock joints using 3D scanning and 3D printing [J]. Comput Geotech, 2016, 73：210-220.

[10] Sun, J., et al.. 3D food printing-An innovative way of mass customization in food fabrication [J]. Int J Bioprinting, 2015, 1：27-38.

[11] Hull, C. W.. Apparatus for production of three-dimensional objects by stereolithography [P]. US Patent 4575330, 1986.

[12] Utela, B.. et al.. A review of process development steps for new material systems in three dimensional printing（3DP）[J]. J Manuf Process, 2008, 10（2）：96-104.

[13] Henke. K, S. Treml. Wood based bulk material in 3D printing processes for applications in

construction [J]. Eur J Wood Prod, 2013, 71 (1): 139-141.

[14] Goyanes. A., et al.. Fused-filament 3D printing (3DP) for fabrication of tablets [J]. Int J Pharm, 2014, 476 (1-2): 88-92.

[15] Ju, Y., et al.. Visualization and transparentization of the structure and stress field of aggregated geomaterials through 3D printing and photoelastic techniques [J]. Rock Mech. Rock Eng., 2016, DOI: 10.1007/s00603-017-1171-9.

[16] Hsu, C. Y., et al.. EDM electrode manufacturing using RP combining electroless plating with electroforming [J]. Int J Adv Manuf Technol, 2008, 38 (9): 915-924.

[17] Griffini, G., et al.. 3D-printable CFR polymer composites with dual-cure sequential IPNs [J]. Polymer, 2016, 91: 174-179.

[18] Invernizzi, M., et al.. UV-Assisted 3D printing of glass and carbon fiber-reinforced dual-cure polymer composites [J]. Materials, 2016, 9 (7): 583.

[19] Melchels, F. P., J. Feijen, D. W. Grijpma. A review on stereolithography and its applications in biomedical engineering [J]. Biomaterials, 2010, 31 (24): 6121-6130.

[20] Chia, H. N., B. M. Wu. Recent advances in 3D printing of biomaterials [J]. J Biological Eng, 2015, 9 (1): 1-14.

[21] Pegna, J.. Exploratory investigation of solid freeform construction [J]. Autom Constr, 1997, 5 (5): 427-437.

[22] Designboom, Stone spray robot produces architecture from soil. http: //wwwdesignboom-com/design/stone-spray-robot-produces-architecture-from-soil, 2012.

[23] P, B.. Branch technology is 3D printing the future of construction one wall at a time. https: //3dprintingindustrycom/news/branch-technology-is-3d-printing-the-future-of-construction-one-wall-at-a-time-54149, 2015.

[24] Feng, L., Y. Liang. Study on the status quo and problems of 3D printed buildings in China [J]. Glob J Hum Soc Sci Res, 2014, 14: 7-10.

[25] http: //D-Shape. com/, 2007.

[26] Lim, S., et al.. Developments in construction-scale additive manufacturing processes [J]. Autom Constr, 2012, 21: 262-268.

[27] Cesaretti, G., et al.. Building components for an outpost on the Lunar soil by means of a novel 3D printing technology [J]. Acta Astronautica, 2014, 93 (1): 430-450.

[28] Ma, G. W., L. Wang, Y. Ju. State-of-the-art of 3D printing technology of cementitious

material-An emerging technique for construction [J] . Science China Technological Sciences, 2017: 1-21.

[29] E. , K.. D-Shape looks to 3D print bridges, a military bunker, and concrete/metal mixture. https: //3dprintcom/27229/D-Shape-3d-printed-military, 2014.

[30] Krassenstein, E.. D-Shape intern unveils plans to 3D print unique buildings in Australia & beyond. https: //3dprint. com/64469/3d-printed-buildings-australia/, 2015.

[31] Anon. Innovative rapid prototyping process makes large sized, smooth surfaced complex shapes in a wide variety of materials [J] . Mater Technol, 1998. 13 (2): 53-56.

[32] Khoshnevis, B. , et al.. Mega-scale fabrication by Contour Crafting [J] . Int J Indus Sys Eng, 2006, 1 (3): 301-320.

[33] Khoshnevis, B.. Automated construction by contour crafting-related robotics and information technologies [J] . Autom Constr, 2004, 13 (1): 5-19.

[34] Hwang, D. Contour crafting——The emerging construction technology, IIE Annual Conference and Exposition [C] . Institute of Industrial Engineers, 2005.

[35] Zhang, J. and B. Khoshnevis. Optimal machine operation planning for construction by Contour Crafting [J] . Autom Constr, 2013, 29: 50-67.

[36] Xia, M. , J. Sanjayan. Method of formulating geopolymer for 3D printing for construction applications [J] . Mater Des, 2016, 110: 382-390.

[37] Gosselin, C. , et al.. Large-scale 3D printing of ultra-high performance concrete——A new processing route for architects and builders [J] . Materials & Design, 2016, 100: 102-109.

[38] Digital construction platform. https: //www. media. mit. edu/projects/digital-construction-platform-v-2/overview/, 2016.

[39] Bosscher, P. , et al.. Cable-suspended robotic contour crafting system. Automation in Construction [J], 2008, 17 (1): 45-55.

[40] Zhang, J. , B. Khoshnevis. Optimal machine operation planning for construction by Contour Crafting [J] . Automation in Construction, 2013, 29 (1): 50-67.

[41] Ibrahim, I. S. , et al.. Experimental study on the shear behaviour of precast concrete hollow core slabs with concrete topping [J] . Engineering Structures, 2016, 125: 80-90.

[42] Hou, Z. , et al.. 3D printed continuous fibre reinforced composite corrugated structure [J] . Composite Structures, 2018: 184.

[43] Roussel, N., et al.. The origins of thixotropy of fresh cement pastes [J]. Cement and Concrete Research, 2012, 42 (1): 148-157.

[44] B., M. B.. https://3dprint. com/139988/tue-concrete-3d-printer-pavilion, 2016.

[45] Lim, S., et al.. Development of a viable concrete printing process [C]. Proceedings of the 28th International Symposium on Automation and Robotics in Construction, (ISARC2011), Seoul, South Korea, 2011: 665-670.

[46] 刘友和，郑继昌. SolidWorks 入门 [M]. 北京：清华大学出版社，2002.

[47] SingularityHub, Handheld 3D scanner lets you digitize objects and roominminutes. http://singularityhub. com/2012/05/03/handheld-3d-scanner-lets-you-digitize-objects-and-rooms-in-minutes/, 2012.

[48] FARO. FARO focus laser scanner S, M & X series-perfect instruments for 3D Documentation and surveying. http://www. faro. com/en-us/products/3d-surveying/farofocus3d/overview, 2016.

[49] 严梽铭，钟艳如. 基于 VC++和 OpenGL 的 STL 文件读取显示 [J]. 计算机系统应用. 2009, 18 (3): 172-175.

[50] 王腾飞. 3D 打印技术中分层与路径规划算法的研究及实现 [D]. 河北工业大学，2015.

[51] 赵辰. 3D 打印机分层软件的设计与实现 [D]. 东南大学，2009.

[52] 周岩，卢清萍，郭戈，等. 快速原型技术（RP）中的自适应分层 [J]. 昆明理工大学学报（自然科学版），2001，26（4）：51-54.

[53] 晁艳艳. 基于 FDM 技术的 3D 打印路径规划技术研究 [D]. 长春工业大学，2016.

[54] 侯章浩，乌日开西. 艾依提. 3D 打印的路径规划研究综述 [J]. 机床与液压，2016，44（5）：179-182.

[55] Jin, G. Q., W. D. Li, L. Gao. An adaptive process planning approach of rapid prototyping and manufacturing [J]. Robotics & Computer Integrated Manufacturing, 2013, 29 (1): 23-38.

[56] Dolen, M., U. Yaman. New morphological methods to generate two-dimensional curve offsets [J]. International Journal of Advanced Manufacturing Technology, 2014, 71 (9-12): 1687-1700.

[57] 潘海鹏. 快速成型制造中分层处理技术的研究 [D]. 南昌大学，2007.

[58] 黄小毛，叶春生，吴思宇，等. 并行栅格扫描填充路径及其规划算法 [J]. 计算机

辅助设计与图形学学报，2008，20（3）：326-331.

［59］王天明，习俊通，金烨．熔融堆积成型中的原型翘曲变形［J］．机械工程学报，2006，42（3）：233-238.

［60］赵毅，李占利，卢秉恒．激光快速成型中激光扫描路径的快速生成算法．计算机辅助设计与图形学学报［J］，1998（3）：260-265.

［61］程艳阶．选择性激光烧结激光扫描路径的研究与开发［D］．华中科技大学，2004.

［62］Zhao，J.，et al.. From cross-section to scanning path in rapid prototyping［Z］. in IEEE International Conference on Automation and Lofistics，2007.

［63］黄小毛．熔丝沉积成型若干关键技术研究［D］．华中科技大学，2009.

［64］叶冰，刘廷章，李浩亮，等．快速成型中基于单面薄壁的通用支撑设计方法［J］．机电一体化，2002，8（2）：45-47.

［65］魏群，洪军，丁玉成，等．SL快速成型中支撑自动生成技术研究［J］．机械科学与技术，2003，22（4）：681-684.

［66］卞宏友，刘伟军，王天然，等．基于STL模型支撑生成算法的研究［J］．机械设计与制造，2005，43（7）：49-52.

［67］方芳．光固化快速成型工艺参数的优化研究［D］．沈阳工业大学，2012.

［68］Buswell，R. A.，et al.. Design，data and process issues for mega-scale rapid manufacturing machines used for construction［J］. Autom Constr，2008，17（8）：923-929.

［69］Gibbons，G. J.，et al.. 3D printing of cement composites［J］. Adv Appl Ceram，2010，109（5）：287-290.

［70］Maier，A. K.，et al.. Three-dimensional printing of flash-setting calcium aluminate cement［J］. J Mater Sci，2011，46（9）：2947-2954.

［71］Khoshnevis，B.，et al.. Experimental investigation of contour crafting using ceramics materials［J］. Rapid Prototyp J，2001，7（1）：32-42.

［72］Perrot，A.，D. Rangeard，A. Pierre. Structural built-up of cement-based materials used for 3D-printing extrusion techniques［J］. Mater Struct，2016，49（4）：1213-1220.

［73］Nerella，V. N.，M. N. M K. CONPrint3D-3D printing technology for onsite construction［J］. Concr Australia，2016，42：36-39.

［74］Lim，S.，et al.. Developments in construction-scale additive manufacturing processes［J］. Automation in Construction，2012，21（1）：262-268.

［75］Feng，P.，et al.. Mechanical properties of structures 3D printed with cementitious powders

[J] . Construction & Building Materials, 2015, (93): 486-497.

[76] Mazloom, M. , A. A. Ramezanianpour, J. J. Brooks. Effect of silica fume on mechanical properties of high-strength concrete [J] . Cement & Concrete Composites, 2004, 26 (4): 347-357.

[77] Aqel, M. , D. K. Panesar. Hydration kinetics and compressive strength of steam-cured cement pastes and mortars containing limestone filler [J] . Construction & Building Materials, 2016, 113: 359-368.

[78] Brooks, J. J. , M. A. M. Johari, M. Mazloom. Effect of admixtures on the setting times of high-strength concrete [J] . Cement & Concrete Composites, 2000, 22 (4): 293-301.

[79] Bouzoubaâ, N. , M. Lachemi. Self-compacting concrete incorporating high volumes of class F fly ash: Preliminary results [J] . Cement & Concrete Research, 2001, 31 (3): 413-420.

[80] Plank, J. , C. Winter. Competitive adsorption between superplasticizer and retarder molecules on mineral binder surface [J] . Cement & Concrete Research, 2008, 38 (5): 599-605.

[81] Agarwal, S. K. , I. Masood, S. K. Malhotra. Compatibility of superplasticizers with different cements [J] . Construction & Building Materials, 2000, 14 (5): 253-259.

[82] Lachemi, M. , et al. . Performance of new viscosity modifying admixtures in enhancing the rheological properties of cement paste [J] . Cement & Concrete Research, 2004, 34 (2): 185-193.

[83] Güneyisi, E. , M. Gesoğlu, T. Özturan. Properties of rubberized concretes containing silica fume [J] . Cement & Concrete Research, 2004, 34 (12): 2309-2317.

[84] Lange, F. , H. Mörtel, V. Rudert. Dense packing of cement pastes and resulting consequences on mortar properties [J] . Cement & Concrete Research, 1997, 27 (10): 1481-1488.

[85] Felekoğlu, B. , et al. . The effect of fly ash and limestone fillers on the viscosity and compressive strength of self-compacting repair mortars [J] . Cement & Concrete Research, 2006, 36 (9): 1719-1726.

[86] Sanchez, F. , K. Sobolev. Nanotechnology in concrete——A review [J] . Construction & Building Materials, 2010, 24 (11): 2060-2071.

[87] Siddique, R. . Utilization of silica fume in concrete: Review of hardened properties [J] .

Resources Conservation & Recycling, 2011, 55 (11): 923-932.

[88] Zhang, Z., B. Zhang, P. Yan. Comparative study of effect of raw and densified silica fume in the paste, mortar and concrete [J]. Construction & Building Materials, 2016 (105): 82-93.

[89] Zhang, M. H., C. T. Tam, M. P. Leow. Effect of water-to-cementitious materials ratio and silica fume on the autogenous shrinkage of concrete [J]. Cement & Concrete Research, 2003, 33 (10): 1687-1694.

[90] Jones, M. R., A. Mccarthy, A. P. P. G. Booth. Characteristics of the ultrafine component of fly ash [J]. Fuel, 2006, 85 (16): 2250-2259.

[91] Güneyisi, E.. Fresh properties of self-compacting rubberized concrete incorporated with fly ash [J]. Materials & Structures, 2010, 43 (8): 1037-1048.

[92] Pal, S. C., A. Mukherjee, S. R. Pathak. Investigation of hydraulic activity of ground granulated blast furnace slag in concrete [J]. Cement & Concrete Research, 2003, 33 (9): 1481-1486.

[93] Türker, P., A. Yesilkaya, A. Yesinobali. The hydration process and the microstructure development of portland limestone cements [Z]. in Role of Cement Science in Sustainable Development, 2003.

[94] Sobolev, K., M. Ferrada Gutiérrez. How nanotechnology can change the concrete world. 2005: 117-120.

[95] Björnström, J., et al.. Accelerating effects of colloidal nano-silica for beneficial calcium-silicate-hydrate formation in cement [J]. Chemical Physics Letters, 2004. 392 (1): 242-248.

[96] Li, H., et al.. Microstructure of cement mortar with nano-particles. Composites Part B Engineering [J], 2004, 35 (2): 185-189.

[97] Wong, H. H. C., A. K. H. Kwan. Effects of packing density, excess water and solid surface area on flowability of cement paste [J]. Advances in Cement Research, 2008, 20 (1): 1-11.

[98] Wongkornchaowalit, N., V. Lertchirakarn. Setting time and flowability of accelerated Portland cement mixed with polycarboxylate superplasticizer [J]. J Endod, 2011, 37 (3): 387-389.

[99] Zhang, D. F., et al.. The study on the dispersing mechanism of starch sulfonate as a wa-

ter-reducing agent for cement [J]. Carbohydrate Polymers, 2007, 70 (4): 363-368.

[100] El-Gamal, S. M. A., F. M. Al-Nowaiser, A. O. Al-Baity. Effect of superplasticizers on the hydration kinetic and mechanical properties of Portland cement pastes [J]. Journal of Advanced Research, 2012, 3 (2): 119-124.

[101] Chandra, S., J. Björnström. Influence of cement and superplasticizers type and dosage on the fluidity of cement mortars——Part I [J]. Cement & Concrete Research, 2002, 32 (10): 1605-1611.

[102] Zingg, A., et al.. Interaction of polycarboxylate-based superplasticizers with cements containing different C_3A amounts [J]. Cement & Concrete Composites, 2009, 31 (3): 153-162.

[103] Gołaszewski, J., J. Szwabowski. Influence of superplasticizers on rheological behaviour of fresh cement mortars [J]. Cement & Concrete Research, 2004, 34 (2): 235-248.

[104] Zhang, M. H., et al.. Effect of superplasticizers on workability retention and initial setting time of cement pastes [J]. Construction & Building Materials, 2010, 24 (9): 1700-1707.

[105] Chandra, S., J. Björnström. Influence of superplasticizer type and dosage on the slump loss of Portland cement mortars——Part Ⅱ [J]. Cement & Concrete Research, 2002, 32 (10): 1613-1619.

[106] Salvador, R. P.. et al., Early age hydration of cement pastes with alkaline and alkali-free accelerators for sprayed concrete [J]. Construction & Building Materials, 2016 (111): 386-398.

[107] Zhang, G., G. Li, Y. Li. Effects of superplasticizers and retarders on the fluidity and strength of sulphoaluminate cement [J]. Construction & Building Materials, 2016 (126): 44-54.

[108] Lorimer, P., M. A. Omari, P. A. Claisse. Workability of cement pastes [J]. Aci Materials Journal, 2001, 98 (6): 476-482.

[109] Lee, S. H., et al.. Effect of particle size distribution of fly ash-cement system on the fluidity of cement pastes [J]. Cement & Concrete Research, 2003, 33 (5): 763-768.

[110] Park, C. K., M. H. Noh, T. H. Park. Rheological properties of cementitious materials containing mineral admixtures [J]. Cement & Concrete Research, 2005, 35 (5): 842-849.

[111] Burgos-Montes, O., et al.. Compatibility between superplasticizer admixtures and cements with mineral additions [J]. Construction & Building Materials, 2012, 31 (6): 300-309.

[112] Grzeszczyk, S., G. Lipowski. Effect of content and particle size distribution of high-calcium fly ash on the rheological properties of cement pastes [J]. Cement & Concrete Research, 1997, 27 (6): 907-916.

[113] Mastali, M., A. Dalvand. Use of silica fume and recycled steel fibers in self-compacting concrete (SCC) [J]. Construction & Building Materials, 2016 (125): 196-209.

[114] Güneyisi, E., et al.. Fresh and rheological behavior of nano-silica and fly ash blended self-compacting concrete [J]. Construction & Building Materials, 2015 (95): 29-44.

[115] Kong, H. J., S. G. Bike, V. C. Li. Development of a self-consolidating engineered cementitious composite employing electrosteric dispersion/stabilization [J]. Cement & Concrete Composites, 2003, 25 (3): 301-309.

[116] Mardani-Aghabaglou, A., et al.. Effect of different types of superplasticizer on fresh, rheological and strength properties of self-consolidating concrete [J]. Construction & Building Materials, 2013, 47 (5): 1020-1025.

[117] Singh, S. B., P. Munjal, N. Thammishetti. Role of water/cement ratio on strength development of cement mortar [J]. Journal of Building Engineering, 2015 (4): 94-100.

[118] Leemann, A., F. Winnefeld. The effect of viscosity modifying agents on mortar and concrete [J]. Cement & Concrete Composites, 2007, 29 (5): 341-349.

[119] Li, G., et al.. Effects of two retarders on the fluidity of pastes plasticized with aminosulfonic acid-based superplasticizers [J]. Construction & Building Materials, 2012, 26 (1): 72-78.

[120] Ferraris, C. F., K. H. Obla, R. Hill. The influence of mineral admixtures on the rheology of cement paste and concrete [J]. Cement & Concrete Research, 2001, 31 (2): 245-255.

[121] Bai, Y. J., et al.. Research of the review of building automation [M]. Mechanics and Architectural Design, ed. S. H. Zhang and P. S. Wei. 2017, Singapore: World Scientific Publ Co Pte Ltd. 475-486.

[122] Chong, H. Y., C. Y. Lee, X. Y. Wang. A mixed review of the adoption of Building Information Modelling (BIM) for sustainability [J]. Journal of Cleaner Production, 2017

(142): 4114-4126.

[123] Buswell, R. A., et al.. 3D printing using concrete extrusion: A roadmap for research [J]. Cement and Concrete Research, 2018.

[124] Silva, Y. F., et al.. Properties of self-compacting concrete on fresh and hardened with residue of masonry and recycled concrete [J]. Construction & Building Materials, 2016 (124): 639-644.

[125] Malaeb, Z., et al.. 3D concrete printing: Machine and mix design [J]. International Journal of Civil Engineering & Technology, 2016, 6 (6): 14-22.

[126] Le, T. T., et al.. Mix design and fresh properties for high-performance printing concrete [J]. Materials & Structures, 2012, 45 (8): 1221-1232.

[127] Shi, Y. X., I. Matsui, Y. J. Guo. A study on the effect of fine mineral powders with distinct vitreous contents on the fluidity and rheological properties of concrete [J]. Cement & Concrete Research, 2004, 34 (8): 1381-1387.

[128] Tang, C. W., K. H. Chen, T. Yen. Study on the rheological behavior of medium strength high performance concrete [J]. Structural Engineering Mechanics & Computation, 2001: 1373-1380.

[129] Benaicha, M., et al.. Influence of silica fume and viscosity modifying agent on the mechanical and rheological behavior of self compacting concrete [J]. Construction & Building Materials, 2015 (84): 103-110.

[130] Xiqiang, L., Z. Tao. Preparation, properties and application of cement-based building 3D printing materials [J]. Concr Australia, 2016 (42): 59-67.

[131] Gesoğlu, M., E. Özbay. Effects of mineral admixtures on fresh and hardened properties of self-compacting concretes: binary, ternary and quaternary systems [J]. Materials & Structures, 2007, 40 (9): 923-937.

[132] Paglia, C., F. Wombacher, H. Böhni. The influence of alkali-free and alkaline shotcrete accelerators within cement systems: I. Characterization of the setting behavior [J]. Cement & Concrete Research, 2001, 31 (6): 913-918.

[133] Maltese, C.. et al., A case history: Effect of moisture on the setting behaviour of a Portland cement reacting with an alkali-free accelerator [J]. Cement & Concrete Research, 2007, 37 (6): 856-865.

[134] Galobardes, I., et al.. Adaptation of the standard EN 196-1 for mortar with accelerator

[J] . Construction & Building Materials, 2016, 127 (127): 125-136.

[135] Lopez, M. V. , M. C. S. Contreras, J. R. O. Diaz. New ways to introduce an architechture project [C], in Iceri2016: 9th International Conference of Education, Research and Innovation, L. G. Chova, A. L. Martinez, and I. C. Torres, Editors. 2016, Iated-Int Assoc Technology Education a& Development: Valenica. 5648-5655.

[136] Sleiman, H. , A. Perrot, S. Amziane. A new look at the measurement of cementitious paste setting by Vicat test [J] . Cement & Concrete Research, 2010, 40 (5): 681-686.

[137] Reinhardt, H. W. , C. U. Große, A. T. Herb. Ultrasonic monitoring of setting and hardening of cement mortar-A new device [J] . Materials & Structures, 2000, 33 (9): 581-583.

[138] Reinhardt, H. W. , C. U. Grosse. Continuous monitoring of setting and hardening of mortar and concrete [J] . Construction & Building Materials, 2004, 18 (3): 145-154.

[139] Trtnik, G. , et al. . Possibilities of using the ultrasonic wave transmission method to estimate initial setting time of cement paste [J] . Cement & Concrete Research, 2008, 38 (11): 1336-1342.

[140] Boumiz, A. , C. Vernet, F. C. Tenoudji. Mechanical properties of cement pastes and mortars at early ages: Evolution with time and degree of hydration [J] . Advanced Cement Based Materials, 1996, 3 (3): 94-106.

[141] Li, Z. . Advanced Concrete Technology, 2011: 251-325.

[142] Popovics, J. S. , S. P. Shah, Monitoring the setting and hardening of cement based materials with ultrasound [J] . Materials & Structures, 1999.

[143] Voigt, T. , T. Malonn, S. P. Shah. Green and early age compressive strength of extruded cement mortar monitored with compression tests and ultrasonic techniques [J] . Cement & Concrete Research, 2006, 36 (5): 858-867.

[144] Gesoğlu, M. , E. Güneyisi. Strength development and chloride penetration in rubberized concretes with and without silica fume [J] . Materials & Structures, 2007, 40 (9): 953-964.

[145] Zelić, J. , et al. . The role of silica fume in the kinetics and mechanisms during the early stage of cement hydration [J] . Cement & Concrete Research, 2000, 30 (10): 1655-1662.

[146] Li, G.. Properties of high-volume fly ash concrete incorporating nano-SiO_2 [J]. Cement & Concrete Research, 2004, 34 (6): 1043-1049.

[147] Ye, Q., et al.. Influence of nano-SiO_2 addition on properties of hardened cement paste as compared with silica fume [J]. Construction & Building Materials, 2007, 21 (3): 539-545.

[148] Qing, Y. E.. et al.. A comparative study on the pozzolanic activity between nano-SiO_2 and silica fume [J]. Journal of Wuhan University of Technology-Mater. Sci. Ed., 2006, 21 (3): 153-157.

[149] Jo, B.-W., et al.. Characteristics of cement mortar with nano-SiO_2 particles [J]. Construction and Building Materials, 2007, 21 (6): 1351-1355.

[150] Malhotra, V. M., M. H. Zhang, P. H. Read. Long-term mechanical properties and durability characteristics of high-strength/high-performance concrete incorporating supplementary cementing materials under outdoor exposure conditions [J]. Aci Structural Journal, 2000, 97 (5): 518-525.

[151] Ghezal, A., K. H. Khayat. Optimizing self-consolidating concrete with limestone filler by using statistical factorial design methods [J]. Aci Materials Journal, 2002, 99 (3): 264-272.

[152] Kazemian, A., et al.. Cementitious materials for construction-scale 3D printing: Laboratory testing of fresh printing mixture [J]. Construction & Building Materials, 2017 (145): 639-647.

[153] Perrot, A., D. Rangeard, A. Pierre. Structural built-up of cement-based materials used for 3D-printing extrusion techniques [J]. Materials and Structures, 2016, 49 (4): 1213-1220.

[154] Carette, J., S. Staquet. Monitoring the setting process of eco-binders by ultrasonic P-wave and S-wave transmission velocity measurement: Mortar vs concrete [J]. Construction & Building Materials, 2016 (110): 32-41.

[155] Boumiz, A., C. Vernet, F. C. Tenoudji. Mechanical properties of cement pastes and mortars at early ages: Evolution with time and degree of hydration [J]. Medical Physics, 2015, 38 (6Part18): 3599.

[156] Akkaya, Y., et al.. Nondestructive measurement of concrete strength gain by an ultrasonic wave reflection method [J]. Materials & Structures, 2003, 36 (8): 507-514.

[157] Voigt, T., Y. Akkaya, S. P. Shah. Determination of early age mortar and concrete strength by ultrasonic wave reflections [J]. Journal of Materials in Civil Engineering, 2003, 15 (3): 247-254.

[158] Demirboğa, R., İ. Türkmen, M. B. Karakoç, Relationship between ultrasonic velocity and compressive strength for high-volume mineral-admixtured concrete [J]. Cement & Concrete Research, 2004, 34 (12): 2329-2336.

[159] Wang, D., H. Zhu, Monitoring of the strength gain of concrete using embedded PZT impedance transducer [J]. Construction & Building Materials, 2011, 25 (9): 3703-3708.

[160] Gu, H., et al.. Concrete early-age strength monitoring using embedded piezoelectric transducers [J]. Smart Material Structures, 2006, 15 (6): 1837.

[161] Desuo C, H. D.. Xinji H, Application of fiber optical sensing technology to the Three Gorges Project\ [C\ ] //New Developments in Dam Engineering: Proceedings of the 4th International Conference on Dam Engineering, 18-20 October, Nanjing, China. CRC Press, 2014: 147.

[162] Lin, Y. B., et al.. The health monitoring of a prestressed concrete beam by using fiber Bragg grating sensors [J]. Smart Materials & Structures, 2004, 113 (13): 140-112.

[163] Lee, S. J., J. P. Won. Shrinkage characteristics of structural nano-synthetic fibre-reinforced cementitious composites [J]. Composite Structures, 2016 (157): 236-243.

[164] Bissonnette, B., et al.. Drying shrinkage, curling, and joint opening of slabs-on-ground [J]. Aci Materials Journal, 2007, 104 (3): 259-267.

[165] Zhang, J., et al.. Engineered cementitious composite with characteristic of low drying shrinkage [J]. Cement & Concrete Research, 2009, 39 (4): 303-312.

[166] Khatib, J. M.. Performance of self-compacting concrete containing fly ash [J]. Construction & Building Materials, 2008, 22 (9): 1963-1971.

[167] Rongbing, B., S. Jian. Synthesis and evaluation of shrinkage-reducing admixture for cementitious materials [J]. Cement & Concrete Research, 2005, 35 (3): 445-448.

[168] Güneyisi, E., et al.. Strength, permeability and shrinkage cracking of silica fume and metakaolin concretes [J]. Construction & Building Materials, 2012, 34 (34): 120-130.

[169] Al-Khaja, W. A.. Strength and time-dependent deformations of silica fume concrete for

use in Bahrain [J]. Construction & Building Materials, 1994, 8 (3): 169-172.

[170] Li, J., Y. Yao. A study on creep and drying shrinkage of high performance concrete [J]. Cement & Concrete Research, 2001, 31 (8): 1203-1206.

[171] Shah, S. P., M. E. Karaguler, M. Sarigaphuti. Effects of shrinkage-reducing admixtures on restrained shrinkage cracking of concrete [J]. Aci Materials Journal, 1992, 89 (3): 289-295.

[172] Chen, T. C., W. Q. Yin, and P. G. Ifju. Shrinkage measurement in concrete materials using cure reference method [J]. Experimental Mechanics, 2010. 50 (7): p. 999-1012.

[173] Newlands M, P. K. A., Vemuri N. A linear test method for determining early-age shrinkage of concrete [J]. Mag Conc Res, 2008. 60: p. 747-757.

[174] Gesoğlu, M., T. Özturan, and E. Güneyisi. Effects of cold-bonded fly ash aggregate properties on the shrinkage cracking of lightweight concretes [J]. Cement & Concrete Composites, 2006. 28 (7): p. 598-605.

[175] Roussel, N.. Steady and transient flow behaviour of fresh cement pastes [J]. Cement and concrete research, 2005, 35 (9): 1656-1664.

[176] Roussel, N.. A thixotropy model for fresh fluid concretes: theory, validation and applications [J]. Cement and Concrete Research, 2006, 36 (10): 1797-1806.

[177] Zhang, Y., et al.. Fresh properties of a novel 3D printing concrete ink [J]. Construction and Building Materials, 2018, 174: 263-271.

[178] Weng, Y., et al.. Design 3D printing cementitious materials via Fuller Thompson theory and Marson-Percy model [J]. Construction and Building Materials, 2018 (163): 600-610.

[179] Zhang, W., Y. Zhang. Apparatus for monitoring the resistivity of the hydration of cement cured at high temperature [J]. Instrumentation Science & Technology, 2017, 45 (2): 151-162.

[180] 史才军，元强．水泥基材料测试分析方法[M]．北京：中国建筑工业出版社，2018.

[181] De Larrard, F., C. Ferraris, T. Sedran. Fresh concrete: a Herschel-Bulkley material [J]. Materials and structures, 1998, 31 (7): 494-498.

[182] Feys, D., R. Verhoeven, G. De Schutter. Fresh self compacting concrete, a shear

thickening material [J]. Cement and Concrete Research, 2008, 38 (7): 920-929.

[183] Feys, D., R. Verhoeven, G. De Schutter. Why is fresh self-compacting concrete shear thickening [J]. Cement and concrete Research, 2009, 39 (6): 510-523.

[184] Billberg, P. Form pressure generated by self-compacting concrete [C]. in 3rd International symposium on self-compacting concrete, 2003.

[185] Ferraris, C., F. D. Larrard, N. Martys. Fresh concrete rheology: recent developments [J]. Materials Science of Concrete Ⅵ, 2011: 243-326.

[186] Rengier, F., et al.. 3D printing based on imaging data: review of medical applications [J]. Int J Comput Assist Radiol Surg, 2010, 5 (4): 335-341.

[187] Ma, X. L.. Research on application of SLA technology in the 3D printing technology [J]. Appl Mech Mater Des, 2013 (401-403): 938-941.

[188] Nerella, V. N., et al.. Studying printability of fresh concrete for formwork free Concrete on-site 3D Printing technology (CONPrint3D) [C]. in Conference on Rheology of Building Materials, 2016.

[189] Gao, W., et al.. The status, challenges, and future of additive manufacturing in engineering [J]. Comp Aided Des, 2015 (69): 65-89.

[190] Buswell, R. A., et al.. Freeform construction: mega-scale rapid manufacturing for construction [J]. Autom Constr, 2007, 16 (2): 224-231.

[191] Perkins, I., M. Skitmore. Three-dimensional printing in the construction industry: A review [J]. Int. J. Constr. Manag., 2015, 15 (1): 1-9.

[192] Le, T. T., et al.. Mix design and fresh properties for high-performance printing concrete [J]. Mater Struct, 2012, 45 (8): 1221-1232.

[193] Shakor, P., et al.. Modified 3D printed powder to cement-based material and mechanical properties of cement scaffold used in 3D printing [J]. Constr Build Mater, 2017 (138): 398-409.

[194] Hambach, M., D. Volkmer. Properties of 3D-printed fiber-reinforced Portland cement paste [J]. Cem Conc Comp, 2017 (79): 62-70.

[195] Gosselin, C., et al.. Large-scale 3D printing of ultra-high performance concrete-a new processing route for architects and builders [J]. Mater. Des., 2016 (100): 102-109.

[196] Burd, B. J.. Evaluation of mine tailings effects on a benthic marine infaunal community over 29 years [J]. Mar Environ Res, 2002, 53 (5): 481-519.

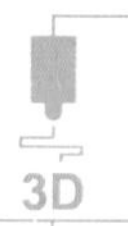

[197] Chen, Y., et al.. Preparation of eco-friendly construction bricks from hematite tailings [J]. Constr Build Mater, 2011, 25 (4): 2107-2111.

[198] Gopez, R. G.. Utilizing mine tailings as substitute construction material: The use of waste materials in roller compacted concrete [J]. Open Access Library J, 2015, 2 (12): 1-9.

[199] Zhang, L., S. Ahmari, J. Zhang. Synthesis and characterization of fly ash modified mine tailings-based geopolymers [J]. Constr Build Mater, 2011, 25 (9): 3773-3781.

[200] Wang, C. L., et al.. Preparation and properties of autoclaved aerated concrete using coal gangue and iron ore tailings [J]. Constr Build Mater, 2016 (104): 109-115.

[201] Huang, X.-y., et al.. Preparation of autoclaved aerated concrete using copper tailings and blast furnace slag [J]. Constr Build Mater, 2012, 27 (1): 1-5.

[202] Ahmari, S., L. Zhang. Production of eco-friendly bricks from copper mine tailings through geopolymerization [J]. Constr Build Mater, 2012 (29): 323-331.

[203] Cai, L., et al.. Mechanical and hydration characteristics of autoclaved aerated concrete (AAC) containing iron-tailings: Effect of content and fineness [J]. Constr Build Mater, 2016 (128): 361-372.

[204] Zhao, S., J. Fan, W. Sun. Utilization of iron ore tailings as fine aggregate in ultra-high performance concrete [J]. Constr Build Mater, 2014, 50 (2): 540-548.

[205] Lim, S., et al.. Modelling curved-layered printing paths for fabricating large-scale construction components [J]. Addit Manuf, 2016, 12 (Part B): 216-230.

[206] ASTM Standard C1611/C1611M-14, Standard Test Method for Slump Flow of Self-Consolidating Concrete [S], ASTM International, West Conshohocken, PA, 2003.

[207] Ma Guowei, Wang Li, Ju Yang. State-of-the-art of 3D printing technology of cementitious material-an emerging technique for construction. Sci China Tech Sci, 2017.

[208] Malaeb, Z., et al.. 3D concrete printing: machine and mix design [J]. Int J Civil Eng, 2015, 6 (6): 14-22.

[209] http://www.totalkustom.com/3d-castle-completed.html, 2016.

[210] Wolfs, R., T. T. Salet. An optimization strategy for 3D concrete printing [C]. Proceedings of the 22nd EG-ICE workshop 2015. Eindhoven, 2015.

[211] Hwang, D., B. Khoshnevis, D. J. Epstein. Concrete wall fabrication by contour crafting [C]. 21st International Symposium on Automation and Robotics in Construction (ISARC

2004), Jeju, 2004.

[212] Perrot, A., D. Rangeard, A. Pierre. Structural built-up of cement-based materials used for 3D-printing extrusion techniques [J]. Mater Struct, 2016, 49 (4): 1-8.

[213] Bos, F., et al.. Additive manufacturing of concrete in construction: potentials and challenges of 3D concrete printing [J]. Virt Phys Prototyp, 2016, 11 (3): 209-225.

[214] Alhozaimy, A. M.. Effect of absorption of limestone aggregates on strength and slump loss of concrete [J]. Cem Conc Comp, 2009, 31 (7): 470-473.

[215] Lachemi, M., et al.. Self-consolidating concrete incorporating new viscosity modifying admixtures [J]. Cem Conc Res, 2004, 34 (6): 917-926.

[216] Zhao, X. L., et al.. Applicability research for masonry mortar compressive strength curve using penetration resistance method [C]. in 2nd International Conference on Mechanical Engineering, Industrial Electronics and Informatization, MEIEI 2013, September 14, 2013-September 15, 2013. Chongqing, China: Trans Tech Publications Ltd.

[217] Liao, Y., X. Wei. Penetration resistance and electrical resistivity of cement paste with superplasticizer [J]. Mater Struct, 2014, 47 (4): 563-570.

[218] Sugavaneswaran, M., G. Arumaikkannu. Modelling for randomly oriented multi material additive manufacturing component and its fabrication [J]. Materials & Design (1980—2015), 2014, 54: 779-785.

[219] Qian, X., et al.. Fiber alignment and property direction dependency of FRC extrudate [J]. Cement and Concrete Research, 2003, 33 (10): 1575-1581.

[220] Morton, J., G. W. Groves. The cracking of composites consisting of discontinuous ductile fibres in a brittle matrix-effect of fibre orientation [J]. Journal of Materials Science, 1974, 9 (9): 1436-1445.

[221] Hou, Z., et al.. 3D printed continuous fibre reinforced composite corrugated structure [J]. Composite Structures, 2018 (184): 1005-1010.

[222] Hambach, M., et al.. Portland cement paste with aligned carbon fibers exhibiting exceptionally high flexural strength (> 100MPa) [J]. Cement and Concrete Research, 2016 (89): 80-86.

[223] R. A. Buswell, W. R. Leal, S. Z. Jones, J. Dirrenberger. 3D printing using concrete extrusion: A roadmap for research [J]. Cem Conc Res, 2018 (112): 37-49.

[224] Le, T. T., et al.. Mix design and fresh properties for high-performance printing concrete

[J]. Materials and Structures, 2012, 45 (8): 1221-1232.

[225] Zhu, J., et al.. Effects of air voids on ultrasonic wave propagation in early age cement pastes [J]. Cement and Concrete Research, 2011, 41 (8): 872-881.

[226] 混凝土物理力学性能试验方法标准: GB/T 50081—2019 [S].

[227] Feng, P., et al.. Mechanical properties of structures 3D printed with cementitious powders [J]. Constr Build Mater, 2015 (93): 486-497.

[228] Ma, G., L. Wang. A critical review of preparation design and workability measurement of concrete material for largescale 3D printing [J]. Front Struct Civ Eng, 2017. Accept for publication.

[229] Ma, G., Z. Li, L. Wang. Printable properties of cementitious material containing copper tailings for extrusion based 3D printing [J]. Constr Build Mater, 2017.

[230] Reinhardt, H. W., C. U. Grosse. Continuous monitoring of setting and hardening of mortar and concrete [J]. Constr Build Mater, 2004, 18 (3): 145-154.

[231] Voigt, T., T. Malonn, S. P. Shah. Green and early age compressive strength of extruded cement mortar monitored with compression tests and ultrasonic techniques [J]. Cem Conc Res, 2006, 36 (5): 858-867.

[232] Le, T. T., et al.. Hardened properties of high-performance printing concrete [J]. Cem Conc Res, 2012, 42 (3): 558-566.

[233] Boumiz, A., C. Vernet, F. C. Tenoudji. Mechanical properties of cement pastes and mortars at early ages: Evolution with time and degree of hydration [J]. Adv Cem Based Mater, 1996, 3 (6Part18): 3599.

[234] Voigt, T., Y. Akkaya, S. P. Shah. Determination of early age mortar and concrete strength by ultrasonic wave reflections [J]. J Mater Civil Eng, 2003, 15 (3): 247-254.

[235] Trtnik, G., et al.. Possibilities of using the ultrasonic wave transmission method to estimate initial setting time of cement paste [J]. Cem Conc Res, 2008, 38 (11): 1336-1342.

[236] Zhao, Z., S. H. Kwon, S. P. Shah. Effect of specimen size on fracture energy and softening curve of concrete: Part I. Experiments and fracture energy [J]. Cem Conc Res, 2008, 38 (8): 1049-1060.

[237] Lu, S., E. N. Landis, D. T. Keane. X-ray microtomographic studies of pore structure and

permeability in portland cement concrete [J]. Mater. Struct., 2006, 39 (290): 611-620.

[238] Gallucci, E., et al.. 3D experimental investigation of the microstructure of cement pastes using synchrotron X-ray microtomography (μCT) [J]. Cem. Concr. Res., 2007, 37 (3): 360-368.

[239] Zhang, M., et al.. Computational investigation on mass diffusivity in Portland cement paste based on X-ray computed microtomography (μCT) image [J]. Constr. Build. Mater., 2012, 27 (1): 472-481.

[240] Sanjayan, J. G., et al.. Effect of surface moisture on inter-layer strength of 3D printed concrete [J]. Construction and Building Materials, 2018 (172): 468-475.

[241] Lachemi, M., et al.. Performance of new viscosity modifying admixtures in enhancing the rheological properties of cement paste [J]. Cem Conc Res, 2004, 34 (2): 185-193.

[242] Leemann, A., F. Winnefeld. The effect of viscosity modifying agents on mortar and concrete [J]. Cem Conc Comp, 2007, 29 (5): 341-349.

[243] Benaicha, M., et al.. Influence of silica fume and viscosity modifying agent on the mechanical and rheological behavior of self compacting concrete [J]. Constr Build Mater, 2015 (84): 103-110.

[244] Ma, G., L. Wang, Y. Ju. State-of-the-art of 3D printing technology of cementitious material-an emerging technique for construction. Sci China Tech Sci, 2017.

[245] 水泥胶砂流动度测定方法 (GB/T 2419—2005).

[246] Yang, J., et al.. An investigation on micro pore structures and the vapor pressure mechanism of explosive spalling of RPC exposed to high temperature [J]. Sci China Tech Sci, 2013, 56 (2): 458-470.

[247] Panda, B., S. C. Paul, M. J. Tan. Anisotropic mechanical performance of 3D printed fiber reinforced sustainable construction material [J]. Materials Letters, 2017 (209).

[248] Christ, S., et al.. Fiber reinforcement during 3D printing [J]. Materials Letters, 2015 (139): 165-168.

[249] Hambach, M., D. Volkmer. Properties of 3D-printed fiber-reinforced Portland cement paste [J]. Cement & Concrete Composites, 2017 (79): 62-70.

[250] Hambach, M., et al.. Portland cement paste with aligned carbon fibers exhibiting excep-

tionally high flexural strength（ > 100MPa）［J］. Cement and Concrete Research，2016，89（Supplement C）：80-86.

［251］Asprone，D.，et al.. Rethinking reinforcement for digital fabrication with concrete［J］. Cement & Concrete Research，2018.

［252］Asprone，D.，et al.. 3D printing of reinforced concrete elements：Technology and design approach［J］. Construction and Building Materials，2018（165）：218-231.

［253］Mechtcherine，V.. et al.. 3D-printed steel reinforcement for digital concrete construction-manufacture，mechanical properties and bond behaviour［J］. Construction and Building Materials，2018（179）：125-137.

［254］Wolfs，R. J. M.，Suiker，A. S. J. Structural failure during extrusion-based 3D printing processes［J］. Int J Adv Manuf Technol 2019，104，565-584.

［255］Vilbrandt，T.，et al.. Digitally interpreting traditional folk crafts［J］. IEEE Computer Graphics & Applications，2011，31（4）：12-18.

［256］Xu，J.，L. Ding，P. E. D. Love. Digital reproduction of historical building ornamental components：From 3D scanning to 3D printing［J］. Automation in Construction，2017（76）：85-96.

［257］R. A. Buswell，W. R. Leal，S. Z. Jones，J. Dirrenberger. 3D printing using concrete extrusion：A roadmap for research［J］. Cem Concr Res，2018（112）：37-49.

［258］Lim，S.，et al.. Modelling curved-layered printing paths for fabricating large-scale construction components［J］. Additive Manufacturing，2016，12（Part B）：216-230.

［259］Knapen，E.，D. Van Gemert. Cement hydration and microstructure formation in the presence of water-soluble polymers［J］. Cement and Concrete Research，2009，39（1）：6-13.

［260］Xu，J.，L. Ding，P. E. D. Love. Digital reproduction of historical building ornamental components：From 3D scanning to 3D printing［J］. Autom Constr，2017（76）：85-96.

［261］Jeon，K. H.，et al.. Development of an automated freeform construction system and its construction materials［Z］. Proceedings of the 30th International Symposium on Automation and Robotics in Construction and Mining（ISARC 2013），Canadian Institute of Mining，Metallurgy and Petroleum，Montreal，Canada，2013（9）：1359-1365.

［262］AG，R. T.，Flexible production of building elementsAccessed，Available from http：//www.rob-technologies.com/en/services，2015.

[263] Lu, W., H. Yuan. Exploring critical success factors for waste management in construction projects of China [J]. Resour Conserv Recy, 2010, 55 (2): 201-208.

[264] W, A. S., Model work health and safety regualtions, 2016.

[265] Kreiger, M., J. M. Pearce. Environmental life cycle analysis of distributed three-dimensional printing and conventional manufacturing of polymer rroducts [J]. Acs Sustainable Chem Eng, 2013, 1 (12): 1511-1519.

[266] Deep research and investment strategy analysis consulting report of 3D printing industry in China from 2015 to 2020 (in Chinese). http://www.chyxx.com/research/201701/483678.html, 2015.

[267] J, B., D-Shape 3D printer can print full-sized houses. http://newatlas.com/D-Shape-3d-printer/21594, 2012.

[268] Bak, D.. Rapid prototyping or rapid production? 3D printing processes move industry towards the latter [J]. Assem Autom, 2003, 23 (4): 340-345.

[269] Yossef, M., A. Chen. Applicability and limitations of 3D printing for civil structures. in Conference on Autonomous and Robotic Construction of Infrastructure, 2015.

[270] Camille Holt L E, L. K., Redmond Lloyd. Construction 3D printing [J]. Concr Australia, 2016 (42): 30-35.

[271] H, R.. Think formwork-reduced cost [J]. Struct Mag, 2007: 12-14.

[272] Labonnote, N., et al.. Additive construction: State-of-the-art, challenges and opportunities [J]. Autom Constr, 2016, 72 (3): 347-366.

[273] Wolfs, R. J. M.. 3D printing of concrete structures [D]. Master Thesis, Eindhoven University of Technology, Netherlands, 2015.

[274] García de Soto, B., et al.. Productivity of digital fabrication in construction: Cost and time analysis of a robotically built wall [J]. Automation in Construction, 2018 (92): 297-311.

[275] Shou, W., et al.. A comparative review of building information modelling implementation in building and infrastructure industries [J]. Arch Comput Meth Eng, 2015, 22 (2): 291-308.

[276] Wu, P., J. Wang, X. Wang. A critical review of the use of 3D printing in the construction industry [J]. Autom Constr, 2016 (68): 21-31.

[277] Chang, Y. F., S. G. Shih. BIM-based computer-aided architectural design [J]. Com-

put Aided Des Appl, 2013, 10 (10): 97-109.

[278] O'Reilly, K., et al.. BIM adoption and implementation for architectural practices [J]. Struct Surv, 2011, 29 (1): 7-25.

[279] Arayici, Y., C. O. Egbu, P. Coates. Building information modelling (BIM) implementation and remote construction projects: issues, challenges, and critiques [J]. J Inf Technol Constr, 2012 (17).

[280] Frey, C. B., M. A. Osborne. The future of employment: How susceptible are jobs to computerisation [J]. Technological Forecasting and Social Change, 2017 (114): 254-280.

[281] X. Zhang, M. Li, J. H. Lim, Y. Weng, Y. W. D. Tay, H. Pham, Q. -C. Pham, Large-scale 3D printing by a team of mobile robots [J], Automation in Construction, 95 (2018) 98-106.

[282] OECD, P. B. o. t. F. o. W. A. a. I. W. i. a. D. E.

[283] Markus Giftthaler, Timothy Sandy, Kathrin Dorfler, et al. Mobile robotic fabrication at 1 : 1 scale: the Insitu Fabricator: System, experiences and current developments [J]. Construction Robotics, 2017, 1 (1-4): 3-14.

[284] Sciencealert. http: //www. contourcrafting. org/space-colonies/, 2014.

[285] Schrunk, D., et al.. The moon: resources, future development and colonization. 1999: Wiley-Praxis Series on Space Science and Technology. 466.

[286] Kading, B., J. Straub. Utilizing in-situ resources and 3D printing structures for a manned Mars mission [J]. Acta Astronautica, 2015 (107): 317-326.

[287] Ming, L. W., T. Kvan, I. Gibson. Rapid prototyping for architectural models [J]. Rapid Prototyp J, 2002, 8 (2): 91-99.

[288] Campbell T, W. C., Ivanova O. Could 3D printing change the world? Technologies, Potential, and Implications of Additive Manufacturing, Atlantic Council, Washington, DC, 2011.

[289] Mcgee, W., M. P. D. Leon, Experiments in additive clay depositions. Robotic Fabrication in Architecture [J]. Art and Design, 2014: 261-272.

[290] De Schutter, G., et al.. Vision of 3D printing with concrete-Technical, economic and environmental potentials [J]. Cement and Concrete Research, 2018 (112): 25-36.

[291] Leach, N., et al.. Robotic construction by contour crafting: The case of Lunar construc-

tion [J] . Int J Archi Comput, 2012, 10 (3): 423-438.

[292] Jacobsen, S., et al.. Flow conditions of fresh mortar and concrete in different pipes [J] . Cem Concr Res, 2009, 39 (11): 997-1006.

[293] Austin, S. A., C. I. Goodier, P. J. Robins. Low-volume wet-process sprayed concrete: pumping and spraying [J] . Mater Struct, 2005, 38 (2): 229.